70,98

Zu der Buchreihe
«Kulturgeschichte der Naturwissenschaften und der Technik»

Naturwissenschaftliche und technische Gegenstände sind nicht eindeutig, sondern vieldeutig. Ihre humanen, sozial- und geistesgeschichtlichen Beziehungen zeigen sich nicht in Funktionsbeschreibungen. Ebenso sagt die rein fachliche Darstellung der Geschichte von Naturwissenschaft und Technik nichts aus über deren gesellschaftliche, wirtschaftliche und allgemein geistesgeschichtliche Voraussetzungen und über die sich ergebenden Konsequenzen. Demgegenüber versucht die gemeinsam vom Deutschen Museum und dem Rowohlt Taschenbuch Verlag herausgegebene neue Buchreihe «Kulturgeschichte der Naturwissenschaften und der Technik» auch jene Bezüge, welche die Fachgebiete übergreifen, zu beschreiben und durch Bilder zu veranschaulichen.

Die Bände richten sich an Lehrer und Ausbilder; doch sind sie so gestaltet, daß jeder interessierte Laie sie verstehen kann. Es zeigt sich, daß der Weg durch die Geschichte nicht eine zusätzliche Erschwerung des Lehr- und Lernstoffes bedeutet, sondern das Verständnis der modernen Naturwissenschaften und der Technik erleichtert.

Jochim Varchmin/Joachim Radkau

Kraft, Energie und Arbeit

Energie und Gesellschaft

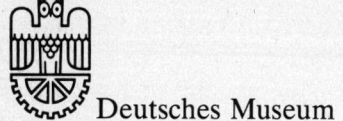

Deutsches Museum

Rowohlt

Die Buchreihe zur Kulturgeschichte der Naturwissenschaft und der Technik entstand im Rahmen zweier Projekte am Deutschen Museum.
Projektmitarbeiter: Günther Gottmann, Bert Heinrich, Friedrich Klemm †, Gernot Krankenhagen, Jürgen Teichmann, Jochim Varchmin.
Bildredaktion: Ludvik Vesely.
Die dieser Veröffentlichung zugrunde liegenden Entwicklungsarbeiten wurden mit Mitteln der Stiftung Volkswagenwerk gefördert.
Die Interpretation der Fakten gibt die Meinung der Autoren, nicht die des Deutschen Museums wieder.

14.–16. Tausend Oktober 1984

Originalausgabe

Umschlagentwurf: Werner Rebhuhn
(Fotos: Diorama «Ochsentretscheibe» von Frese/Grunow.
«Kernkraftwerk Gundremmingen» (Deutsches Museum)
Redaktion: Jürgen Volbeding
Layout: Edith Lackmann
Veröffentlicht im Rowohlt Taschenbuch Verlag GmbH,
Reinbek bei Hamburg, Mai 1981
Copyright © 1981 by Rowohlt Taschenbuch Verlag GmbH,
Reinbek bei Hamburg
Satz Times (Linotron 404)
Gesamtherstellung Clausen & Bosse, Leck
Printed in Germany
1480-ISBN 3 499 17701 3

Inhalt

Einleitung

In der Gegenwart scheint sich das Energieproblem verselbständigt zu haben. Die Diskussion wird immer wieder auf die Frage gedrängt, wie die wachsenden Energieanforderungen erfüllt werden könnten, als handle es sich allein um technische Probleme. Dabei wird so getan, als sei die Entscheidung für und der Bau von neuen Kraftwerken nur eine Aufgabe der Experten und Konstrukteure, denen die Industrie jeweils ihre Bedarfsziffern für die nächsten Jahre meldet. Diese Einstellung spiegelt sich zum Beispiel auch in Graphiken, wie sie Abbildung 1 zeigt, wider.

ENTWICKLUNG DES PRIMÄRENERGIEVERBRAUCHS
IN DER BUNDESREPUBLIK DEUTSCHLAND · in Mill. t SKE

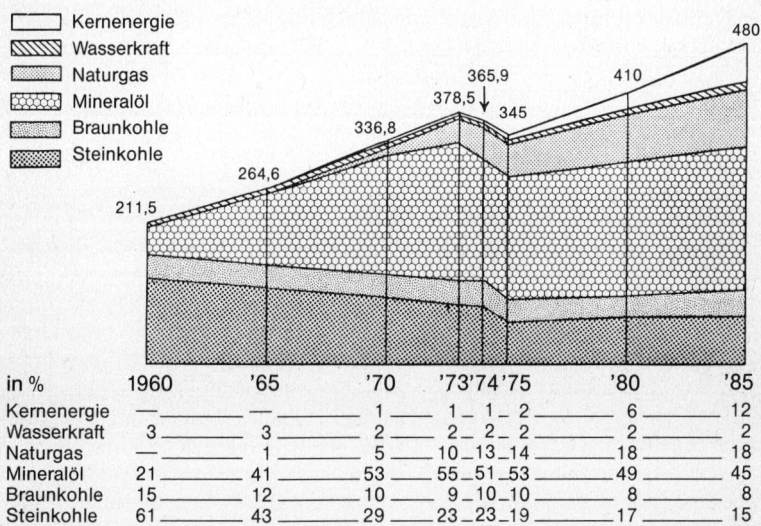

in %	1960	'65	'70	'73	'74	'75	'80	'85
Kernenergie	—	—	1	1	1	2	6	12
Wasserkraft	3	3	2	2	2	2	2	2
Naturgas	—	1	5	10	13	14	18	18
Mineralöl	21	41	53	55	51	53	49	45
Braunkohle	15	12	10	9	10	10	8	8
Steinkohle	61	43	29	23	23	19	17	15

1: Energieprognose. Die Tabelle wurde 1976 veröffentlicht und deckt sehr deutlich die Problematik der Energieprognose auf. Zwischen 1960 und 1973 wird ein vier- bis fünfprozentiger Anstieg des Energieumsatzes festgestellt. Durch die Öllieferungskrise 1973 wird diese Entwicklung brüsk gebremst. Dennoch wird danach eine gleiche Steigerungsrate wie vorher angesetzt. Ohne die Krise, also bei einer Prognose des Jahres 1973, hätte 1985 etwa 15 Prozent mehr Energie verbraucht werden müssen, als die Prognose von 1976 ergibt. Die Graphik wirft daher eine Reihe von Fragen auf und enthüllt die Fragwürdigkeit von rein statistischen Prognosen (siehe auch Anhang 1).

Durch die Verlängerung der Kurven, die den bisherigen Energieumsatz oder Energieverbrauch, wie es physikalisch völlig unexakt oft heißt, beschreiben, soll der Bedarf in fünf oder zehn Jahren errechnet werden: Dieser Zeitraum entspricht nämlich der Planungs- und Bauzeit eines modernen Kraftwerks (vgl. Anhang 1).

Nach den Gründen für den Anstieg der Kurven, also des «Energieverbrauchs», und den Bedingungen eines weiteren Ansteigens wird nur dann gefragt, wenn sich abrupte Änderungen in der Energieversorgung, wie zum Beispiel in den Jahren 1973/74 anläßlich der Öllieferkrise, zeigen. Die Mehrzahl der Erdöl exportierenden Länder weigerte sich damals, zu denselben finanziellen Bedingungen wie in den Jahren vorher Erdöl zu liefern. Der Energieverbrauch sank, d. h. die Energiekurve bekam einen unvorhersehbaren Knick. Das knapper fließende Öl hat allerdings nicht nur technische Probleme aufgeworfen. Das heißt, es wurde nicht nur danach gefragt, wie eine Energiequelle durch eine andere ersetzt werden könnte, sondern eine Vielzahl von Prozessen ausgelöst: Fahrverbote für Autos bewirkten einen unmittelbaren Eingriff in das persönliche Leben, der allerdings die Einstellungen der Mehrzahl der Betroffenen langfristig nicht veränderte. Darüber hinaus signalisiert das Jahr 1974 jedoch den Beginn zahlreicher Bürgerinitiativen, die sich gegen die Entscheidung für den verstärkten Ausbau von Kernkraftwerken richteten und für alternative Energien einsetzten. Es wurde nach Planungskriterien gefragt und damit gleichzeitig nach den Grundlagen der bisherigen Entscheidungen.

Die betroffenen Experten verweisen in ihren Antworten immer wieder auf die Wissenschaftlichkeit ihres Vorgehens.

Die Wissenschaft hat aber gerade deshalb in der Technik und Physik große Erfolge erzielt, weil sie Probleme isolierte, also aus ihren Zusammenhängen löste und für sich allein betrachtete. Die Perfektionierung und Koordination von Einzelfunktionen, so weit es für ein begrenztes Ziel und bestimmte Zwecke erforderlich war, haben zu einem wesentlichen Teil den Aufschwung von Wissenschaft und Technik gebracht. So konnten die Techniker der Auffassung sein, daß sie ihre Aufgabe erfolgreich gelöst hatten, wenn sie zum Beispiel ein Flugzeug konstruierten, das schneller als alle bisherigen war – auch wenn es verhältnismäßig mehr Brennstoff verbrauchte, mehr Lärm verursachte, den Flugkapitän stärker belastete und sich weniger als andere Flugzeuge verkaufen ließ.

Ihre partiellen Erfolge haben besonders die Naturwissenschaftler und Techniker davon überzeugt, daß es nicht notwendig sei, Gesamtzusammenhänge ins Auge zu fassen, Voraussetzungen und Auswirkungen neuer Mittel und Methoden in die Überlegungen einzubeziehen. Dieser Überzeugung entsprach die Vorstellung von der «reinen» Wissenschaft, die selbst reine Naturerkenntnis und zweckfrei sei und sich erst in der Anwendung als gut oder böse offenbare.

Eine Änderung in der Einstellung vieler Wissenschaftler und Techniker müßte eigentlich spätestens eingetreten sein, als die Physiker nach der Konstruktion von Atombomben erkannten, daß die Ergebnisse ihrer Wissenschaft Auswirkungen zeigten, die ein Zurückkehren in den Elfenbeinturm der Wissenschaft grundsätzlich unmöglich machten.

Diese Erfahrungen bilden die Wurzeln für eine langsam sich verändernde Einstellung gegenüber Wissenschaft und Technik, deren Vertreter öfter denn je zuvor Rechenschaft über Voraussetzungen und Auswirkungen ihrer Tätigkeit ablegen mußten. Das äußert sich sowohl in den Aktivitäten der Bürgerinitiativen, wie in den Expertenanhörungen durch politische Gremien.

In Schule und Hochschule haben sich Folgen einer neuen Einstellung nur nebenbei gezeigt. Voraussetzungen und Bedingungen technischer und wissenschaftlicher Entwicklungen festzustellen, verlangten eine historische Analyse. An den Hochschulen wurde jedoch zum Beispiel das Fach Technikgeschichte immer stärker reduziert. Die Geschichtswissenschaften spielen nur eine Rolle am Rande. Den Vorrang hat die Ausbildung zum Spezialisten.

In den Schulen verhindert der an den Fachwissenschaften orientierte, in Einzelstunden aufgespaltene Unterricht und das an Einzeldisziplinen orientierte Studium der Lehrer eine Ausbildung der Schüler zu informierten und urteilsfähigen Laien. Alle Vorgänge, auf die sich der Schulunterricht bezieht, sind daher, wie an der Hochschule auch, prinzipiell isoliert und aus den Zusammenhängen gerissen. Eine ausführliche Analyse hierzu liefert die Arbeit von Beatrix Saadi: Probleme eines Begründungszusammenhangs für einen integrierten historisch-naturwissenschaftlichen Unterricht. Universität Hannover, Erziehungswissenschaftliche Fakultät, 1979.

Auch die vorliegende Arbeit kann diese Zusammenhänge weder vollständig wiederherstellen noch eine umfassende Analyse liefern. Sie versucht jedoch, die bisherigen Ansätze von Technikhistorikern, Geschichtswissenschaftlern, Technikern und Physikern für das Thema «Energie» exemplarisch und integrierend auszuwerten, Verbindungen wieder zu knüpfen und damit ein besseres Verstehen gegenwärtiger Entwicklungen und ihrer Ursprünge zu erreichen.

So kann die Beantwortung der Frage, welche Energiearten in der Gegenwart zur Verfügung stehen, welche Bedeutung sie gegenwärtig haben oder in der Vergangenheit hatten, nicht auf der Grundlage eines Energiediagramms vorgenommen werden, wie es etwa die erste Abbildung zeigt. Die Bedeutung der Energiearten wird nicht allein aus ihrer Quantität erkennbar. Die Muskelenergie fehlt zum Beispiel in jeder Statistik ganz, weil sie rechnerisch nicht wie verbrauchte Kohlemengen erfaßt werden kann. Die elektrische Energie taucht, da sie nicht zu den Primärenergien gehört, d. h. den Energien, die als Rohstoffe vorhanden sind, in den Statistiken im allgemeinen getrennt von den übrigen auf.

Die vorliegende Arbeit greift exemplarisch einige Energiearten heraus, deren vielschichtige Bedeutung gerade durch die historische Betrachtung deutlich wird. Auf die Behandlung der Fusionsenergien mit ihrer verhältnismäßig kurzen Vergangenheit wurde verzichtet, aber auch auf die Sonnenenergie, die eine lange Geschichte hat und für deren Nutzung sich auf Grund der Entwicklung von Halbleitern und Wärmetauschern ganz neue Möglichkeiten eröffneten. Die Umsetzung von Licht in Elektrizität könnte zumindest für sonnenreiche Länder bedeutungsvoll werden, für andere scheint die Erzeugung von Niedrigwärme wichtiger zu sein. Zu diesen Problemen ist in letzter Zeit eine Fülle von Publikationen erschienen. Weggelassen wurde auch die Elektrizitätsenergie, da sie aus anderen Energiearten erst erzeugt werden muß und somit wenigstens teilweise im Zusammenhang mit Wasser-, Kohle- und Kernenergie behandelt wird.

Übrig bleiben damit die Muskelenergie, die Wasser- und Windenergie, Kohle und Erdöl und die gegenwärtig so umstrittene Kernenergie; die Reihenfolge geht von den sinnlich direkt erfahrbaren zu den nur analytisch erfaßbaren wie Kohle und Erdöl über, von den mechanischen zu den chemischen und atomaren Energien. Die technischen und wissenschaftlichen Entwicklungen der Energienutzung sind mit tiefgreifenden historischen und gesellschaftlichen Veränderungen verknüpft; die Erschließung neuer Energiearten brachte jeweils neue Formen der Produktion mit sich.

Die ausgewählten Energiearten ließen sich nur in einer sehr umfangreichen Arbeit in all ihren Entwicklungsphasen behandeln. Für jede Energiequelle wurde schwerpunktmäßig ein Beispiel so ausgewählt, daß Charakteristika und Zusammenhänge deutlich werden.

Im Kapitel zur Muskelenergie wird neben dem Problem der Entwicklung des Verhältnisses von Wissenschaft und Technik, das in allen Beispielen angesprochen wird, der Frage nachgegangen, wie es zu dem Widerspruch zwischen der geistigen und kulturellen Hochblüte der Antike und der gleichzeitigen technischen Stagnation gerade im Bereich der Antriebsmaschinen gekommen ist.

Im Kapitel zur Wasser- und Windenergie werden die Maschinen beschrieben, die über Jahrhunderte diese elementaren Energiequellen nutzten, also Wasser- und Windräder. Es werden ihre technischen Entwicklungen verfolgt und die Bedingungen ihres Einsatzes behandelt. Dabei wird besonders auf die soziale Stellung des Müllers, der mit den Mühlen die wichtigsten Maschinen des Mittelalters verwaltete, eingegangen.

Die Nutzung der Kohleenergie wird am Beispiel der Entwicklung und des Einsatzes der Dampfmaschine behandelt. Gerade die vielfältigen Voraussetzungen und Auswirkungen dieser Entwicklung zeigen, daß es keine isolierten technischen Konstruktionslinien gibt, daß der Einsatz neuer Techniken erst im gesamten historischen Zusammenhang gedeutet werden kann.

Die hundert Jahre später veränderte Situation spiegelt die Entwicklung des Dieselmotors wider. Besonders ausführlich wird das Verhältnis von Wissenschaft und Technik an diesem Beispiel dargestellt. Der Vergleich mit der Wattschen Dampfmaschine macht die Unterschiede, die mit einer neuen Entwicklungsphase erreicht wurden, deutlich.

Diese Zeit um die letzte Jahrhundertwende war zugleich von einem weit verbreiteten Wissenschaftsoptimismus geprägt, der unter anderem auch die Gründung des Deutschen Museums (1903) ermöglichte. Die Meisterwerke der Naturwissenschaft und der Technik sollten hier eine angemessene Darstellung finden. Ein Ehrensaal sollte wie in einem Tempel ehrfurchtsvolles Staunen und Bewunderung wecken; die Schwierigkeiten und Rückschläge der Technik werden dagegen an kaum einer Stelle sichtbar gemacht.

Nach zwei Kriegen, die aufgrund technischer Entwicklungen weltweit und total wurden, ist eine so einfache optimistische Darstellung nur noch in Industrieausstellungen möglich. Die Frage nach Entscheidungskriterien für und Auswirkungen von technischen Konstruktionen kann nicht mehr mit dem Hinweis auf den unaufhaltsamen und notwendigen Fortschritt beantwortet werden.

Das letzte Kapitel belegt mit zahlreichen Quellen sehr nachdrücklich, daß es in der Kerntechnik diesen linearen, von technischer Logik bestimmten Fortschritt nicht gibt. Es geht den Fragen nach, warum Entwicklungen abgebrochen worden sind, wodurch Entscheidungen zustande kamen und was die treibenden Kräfte bestimmte. Es wird deutlich, daß die gegenwärtige Kernenergiekontroverse nur mit einer historischen Analyse in ihren wesentlichen Fragen begriffen werden kann.

Zeittafel zum Thema
«Energiequellen und Energieumwandlung»

Energiequelle	Technische Form der Anwendung	Gesellschaftliche Form der Anwendung (vorwiegende Arbeitsorganisation)	Zeitübersicht
1. Muskelkraft	Hebel, Keil, Flaschenzug schiefe Ebene	In der Antike: Sklaverei	Vorgeschichte (1. Anwendung von Hebel und Keil) und Antike
2. Wasser-, Windkraft	Unterschlächtiges Wasserrad Oberschlächtiges Wasserrad Windmühlen (Wellen und Übersetzungen) Bockwindmühle Holländische Windmühle	Leibeigenschaft (Abhängigkeit von geistlichen oder weltlichen Grundherren) Zunftorganisation (Handwerkertum in den Städten)	8.–10. Jh. (in der Antike bekannt) 14. Jh. 17. Jh.
3. Chemische Energien 3.1 Kohle (Gas)	Dampfmaschine (Newcomen, Watt) (große standortgebundene Maschinen)	Fabrikwesen und Unternehmertum	18./19. Jh.
3.2 Erdöl	Dieselmotor (transportable Antriebsmaschinen)	Weitere Ausbildung des Fabrikwesens	20. Jh.
4. Atomare Energien	Kraftwerke (nahezu ausschließliche Anwendung)	Konzerne	Seit ca. 1960

Eine Windmühle aus der Gegenwart. Sie steht im Nordosten Persiens, dem heutigen Iran, wo schon vor mehr als tausend Jahren Windmühlen dieser Art im Betrieb waren. Kleine Bauern, die nur das Nötigste für sich erwirtschaften können, bilden die Mehrheit der Bevölkerung. Sie haben weder das Kapital, neue Anlagen zu errichten, noch sehen sie dafür eine Notwendigkeit, da ihre unmittelbaren Ansprüche erfüllt werden.

Die unerschöpflichen Energien:
Mensch und Tier, Wasser und Wind

Muskelarbeit

Unsere Umgebung ist so sehr mit Maschinen erfüllt, daß es uns unmöglich erscheint, sich ein Leben ohne sie vorzustellen. Welche Arbeiten, welche Mühen kämen auf uns zu, wenn die Maschinen verschwänden und der Mensch nur noch auf seine Muskelkraft angewiesen bliebe? Doch so ist es während des allergrößten Teiles der langen Menschheitsgeschichte bis in unsere Gegenwart gewesen. Daß jetzt sogar die einfacheren Tätigkeiten im Büro und im Haushalt von Maschinen übernommen werden, brachte erst die Entwicklung der letzten Jahrzehnte. Noch nach dem Zweiten Weltkrieg war in weiten Bereichen der Landwirtschaft, des Handwerks und erst recht im Haushalt auch in Mitteleuropa die Handarbeit von größerer Bedeutung als die Arbeit mit Maschinen. Der Bauer pflügte den Acker mit Pferden, die Kartoffeln las er mit der Hand aus, der Maurer zog mit Hilfe einer Rolle oder eines Flaschenzuges die Ziegelsteine selbst in die Höhe; und die Hausfrau wusch die Wäsche mit der Hand. Erst in der zweiten Hälfte der 50er Jahre drangen Traktoren, große und kleine elektrische Maschinen in immer mehr Arbeitsbereiche vor und brachten tiefgreifende Änderungen mit sich. Die Muskelkraft übernahm dabei mehr lenkende Aufgaben und weniger die der Fertigstellung oder des Transportes.

Es gibt noch weitere Gründe, weswegen die Muskelkraft so wenig bedeutsam in der Gegenwart erscheint: In der Statistik über den Energieverbrauch erscheint sie gar nicht als selbständiger Bereich. Sie ist quantitativ nicht zu erfassen. Der Verbrauch von Erdöl oder Kohle, selbst von Wasser für Kraftwerke ist exakt meßbar. Er ist in Litern, Tonnen oder Kubikmetern angebbar; aber wie soll der Arbeitsaufwand von Menschen und Tieren bestimmt werden? Er ist zu vielfältig, als daß dafür einheitliche Normen angegeben werden könnten. So fielen und fallen sie immer wieder aus den Berechnungen heraus.

Diese Schwierigkeiten drücken sich auch bei den Begriffen aus. Es ist nahezu selbstverständlich, von der Energie der Kohle oder des Erdöls zu sprechen, auch wenn es ganz inkonsequent «Kohlekraftwerk» heißt; auf der anderen Seite wird jedoch durchweg von Muskelkraft geredet, auch wenn Energie gemeint ist. In der Physik wird allgemein zwischen Energie als Arbeitsfähigkeit und Kraft als Ursache für Bewegungsänderungen seit mehr als hundert Jahren genau unterschieden. Doch hundert Jahre sind nur ein sehr

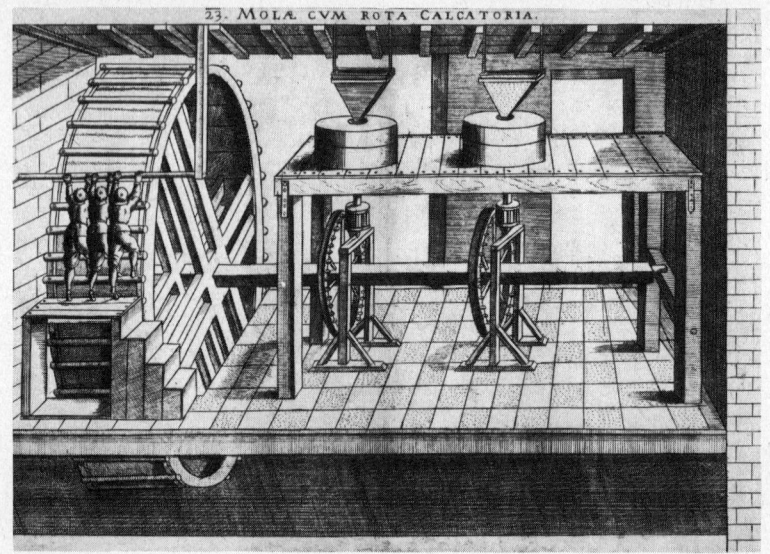

2: Getreidemühle mit Tretantrieb. Drei Mühlenknechte setzen ein großes Tretrad in Bewegung, um zwei Mühlsteine gleichzeitig zu betreiben. Sie laufen nicht in dem Rad, sondern treten von außen an das Rad. Das ist zwar anstrengender, aber der Drehimpuls wird größer, und das Rad bewegt sich kraftvoller. Mahlsteine gab es seit der frühen Steinzeit. Mühlen mit rotierenden Steinen wurden in der Antike entwickelt. Bis weit in die Zeit der Dampfmühlen blieben handgetriebene Mühlsteine bedeutsam. Die hier wiedergegebene Abbildung stammt aus einem Buch des 17. Jahrhunderts (Kupferstich 1616).

kurzer Abschnitt in der Entwicklung der Sprache und ein noch kürzerer Abschnitt in der Entwicklung technischer Hilfsmittel für die Arbeit des Menschen. In dem unscharfen Gebrauch der Begriffe drückt sich diese Entwicklung noch aus, da vor der Zeit der Industrialisierung und der Nutzbarmachung quantitativ begrenzter Energiemengen weder aus wissenschaftlichen noch aus ökonomischen Gründen eine Unterscheidung zwischen Kraft und Energie notwendig erschien.

Vor Jahrzehntausenden wurde begonnen für die menschliche Muskelkraft und vor einigen Jahrtausenden für die tierische Muskelkraft technische Hilfsmittel zu konstruieren, um diese Kräfte in ihrer Arbeitsfähigkeit zu unterstützen und zu steigern. Die menschliche Kraft ist leichter zu dirigieren und einzusetzen als jede andere; sie ist sozusagen mit vollkommenen technischen Hilfsmitteln – mit Fingern und Gelenken – ausgerüstet und an verschiedenste Situationen anpassungsfähig. Selbst größte Arbeitsleistungen – dabei sei an

16

den Pyramidenbau der Ägypter erinnert – lassen sich durch gut abgestimmte Organisation und Arbeitsteilung allein durch den Einsatz von Muskelkraft erreichen.

Es soll die Vorgeschichte übergangen und erst die Zeit exemplarisch angesprochen werden, in der technische Hilfsmittel in größerem Maße zum besseren Einsatz der Muskelkraft entwickelt wurden.

Muskelkraft und Sklavenarbeit in der Antike

In der Antike blieb die Muskelkraft wichtigste und nahezu alleinige Energiequelle. Zu ihrer Unterstützung wurden sehr wenige technische Hilfsmittel entwickelt. Die Funde dazu sind allerdings verhältnismäßig spärlich und die technische Literatur aus dieser Zeit aus mehreren Gründen dürftig. Geräte aus Holz sind mit der Zeit vermodert, die aus Eisen verrostet. Die Schreib-

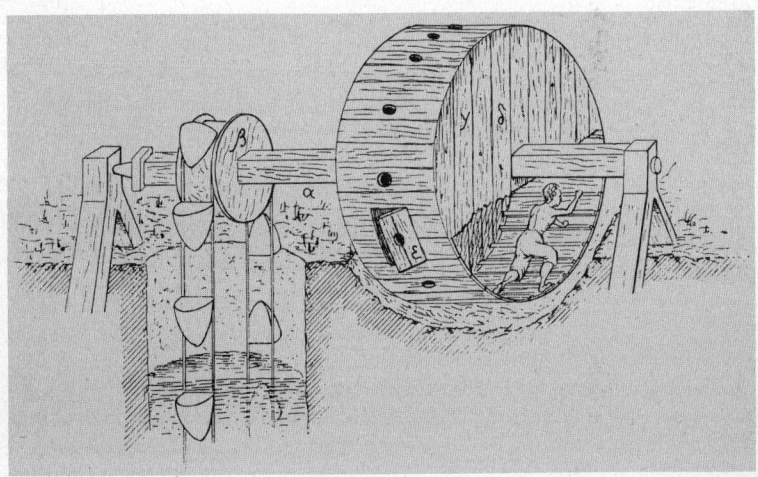

3: Eine Trettrommel. Eine Trettrommel durch Laufen in Bewegung zu halten, war typische Sklavenarbeit. Durch eine kleine Tür schlüpfte der Sklave in das Innere der Trommel, die in der Zeichnung aufgeschnitten ist, so daß man hineinsehen kann. Durch Laufen auf der Stelle wurde die Trommel zum Drehen gebracht. Schwellen halfen dabei, den Schwung der Füße auf die Trommel zu übertragen. Mehr als ein, zwei Stunden konnte diese Arbeit sicherlich nicht durchgehalten werden, da eine ununterbrochene Kette von mit Wasser gefüllten Eimern in die Höhe gehoben werden mußte. Es konnten damit zum Beispiel Felder bewässert oder eine Trinkwasserleitung mit Wasser versorgt werden. In der Zeichnung ist der Zweck offengelassen. Ähnliche Geräte haben sich in Afrika und Asien bis in unsere Zeit erhalten (freie Rekonstruktionszeichnung).

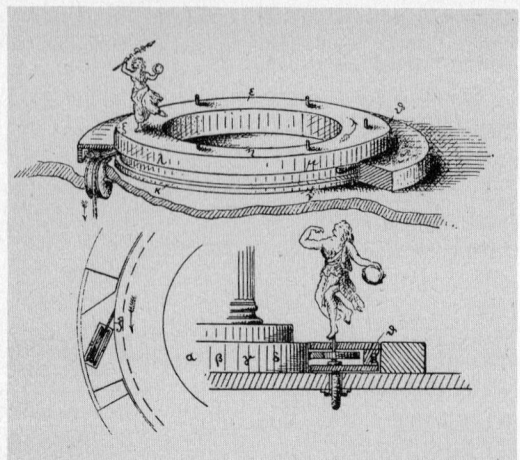

4: Automatentheater – ein Spielzeug der Antike. Durch Gewichte wird das Karussell, auf dem die Tänzerin steht, in Bewegung gesetzt. Gleichzeitig wird durch eine Reibradübersetzung die Tänzerin um die eigene Achse gedreht.

kundigen der damaligen Zeit befaßten sich vorwiegend mit Literatur und Philosophie und nur am Rande mit Technik. Und darüber hinaus ist nur etwa 1 % der technischen Literatur überliefert, da sie nicht so oft wie philosophische kopiert wurde und außerdem ein großer Brand in der ausgehenden Antike die Bibliothek von Alexandria mit wichtigen Beständen zerstört hat. In den Büchern wurden die Maschinen nicht in Abbildungen wiedergegeben; erst spätere Interpreten bemühten sich, nach den Texten die Konstruktionen zu zeichnen (Abbildung 43).

Wenn auch vieles verloren und in Vergessenheit geraten ist, so ist doch eine Reihe wesentlicher technischer Erfindungen überliefert. In den Werken des alexandrinischen Technikers Heron (1. Jh. n. Chr.) findet sich eine große Anzahl erstaunlicher und kunstreicher Apparaturen. Die Abbildung 4 zeigt daraus ein Automatentheater. Über Rollen und Seile wird eine Gruppe von Tänzerinnen bewegt, wie es heute noch bei manchen Glockenspielen zu sehen ist. Eine weitere Abbildung (5) zeigt einen automatischen Kapellentüröffner. Wird das Opferfeuer (auf der rechten Seite der Abbildung) entzündet, so dehnt sich auf Grund der Erwärmung die Luft in einem darunter befindlichen Gefäß aus und drückt dadurch eine Flüssigkeit in einen zweiten kleineren Topf, der – dadurch schwerer geworden – nach unten sinkt und über Rollen und Seile die Tempeltüren aufzieht. Verlöscht das Feuer, so wird die Flüssigkeit zurückgesaugt, wenn nur das erste runde Gefäß luftdicht geschlossen ist, und die Tempeltüren schließen sich wieder.

Seit dem 3. Jahrhundert v. Chr. ist Alexandrien über etwa sechs Jahrhunderte hinweg Zentrum der Naturwissenschaft und der Technik in der antiken Welt. Philon von Byzanz (200 v. Chr.) und Heron (1. Jh. n. Chr.) gehören

z. B. zu diesem Kreis. Vor allem Heron entwickelte eine Fülle von Vorrichtungen, die die Technik des Mittelalters und der frühen Neuzeit stark beeinflußten. Seine Werke wurden im 16. Jahrhundert mit zahlreichen Abbildungen versehen neu herausgegeben. Charakteristisch für die alexandrinische Technik ist die enge Verbindung zwischen Theorie und Praxis. Heron schrieb nicht nur über Apparate, Feuerspritzen und Automaten, sondern auch über Geometrie und wissenschaftliche Mechanik. Das gleiche gilt für Pappus, der im 3. nachchristlichen Jahrhundert lebte.

Auch Wasserräder waren schon erfunden worden, wie aus den Beschreibungen Vitruvs hervorgeht. In Südfrankreich wurde im zweiten Jahrhundert nach Christus eine große Anlage mit 16 Wasserrädern und 32 Mahlwerken gebaut, die pro Tag 28 Tonnen Mehl mahlen konnte (Abbildung 6). Diese Anlagen blieben jedoch Ausnahmen (siehe: Klemm, F.: Technik. Freiburg 1954, S. 39).

Windräder gab es dagegen nur als Spielzeug, etwa zum Antrieb von Orgelpfeifen.

Für die Wasserhaltung in Bergwerken wurden sogenannte archimedische Schrauben eingesetzt. Archimedes (gest. 212 v. Chr.) hat sie wohl in Ägypten kennengelernt und nicht selbst erfunden. (In Abbildung 45 ist eine solche Schraube dargestellt, wie sie noch im 19. Jahrhunderts oftmals eingesetzt wurde).

Einfache Hilfsmittel wie Rolle, Flaschenzug und Hebel waren in der Antike selbstverständlich bekannt. Größere Maschinen, die andere Energien als die der Muskelkraft nutzen konnten, wurden jedoch kaum entwickelt und in

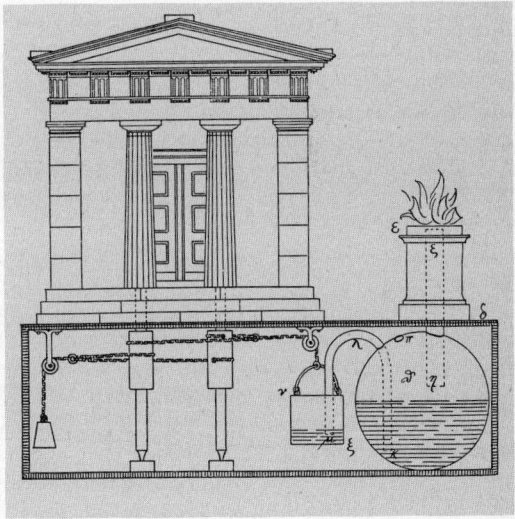

5: Ein antiker Kapellentüröffner. Wird das Opferfeuer entzündet, so erwärmt sich auch die Luft in dem darunter befindlichen Gefäß und drückt Wasser in einen zweiten Topf, der über Rollen mit einem Türpfosten verbunden ist, sich dadurch dreht und die Tür öffnet. Nach dem Verlöschen des Opferfeuers kühlt sich die Luft ab, zieht sich zusammen, und der Vorgang dreht sich um. Die Tür wird wieder geschlossen.

6: Eine antike Wassermühle. Schon in der Antike hat es Wasserräder gegeben. In Südfrankreich ist eine Anlage entdeckt worden, deren Größe außerordentlich eindrucksvoll war. 16 oberschlächtige Wasserräder trieben 32 Mahlwerke, die täglich 28 Tonnen Mehl produzierten. Diese Anlagen blieben jedoch Ausnahmen. Im allgemeinen wurde in der Antike mit Handmühlen Korn gemahlen (Rekonstruktion auf Grund archäologischer Funde).

größerem Umfang angewandt. Dies steht in einem offenbaren Widerspruch zu der großen Zahl der technischen Erfindungen, wie sie in den kunstreichen Kleinapparaturen deutlich wird.

Warum sind diese Ansätze nicht weiter verfolgt worden? Warum sind größere Maschinen zur Nutzung der natürlichen Energiequellen wie Wasser und Wind nicht entwickelt oder in größerem Maße eingesetzt worden, da zudem die entsprechenden Erfindungen schon bekannt waren? Nahezu alle Technikhistoriker stellen eine Stagnation der technischen Entwicklung besonders für diesen Bereich des Maschinenbaus fest, die wiederum im Gegensatz zu architektonischen und künstlerischen Leistungen steht. Die Aquädukte und Brücken, die großen Paläste und Bäder waren überragende Ingenieurleistungen, die jedoch mit sehr einfachen Hilfsmitteln erreicht wurden.

Die Ursache für diese partielle Stagnation können ohne Zweifel nicht bei einer technischen Unbegabtheit des antiken Menschen gesucht werden, daß ihm also der Sinn für das Technische zu einem Teil einfach gefehlt und seine Stärke eben in der Kunst, Literatur und Philosophie gelegen habe. Abgesehen davon, daß eine solche Annahme nur eine Beschreibung des Phänomens auf der individuellen Ebene wäre, sprechen die zahlreichen technischen Ansätze, die zwar begonnen, jedoch nicht weiter verfolgt wurden, dagegen.

Die Gründe für diese Entwicklung müssen in anderen Bereichen gesucht werden. Technische Mittel werden als Hilfe für die Bewältigung von Arbeitsaufgaben konstruiert, sie sollen die Arbeit erleichtern und schneller ausführen lassen; die Größe und Großartigkeit des Arbeitsergebnisses – wie der Bau von Pyramiden zeigt – lassen sich auch durch den Einsatz einer großen Zahl von einfachen Mitteln erreichen. Die Durchführung der Arbeiten lag in der Antike ganz überwiegend in den Händen von Sklaven. Ihre Zahl und ihr Anteil an der Gesamtbevölkerung schwankte im Laufe der Jahrhunderte, die antike Reiche bestanden haben. Um die Zeitenwende hatte Rom zusammen mit der Hafenstadt Ostia nahezu eine Million Einwohner, wovon ein Drittel Sklaven waren (siehe Vogt, R.: Sklaverei und Humanität. Wiesbaden 1972). Athen lebte in seiner Blütezeit im 4. Jahrhundert vor Christus von den Schätzen der Silberbergwerke Laurions. Bis zu 40 000 Sklaven arbeiteten in diesen Gruben unter primitivsten Bedingungen (siehe Lauffer, S.: Die Bergwerkssklaven von Laurion. Wiesbaden 1958). Zum Teil waren sie – offenbar als Strafe für Vergehen oder Widerspenstigkeit – angekettet. Ihre Lebenszeit muß bei dieser harten Arbeit sehr kurz gewesen sein. In der antiken Literatur wurde das Sklavenproblem kaum behandelt. Platon (427–347 v. Chr.) meinte, ein Staat sei dann vollkommen, wenn in ihm jeder Bürger gleich viele Sklaven besitze. Aristoteles (384–322 v. Chr.) faßte seine Auffassung folgendermaßen zusammen:

«Der Sklave ist nun gewissermaßen ein belebtes Werkzeug und verdient als solches den Vorzug vor allen anderen; denn jeder Gehilfe ist ein Werkzeug statt vieler. Wenn jedes Werkzeug auf Geheiß oder auch vorausahnend das ihm zukommende Werk verrichten könnte, wie ... wenn die Weberschiffe von selbst webten, so bedürfte es weder für die Werkmeister der Gehilfen noch für die Herren der Sklaven.»
(Siehe Aristoteles: Politik 1.4, nach F. Biese: Die Philosophie des Aristoteles. Berlin 1842, S. 408, dtv-Ausgabe, S. 51)

Ein Sklave war für Aristoteles eine Art lebendiges Werkzeug, jederzeit verfügbar und dem technischen Gerät direkt zugehörig.

Einer der wenigen antiken Autoren, der Sklavenarbeit etwas ausführlicher beschreibt, ist Apulejus im 2. Jahrhundert nach Christus gewesen. Er beschreibt Getreidemühlen, deren schwere Steine erst im Mittelalter im allgemeinen von Wasser- und Windrädern angetrieben wurden:

«Guter Gott, was für arme Sklaven das waren! Bei manchem war die Haut schwarz und blau verfärbt, manche hatten den Rücken von den Striemen der Peitschenhiebe übersät, und sie waren nur noch bedeckt – nicht mehr bekleidet – mit zerrissenen Fetzen, manche bargen ihre Glieder unter einem schmalen Stück Tuchs, bei allen ließen die abgetragenen Fetzen fast ihre nackten Körper darunter erkennen, manche waren gezeichnet und mit heißen Eisen in die Stirn gebrannt, manchen war das Haar zur Hälfte abgeschnitten, manche schleppten Eisen an ihren Beinen mit sich, schrecklich anzusehen und unglücklich; manche konnten kaum sehen, so schwarz und unkenntlich vom Rauch waren ihre Augen und Gesichter, ihre Augenlider krebsig von der Dunkelheit des stinkenden Raums, halb blind und schwarz und weiß von dem schmutzigen Mehl, wie Boxer, welche vom Sand verschmutzt miteinander kämpfen.»

(Siehe Apulejus, L. (125–180): Der goldene Esel. München 1958, S. 157/158)

Die Konstruktion von Maschinen zur Nutzung der Wasser- und Windenergie hätte im unmittelbaren Interesse der Sklaven gestanden. Der griechische oder römische Bürger jedoch verachtete die Handarbeit und verabscheute es, sich die Hände schmutzig zu machen. Dafür waren Sklaven da, die zumeist als Kriegsgefangene auf Märkten gekauft werden konnten. Sie mußten nur am Leben erhalten werden und durften selbst keine Ansprüche stellen. Ihre persönliche Situation hing dabei ganz von ihrem jeweiligen Herrn ab. Sie waren dessen Besitztum und unterstanden seiner persönlichen Gerichtsbarkeit. Selbst der gewaltsame Tod eines Sklaven wurde im allgemeinen öffentlich nicht geahndet. Für den Herrn andererseits ging es darum, die Arbeitskraft der Sklaven möglichst weitgehend auszunutzen. Maschinen sind nur für bestimmte Arbeiten zu gebrauchen, für die sie konstruiert und an festen Plätzen aufgestellt wurden. Sklaven konnten jedoch je nach Bedarf ganz verschieden eingesetzt werden. Löhne mußten für sie nicht bezahlt und ihr Lebensunterhalt konnte sehr gering gehalten werden, da dafür gesorgt wurde, daß sie gemeinsam keine Ansprüche stellen konnten. Sklavenaufstände blieben sehr selten, und der Spartakusaufstand (1. Jh. n. Chr.), der in einer Gladiatorenschule, wo viele Sklaven zusammenwohnten, seinen Ausgangspunkt nahm, blieb für die Antike eine der wenigen Ausnahmen.

Die Anschaffung oder Konstruktion einer Maschine, die Arbeitskräfte sparen half, wurde mit den Aufwendungen für den Sklaven verglichen. Die Sklaven selbst hatten keinerlei Möglichkeit, für sich Maschinen zu konstruieren. Dafür wäre Zeit notwendig gewesen, über die sie selbst hätten verfügen und Kapital, mit dem sie Material hätten kaufen können. Selbst wenn sie zu etwas Geld kamen, so wandten sie es in erster Linie dafür auf, um sich freizukaufen.

Die strenge Trennung zwischen Kopf- und Handarbeit, zwischen Kapital und Arbeitskraft und das weitgehende Fehlen der Lohnarbeit behinderte die technische Entwicklung und führte zu einer Stagnation – vor allem für die Konstruktion von Kraft- und Arbeitsmaschinen –, die erst unter ganz anderen Bedingungen im Mittelalter überwunden wurde. Diese Folgerung wird von einigen – vor allem philologisch orientierten – Historikern bestritten, da sich eine unmittelbar kausale Verbindung zwischen Sklaventum und technischen Konstruktionen nicht herstellen läßt. Gegenteilige Auffassungen in der Sklavenfrage vertr. z. B. Finley, M.: Die antike Wirtschaft. München 1977, S. 95. Er vergleicht jedoch gerade Weizenproduktionen, die vor allem durch intensiven Arbeitseinsatz gesteigert werden können. F. Kiechle (Sklavenarbeit ..., Wiesbaden 1969) überschätzt die antike Technik offenbar

7: Kreuzfahrergaleeren auf dem Mittelmeer. Das Rudern von Galeeren war schwerste Arbeit. Sie wurde bis weit in die Neuzeit von Sklaven geleistet. Auf dem Kai ist eine Reihe von Turmwindmühlen aufgebaut. Die Flügel konnten nicht in den Wind gedreht werden. Bei den heftigen Seewinden war die damals schon bekannte Bockwindmühle offenbar nicht geeignet, s. a. S. 66 (Holzschnitt 1486).

vollkommen, da er u. a. auch die Auffassung vertritt, daß die antike Technik in Mitteleuropa erst im 19. Jahrhundert wieder erreicht wurde. Die These in der vorliegenden Arbeit bezieht sich vor allem auf Kraftmaschinen.

Ohne Zweifel kann jedoch aus mehreren Gründen behauptet werden, daß Sklaven das griechische und römische Reich prägten, daß sie die bewundernswürdigen architektonischen Leistungen schufen, daß sie ihren Herren die nötige Muße für die Beschäftigung mit Philosophie und Literatur verschafften und daß sie die Grenzen der technischen Entwicklungen bestimmten. Neben Sklaven und Herren gab es in der Antike auch Handwerker und Lohnarbeiter. Jedoch blieben sie eine verhältnismäßig kleine Klasse ohne prägenden Einfluß.

Mit dem Untergang der antiken Reiche und dem Entstehen neuer gesellschaftlicher Formen verschwand die Sklaverei nicht vollständig. Es ist weniger bekannt geworden, daß es im Mittelalter im nördlichen Europa auch einen ausgedehnten Sklavenhandel gegeben hat. Regensburg war zum Beispiel vom 9. bis 11. Jahrhundert ein zentraler Umschlagsplatz für Sklaven.

«Zu den Handelsgegenständen zählen auf den Wegen von Osten nach Bayern neben Pelzen, Wachs, Pferden vor allem Sklaven. Der Sklavenhandel muß vom 9. bis 11. Jahrhundert ganz groß gewesen sein. Verdun im Westen, Venedig im Osten waren die Hauptsklavenmärkte Europas im frühen Mittelalter ... Neben dem Eigenbedarf deckte der Sklavenhandel auch noch die Bedürfnisse entlegener Menschenmärkte.»
  (Siehe Bosl, K.: Die Sozialstruktur der mittelalterlichen Residenz- und Fernhandelsstadt Regensburg. München 1966. Bayer. Akad. der Wissensch., S. 20)

Auch aus späterer Zeit gibt es zahlreiche Zeugnisse über Sklaverei. Aus der Zeit um 1600 ist uns das Tagebuch eines Reisenden überliefert, in dem sehr anschaulich die Arbeit der Sklaven auf den Galeeren Livornos beschrieben wird (siehe Abbildung 7). In einem Lexikon des ausgehenden 18. Jahrhunderts findet sich eine ausführliche Abhandlung über den Sklavenhandel:

«... In unseren Zeiten sind insbesondere zwo Gattungen von Sklaven berühmt, welche entweder aus Christen oder aus Schwarzen bestehen. Christensklaven findet man vornämlich in der Barbarei in Afrika, wo sie von den Seeräubern auf christlichen

8: Sklaven unterstanden der «persönlichen Gerichtsbarkeit» ihrer Herren. Bis weit in das 19. Jahrhundert wurden Vergehen ganz nach dem Ermessen des jeweiligen Herrn geahndet. Peitsche, Brandeisen und Halsringe waren häufige Strafmittel, da Geld- oder Haftstrafen mehr den Herrn als den Sklaven trafen.
(Pope-Hennessy, 1970)

Schiffen weggenommen und in die Sklaverei geschleppt werden: ... da diese das Recht über ihrer Sklaven Leben und Tod haben; so müßten sie sich freilich sehr hüten, den Zorn ihrer Herren zu reizen: Sie können aber bei gutem Betragen gegen ihre Herren selten über Bedrückung oder Grausamkeit klagen.

Die Negersklaven werden aus Afrika geholt und nach Amerika gebracht, um sie in den Kolonien und Bergwerken zu gebrauchen. Diese Schwarzen sind eigentlich selbst schuld daran, daß sie von den Christen wie eine Ware gekauft werden; sie tun solches untereinander selbst, so daß Eltern ihre Kinder, Kinder ihre Eltern, Geschwister, Verwandte sich untereinander an die Europäer gegen allerhand Kleinigkeiten verkaufen ...»

(Siehe: Schauplatz der Natur und der Künste. Wien 1779. Stichwort: Sklaverei)

In Nord- und Südamerika waren bis weit in die Mitte des vorigen Jahrhunderts Sklavenhandel und -arbeit verbreitet. Millionen von Negern wurden vor allem aus den Westafrikanischen Kolonien nach Amerika verkauft. Da die Entwicklung der landwirtschaftlichen Gebiete vom Einsatz der Sklaven abhing, wehrten sich die Südstaaten besonders heftig gegen die Abschaffung der Sklaverei. Nach ihrer Niederlage in dem Sezessionskrieg (1861–65) mußten sie in ihren Forderungen zurückstecken. Die soziale Benachteiligung der schwarzen Bevölkerung nahm andere Formen an und drückt sich heute noch vielfältig aus, wie zum Beispiel Statistiken über Schulbildung, Arbeitsverteilung und die Vertretung in den Parlamenten beweisen. Berichte von Sklaven, in denen die absolute Abhängigkeit von dem jeweiligen Herrn anschaulich geschildert wird, sind in großer Zahl überliefert (siehe Anhang 2).

Auch in der Gegenwart finden sich verschiedene Formen der Sklaverei. In Saudi-Arabien verbot zum Beispiel König Feisal erst 1962 die Sklaverei, ohne sich mit seinem Gesetz voll durchsetzen zu können.

Noch in den siebziger Jahren gab es dort einen blühenden Handel mit Afrikanern, der von mächtigen, gut verdienenden Geschäftsleuten betrieben wurde.

In Deutschland wurden bis zum Ersten Weltkrieg Kinder auf Märkten zum Kauf angeboten, die – jeweils für einen Sommer – ihre Familien verließen und in der Ferne bei fremden Bauern Dienst taten. (s. z. B. O. Uhlig: Die Schwabenkinder aus Tirol. Innsbruck 1978).

In einer kapitalistisch geführten Wirtschaft läßt sich jedoch mit Menschen nur handeln, nicht mehr arbeiten, da ein Sklave keinen Anreiz für das Erreichen eines Akkordes und kein Verständnis für den Einsatz von Maschinen hat. Es wurden daher neue Formen gefunden, um die notwendigen Arbeitskräfte – auch aus weit entfernten Ländern – zu engagieren.

TO BE SOLD & LET
BY PUBLIC AUCTION,

On MONDAY the 18th of MAY, 1829,
UNDER THE TREES,

FOR SALE,

THE THREE FOLLOWING

SLAVES,

VIZ.

HANNIBAL, about 30 Years old, an excellent House Servant, of Good Character.

WILLIAM, about 35 Years old, a Labourer.

NANCY, an excellent House Servant and Nurse.

The MEN belonging to "LEECH'S" Estate, and the WOMAN to Mrs. D. SMIT

TO BE LET,

On the usual conditions of the Hirer finding them in Food, Clothes, and Medical A...ce

THE FOLLOWING

MALE and FEMALE

SLAVES,

ROBERT BAGLEY, about 20 Years old, a good House Servant.

WILLIAM BAGLEY, about 18 Years old, a Labourer.

JOHN ARMS, about 18 Years old.

JACK ANTONIA, about 40 Years old, a Labourer.

PHILIP, an Excellent Fisherman.

HARRY, about 27 Years old, a good House Servant.

LUCY, a Young Woman of good Character, used to House Work and the Nursery.

ELIZA, an Excellent Washerwoman.

CLARA, an Excellent Washerwoman.

FANNY, about 14 Years old, House Servant.

SARAH, about 14 Years old, House Servant.

Also for Sale, at Eleven o'Clock,

Fine Rice, Gram, Paddy, Books, Muslins, Needles, Pins, Ribbons, &c. &c.

AT ONE O'CLOCK, THAT CELEBRATED ENGLISH HORSE

BLUCHER,

Zu Mieten und zu Verkaufen
    öffentliche Auktion
Am Montag, den 18. Mai 1829
    unter den Bäumen

Zum Verkauf
werden die drei folgenden

    S K L A V E N
angeboten:

Hannibal, etwa 3o Jahre alt, ein hervorragender Hausdiener,
        sehr gutwillig
William, etwa 35 Jahre alt, ein Arbeiter
Nancy, ein ausgezeichnetes Dienst- und Kindermädchen

Die Männer gehören zum "Leech-Haushalt", das Mädchen
zu Frau D. Smit

Zum Verleih werden die folgenden
männlichen und weiblichen

    S K L A V E N

angeboten,

für den Mieter gelten die üblichen Bedingungen, wie
Versorgung mit Nahrungsmitteln, Kleidung und Medizin

Robert Bagley, etwa 2o Jahre alt, ein guter Hausdiener
William Bagley, etwa 18 Jahre alt, ein Arbeiter
John Arms, etwa 18 Jahre alt
Jack Antonia, etwa 4o Jahre alt, ein Arbeiter
Philip, ein ausgezeichneter Fischer
Harry, etwa 27 Jahre alt, ein guter Hausdiener
Lucy, eine junge Frau besten Charakters, verwendbar
für Haushalt und Kinderpflege
Eliza, eine ausgezeichnete Waschfrau
Clara, eine ausgezeichnete Waschfrau
Fanny, etwa 14 Jahre alt, ein Hausmädchen
Sarah, etwa 14 Jahre alt, ein Hausmädchen

Ebenso Zum Verkauf Um Elf Uhr

Feiner Reis, Getreide, ungeschälter Reis, Bücher,
Musselin, Nähnadeln, Stecknadeln, Bänder, etc., etc.

Um Ein Uhr Wird Das Berühmte Englische Pferd
B L U C H E R   versteigert

Technische Großleistungen durch Muskelkraft

Als Beispiel für die Anwendung der Muskelkraft soll die Verschiebung eines Obelisken in Rom näher ausgeführt werden. Schon etwa 1000 v. Chr. waren von den Ägyptern Obelisken aus Felsen herausgehauen, in die Städte transportiert und dort aufgestellt worden. Mehrere davon hatten die Römer im 1. vorchristlichen Jahrhundert in ihre Hauptstadt gebracht und dort wieder aufgerichtet. Gegen Ende des 16. Jahrhunderts wollte der Papst Sixtus V. nach den Auseinandersetzungen der Reformation Rom neuen Glanz geben, um seine ungebrochene Macht zu demonstrieren. Er ließ daher Pläne für die Neugestaltung der Stadt entwerfen. Aus diesem Grund sollten mehrere Obe-

11: Die Verschiebung eines Obelisken in Rom im Jahre 1586. Bevor das große Werk der Verschiebung des Obelisken in Angriff genommen wurde, gab es eine Ausschreibung. Auf der Abbildung werden die verschiedenen Vorschläge der Ingenieure dargestellt. Da es sich bei dem Obelisken um einen Monolithen handelte, glaubten die meisten, sie könnten ihn schräg gelagert oder sogar aufrecht stehend transportieren. Der ausgewählte Vorschlag ist oben in der Abbildung – von Engeln getragen – zu sehen (Kupferstich 1590).

lisken wieder aufgerichtet werden. Ein 23 Meter hoher Obelisk, der aus einem einzigen Stück bestand und unscheinbar hinter der Peterskirche aufgestellt war, sollte z. B. gut 200 Meter verschoben werden, um vor der Kirche am Ende einer Straßenflucht in seiner ganzen Monumentalität trotz seines heidnischen Ursprungs zum Ruhm der Kirche beizutragen. Über diesen letzten kürzesten Transport, der geringsten technischen Leistung in der Geschichte des Obelisken, hat der verantwortliche Ingenieur Domenico Fontana ein ganzes Buch geschrieben.

Seit der Antike haben sich die Mittel und die Energiequellen für die Bewältigung solcher Aufgaben nur sehr wenig geändert. In der Antike sind keine Pferde (da das Kummet als Zuggeschirr noch nicht bekannt war), je-

12: Die Niederlegung des Obelisken in Rom 1586. Der Obelisk wurde zunächst vollständig von einem Gerüst umgeben, dann mit vierzig Flaschenzügen und ebenso vielen Göpeln, die von über 900 Arbeitern gleichzeitig in Gang gesetzt wurden, angehoben, langsam umgelegt und dann über 260 m transportiert, um an einer neuen Stelle wieder aufgerichtet zu werden (Kupferstich 1590).

29

doch vielleicht Ochsen als Zugtiere eingesetzt worden. Nachrichten fehlen darüber leider. Hauptantriebskraft bildete jedoch ohne Zweifel der Mensch. In der Organisation der Durchführung hat sich wahrscheinlich nichts geändert. Der Ingenieur des 16. Jahrhunderts bestimmte allerdings mit einer Steinprobe das spezifische Gewicht des Obelisken und daraus sein Gesamtgewicht; danach berechnete er die Zahl der einzusetzenden Göpel, Flaschenzüge, Menschen und Pferde.

Für die Durchführung der Aufgabe waren nach einer Ausschreibung verschiedenste Vorschläge (Abbildung 11) eingereicht worden:

«Die meisten stimmten darin überein, daß der Obelisk aufrecht stehend zu transportieren sei, da es für das allerschwierigste gehalten wurde, ihn umzulegen und wieder aufzurichten. Einige wollten nicht nur den Obelisken, sondern ihn samt seinem Piedestal und Fundament aufrecht transportieren. Andere nicht aufrecht und nicht waagerecht, sondern schräg liegend im Winkel von 45° gegen den Horizont geneigt. Dann zeigten sie die Art, wie er bewegt werden sollte. Der eine meinte mit einem einzigen Hebel, der andere mit Schrauben, der andere mit Zahnrädern.»

Nach Fontanas Vorstellungen mußte der Obelisk zunächst etwas angehoben, dann niedergelegt (Abbildung 12), über 200 Meter transportiert und wieder aufgerichtet werden. Der päpstliche Ausschuß war mit Fontanas Ausführungen sehr einverstanden, bezweifelte aber, daß Fontana selbst wegen seiner geringen Erfahrung – er war erst 42 Jahre alt – das Werk richtig zu Ende bringen könne. Man wollte es lieber einem Sechzigjährigen anvertrauen. Die trauten es sich jedoch nicht zu, so daß Fontana doch zum Zuge kam. Eingesetzt wurden nur die elementaren, seit der Antike bekannten Mittel. Diese Mittel mußten in großer Zahl nach einem genauen Plan eingesetzt werden, um das Monument mit seiner Masse von 327 Tonnen vorwärts zu bewegen. Fünf große Hebel – 13 Meter lang –, 40 Göpel mit den entsprechenden Flaschenzügen, 907 Menschen und 75 Pferde mußten im selben Moment zugreifen und anziehen, um die Kräfte ganz wirken zu lassen.

«Fast alle Sachverständigen bezweifelten, daß man so viele Göpel so in Übereinstimmung bringen könne, daß sie mit vereinter Kraft wirkten, um ein so großes Gewicht zu heben. Sie sagten, die Göpel könnten nicht gleichmäßig anziehen, deren am stärksten angezogener Göpel müßte zerbrechen und dadurch Verwirrung entstehen, die die ganze Maschinerie in Unordnung bringen würde. Ich aber, obgleich ich noch nie so viele Kräfte hatte zusammen wirken lassen, noch etwas dergleichen gesehen hatte, noch durch irgendeine Vergleichung darüber klar werden konnte, fühlte mich doch sicher, daß ich es tun könnte, weil ich wußte, daß vier Pferde, die an einem jener Seile ziehen, wie ich sie angeordnet hatte, wenn sie sich auch noch so anstrengten, doch niemals im Stande sein würden, es zu zerreißen, sondern wenn irgendein Göpel zuviel von der Last zu tragen bekommen würde, könnte er sich nicht drehen, aber ebensowenig, wie gesagt, das Seil zerreißen ...»

Fontana mußte in sich die Fähigkeiten eines rechnenden und konstruierenden Ingenieurs, eines Kaufmannes, da er sämtliche Materialien zu beschaf-

13: Die Verschiebung des Obelisken zum neuen Standplatz 1586. Da der neue Standplatz nicht auf derselben Höhe wie der alte lag, wurde ein langer Damm gebaut, über den der Obelisk liegend mit Hilfe von Rollen langsam bewegt wurde. Die ganze Aktion – von der Niederlegung bis zum erneuten Aufrichten – dauerte über ein halbes Jahr (Kupferstich 1590).

fen hatte, und eines Verwalters oder Personalchefs, der über 900 Leute anwerben und Unterhalt für über ein halbes Jahr besorgen mußte, vereinen. Das Werk konnte nur bei strengster Disziplin gelingen. Der Papst selbst hatte sich die Oberaufsicht vorbehalten; Scharfrichter wurden in die Ecken des Platzes gestellt, um die genaue und sofortige Befolgung aller Befehle zu überwachen. Bei jedem Göpel standen zwei Aufseher, die ein scharfes Auge darauf haben sollten, daß richtig zugepackt wurde. Trompetensignale bestimmten Anfang und Abbruch jeder Aktion.

Der Obelisk wurde zunächst angehoben, dann umgelegt, wobei jede Phase der Bewegung mit Balken abgestützt wurde. Die Flaschenzüge, von denen

14: Das Aufrichten einer Granitschale 1831. Daß die Methoden des römischen Ingenieurs bei der Verschiebung des Obelisken überzeugend waren, beweisen die Arbeiten beim Transport einer Granitschale rund 250 Jahre später. Es sind dieselben Methoden und Arbeitsmittel geblieben.

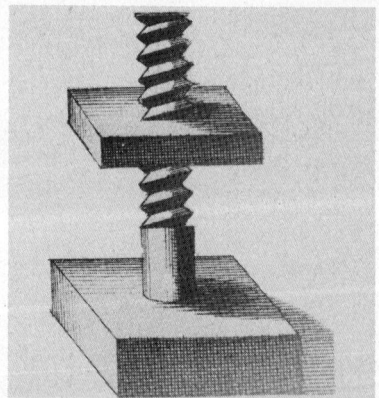

15: Der Keil. Die Wirkung des Keils ist durch die schiefe Ebene zu erklären. Das Verhältnis der Kräfte kann durch eine Zerlegung in Kraftkomponenten ermittelt werden (Kupferstich 1745).

16: Die Schraube. Auch eine Schraube ist eine schiefe Ebene, die um eine Achse herumläuft (Kupferstich 1745).

17: Die einfache Rolle und der Flaschenzug. Die einfache Rolle – und dasselbe gilt für die Welle – bringt nur eine Umlenkung der Kraft. Beim Einsatz von zusätzlichen Rollen wird jedoch der Arbeitsweg länger und die einzusetzende Kraft entsprechend geringer. Mit wenig Kraft läßt sich ein großes Gewicht bewegen (Kupferstich 1745).

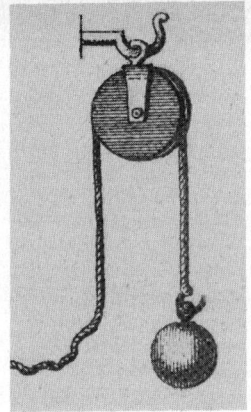
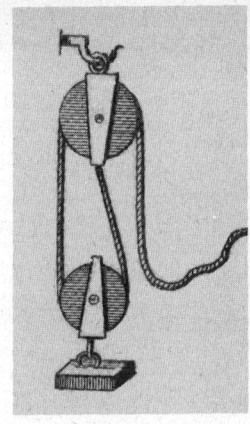

18: Auf einem mittelalterlichen Markt. Die Männer im Vordergrund schließen gerade einen Vertrag per Handschlag ab, wobei ein Dritter Zeuge ist. Im Hintergrund ist ein Drehkran zu sehen, wie er schon in der Antike gebraucht wurde, in allen mittelalterlichen Städten üblich war und noch lange bis in die Neuzeit eingesetzt wurde (Miniatur-Farbdruck 16. Jahrhundert).

die meisten zwei Rollen hatten – 40 für jeden der 40 Göpel – wurden nach jedem Bewegungsschub versetzt. Da der neue Standort niedriger lag, wurde ein Wall bis dorthin gebaut und der Obelisk über Rollen hintransportiert (Abbildung 13). Ein halbes Jahr nach seiner Niederlegung wurde er wieder aufgerichtet.

Es wurden zunächst zwei Messen gelesen,

«jeder, der zu arbeiten hatte, ging zur Kommunion, wie bei der Niederlegung geschehen war, und bat Gott um guten Erfolg. Bei Tagesanbruch war alles in Ordnung. Nun begann man mit 40 Göpeln, 140 Pferden und 800 Mann zu arbeiten, mit denselben Trompeten und Glockensignalen zum Arbeiten und Stillhalten, wie zuvor ... Als der Obelisk halb aufgerichtet war, hielt man inne und unterstützte ihn, um die Arbeiter wieder zu Mittag essen zu lassen».
(Siehe Fontana, Domenico: Della Trasportatione dell' Obelisco Vaticano et delle Fabriche di nostro Signore Papa Sisto V. Roma 1590. Übertragen von Th. Beck: Beiträge zur Geschichte des Maschinenbaues. Berlin 1899, S. 488 und S. 492)

Die Hilfsmittel, die für diese technischen Großleistungen eingesetzt wurden, waren zum Teil mehr als 2000 Jahre bekannt. Die neuen technischen Entwicklungen des Mittelalters, die weit über die der Antike hinausgingen, waren für diese Art der Arbeiten nicht einzusetzen. Wasser- und Windräder waren ortsgebunden, Werkzeugmaschinen, wie Drehbank oder Bohrer, waren für diese Arbeiten nicht zu gebrauchen und militärische Entwicklungen wie Kanonen und Schießpulver noch viel weniger. Mit diesen Entwicklungen waren die technischen Leistungen quantitativ nicht zu steigern. Dafür blieb man weiter auf Hebel, schiefe Ebene, Keil, Rolle und Flaschenzug angewiesen (Abbildung 14 und 18).

Die Muskelkraft der Tiere

Tierkraft stand schon seit vorgeschichtlicher Zeit dem Menschen zur Verfügung. Pferde sind seit der Bronzezeit, etwa dem dritten Jahrtausend vor Christus, domestiziert.

Ochsen wurden schon im Altertum zum Pflügen mit dem Hakenpflug unter das Joch geschirrt. Pferde, die in ähnlicher Weise angeschirrt wurden (Abbildung 19), konnten nur leichtere Wagen ziehen, denn das Joch wurde mit Hals- und Unterbrustgurt so befestigt, daß der Halsgurt gerade auf Luft- und Blutzufuhr drückte. Das Pferd konnte sich daher nicht mit aller Kraft in das Zuggeschirr legen. Auch Elefanten sind in der Antike als Lasttiere gezähmt worden. Bekannt geworden sind sie vor allem durch den Feldzug des Karthagers Hannibal, der nach einem langen Marsch von Afrika her kommend Spanien und Südfrankreich durchquerte, den Weg an der Küste vermied und mit seinen Elefanten einen Teil der Alpen überquerte. Erst kurz vor Rom wurde er in entscheidenden Schlachten zurückgeworfen.

19: Das antike Pferdegeschirr. Die Pferde wurden in der Antike unter einem Joch angeschirrt, das mit einem Hals- und Unterbrustgurt festgeschnallt wurde. Der Zugpunkt lag auf dem Rücken der Pferde, die Zugbelastung wurde von dem Halsgurt aufgenommen, dadurch Luft- und Blutzufuhr bei größeren Anstrengungen abgedrückt, was das Pferd am weiteren Ziehen hinderte (antikes Relief, 1. Jahrhundert n. Chr.).

Für den Einsatz von Tieren können zunächst einige sachlich begründete Forderungen benannt werden: Das Tier muß domestizierbar sein, das heißt, an Haus und Hof gewöhnt werden können und Befehlen gehorchen. Es muß für die zu leistende Arbeit kräftig genug, ausdauernd und wirtschaftlich sein, das heißt, sein Unterhalt darf nicht mehr Mühe verursachen, als sein Einsatz Arbeit ersparen hilft. Dies sind Forderungen, die das Pferd in idealer Weise erfüllt. Der Ochse ist verhältnismäßig schwerfällig und langsam, der Elefant unwirtschaftlich, da er sehr viel Futter braucht. Das Pferd dagegen ist – jedenfalls aus heutiger Sicht – für nahezu alle Arbeiten zu gebrauchen. Es ist schnell, ausdauernd und besser zu dressieren als die meisten anderen Tiere.

Seit fast 5000 Jahren ist das Pferd ein Haustier; als Wildpferd wurde es wahrscheinlich mit dem Lasso gefangen, wobei das Lasso Blut- und Luftzufuhr abdrückte, so daß es nicht mehr ausbrechen konnte.

Seine überragende Bedeutung als Reit- und Zugtier gewann das Pferd jedoch erst seit dem 8./9. Jahrhundert. In dieser Zeit setzte sich die Erfindung des eisernen Steigbügels im Fränkischen Reich durch, der schon sehr viel früher – aus Holz oder Leder gefertigt – Vorläufer in Afghanistan, China und Persien gehabt hat (vgl. Abbildung 22). Außerdem wurde das Pferd mit dem Kummet, einer Art gepolstertem Kragen, angeschirrt (Abbildung 20). Das

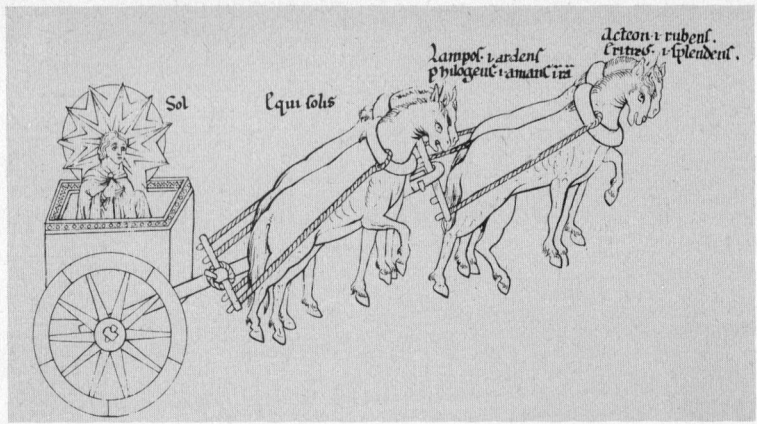

20: Das Kummet. Seit dem 8./9. Jahrhundert setzte sich langsam ein neues Pferdegeschirr durch, das dem Pferd wie ein Kragen um die Schulter gelegt wurde und nicht
mehr, wie das alte Jochgeschirr, auf Blut- und Luftzufuhr drückte (Zeichnung um
1180).

21: Pferde vor dem Pflug. Das neue Geschirr erweiterte den Einsatz des Pferdes erheblich. Das Pferd konnte drei- bis viermal so viel leisten wie der langsamere Ochse. Hier
sind Pferde vor den Räderpflug gespannt, der ebenfalls im frühen Mittelalter entwik-
kelt und in immer größerer Zahl eingesetzt wurde. Im Hintergrund ist ein Bauer dabei,
einen Zaun zu flechten, um die Ziegenherde nicht mehr auf die Felder laufen zu lassen
(Holzschnitt 1502).

Zuggeschirr wurde auf den Seiten angebracht, so daß beim Ziehen die Brust und Schultern des Pferdes, nicht aber sein Hals belastet werden. Das Pferd kann sich so unbehindert in das Zuggeschirr legen, seine ganze Kraft einsetzen und etwa drei- bis viermal größere Lasten ziehen als mit dem alten Jochgeschirr.

Mit dem neuen Geschirr konnte das Pferd auch zum Pflügen eingesetzt werden. Die Abbildung 21 zeigt pflügende Pferde mit einem Kummetgeschirr und dem in der gleichen Zeit vervollkommneten Räderpflug. In diesem Zusammenhang muß noch eine dritte «unscheinbare» Erfindung genannt werden, die sich seit dem 9. Jahrhundert, also zur gleichen Zeit, allgemein durchsetzte: das eiserne Hufeisen. Bei harten Böden nutzen sich die Hornhufe der Pferde zu schnell ab, und das Pferd wird fußlahm. Auf feuchten, schweren oder gar gefrorenen Böden ist das Pferd nur kurze Zeit einzusetzen und müßte ohne Hufeisen schnell wieder geschont werden. Auch das Hufeisen hat übrigens vereinzelt antike Vorläufer wie Hufschuhe und ähnliches.

Technische und gesellschaftliche Veränderungen im Mittelalter

Wie kam es im Laufe des Mittelalters zu der Vielzahl dieser Änderungen, die noch durch eine ganze Reihe weiterer ergänzt werden könnte? Waren es geniale Erfindungen tüchtiger Handwerker oder Bauern, die durch die Erfahrung bestätigt wurden, oder nur vereinzelte Einfälle, die plötzlich fruchtbaren Boden fanden? Um diese Fragen etwas weiter zu klären, muß auf größere Zusammenhänge eingegangen werden. Im 8. Jahrhundert, zur Zeit Karl Martells, der die Feldzüge gegen die Araber angeführt und sie von Südfrankreich nach Spanien zurückgedrängt hatte, zur Zeit Pippins und Karls des Großen im 9. Jahrhundert vollzogen sich in mehreren Bereichen revolutionäre Veränderungen.

Germanische Stammesführer begannen in jener Zeit großräumige Eroberungsfeldzüge. Kirchengüter, die in vorhergehenden Jahrhunderten sehr groß geworden waren, wurden enteignet, obwohl das Christentum sich in dieser Zeit ausbreitete und Karl der Grosse selbst in Rom vom Papst zum Kaiser gekrönt wurde. Die Klöster- und Kirchenfürsten wurden zwar zum Teil durch politische Zugeständnisse und Steuerrechte entschädigt, aber in der damaligen Zeit beruhte der Reichtum auf Grundbesitz, so daß diese Landreform einen tiefen Eingriff in die Machtstruktur bedeutete. Das neugewonnene und eingezogene Land wurde als Lehen – darin steckt das Wort leihen – für die Vasallen der Herzöge und Könige benötigt. Ein ganz neuer Stand wurde so geschaffen, der seinem Lehnsherrn zu absoluter Treue und zum Kriegsdienst verpflichtet war und seinerseits wiederum besonderen Schutz beanspruchen konnte. Mit der Landreform und der Landvergabe an Vasallen waren Heeresreformen verbunden: Seit dem 8. Jahrhundert gewann die bewaffnete Reiterei zentrale Bedeutung. Aus dem Reiter wurde der Ritter, der einem neuen Stand – dem der Ritter – angehörte. Sein Land wurde durch die Bauern, denen die umliegenden Felder gehörten, mit bearbeitet, und sie unterstanden ihrerseits wieder dem Schutz der Ritter.

Reiter hatten schon in früheren Heeren eine Rolle gespielt. Jetzt wurden sie aber anders ausgerüstet. Die Streitaxt und der Wurfspieß wurden durch Lanzen mit schwerem Schaft und breiter Spitze ersetzt, die aus dem getroffenen Gegner wieder herausgezogen werden konnten. Diese Ausrüstung war nur möglich, weil gleichzeitig der Steigbügel neu eingeführt worden war. Er war fest mit dem Pferd verbunden, aus Metall gefertigt und offen, so daß der Reiter beim Sturz nicht darin hängenbleiben konnte. Der Steigbügel verband Pferd und Reiter zu einer festen Einheit. Der Stoß, den der Reiter ausübte, wurde von dem gesamten Gewicht des Reiters und seines Pferdes aufgefangen. Dies ist die Anwendung des physikalischen Grundprinzips, daß der Stoß einem Gegenstoß, die Kraft einer Gegenkraft entsprechen müsse oder, wie es I. Newton fast tausend Jahre später erst formulierte, daß actio gleich reactio sein müsse.

Wegen der Überlegenheit der Ritterheere breitete sich das Lehnswesen in ganz Europa aus. England, das diese Entwicklung zunächst nicht mitgemacht hatte, konnte dem Ansturm der Reiterheere Wilhelms des Eroberers im

22: Der Steigbügel. Zur selben Zeit wie das Kummet gewann der Steigbügel große Bedeutung. In den Schlachten Wilhelm des Eroberers, die auf dem Teppich von Bayeux dargestellt sind, waren die Reiterheere von ausschlaggebender Bedeutung. Der Ritter bildete durch den Steigbügel mit seinem Pferd eine Einheit, gegen die der zu Fuß kämpfende Gegner wenig ausrichten konnte (Teppich 11. Jahrhundert).

23: Messerschleifer. Der Antrieb erfolgte über einen Pferdegöpel. Der Schleifer liegt, um größeren Druck ausüben zu können, so, daß er sich mit seinen Füßen einstemmen kann (Kupferstich 1607).

11. Jahrhundert nicht standhalten. Die herkömmlichen Schlachtordnungen waren den neuen Strategien weit unterlegen. Wilhelm der Eroberer führte daher auch in England das Rittertum und das Lehnswesen ein.

Die Ausbildung eines starken Königtums, des Lehens- und des Feudalwesens, die damit verbundene Boden- und Heeresreform und das Aufgreifen technischer Neuerungen bilden eine Einheit. Kein Teil darf davon weggelassen werden, wenn die Gründe für die Änderungen begriffen werden sollen. An den ausgeführten Beispielen wird deutlich, daß keine monokausalen Zusammenhänge bestehen, daß nicht die Erfindung des Steigbügels Ritterheere, der Einsatz des Kummets keine Landreform zur Folge hatte.

Der Steigbügel war zur Zeit Karl Martells im Frankenreich wohl zunächst einzeln verbreitet. Er bewährte sich bei verschiedenen militärischen Einsätzen, und gleichzeitig wuchs gerade durch solche kriegerischen Erfolge die Macht der Herzöge und Könige, so daß sie in immer größerem Umfang Land erobern, eigene Ritter damit belehen und dadurch ihr Heer erweitern konnten.

Andererseits wurde aus diesen Gründen die Pferdezucht forciert, und Pferde standen für eine Vielzahl von Arbeiten zur Verfügung. So wurden Voraussetzungen für die Ausbreitung des Kummets geschaffen und damit die Möglichkeit einer intensiveren Bodenbearbeitung, die andererseits wiederum nötig war, weil Pferde mit Hafer gefüttert werden und ihnen große Weideflächen zur Verfügung stehen müssen.

Zudem setzte sich seit dem 8. Jahrhundert langsam die Drei-Felder-Wirtschaft durch. Wurde in früheren Jahrhunderten ein Feld beackert und im nächsten Jahr brach liegen gelassen, lösten jetzt Frühjahrssaat, Herbstsaat und Brache einander im Dreierrhythmus ab. So konnte der Ertrag um ein Drittel gesteigert werden.

Weitere Entwicklungen – die Bearbeitung größerer Felderflächen in gemeinschaftlicher Nutzung, der Ausbau eines Wegesystems, die langsame Bildung einer Vorrats- und Marktwirtschaft, die Voraussetzung für die Städtebildung war – wurden hiermit eingeleitet.

Der Ritterstand bildete sich im Laufe des Mittelalters sozusagen zu einer eigenen Klasse heraus, die sich immer mehr von den übrigen Teilen der Bevölkerung abhob. Rüstungen und Reittiere zu unterhalten war ein aufwendiges Unterfangen, das sich nicht jeder Bauer leisten konnte. Die Beherrschung der Ritterwaffen erforderte von jung an Übung, die bei ständigem Wettstreit bald keine andere Tätigkeit mehr zuließ. Das ging jedoch nur auf Kosten der Bauern, die keine Kriegsdienste mehr leisten konnten und in immer größerem Umfang für die Ritter und Schloßherren arbeiten mußten. Die Teilnahme an Kriegen wurde als Auszeichnung verstanden und durch höheres Ansehen und gesellschaftliche Privilegien belohnt. Ein Bauer, der keine Rüstung besaß, der für die Kriegsdienste kein Pferd zur Verfügung hatte, der vielleicht nicht einmal als Knappe eines Ritters einen Feldzug begleiten durfte, mußte länger als andere Frondienste leisten und konnte seine eigenen Äcker nicht mehr so sorgfältig wie ein freier Bauer bestellen. Die Unterschiede wurden im Laufe der Jahrhunderte immer größer: Auf Grund ihrer militärischen Macht konnten die Ritter ihren Besitz ständig ausbauen, während die Bauern in immer größerem Umfang Frondienste auf den Feldern des Grundherrn leisten mußten. Ihnen wurde für ihren Lebensunterhalt nur noch ein Stück Land auf «ihren Leib» verschrieben. Die Leibeigenschaft wurde in den verschiedenen Abstufungen das Charakteristische des Bauernstandes. Damit war das Herrschaftsverhältnis nicht nur mit dem Grund verbunden. Der Bauer hatte die meisten Lasten der Kriege, der Hunger- und

24: Mühle mit Antrieb durch eine Rindertretscheibe. In manchen Bereichen waren Pferde durchaus nicht so gut zu gebrauchen wie etwa Ochsen oder andere Zugtiere. Hier bewegen Rinder durch ihr Gewicht und durch ihr Laufen die schräg gelagerte Scheibe vorwärts, die über zwei Kammgetriebe einen Mahlstein antreibt (Kupferstich 1607).

der Krankheitszeiten zu tragen, da er unabhängig von guten und bösen Zeiten Naturalabgaben zu leisten hatte, die im späten Mittelalter immer mehr in Geldgaben umgewandelt wurden. Das bedeutete die Einführung einer Steuerpflicht.

Der leibeigene Bauer konnte sich diesen Lasten nur durch Flucht entziehen: Viele wanderten in Städte ab, die seit dem 11./12. Jahrhundert in immer größerer Zahl gegründet wurden. «Stadtluft macht frei» ist eine Redensart, die aus dem frühen Mittelalter stammt.

Neben der Nutzung der Pferdekraft gab es im Mittelalter noch eine Reihe anderer Energiequellen, die für die gesamte Entwicklung große Bedeutung hatten. Der Einsatz von Antriebsmaschinen – also Wasser- und Windrädern in der zweiten Hälfte des Mittelalters – hat jedoch die menschliche und tierische Muskelkraft nicht ersetzt. Sie blieb weiterhin die wichtigste Energiequelle. Erst in der Gegenwart hat sich dieses Bild durch die Einführung vieler kleiner elektrischer Maschinen wesentlich geändert. Für kleinere Betriebe war die Muskelkraft bis weit in das 19. Jahrhundert am billigsten und vielseitigsten einzusetzen.

Die Kraft des strömenden Wassers

Unmittelbar sinnlich erfahrbar wie die Muskelkraft ist auch die Kraft des fließenden Wassers und des Windes. Um sie technisch zu nutzen, genügt es im Prinzip, ein Rad mit einer Welle in die Strömung zu halten. Vom heutigen Standpunkt fällt es schwer, überhaupt größere Schwierigkeiten dabei zu erkennen. Die Erfindung des Rades und des Karrens ist etwa fünftausend Jahre alt! Wassermühlen dagegen sind erst aus der Antike, etwa seit zweitausend Jahren, bekannt, und in größerem Umfang wurden sie erst seit dem Mittelalter eingesetzt.

Der Grund für die langsame Verbreitung kann nicht bei schwierigen technischen Problemen gesucht werden. Das Mittelalter wiederholte zahlreiche Erfindungen, die schon in der Antike sporadisch genutzt wurden. Etwa seit dem 2. Jahrhundert vor Christus gibt es Wasserräder mit senkrechter Welle (Abbildung 25), die keinerlei weitere Übertragungselemente brauchen; das Rad ist auf einer Welle fest angebracht, so daß sich Rad und Welle zusammen bewegen. (Im Gegensatz zur Achse ist die Welle beweglich gelagert.)

Bei einer Getreidemühle ist auf der dem Wasserrad entgegengesetzten Seite an der Welle der Mahlstein angebracht. Dies ist die technisch einfachste Form, und so wurden Mühlen bis in die jüngste Zeit eingesetzt. Mit Mühle wurde lange Zeit jede Maschine bezeichnet, die vom Wind oder Wasser angetrieben wurde. Es wurde dabei nicht nur an Getreidemühlen gedacht, obwohl sie die häufigsten Mühlen waren. Im Englischen hat sich die Bezeichnung «mill» sogar noch für Fabriken gehalten.

Vitruv berichtet im 1. Jahrhundert vor Christus schon über Wasserräder mit horizontaler Welle, die zum Getreidemahlen verwandt wurden. Eine Zeichnung aus antiker Zeit ist nicht überliefert.

25: Das Löffelrad. In steil abfallenden Gebirgsbächen wurden sehr häufig Löffelräder eingesetzt, da sie bei geringen Wassertiefen die Energie des strömenden Wassers besser aufnahmen als Schaufelräder. Bei einem Durchmesser von 1,50 m bis 2 m und einem Wasserdurchfluß von 20 Litern pro Sekunde leisten sie etwa 1 Kilowatt.

26: Das Wasserrad bei der Papierherstellung. Ein unterschlächtiges Wasserrad treibt eine Welle mit Nocken, die auch Daumen genannt werden, an, die ihrerseits die Hämmer eines Stampfwerks heben. Dadurch wurden Leinenstoffe zerrieben, und das dabei gewonnene feine Gemisch bildete die Grundsubstanz für die Papierherstellung. Der Arbeiter links im Bild schöpft gerade mit einem Sieb ein neues Blatt aus dem Bottich. Es wird anschließend getrocknet und gepreßt (Kupferstich 1618).

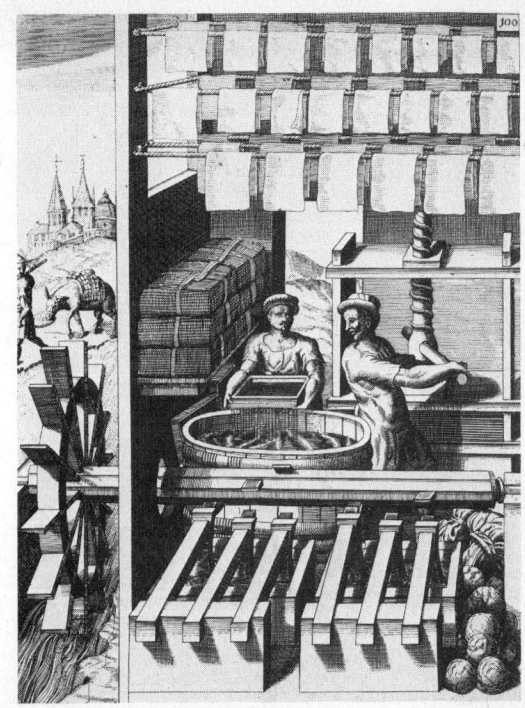

Für viele Zwecke muß die Bewegung einer horizontalen Welle in die einer vertikalen oder senkrechten Welle übersetzt werden. Im Mühlenhaus ist auf der Welle des Wasserrades ein Kammrad (oder Kronrad) angebracht, das in ein Stockgetriebe mit senkrechter Welle greift. Mit dieser Welle bewegt sich der Mahlstein, der das Korn verarbeitet.

Auch die Daumenwelle war als Spielelement schon in antiker Zeit bekannt. Sie ist eine Welle, in die Daumen oder Nocken eingesetzt wurden. Erst seit dem 10./11. Jahrhundert setzt sie sich als Maschinenelement allgemein durch. Durch die Daumenwelle kann eine Drehbewegung in eine Hin- und Herbewegung verwandelt werden, wodurch das Wasserrad z. B. einen Hammer heben kann, der dann durch ein eigenes Gewicht wieder nach unten fällt und das Werkstück schmiedet. In Abbildung 26 ist ein Wasserrad mit einem Antrieb für eine Papierstampfe zu sehen. Auch zum Antrieb von Blasebälgen in Schmieden und bei der Erzverarbeitung zum Zerkleinern der Gesteinsbrocken wurde das Wasserrad mit Daumenwelle verwandt; weiterhin als Antrieb in Sägewerken, für Bohrer (Abbildung 27) und in Tuchwalkereien.

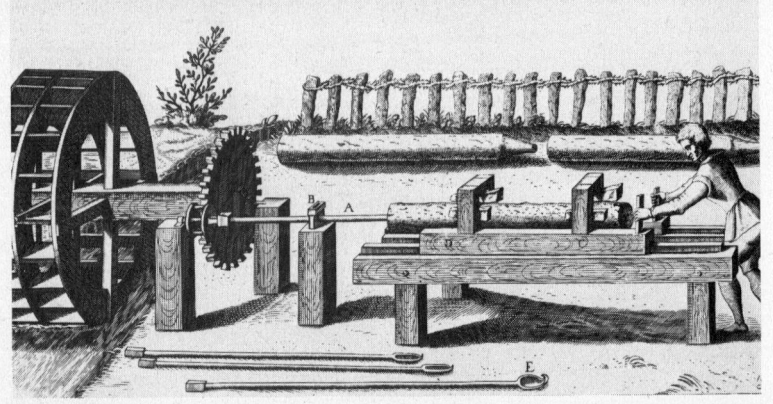

27: Das Wasserrad beim Antrieb eines Bohrwerks. Im Vordergrund der Abbildung sind die eisernen Bohrer zu sehen, die für das Aushöhlen der Baumstämme eingesetzt wurden. Die langsame Bewegung des Wasserrades wurde durch eine Übersetzung um das etwa Sechsfache erhöht. Für den Vorschub und Gegendruck mußte die Kraft des Arbeiters selbst sorgen. Die durchbohrten Rohre wurden für Wasserleitungen gebraucht. Der Verfasser des Buches, dem der Stich entnommen ist, war für den Bau der Springbrunnen und der übrigen Anlagen des Schlosses in Heidelberg verantwortlich (Kupferstich 1615).

Das Wasserrad wurde im Mittelalter, das heißt seit dem 8./9. nachchristlichen Jahrhundert, zur generellen Antriebsmaschine. Dies ist ein langer Prozeß gewesen, der – wie auch später Dampfmaschine oder Dieselmotoren – nie alle Bereiche erfaßte, sondern neben der menschlichen und tierischen Muskelkraft eine immer wichtigere Rolle spielte (siehe auch Bloch, M. u. a.: Schrift und Materie der Geschichte ... Frankfurt 1978, S. 171–198). Die sich entwickelnden Industrien nutzten jedoch das Wasserrad sehr intensiv. Dazu gehörten die Webindustrie in Norditalien (Abbildung 28) und etwas später der Bergbau in Mitteleuropa (Abbildung 30).

Das Wasserrad ist ursprünglich aus dem viel älteren Flußschöpfrad (6. oder 7. Jh. v. Chr.) entwickelt worden, wie es bis in die Gegenwart in Franken noch im Gebrauch ist. Es war jedoch in der Antike nur sehr wenig verbreitet. So wird berichtet, daß Caligula (1. Jh. n. Chr.) einmal Pferde und Ochsen aus den Mühlen Roms wegtreiben ließ und daß aus diesem Grunde ein großer Mangel an Brot entstand; die Mühlen wurden offensichtlich durch Tiere angetrieben; Wassermühlen waren kaum vorhanden (siehe auch Feldhaus, F. R.: Ruhmesblätter der Technik. Leipzig 1924, Bd. 1, Wasserräder und Wasserturbinen, S. 68).

28: Ein Wasserrad treibt eine Seidenzwirnmaschine an. Im wiedergegebenen Bild ist der innere Teil der Maschine und nicht die eigentliche Zwirnvorrichtung zu sehen. Mit einem doppelten Übersetzungsgetriebe wird die für den Antrieb der Seidenzwirnmaschine hohe Umdrehungszahl erreicht. Solche Maschinen soll es schon 1272 in Bologna gegeben haben. Die Textilindustrie begründete den Reichtum Oberitaliens im späten Mittelalter (Kupferstich 1607).

FILATOIO DA AQVA. I.

29: Oberschlächtiges Wasserrad um 1340. Der Wasserzufluß ist als Kanal ausgebaut. Über ein Gerinne wird das Wasser auf das Rad gelenkt. Im oberen Teil sind Reusen für den Fischfang zu sehen (Zeichnung um 1340).

30: Ein Kehrrad. Agricola beschreibt ein oberschlächtiges Wasserrad, das als Kehrrad durch den Wasserzufluß in beide Drehrichtungen bewegt wurde. Ein großer Eimer, eine sogenannte Bulge, wird durch das Rad heraufgezogen, und geleert wieder hinunter gelassen (Holzschnitt 1556).

Der Wasserbehälter A. Das Gerinne B. Die Hebel C, D. Die Gerinne unter den Schützen E, F. Die zwei Schaufelkränze G, H. Die Welle I. Der Kettenkorb K. Die Förderkette L. Die Bulge M. Die hängende Bühne N. Der Maschinenwärter O. Die Arbeiter, welche die Bulgen entleeren P, Q.

Im Mittelalter verbreitete sich zwischen dem 8. und 10. Jahrhundert im Vergleich zu dieser Entwicklung das Wasserrad sehr schnell. Wilhelm der Eroberer (11. Jh. n. Chr.) ließ die Zahl der Wasserräder in England feststellen und kam auf über 5600; dies ist ein Zeichen für eine weit vorgedrungene Mechanisierung.

Die Klöster spielten bei der Ausbreitung dieser Techniken eine wesentliche Rolle. Ihr Wahlspruch «bete und arbeite» schloß neben der geistigen Tätigkeit die körperliche Arbeit mit ein. Die Mönche nutzten, da sie finanzielle Möglichkeiten zum Aufbau größerer Anlagen hatten, die Wasserkraft systematisch aus.

Ein anschauliches Zeugnis dafür bietet die Beschreibung der Abtei Clairvaux (gegr. 1115 von Bernhard):

«Der Fluß tritt in die Abtei insoweit ein, als die Mauer, die als Hindernis entgegensteht, dies zuläßt. Er stürzt sich zunächst in die Getreidemühle, wo er gehörig eingespannt wird, das Korn unter dem Druck der Mühlsteine zu mahlen und das feine Sieb zu schütteln, welches das Mehl von der Kleie trennt. Dann fließt er in das nächste Gebäude und füllt die Siedepfanne, in der er erhitzt wird, um ihn zur Herstellung von Bier als Getränk für die Mönche zu benutzen, wenn der Ertrag des Weinstocks des Winzers Mühe nicht lohnt. Aber der Fluß hat seine Arbeit noch nicht getan.

Er wird nun in die Tuchwalke geleitet, die sich an die Getreidemühle anschließt. In der Mühle hat er Nahrung für die Brüder bereitet, jetzt ist es seine Pflicht, ihnen zu helfen, ihre Kleidung herzustellen. Der Fluß versagt dies nicht, wie er überhaupt keine Aufgabe zurückweist, die man ihm stellt. So läßt er die schweren Hämmer und die Schlägel oder genauer gesagt die hölzernen Füße der Tuchwalke sich abwechselnd heben und senken. Wenn er nun, eiligst herumwirbelnd, alle diese Räder in schnelle Umdrehung versetzt hat, strömt er schäumend heraus und macht den Eindruck, als habe er sich selbst zermahlen lassen. Nun tritt er in die Lohgerberei ein, wo er alle Sorgfalt und Arbeit aufwendet, die für die Fußbekleidung der Mönche notwendigen Stoffe zu bereiten. Er teilt sich dann in viele kleine Zweige und durchzieht in seinem geschäftigen Lauf die verschiedenen Bezirke. Dabei sucht er allüberall nach jenen, die seine Dienste zu irgendwelchen Zwecken benötigen; es sei das zum Kochen, zur Drehbewegung, zum Pressen, zur Bewässerung, zum Waschen oder zum Schleifen. Immer bietet er seine Hilfe an und niemals weigert er sich. Um vollkommenen Dank zu erwerben und um nichts ungetan zu lassen, trägt er schließlich noch die Abfälle fort und hinterläßt alles in Sauberkeit.»

(Aus: Vita des Bernhard von Clairvaux, geschrieben von einem Zeitgenossen um 1140; Bernardi Vita II, cap. 5, Nr. 31 in: Migne, Patrologia lat. Vol. 185, Sp. 570–572)

In dieser Zeit wurde fast ausschließlich das unterschlächtige Rad mit waagerechter Welle eingesetzt (Abbildung 26 bis 28). Unterschlächtig – andere Autoren sprechen von unterschächtig oder unterschlägig – bedeutet, daß das fließende Wasser die Schaufeln des Rades unterhalb der Nabe trifft. Das Rad wird also einfach in das strömende Wasser hineingehängt. Zur Übertragung der Bewegung eines solchen Wasserrades mit waagrechter Welle auf einen Mühlstein mit senkrechter Welle ist eine Übersetzung, ein Zahnradwinkelgetriebe, notwendig, wie es auch schon in der Antike bekannt war (Vitruv, 1. Jh. v. Chr.).

Das oberschlächtige Wasserrad breitete sich erst seit dem 14. Jahrhundert, also mehrere Jahrhunderte später als das unterschlächtige, aus. Das Wasser stürzt von oben auf das Rad und setzt es durch sein Gewicht in Bewegung (Abbildung 29). Bei gleichen Wassermengen und Abmessungen leistet es etwa doppelt so viel wie das unterschlächtige Rad, da die gesamte durchlaufende Wassermenge auf die Schaufeln drückt und weniger Wasser vorbeiläuft als beim unterschlächtigen Rad. Sein Wirkungsgrad ist doppelt so groß und kann bis zu 75 % betragen, d. h. ¾ der Wasserenergie wird in mechanische Bewegungsenergie des Rades verwandelt.

Sein Einsatz bedeutete jedoch einen tiefen Eingriff in die Wasserführung. Es mußten Wehre und Mühlengräben gebaut, Dämme errichtet, Stauweiher angelegt und Gerinne konstruiert werden. Dazu mußten zum einen die Wasserrechte geklärt sein und zum anderen genügend finanzielle Mittel zum Ausbau des Wasserlaufes zur Verfügung stehen. Diese Anlagen konnten sich daher nur die reichen, weltlichen und geistlichen Grundherren leisten. Sie teilten Bezirke ein, in denen keine weiteren Mühlen errichtet werden durften. Denn durch den Ausbau der Wasserläufe nahm eine Mühle der nächsten das Gefälle, sie konnte buchstäblich Wasser abgraben. Unterschlächtige Wasserräder können dagegen einfach in den Wasserlauf gehängt werden, ohne sich gegenseitig zu behindern. Viele Jahrhunderte hindurch – bis in die Mitte des 19. Jahrhunderts – behielt das Wasserrad eine dominierende Stellung als Kraftquelle. Wasserreiche Gegenden, in denen gleichzeitig Erze gefunden wurden, wie z. B. die Oberpfalz, der Harz oder Tirol, wurden die industriellen Zentren des Mittelalters. Oft weisen heute nur noch Namen wie Drahthamer oder Schmidmühle (Ortschaften in der Gegend von Regensburg) auf die Vergangenheit hin.

Agricola (1556) beschreibt in seinem Buch «De re metallica» ausführlich den Einsatz von Wasserrädern, unter anderem ein Rad mit zwei nebeneinander angebrachten, verschieden ausgerichteten Laufflächen, ein sogenanntes Kehrrad (Abbildung 30). Über eine Rinne konnte das Wasser auf die eine oder andere Laufffäche geleitet werden. Das Wasserrad drehte sich jeweils in entgegengesetzter Richtung. Diese Wasserräder wurden vor allem zum Entwässern von Bergwerken eingesetzt. Dies war im Mittelalter ein großes Problem, da es keine wirkungsvollen Pumpen und keine Maschinen gab, die diese Pumpen bedienen konnten. So wurde die Kraft des Wassers genutzt, um Wasser zu heben.

Welche gewaltigen Leistungen mit Wasserrädern möglich waren, zeigt das Wasserhebewerk von Marly, das Ludwig XIV., der Sonnenkönig Frankreichs, auf dem Höhepunkt absolutistischer Herrschaft in den Jahren 1681–85 errichten ließ. Vierzehn Wasserräder mit je 12 Metern Durchmesser, 221 Pumpen und rund 20 Kilometer Zugstangen wurden benötigt, um in jeder Stunde etwa 200 Kubikmeter Wasser auf 162 m Höhe zu heben. Pumpen und Gestänge verbrauchten selbst den größten Teil der durch die Wasserräder gewonnenen Energie. Diese Wasserräder waren immerhin 150 Jahre in Betrieb, wurden dann von Dampfmaschinen abgelöst, um danach noch einmal Wasserrädern Platz zu machen, weil die technische Entwicklung durch die Konstruktion eiserner Wasserräder sie wieder rentabel machte (siehe auch Ergang, C.: Die Maschine von Marly. Aus: Beiträge zur Geschichte der Technik und Industrie, Jahrbuch des VDI, hg. von C. Matschoss, Bd. 3, Berlin 1911). Die Anlage diente dazu, die Gärten von Versailles mit Wasser zu versorgen. Um eine solche Maschine mit einer Leistung von 60 Kilowatt (80 PS), also der Stärke eines Automotors zu bauen, waren 1800 Arbeiter nahezu fünf Jahre lang beschäftigt. Auch der weitere Unterhalt, die ständig anfallenden Reparaturen waren bei dem Riesenapparat außerordentlich aufwendig. Nur ein absolutistischer Herrscher konnte solch ein Vorhaben durchführen lassen.

Die gesellschaftliche Stellung des Müllers im Mittelalter

Nur die vermögenden kirchlichen und weltlichen Grundherren konnten sich im Mittelalter die Anlagen von Wasserrädern leisten. Sie hatten daher auch ein unmittelbares Interesse, sie möglichst profitabel einzusetzen, wenn es nicht Anlagen wie die von Marly waren, die dem höheren Ruhme des Herrschers dienten. Bei der Anlage von Mühlen zwangen die Grundherren die Bauern der Umgebung, ihr Korn in ihre Mühlen zu bringen, und verboten den Einsatz von Handmühlen; sie setzten eigene Mühlenrichter ein, die bei allen Streitigkeiten, die den Müller und das Mahlen von Korn betrafen, entscheiden sollten. Diese Verpflichtung, das Korn in der Mühle mahlen zu lassen, wurde Mahlzwang genannt. Ein Teil des gemahlenen Kornes, die Mahllast, mußte dem Müller überlassen werden. Deswegen gab es häufig Streit; freiwillig wollte niemand mit dem Müller zu tun haben.

Die Müller bildeten im Laufe des Hochmittelalters einen eigenen Stand. Vom Grundherren abhängig, der ihnen die Mühle stellte, waren sie im allgemeinen nicht Besitzer der Mühle. Sie wurde ihnen persönlich übertragen, auf den «Leib verschrieben», sie konnten sie nicht weitervererben. Äcker durften sie nur für den eigenen Bedarf bestellen und Vieh nur in ganz begrenztem Umfang halten. Sie sollten eben nicht Korn der Mahlgäste für ihr Vieh verwenden, wie es ihnen oft vorgeworfen wurde, und möglichst ihre ganze Arbeitskraft dem Erhalt der Mühle widmen. Meistens lag die Mühle außerhalb der Stadt, da sie sowohl der ländlichen Bevölkerung diente, für die sie Korn zu Mehl verarbeitete, wie auch der Stadtbevölkerung, die sie mit Mehl, nie jedoch mit Brot versorgte. Der Müller, obwohl ein ausgesprochener Handwerker, konnte keine Bürgerrechte erwerben. Er zählte in den meisten Gegenden zu den «unehrlichen» Leuten, zu denen zunächst nur die gezählt wurden, die gegen ein Gesetz verstoßen hatten und Buße leisten mußten, um wieder ehrlich zu werden. Aber im Laufe des Mittelalters wurden ganze Stände als unehrlich bezeichnet, zu denen – was noch zu verstehen ist – der Scharfrichter gehörte, darüber hinaus aber auch die Schäfer, Gerber, Leineweber und eben auch die Müller. In einigen Gegenden war der Müller sogar dazu verpflichtet, dem Henker Dienste zu leisten und den Galgen bei einer Hinrichtung aufzustellen (siehe auch Danckert, W. Unehrliche Leute. Berlin 1963, S. 127).

Diese besondere Stellung des Müllers im Vergleich zu anderen Handwerkern des Mittelalters, die sich in Deutschland bis zur Einführung der Gewerbefreiheit im 19. Jahrhundert hielt, hatte ihren Grund in der Abhängigkeit des Müllers vom Grundherrn. Der Müller trug die Verantwortung für Wartung und Einsatz der wichtigsten Maschine der damaligen Zeit, ohne jedoch Bedingungen dieses Einsatzes in irgendeiner Weise bestimmen zu können. Er unterstand besonderer Rechtsprechung, wofür ihm der Grundherr seine Hilfe zusicherte und den «Mühlfrieden» garantierte, das heißt, Streit und Händel im Bereich der Mühle wurden besonders streng geahndet. (Schon im ersten deutsch geschriebenen, schriftlichen Landrecht, dem Sachsenspiegel, wird 1220/35 der Mühlenfrieden erwähnt.) Der Müller wurde gerade deswegen scheel angesehen, weil es wegen des Mahlzwangs und der Mahllast oft genug Anlaß zu Streit und Unfrieden gab.

(Im Anhang sind die Entwicklung der Münchner Mühlen und die Rechtsstellung des Müllers ausführlicher dargestellt.)

Auch im Volksmärchen und in der Literatur spiegelt sich die besondere Stellung des Müllers und der Mühlen wider: Es sei als Beispiel an den Kampf Don Quijotes gegen die Windmühlen erinnert. Cervantes (1547–1616) beschreibt, wie der Ritter Don Quijote, der lächerlich-tragische Vertreter eines untergehenden Standes, den Kampf gegen die neuen Mächte aufnimmt – er hielt die Windmühlen für Riesen – und jämmerlich unterliegt.

Die Entwicklung neuer Wasserräder

Bis zum Ende des 18. Jahrhunderts gab es keine wesentlichen Verbesserungen des Wasserrades. G. Galilei (1564–1642), R. Descartes (1596–1650) und vor allem L. Euler (1707–69) hatten sich zwar schon über die Gesetze der Bewegung am Wasserrad Gedanken gemacht, ohne daß sie jedoch zu praktikablen Vorschlägen gekommen wären. Erst J. Smeaton (1724–92), der sich vor allem auch mit Dampfmaschinenkonstruktionen einen Namen gemacht hatte, zeigte auf Grund theoretischer Überlegungen und experimenteller Versuchsserien Möglichkeiten zur Verbesserung des Wasserrades (siehe Smeaton, J.: An experimental Enquiry concerning the natural Powers of Water to turn Mills and other Machines, depending on a circular Motion. Phil. Trans. Vol. 51, 1759, S. 100–174).

Das Problem besteht vor allem darin, durch Berechnung und Experiment festzustellen, wie die Wasserenergie, die durch die Strömungsgeschwindigkeit und die nutzbare Fläche des Wassers bestimmt wird, in die Umdrehung eines Wasserrades umgesetzt werden kann. Es geht besonders darum, daß das fließende Wasser möglichst lange auf die Laufflächen des Wasserrades drückt. Darin liegt die Überlegenheit des oberschlächtigen Wasserrades gegenüber dem unterschlächtigen: Beim unterschlächtigen wirkt das Wasser

31: Der Wirkungsgrad eines Wasserrades. Erst in der zweiten Hälfte des 18. Jahrhunderts begannen systematische Untersuchungen und Berechnungen, um die Wirkungsweise des Wasserrades zu verbessern. In dem abgebildeten Versuch wird der Wasserkreislauf durch eine Pumpe, die im rechten Teil des Apparates untergebracht ist, hergestellt. Die Leistung des Wasserrades wird durch Heben von Gewichten gemessen. Es konnten die Wassergeschwindigkeit, Wassermenge sowie die Zahl und Form der Schaufeln bei dem Versuch geändert werden (Kupferstich 1759).

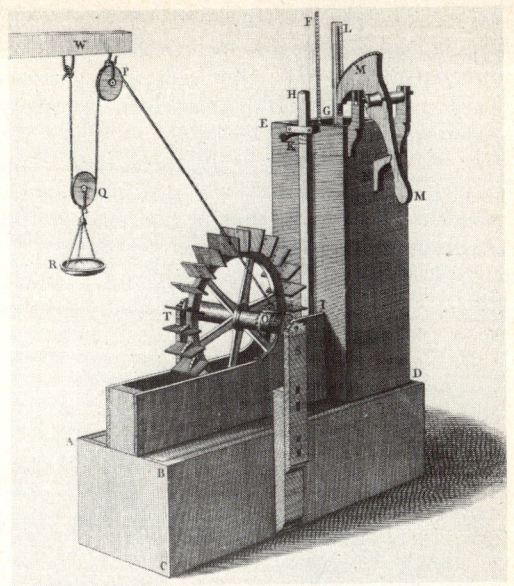

mehr durch Stoß, es überträgt einen Teil seiner Bewegungsenergie auf das Rad, beim oberschlächtigen drückt es zusätzlich durch sein Gewicht das Wasserrad vorwärts (Abbildung 31).

Bei Berechnungen des unterschlächtigen Wasserrades spielt die Differenz zwischen der Geschwindigkeit des Wassers und der der Schaufelflächen des Rades eine wesentliche Rolle. Sind diese beiden Geschwindigkeiten z. B. gleich groß, so kann gar keine Energie übertragen werden. Hierdurch wird aber auch klar, daß nicht die gesamte Wasserenergie auf das Wasserrad übertragen werden kann.

Die folgenden Größen müssen bei der Berechnung der Effektivität eines Wasserrades beachtet werden:
– Die Schaufelgröße – das heißt die effektiv wirksame Fläche, auf die das Wasser drückt.
– Die Zahl der Schaufeln – es gibt dafür ein Optimum, das durch die Erfahrung bestimmt wurde.
– Die Form der Schaufeln – es darf durch die Umdrehung kein Wasser emporgehoben und der Wasserdruck muß möglichst vollständig aufgenommen werden.
– Die Wassergeschwindigkeit.
– Das Verhältnis der Wasser- zur Radgeschwindigkeit.

Dies sind die wichtigsten Größen, die bei einer Berechnung berücksichtigt werden müssen; eine vollständige theoretische Lösung gelang wegen der komplexen Problematik nicht. Erfahrung spielte bis in das 20. Jahrhundert die wichtigste Rolle bei der Konstruktion von Wasserrädern.

Der Wirkungsgrad eines unterschlächtigen Wasserrades beträgt bis zu 35 %, das heißt, etwa ⅓ der Wasserenergie kann auf das Rad übertragen werden. Der geringe Effektivitätsgrad hat seinen Grund vor allem darin, daß neben den Schaufelflächen Wasser ungenutzt vorbeifließen kann und daß die Geschwindigkeit des Wassers nach dem Passieren des Rades noch nicht ganz auf Null abgesunken ist; erst dann hätte das Wasser seine Energie ganz abgegeben.

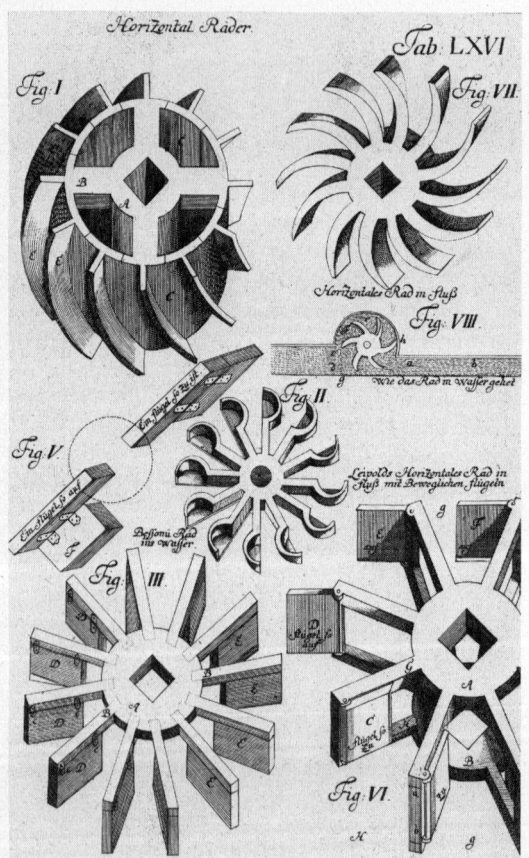

32: Wasserräder zu Beginn des 18. Jahrhunderts. Jakob Leupold wollte in einem umfassenden Werk eine Gesamtdarstellung der Technik seiner Zeit geben. So stellte er auch auf mehreren Blättern alle möglichen Arten von Wasserrädern vor, die er zum größten Teil anderen Abhandlungen (Ramelli, Besson) entnommen hatte. In kurzen Beschreibungen führte er Vor- und Nachteile der verschiedenen Räder aus (Kupferstich 1724).

Der Wirkungsgrad eines oberschlächtigen Wasserrades beträgt dagegen etwa 75%, da der Einfluß des Wassers genauer reguliert werden kann und durch eine geeignete Form der Schaufeln eine möglichst weitgehende Nutzung der Wassergeschwindigkeit möglich ist.

Die Drehzahlen des unterschlächtigen Wasserrades sind im allgemeinen höher als die des oberschlächtigen, so daß man wiederum Übersetzungen braucht, um Arbeitsmaschinen antreiben zu können.

Erst seit etwa 1800 wurden größere Fortschritte erzielt. 1855 wurden sogar in das Wasserhebewerk von Marly eiserne Wasserräder eingesetzt. Wesentlich für diesen Fortschritt ist der Einsatz neuer Materialien und neuer Techniken. Schaufelflächen konnten statt aus Holz aus Eisenblechen so stabil hergestellt werden, daß sie größeren Belastungen standhielten. Sie konnten so geformt werden, daß die Wasserkraft in größerem Maße als früher genutzt wurde. Vor allem konnten die Umdrehungszahlen, die bei hölzernen Wasserrädern sehr niedrig lagen, gesteigert werden.

Diese zweite Phase der intensiven Wassernutzung wurde durch die Konstruktion von Turbinen fortgeführt. Sie erreichte zu Beginn des 20. Jahrhunderts mit dem Bau zahlreicher Wasserkraftwerke einen Höhepunkt.

Wasserturbinen

Zwischen Turbine und Wasserrad – man betrachte etwa das Löffelrad in der Abbildung 25 – gibt es fließende Übergänge. Das Turbinenrad ist jedoch wie in einem großen Gefäß eingeschlossen (Abbildung 33). Alles Wasser, das in das Gefäß strömt, wird von der Turbine in Drehbewegung umgesetzt. Die Schaufeln sind schraubenförmig gekrümmt auf dem Radkranz angebracht und in einem Kasten eingeschlossen. Holz ist dafür nicht das geeignete Material, da es weder genügend stabil noch genügend formbar ist.

Turbinen waren schon seit Ende des Mittelalters als konstruktive Idee bekannt. In Leonardo da Vincis (1452–1519) Skizzenbüchern finden sich z. B. Entwürfe für Turbinen. Die Ideen wurden daher zwar in den Maschinenbüchern des 16. Jahrhunderts – es seien J. Besson 1578 (Besson, J.: Theatrum instrumentorum et machinarum, o. O. u. J., um 1571/72. Spätere Ausgaben: Lyon 1578) und A. Ramelli 1588 genannt – in genauen Skizzen dargelegt, sie hatten jedoch kaum praktische Auswirkungen, genausowenig wie die sich daran anschließenden wissenschaftlichen Arbeiten über die Hydrodynamik (D. Bernoulli, L. Euler), in denen auch schon Berechnungen zu Turbinen durchgeführt wurden. Euler schlug sogar die Einführung von Leit- und Laufschaufeln vor, wie sie erst über hundert Jahre später technisch verwendet wurden.

Diese technischen und wissenschaftlichen Ideen wurden erst im Laufe der Industrialisierung im 19. Jahrhundert genutzt. Zum einen stand mit der Pro-

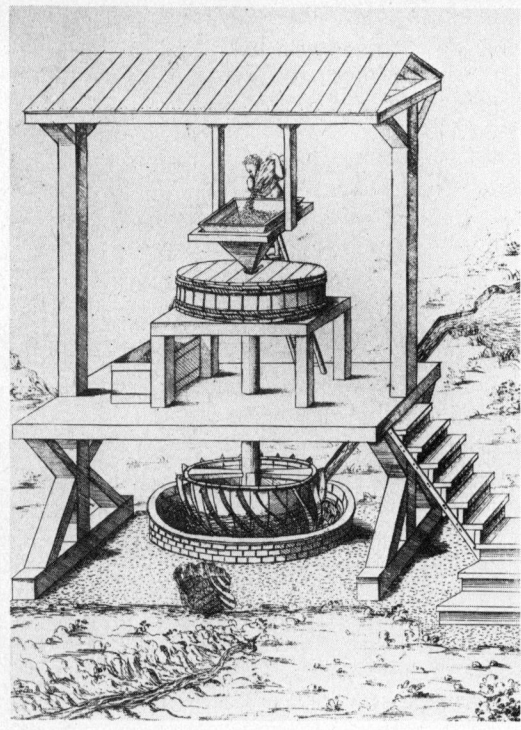

33: Vorläufer von Turbinen. Die «Turbine» ist so gezeichnet, daß man die gekrümmten Schaufeln gut erkennen kann; in Wirklichkeit müßte sie ganz in die gemauerte Einfassung eingepaßt sein, damit sie das zuströmende Wasser voll ausnützen kann. Der Konstrukteur dieser Anlage, der im 16. Jahrhundert lebte, bemerkte dazu, daß es sehr viele Mühlen dieser Art in Südfrankreich gäbe (Kupferstich 1578).

duktion von Eisen und Stahl ein geeignetes Material für die Konstruktion der Turbinen zur Verfügung, zum anderen waren immer mehr Fabriken gegründet worden, die einen immer wachsenden Energiebedarf anmeldeten. Die Arbeitsteilung war im Laufe des 19. Jahrhunderts weiter vorangeschritten. Es bildeten sich unabhängig von der verarbeitenden Industrie Energieversorgungsunternehmen, die die Erschließung weiterer Energiequellen in Angriff nahmen. Ende des 19. Jahrhunderts wurde ein elektrisches Leitungsnetz (seit 1882) aufgebaut, das für eine gleichmäßige Energieverteilung sorgen konnte. Damit konnten auch abgelegene Wasserkraftanlagen genutzt werden.

Sowohl die wissenschaftliche wie die technische Entwicklung führten zu Ausführungen von Turbinen, die verschiedenen Bedingungen angepaßt waren. Die wichtigsten werden im folgenden behandelt:

1849 hatte James Francis, ein amerikanischer Ingenieur, Radialturbinen entworfen (Abbildung 34). Er griff die Idee auf, die schon vorher, z. B. bei

Windrädern (vgl. Abbildung 47), verwirklicht worden war. Er lenkte durch eine besondere Führung, ein Leitrad, das Wasser in genau berechneter Richtung auf die Schaufel der Turbine. Beim oberschlächtigen Wasserrad übernimmt die Rinne diese Führung. Bei der Francis-Turbine strömt das Wasser von allen Seiten durch Leitschaufeln das Rad an.

Diese Art Turbine erreicht schon bei einem relativ kleinen Wassergefälle eine hohe Umlaufzahl: bis zu 500 Umdrehungen in der Minute. Im Vergleich dazu sei an das Wasserrad erinnert, das 5–10 Umdrehungen pro Minute macht. Die Zahl der Umdrehungen hängt natürlich vom Wasserdurchlauf ab. Wasserräder, die einen Kubikmeter Wasser pro Sekunde aufnehmen, müssen schon eine Breite von etwa zwei Metern haben und kräftig gebaut sein. Für Turbinen ist dies eine sehr geringe Wassermenge. Beide haben jedoch einen etwa vergleichbaren Wirkungsgrad von bis zu 80 %.

Zu Beginn dieser Entwicklung in der Mitte des 19. Jahrhunderts mußte noch sorgfältig der Einsatz des Wasserrades gegen den der Turbine abge-

34: Francis-Turbine. Das Laufrad ist hochgezogen, damit es besser zu erkennen ist. Das Leitrad – der äußere Ring – ist schon mit verstellbaren Leitschaufeln ausgerüstet, damit die Turbine bei unterschiedlichem Wasserzufluß mit der jeweils größten Effektivität arbeiten kann.

schätzt werden. Bei einem Wasserzulauf unter etwa drei Kubikmetern pro Sekunde arbeiten Wasserräder wirtschaftlicher, da sie weniger Investitionen verlangen.

Durch Veränderungen im Wasserstand z. B. wird der Gang einer Turbine viel stärker beeinträchtigt als der eines Wasserrades. Die Umdrehungsgeschwindigkeit des Wasserrades ist weniger vom Wasserstand abhängig als die einer Turbine. Für den Betrieb von Turbinen müssen daher größere Wasserreservoirs angelegt werden: Die heutigen Kraftwerke sind durch den Bau großer Talsperren gekennzeichnet. Weiterhin werden Turbinen viel leichter verstopft, was vor allem im Winter bei Eisgang zu länger andauernden Störungen führen kann.

In der 2. Hälfte des 19. Jahrhunderts setzte sich die Turbine weitgehend gegen das Wasserrad durch. Gleichzeitig wurden elektrische Generatoren entwickelt (seit 1866), die eine neue Energienutzung ermöglichten. Für die Stromerzeugung werden schnellaufende Rotoren benötigt, wie sie durch die Turbine gegeben sind.

Seit 1877 werden Pelton-Turbinen gebaut (Abbildung 35), die vor allem für große Wassergefälle geeignet sind. Lester Pelton war ursprünglich Goldgräber. Beim Goldwaschen war ihm der unterschiedliche Gang der Wasserräder aufgefallen. Er formte ein völlig neues Schaufelprofil. Das Wasser wird durch ein Rohr und eine Düse auf eine zweigeteilte Schaufel so gerichtet, daß der Strahl in seiner Richtung völlig umgedreht wird, wodurch er seine Energie vollständig an das Rad abgibt. In der Patentzeichnung sieht die Turbine wie ein verbessertes Wasserrad aus. Die Schaufeln sind zweigeteilt, damit das eintretende Wasser das zurückströmende nicht behindert.

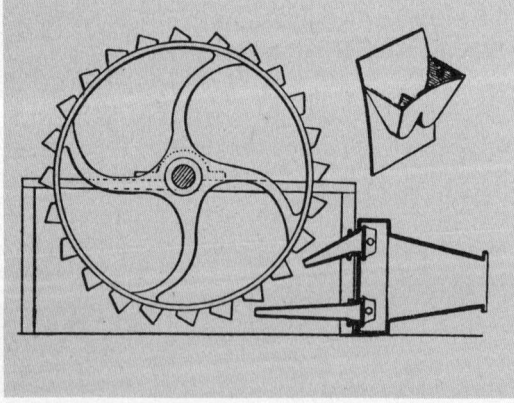

35: Pelton-Turbine. Das Besondere dieser Turbine, wie sie Pelton selbst in seiner Patentzeichnung dargestellt hatte, sind die zweigeteilten Schaufeln, die nahezu die gesamte Energie des einströmenden Wassers aufnehmen können. Die Turbinen werden für hohe Wasserdrucke bei verhältnismäßig kleinem Wasserzufluß gebaut.

36: Das Walchensee-Kraftwerk. Kochel- und Walchensee in Oberbayern haben einen natürlichen Höhenunterschied von 198 m. Die Bergkette, die beide Seen trennt, wurde durchbohrt und ein Wasserschloß, das für gleichmäßigen Wasserdruck sorgen sollte, an den Anfang der Rohrleitung gebaut. Durch sechs Rohre wurde das Wasser auf Pelton-Turbinen geleitet, die insgesamt rund 90 Megawatt Leistung an ein Elektrizitätsnetz, das zu jener Zeit (1924) aufgebaut wurde, abgegeben.

Diese Art von Turbinen ist besonders für große Höhen, also Druckunterschiede, und verhältnismäßig geringen Wasserdurchfluß geeignet. Die Francis-Turbine wird dagegen für mittlere Gefälle und mittlere Wasseraufnahme gebaut.

Als Beispiel wird das Walchenseekraftwerk näher beschrieben. Es nutzt den natürlichen Höhenunterschied zweier Gebirgsseen – der Kochelsee liegt tiefer als der Walchensee – aus, die durch einen künstlichen Tunnel und eine Röhrenanlage miteinander verbunden wurden.

Im Walchenseekraftwerk, das 1918 bis 1924 gebaut wurde, sind Pelton-Turbinen eingebaut, die bei einem Höhenunterschied von 198 Metern und einem Wasserdurchlauf von 9,4 Kubikmetern pro Sekunde rund 15 Megawatt leistet. Sie rotiert dabei viermal in der Sekunde.

Mit insgesamt sechs Turbinen hat dieses Kraftwerk eine Spitzenleistung von 90 Megawatt. Oskar von Miller, der Gründer des Deutschen Museums (1903), leitete als Staatskommissar das Bauprojekt, das schon vor Ende des Ersten Weltkriegs begonnen wurde und sofort nach dem Krieg weiterhin unter seiner Leitung fortgesetzt wurde. Anfang 1924 war es abgeschlossen. In der Abbildung 36 ist das Kraftwerk dargestellt. Am Anfang der sechs Leitungen auf der Höhe des Walchensees ist das Wasserschloß zu erkennen, das durch die Bildung eines zusätzlichen Wasserreservoirs für einen gleichmäßigen Wasserdruck in den Röhren und Turbinen sorgt. Im unteren Teil der Abbildung ist der Anschluß der Hochspannungsleitung zu sehen.

Nebenbei soll angemerkt werden, daß Oskar von Miller der erste gewesen ist, der 1882 eine Fernleitung für den elektrischen Strom anlegen ließ. Sie führte von Miesbach nach München. Ein kleiner Dampfmotor erzeugte den Strom in Miesbach und setzte in München einen Elektromotor in Bewegung.

Der Bau des Walchenseekraftwerkes war gleichzeitig mit dem Ausbau eines Hochspannungsnetzes über ganz Bayern verbunden (Bayernwerk).

Die Entwicklung einer weiteren wichtigen Turbinenart (Abbildung 37) erschloß seit etwa 1912 von neuem die Wasserkraft von Flüssen mit geringem Gefälle. Victor Kaplan, ein Österreicher, hatte wesentliche Neuerungen durch verstellbare Leit- und Laufschaufeln eingeführt und sie auch technisch realisiert (Kaplan-Konzern).

Das Laufrad ist als Propeller ausgebildet. Die Propellerblätter können während des Betriebes immer auf optimale Leistung verstellt werden, das Wasser strömt radial in das Leitrad (fehlt in Abbildung 37) und wird parallel zur Propellerachse umgelenkt. Die Kaplan-Turbine erreicht mehr als 1000 Umdrehungen pro Minute und Leistungen von mehreren Megawatt mit jeder Turbine. Der Flügeldurchmesser einer derart leistungsfähigen Turbine beträgt 6 Meter. Die Leistung einer Turbine hängt, abgesehen von der Wasserführung, von der Wassergeschwindigkeit und dem Wassergefälle ab.

Die theoretisch höchste Arbeitsleistung einer Wasserkraftmaschine ist leicht zu errechnen. Sie wird erzielt, wenn die gesamte potentielle und kinetische Energie des Wassers in elektrische Energie umgewandelt wird. Vollständig ist dies natürlich nicht möglich; es dürfte dann keinerlei Energie durch Reibung oder durch vorbeiströmendes Wasser verlorengehen. Die Kaplan-Turbinen können jedoch so perfekt gebaut werden, daß sie einen Großteil des zur Verfügung stehenden Wassers aufnehmen und nutzen und von dieser Leistung etwa 90 % in elektrischen Strom verwandeln können. Die Generatorverluste sind hierbei noch nicht berücksichtigt.

Seit dem Ersten Weltkrieg sind laufend weitere Flußkraftwerke gebaut worden. Die Abbildung 39 gibt darüber eine Übersicht. Wesentliche Weiterentwicklungen der Kaplan- zur Rohrturbine bestehen darin, daß Generator und Turbine zu einer Einheit zusammengefaßt werden. Der Generator, stromlinienförmig eingeschlossen, wird direkt an die Turbinenwelle gekuppelt. Diese Bauweise bringt eine Platzersparnis und ermöglicht den Einbau zusätzlicher Turbinen.

Der Ausbau von großen Kraftwerksanlagen mit riesigen Speicherseen und für damalige Verhältnisse unglaublich großen Leistungen war nur möglich, weil Ende des 19. Jahrhunderts, wie schon vorher kurz angesprochen, die Leitung des elektrischen Stroms über größere Entfernungen gelungen war. Für Bayern war es Oskar von Miller, der die Bedeutung eines umfassenden Leitungsnetzes klar erkannte. Anfang 1918 plädierte er mit folgenden Worten für den Ausbau von Kraftwerken:

«Es ist wertvoll, daß mit Hilfe dieses Zusammenschlusses unsere beste Kraft, die Walchenseekraft, nach jedem einzelnen Ort in Bayern geleitet werden kann, daß mit dem Wasser, das vom Walchensee zum Kochelsee herabfällt, die Straßenbahn in Nürnberg ebenso betrieben wird wie die gewerblichen Motoren in Würzburg oder die Drehmaschinen und Pflüge in der Oberpfalz und Niederbayern. Wenn ich die Walchenseekraft als unsere wertvollste Kraft bezeichne, so geschieht dies nicht nur, weil sie mit einer Leistung von mehr als hunderttausend Pferdestärken besonders groß und bei einem Preis von nur 200 Reichsmark pro Pferdekraft besonders billig ist, auch nicht, weil sie im Gegensatz zu Niederdruckwasserkräften keinen Störungen durch Eisgang, Hochwasser oder Wasserklemmen unterworfen ist, sondern vor allem, weil sie durch das große Becken des Walchensees in weitgehendstem Maße aufspeicherbar ist. Dieses

37: Die Kaplan-Turbine. Die Ähnlichkeit dieser Turbine mit einer Schiffsschraube ist unverkennbar. Der Ingenieur Kaplan entwickelte sie kurz vor dem 1. Weltkrieg, und sie wird seitdem vor allem in Flußkraftwerken eingebaut, da sie für geringe Wasserhöhenunterschiede leistungsfähiger als andere Turbinen ist. Leit- und Laufschaufeln sind verstellbar, so daß sie auf unterschiedliche Wassergeschwindigkeiten jeweils optimal eingestellt werden kann.

große Speicherbecken ermöglicht es, in den wenigen Stunden, in denen wenig Elektrizität benötigt wird, das Wasser im See zurückzuhalten, um es in den Abendstunden, in denen die Elektrizität für Beleuchtungszwecke benötigt wird, zu benutzen, und daß wir vor allem in den Frühjahrsmonaten, wenn die Schneeschmelze in den Bergen eintritt, das Wasser im Walchensee ansammeln, um den aufgefüllten See in den Wintermonaten, in denen der Strom am meisten gebraucht wird und unsere Niederdruckwasserkräfte am wenigsten leisten, zu deren Ergänzung heranziehen. Gerade im letzten Jahr haben wir uns überzeugt, daß die Wasserkräfte, die in München, in Augsburg usw. verwendet werden, teurere Dampfanlagen zur Reserve heranziehen müssen, deren Kohle vom Norden heruntergeholt werden muß, und gerade diese teureren Reserven sollen künftig gespart werden. In den Sommermonaten aber, in denen die Niedrigwasserkräfte über soviel Wasser verfügen, daß sie nicht nur ihren ganzen Betrieb damit decken können, sondern daß mehr als die Hälfte des Wassers ungenützt über die Wehre läuft, in dieser Zeit sollen die überschüssigen Wasserkräfte über das Hochspannungsnetz des Bayernwerkes gemeinsam mit der Walchenseekraft nach Norden geleitet und dort zur Ersparnis von Kohle verwendet werden, so daß die Wasserkräfte, die wir heute noch nur ungünstig ausnützen können, in künftigen Zeiten, ich möchte fast sagen, bis zum letzten Tropfen zur Verwendung kommen.»
(Siehe Miller, W. v.: Oskar von Miller. München 1955, S. 59, 60)

Oskar von Miller hatte klar erkannt, daß Kraftwerke zusammen mit dem Ausbau von Hochspannungsnetzen, die in wenigen Jahren ganz Deutschland überzogen, große Bedeutung erlangen. Gerade Wasserkraftwerke haben gegenüber Kohlekraftwerken z. B. den Vorteil, daß sie durch neuerliches Hochpumpen des Wassers – wenn ihre Energie nicht anders benötigt wird – Energiereserven schaffen können.

Aus dem Text wird auch deutlich, daß vor etwa 50 Jahren die Wasserkraft als eine ganz wesentliche zukünftige Energiequelle angesehen wurde. Interessant ist, daß Oskar von Miller 1918 noch hervorhebt, daß Strom am Abend mehr gebraucht wird als am Tage. Heute ist es genau umgekehrt, da abends ein Großteil der Industriebetriebe abgeschaltet wird und für Beleuchtung allein längst nicht so viel Strom gebraucht wird wie für den Antrieb von Maschinen.

Durch den Bau von Talsperren bietet sich weitgehend die Möglichkeit, Wasserenergie ganz nach Bedarf einzusetzen. Bis 1914 waren schon 28 Talsperren – vor allem auch zur Sicherung der Trinkwasserversorgung – gebaut worden. Der Ausbau wurde ständig fortgesetzt.

Die dichte Konzentration der Laufwasserwerke zeigt, daß Flüsse mit größerem Gefälle nahezu voll ausgenutzt wurden und die Reserven insgesamt gering und überschaubar sind. Ein größerer Energiebeitrag kann in Deutschland weder durch Speicher- noch durch Flußkraftwerke erwartet werden.

Ehe dieses Kapitel jedoch ganz abgeschlossen wird, soll auf die Möglichkeiten ganz anderer Wasserbewegungen eingegangen werden: Die Gewalt der Wellen des Meeres und die Ebbe- und Flutbewegungen scheinen ein unerschöpfliches Energiereservoir zu bilden.

Gezeitenkraftwerke und zukünftige Entwicklungen

Die Nutzung der Wasserkraft, wie sie bisher beschrieben wurde, ist eine Form der Ausnutzung der Sonnenenergie. Die Sonne erwärmt das Wasser über den Meeren, bringt es zum Verdunsten und bildet Wolken. Die Wolken werden durch den Wind, den ebenfalls die Sonne verursacht, weiter fortgetrieben. Müssen sie wegen eines Gebirges aufsteigen, so kühlen sie sich in größerer Höhe ab, und es beginnt zu regnen. Der Regen sammelt sich in Bächen und Seen, und auf seinem Weg zum Meer zurück wird seine vorwärtstreibende Kraft durch Wasserräder und Turbinen genutzt.

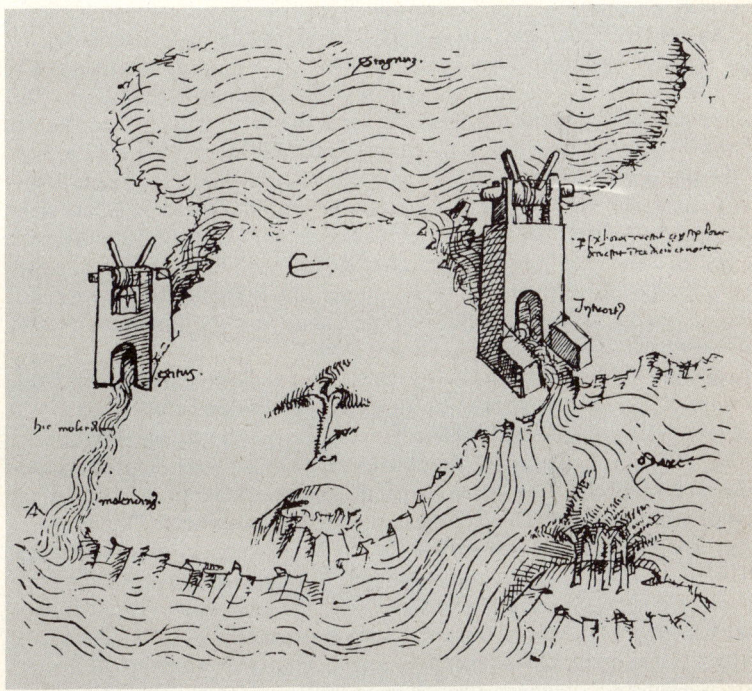

38: Flutkraftwerke. Schon im 15. Jahrhundert gab es Entwürfe, um die Flut- und Ebbebewegung des Meeres für den Betrieb von Wasserrädern zu nützen. Bei dem rechten Tor, das mit Hilfe eines großen Schiebers – eines sogenannten Schützen – geschlossen werden kann, steht «Eingang». Hier strömte das Meer bei Flut hinein. Durch das linke Tor strömte es bei Ebbe wieder hinaus und trieb dabei jeweils Wasserräder an. Erst in den letzten Jahrzehnten wurde in Frankreich ein solches Flutkraftwerk gebaut (Zeichnung 1438).

Noch eine ganz andere Kraft verursacht gewaltige Wasserbewegungen auf unserer Erde: Es ist die Anziehungskraft des Mondes, welche die der Sonne wegen seiner größeren Nähe bei weitem übertrifft.

Die Anziehungskraft des Mondes verursacht in ständigem Rhythmus von etwa 6¼ Stunden Ebbe und Flut. In einigen Gegenden sind dabei die Wasserhöhenunterschiede recht beachtlich. Am größten sind sie in der Fundybay in Kanada mit 21 Metern und an der englischen Küste mit bis zu 16 Metern; in norddeutschen Küstengebieten beträgt der Höhenunterschied jedoch höchstens drei bis vier Meter.

Das erste Gezeitenkraftwerk kann es schon im 10. Jahrhundert in Basra an der Euphratmündung gegeben haben. Bei Dover läßt sich mit großer Wahrscheinlichkeit eines für das 11. Jahrhundert nachweisen. Dann werden die Nachrichten häufiger.

Der erste zeichnerische Entwurf für die Nutzung dieser Wasserbewegungen für ein Gezeitenkraftwerk stammt schon aus dem 15. Jahrhundert (Abbildung 38). Der italienische Ingenieur Mariano di Jacopo hat es erdacht. Die eigentliche Mühle ist nicht dargestellt, sondern nur die beiden Tore, die auf einem Wall oder einer Insel stehen und in die das Wasser eintritt (rechtes Tor) und wieder austritt (linkes Tor). Die Tore können mit großen Schiebern, sogenannten Schützen, geschlossen und geöffnet werden. Daher sieht man auf den Dächern der Türme jeweils Winden zum Heben und Senken der Schützen. Pläne sind seitdem weiterhin in Hülle und Fülle entstanden. Die Ausführungen bleiben jedoch selten. In der ersten Hälfte des 17. Jahrhunderts arbeitete in Brooklyn (USA) eine Mühle, die von Ebbe und Flut in Bewegung gehalten wurde.

Die zuletzt beschriebene Rohrturbine bietet vielleicht mehr Möglichkeiten zur effektiven Ausnutzung als andere Wasserkraftmaschinen. So wurde sie auch in dem französischen Gezeitenkraftwerk an der Rance (Nordfrankreich) eingesetzt, wo ein 750 Meter langer Damm ein Becken als Wasserreservoir umschließt. Das große Problem bei Gezeitenkraftwerken besteht darin, daß die Zeiten der geringen Wasserbewegung beim Tidenwechsel überbrückt werden müssen. In den Zeiten der größten Leistung wird daher Wasser in ein weiteres Becken gepumpt, das dann für eine gleichmäßige Stromerzeugung sorgen soll. Das französische Gezeitenkraftwerk ist mit seiner Leistung von 45 bis 65 Megawatt verhältnismäßig klein. Die Energiereserven in diesem Bereich sind zwar sehr groß, jedoch sind zur Zeit die für ihre Erschließung notwendigen Investitionen im Vergleich zu denen für andere Kraftanlagen so hoch, daß keine weiteren Projekte begonnen wurden.

Auf der anderen Seite bieten alle Wasserkraftwerke den großen Vorteil, daß sie die Abläufe der Natur nur wenig verändern und keinen Abfall erzeugen. Der Grundwasserspiegel wird allerdings bei der Anlage von Kanälen und Speicherseen gesenkt und Landschaften werden zerstört, die Eingriffe bleiben jedoch geringer als bei der Nutzung anderer Energiearten.

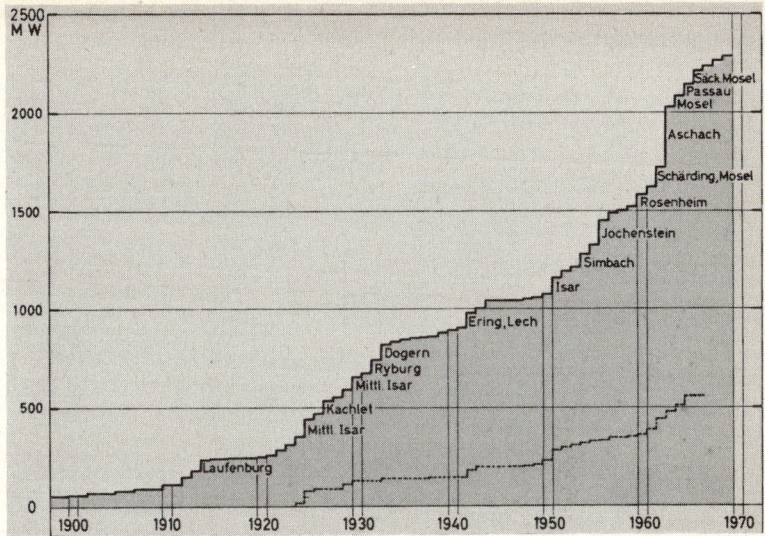

39: Flußwasserkraftwerke. Der Ausbau von Flußwasserkraftwerken erfolgte seit 1900 nahezu kontinuierlich mit einigen besonders intensiven Phasen in den zwanziger und fünfziger Jahren. Heute werden zehn Prozent der Energie zur Elektrizitätserzeugung in Wasserkraftwerken (Lauf- und Speicherwasseranlagen) gewonnen.

Voraussagen über mögliche Energiequellen müssen immer mit weiteren Fragen verknüpft werden.

Welcher finanzielle Aufwand ist insgesamt für den Aufbau der verschiedenen Kraftwerke notwendig? Welche technischen Entwicklungen sind in den verschiedenen Bereichen möglich? Welche Veränderungen bewirken sie? Wasserkräfte liefern insgesamt, wie Abbildung 1 zeigt, noch nicht einmal 2 % des gesamten Energiebedarfs der Bundesrepublik (allerdings 10 % der elektrischen Energie). Bei der Berechnung zukünftiger Energiebilanzen werden keine großen Erwartungen in die Nutzung der Wasserkräfte gesetzt. Technische und wirtschaftliche Entwicklungen stagnieren, weil die Schwerpunkte politisch und wirtschaftlich anders gesetzt wurden: Die Kraftwerksunternehmen – es sind große Konzerne geworden – planen zur Zeit den Bau von Kraftwerken, die 1000 und mehr Megawatt Leistung haben. Diese Größenordnung ist beim Bau von Wasserkraftwerken in Deutschland nicht möglich, so daß deren weiterer Ausbau eine Entscheidung für eine dezentralisierte Energieversorgung bedeuten würde. Die naturgegebenen Ressourcen sind in Deutschland gering, so daß politische, wirtschaftliche und geographische Gründe einer weitergehenden Nutzung von Wasserkräften enge Grenzen ziehen.

Beim Bau von Wasserkraftwerken ist die UdSSR führend. Nahe bei Krasnojarsk (Jenissei) ist ein Kraftwerk mit 6000 Megawatt Leistung gebaut worden: Auch die drei nächstgrößten Wasserkraftwerke liegen in der Sowjetunion. Die meisten Kraftwerke haben nur Leistungen in der Größenordnung von einigen hundert Megawatt. Im Anhang 4 sind Zahlenbeispiele angegeben, um eine Vorstellung zu vermitteln, was eine Leistung von einigen hundert Megawatt bedeutet.

Die Kraft des Windes

Den Wind einzufangen und für den Antrieb von Maschinen zu nutzen, erwies sich als viel schwieriger als die Nutzung der Wasserkraft. Schiffe mit quadratischen, aus Schilf geflochtenen Segeln gab es auf dem Nil schon im 4. Jahrtausend vor Christus (Abbildung 40), weitere Zeugnisse der Nutzung der Windkraft finden sich jedoch zunächst nicht.

Die Antike kannte kleine Windmühlen und Windräder. Bei Heron (1. Jh. n. Chr.) findet sich das Windrad als Spielzeug. Es bestand keine Notwendigkeit eines umfangreichen Einsatzes, da Menschenkraft in einfacher und billiger Weise zur Verfügung stand.

Wie viele andere Gebiete der Wissenschaft wurde auch die Technik in den ersten nachchristlichen Jahrhunderten von den Arabern weiterentwickelt. Sie dürften auch die Windmühle in Europa bekannt gemacht haben.

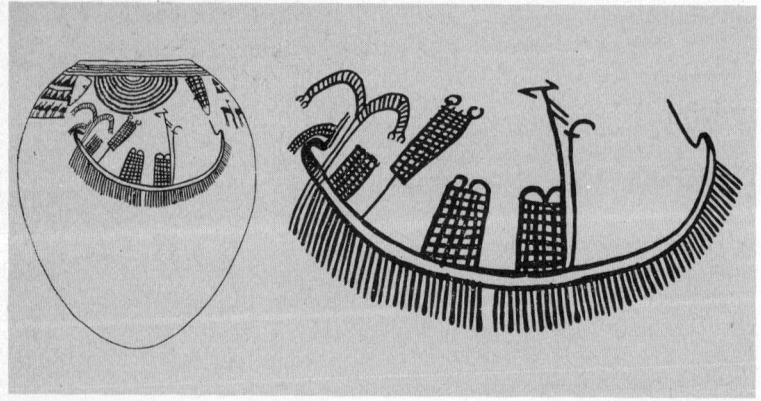

40: Älteste Abbildung eines Segelbootes. Auf einer ägyptischen Vase aus der Zeit um 3000 vor Christus findet sich die älteste Abbildung eines Segelbootes. Die rechte Seite der Abbildung zeigt einen Ausschnitt der Vase. Deutlich sind die rechteckigen Segel zu erkennen, die offensichtlich fest montiert sind und ein Kreuzen gegen den Wind nicht erlauben.

41: Ein Windrad in der Küche als Antrieb für einen Hähnchengrill. Im Bild ist die Nutzung des Aufwindes durch ein Küchenfeuer dargestellt. Das Windrad bewegt sich bei kräftigem Feuer schneller, und das Hühnchen kann nicht anbrennen (Holzschnitt 1519).

Erste Zeugnisse von Windmühlen mit senkrechter Welle gibt es jedoch erst seit dem 8./9. Jahrhundert nach Christus. Sie finden sich im Hochland von Persien an der Grenze von Afghanistan.

In Nord- und Mitteleuropa traten die Windmühlen erst im 12. Jahrhundert auf; die ersten Konstruktionen waren Mühlen, deren starres Gehäuse mit der Flügelseite in die Hauptwindrichtung zeigte.

Bei ihrer Verbreitung spielten die Klöster wiederum eine besondere Rolle. Sie sorgten, wie schon vorher ausgeführt, für den Einsatz des Wasserrades und verbreiteten seit dem 13. Jahrhundert auch die Kenntnis von der Konstruktion der Bockwindmühle. Diese Mühle ist auf einen Holzbock aufgesetzt und kann mit einem Stert (hölzerne Führungsvorrichtung) in den Wind gedreht werden. Die Flügelwelle ist waagerecht angebracht, und über eine Übersetzung und ein Stockgetriebe wird der Mahlstein in Bewegung gesetzt. Die gesamte Mühle, bis auf den Mahlstein, ist aus Holz gefertigt. Der Müller, der ja für einen reibungslosen Betrieb verantwortlich war, mußte zugleich ein geschickter Zimmermann sein, um sie stets in Betrieb halten zu können. Bei schwierigen Reparaturen konnte er den Mühlenarzt – diese Bezeichnung war damals allgemein üblich – rufen.

42: Bockwindmühle. Dies ist eine der frühesten Abbildungen einer Mühle in Europa in einem englischen Manuskript des 14. Jahrhunderts (Zeichnung 14. Jahrhundert).

Eine Bockwindmühle konnte nicht sehr groß und stabil gebaut werden, da die Verbindung zwischen Bock und Mühlenhaus bei größerer Windstärke technische Schwierigkeiten bot: Bock und Mühlenhaus konnten dann nur schwer gegeneinander bewegt werden. Die ersten Ideen, feste Mühlenhäu-

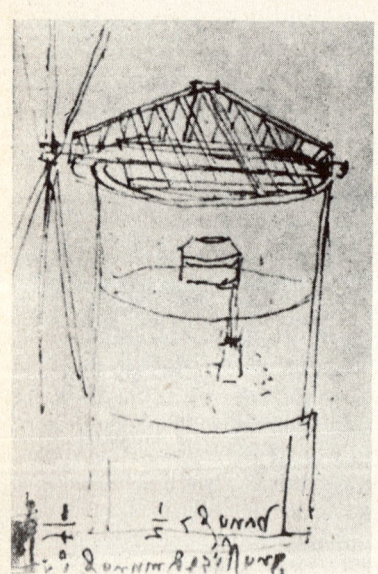

43: Windmühle mit drehbarem Dach. Schon Leonardo da Vinci hat in seinem Skizzenbuch Mühlen entworfen, die nicht mehr mit dem ganzen Haus, sondern nur mit dem Dach in den Wind gedreht werden sollten. Ausgeführt wurde diese Konstruktion erst rund 200 Jahre später (Zeichnung um 1500).

ser zu bauen und nur das Mühlendach mit den Windflügeln drehbar aufzusetzen, stammen schon aus der Zeit um 1500. In Leonardo da Vincis Skizzenbüchern (Abbildung 43) finden sich hiervon angedeutete Vorschläge. Diese Konstruktion setzte sich jedoch erst seit dem 17. Jahrhundert als holländische Windmühle stärker durch. Die Abbildung 44 dargestellte Windmühle, eine Konstruktion von Pieter Linpergh, einem der hervorragendsten

44: Holländische Windmühle – ein sogenannter Galeriehölländer. Das gesamte Mühlendach mit der Flügelwelle – die Kappe – wird am Stert in den Wind gedreht. Damit Flügel, Stert und Bremse (der Bremsbalken ragt waagerecht hinten aus der Kappe heraus) bedient werden können, hat man bei diesem hoch in den Wind gebauten Mühlentyp in etwa halber Mühlenhöhe eine Arbeitsbühne angebracht, – die sogenannte Galerie (Kupferstich um 1690).

45: Windmühlen helfen Wasser heben. In Holland spielten die Wassermühlen zur Landgewinnung schon im 17. Jahrhundert eine Rolle. In der Abbildung treibt eine Windmühle eine archimedische Schraube, die schon in antiken Bergwerken eingesetzt wurde, um Wasser zu heben (Kupferstich um 1780).

Mühlenbauer des 17. Jahrhunderts, hat wie die meisten holländischen Mühlen einen achteckigen Grundriß. Das Mühlendach – die Kappe –, das verhältnismäßig klein gehalten ist, wird in den Wind gedreht. Dabei zieht der Müller mittels verankerter Ketten oder Taue über ein am Stert befestigtes Handrad die Kappe in den Wind. Um den Stert und die Segel oder Windklappen der Flügel bequem bedienen zu können, wurde bei großen Holländern ein Arbeitsbalkon – die Galerie – etwa in halber Mühlenhöhe gebaut.

Zu Beginn des 18. Jahrhunderts erschienen in Holland eine große Anzahl weiterer Bücher zum Mühlen- und Wasserbau mit zahlreichen Kupferstichen. (Seit Beginn des 17. Jahrhunderts gibt es eine nahezu ununterbrochene Folge von Mühlenbüchern, wobei ‹Mühle› bis zur Mitte des 18. Jahrhunderts eigentlich jede Maschine mit Drehbewegung beschreibt, das heißt, auch Wasserräder mit Hammerwerk, Göpel etc. Eines der ersten Bücher mit 50 Kupfertafeln ist das Werk von Giacomo Strada à Rosberg, das 1617/18 in Frankfurt/Main erschien. Das bedeutendste Werk über die Mühlenbaukunst erschien dann 1718. Leonhard Christoph Sturm stellte in ihm schon in Grund- und Aufriß und mit Kennzeichnung der verschiedenen Materialien Windmühlen dar, die auf Grund seiner Zeichnung nachkonstruiert werden konnten. Holländische Mühlenbücher zu Beginn des 18. Jahrhunderts bildeten einen Höhepunkt dieser Darstellungsweise. Vorrangig ist dabei das Buch von Pieter Linpergh «Architectura mechanica of Moole-Boek», Amsterdam 1727, zu nennen.)

Die Holländer benutzten die Mühlen vor allen Dingen auch, um weite Gebiete, die vom Meer überflutet waren, freizupumpen. Mit Mühlenkraft wur-

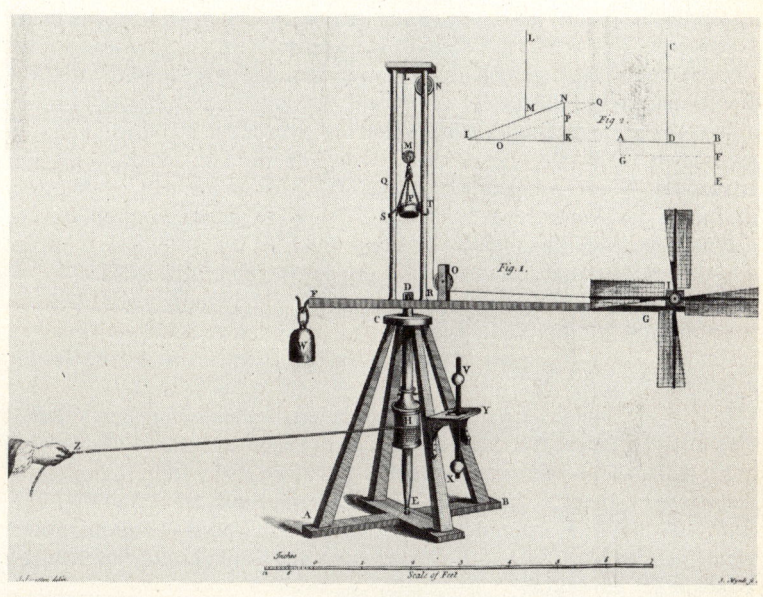

46: John Smeaton mißt die Leistung des Windes. In der Mitte des 19. Jahrhunderts wurden systematische Messungen durchgeführt, um die Konstruktion von Windrädern zu verbessern. In der Darstellung wird über eine Welle, die von einer Schnur in Bewegung gesetzt wird, ein langer Arm, an dem das Windrad befestigt ist, im Kreis herumgeführt. Ein Pendel im Vordergrund, am Gestell befestigt, mißt die pro Umdrehung benötigten Zeiten. Dadurch ist es möglich, künstlich unterschiedliche Windgeschwindigkeiten zu erzeugen. Das Windrad hebt über zwei Rollen verschiedene Gewichte in die Höhe. So sind die Leistungen bei unterschiedlichen Bedingungen festzustellen (Kupferstich 1759).

de schon in der Mitte des 17. Jahrhunderts das Harlemer Meer freigepumpt und neues Land gewonnen, ein Vorhaben, das in großem Stil bis in unsere Zeit fortgesetzt wurde. Noch gegen Ende des 19. Jahrhunderts gab es in Holland und Norddeutschland etwa hunderttausend Windmühlen.

Eine wesentliche Weiterentwicklung der Mühlen hat es im 19. und 20. Jahrhundert trotz neu eröffneter technischer Möglichkeiten nicht gegeben. Wissenschaftlich wurden sie, wie die Wassermühlen, von Daniel Bernoulli (1700–84) und John Smeaton (1738–59) untersucht (Abbildung 46), ohne daß deren Erkenntnisse wesentlichen Einfluß auf den Mühlenbau gehabt hätten.

Berechnungen halfen deswegen wenig, weil sich der Wind noch weniger als das Wasser in den Griff bekommen läßt. Genaugenommen müßte für jede Windgeschwindigkeit ein eigenes Mühlenrad konstruiert werden, um optimale Leistungen zu erhalten. Durch Verdrehen der Windflügel, durch Öffnen und Schließen von Windklappen kann unterschiedlichen Windgeschwindigkeiten in der Konstruktion Rechnung getragen werden. Die Erfahrungen des Windmüllers spielen jedoch in der Praxis die ausschlaggebende Rolle. Mit Berechnungen war die jeweils optimale Einstellung nicht zu finden.

Von der konstruktiven Verbesserung soll jedoch das Steuerwindrad (die sogenannte «Windrose», etwa seit 1750) erwähnt werden, das senkrecht zum treibenden Windrad angebracht wurde und dafür sorgte, daß das Mühlendach über das Windrosengetriebe durch den Wind selbst so gedreht wurde, daß das Hauptwindrad optimal im Wind stand. Es erleichterte dem Müller die schwere Arbeit, die Mühle ständig mit der Hand nachzuregulieren.

Die Idee, die Probleme der wechselnden Windrichtung durch die Konstruktion von Windturbinen in den Griff zu bekommen, findet sich bei dem schon erwähnten Ingenieur Mariano di Jacopo in der ersten Hälfte des 15. Jahrhunderts.

In den Mühlenbüchern des 17. Jahrhunderts finden sich neben Windrädern auch Turbinen. Auf der Festung Hohentwiel in der Nähe des Bodensees hat z. B. möglicherweise im Dreißigjährigen Krieg eine Windturbine gestanden (siehe Feldhaus, F. M.: Ruhmesblätter der Technik, Bd. 1. Leipzig 1924, S. 87). Wenn die Flächen der Windturbine durch Fenster vergrößert oder verkleinert werden, läßt sich die Leistung der Turbine auf verschiedene Windstärken einstellen.

Unbekannt, da sie sich nicht durchsetzen konnten, sind die Versuche von G. W. Leibniz, der als Mathematiker und Philosoph, aber nicht als Techniker berühmt geworden ist.

Im Harzer Bergbau gab es ständig Schwierigkeiten mit dem Grundwasser, das man schließlich durch einen etwa acht Kilometer langen Stollen vom Fuße des Berges zu den Bergwerkschächten ableitete. Über ein Jahrhundert wurde an diesem Kanal gebaut. Auch durch den Einsatz von Wasserrädern wurde versucht, dem Wasser Herr zu werden.

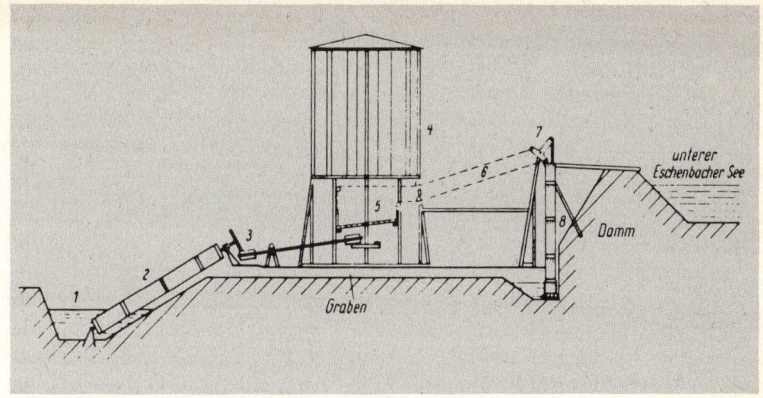

47: Die Windturbine von Leibniz. Leibniz hatte eine kombinierte Anlage zum Heben des Grubenwassers entworfen. Eine Windturbine sollte zwei Pumpen antreiben, die Wasser in einen See beförderten. Dieser See diente wiederum als Wasserreservoir für ein Wasserrad (Rekonstruktion).

Leibniz schlug vor, Windmühlen zu bauen und auf der Höhe der Berge, auf der kein Wasserrad arbeiten konnte, einzusetzen. H. Calvör, der wenig später als Leibniz lebte, berichtet darüber:

«Der weltberühmte Leibniz hat zu Hannover geäußert, es sei möglich, dem Mangel der Tageswasser, um die Grube zu Sumpfe zu halten, mittels der Verbindung des Windes und Wassers dergestalt zu Hülfe zu kommen, daß eine notable Quantität Erzes mehr als sonst mit ansehnlichem Vorteil des Bergwerks gefördert werde. Zu dem sei er erbötig, auf seine Kosten eine Windmühle an einem dazu ausersehenen und zum genugsamen Beweis der Nutzbarkeit seiner Invention dienliche Orte und Grube anzulegen und davon ein Jahr lang eine Probe zu machen, bei deren Fortgang man präsümieren könne, es werde dergleichen auch bei anderen Gruben, sie seien alt und tief oder neu und untief, zu großem Nutzen des Bergwerkes zu applizieren sein...»

(Aus Calvör, H.: Historische und chronologische Nachricht... des Maschinenwesens... auf dem Oberharze. Tl. 1, Braunschweig 1763, S. 101)

Im ersten Anlauf war Leibniz mit dem Bau einer Windmühle nicht so sehr erfolgreich. Die Versuche wurden schließlich, da die Mühle zu reparaturanfällig war, aufgegeben.

Jahre später versuchte es Leibniz noch einmal – dieses Mal mit einer «horizontalen Maschine», einer Windturbine (Abbildung 47). In einer Denkschrift aus dem Jahr 1684 schreibt Leibniz unter anderem:

«Die Neue horizontal Kunst hat trefliche Vortheil. Denn diese Windkunst an sich selbst kostet nicht über 200 thl. und braucht nicht mehr wartung als ein waßerrad, un ist bereit tag und nacht mit allen winden, ohne richtung und stellung zu gehen. Ist sehr sicher gegen Sturm.

71

Man kan die Krafft des Windes spahren und gleichsam in vorrath legen. Solches ist zu verstehen, wenn man damit waßer in die teiche bringt, welches darinne in vorrath behalten, und hernach zu gemeinsamen Nutzen des Bergwercks auf Künste und Puchwercke, etc. dispensiret werden kan. Cessiret also auch diese Haupt objection, daß man nehmlich nicht Meister vom winde sey noch solchen habe wann man wolle. Alles waßer so man in die teiche bringet, ist so guth als baar geld; und da man deßen noch ins soviel hätte, köndte man es wohl gebrauchen.»

(Aus Leibniz, G. W.: Allgemeiner politischer und historischer Briefwechsel. Hg.: Akademie der Wissenschaften. Berlin, Bd. 4, S. 43)

Leibniz' Windturbine arbeitete anscheinend vorzüglich, aber das Bergamt von Clausthal ließ sich durch alle Erfolge nicht überzeugen. Es blieb beim Althergebrachten und wollte keine neuen Experimente. Auch die Autorität Leibniz' und zahlreiche Briefe an den Landesherrn konnten nichts ausrichten. Technische Innovationen waren nicht erwünscht.

Noch ausgeprägter war diese Abwehr bei den Zünften, die oft Neuerungen geradezu verboten. Noch 1685 erließ der Kaiser ein Edikt, das die Einführung neuer Maschinen unter Strafe stellte, und es wird mehrfach berichtet, wie neuerfundene Maschinen zerschlagen wurden. Die Zunftherren waren sich darüber klar, daß die herkömmliche Produktionsweise ihre Organisation bestimmte und daß durch neue Produktionsverfahren ihr Stand selbst in Frage gestellt wurde.

Auch die Geschichte vom Streit Friedrichs II. (des Großen; er regierte 1740–86) mit einem Müller gehört in diesen Zusammenhang. Sehr häufig wird berichtet, daß der Müller sein Recht gegen den König erkämpft und der König schließlich das Recht des Müllers anerkennt. Die Geschichte verlief in Wirklichkeit weniger moralisch: Durch die Erweiterung von Gartenanlagen und durch hohe Hecken bei Sanssouci bekam der Müller Grievenitz, der seit 1737 seine Mühle in Betrieb hatte, Schwierigkeiten, weil ihm zu viel Wind weggenommen wurde. Er gab die Mühle an einen Nachfolger ab, für den sich der Betrieb offensichtlich nicht mehr lohnte: die Mühle verwahrloste. Das aber gefiel Friedrich II., der die Windflügel im Hintergrund gern sehen wollte, ganz und gar nicht. Er ließ sie daher auf eigene Kosten wieder herrichten.

Das Mühlenrecht reichte offensichtlich nicht so weit, daß dem Müller «der Wind» gesichert wurde wie dem Wassermüller der Zufluß.

Der Windmüller hatte ansonsten gesellschaftlich die gleiche Stellung wie der Wassermüller. Auch er war als Leibeigener eines Grundherrn dem freien Handwerker nicht gleichgestellt. Selbst seine Söhne und Enkel konnten noch nicht in eine Zunft aufgenommen werden. Sie durften auch nicht Angehörige der freien, der ehrlichen Handwerker ehelichen. Umgekehrt war es für einen freien Handwerker ein sozialer Abstieg, wenn er eine Müllerin heiratete (siehe auch Anhang 3). Die Kluft zwischen Bauern und freien Handwerkern einerseits und Müllern andererseits rührte zum größten Teil daher, daß der

Müller als unmittelbar vom Grundherrn Abhängiger die Rechte des Grundherrn durchzusetzen verpflichtet war. Durch das Einziehen der Mahllast sorgte er dafür, daß eine Art Naturalzins beibehalten wurde. In England und Frankreich waren im Verlauf des 13./14. Jahrhunderts die Naturalabgaben weitgehend durch Geldabgaben abgelöst und damit auch die Frondienste der Bauern, die durch Geldbußen ersetzt werden konnten, verändert worden. In Deutschland dauerte diese Änderung sehr viel länger. Die Grundherren behielten sich stets das Recht vor, nach ihrem Ermessen den Geld- oder den Naturalzins einzufordern. Die Mühlen verstärkten die Tendenz, den Naturalzins beizubehalten, da dies für die Müller die einfachste Form war, ihren Lohn zu erhalten.

Die Windforschung in der Gegenwart

In der Gegenwart wird auf dem Gebiet der Windforschung nur sporadisch gearbeitet. Die Ansätze sind erst in den Jahren nach der Öllieferungskrise 1973 etwas zahlreicher geworden. Mit fünf Millionen DM jährlich sollen die

48: Das amerikanische Windrad. Dieses Windrad mit seinen zahlreichen Lamellen, die im allgemeinen aus Blechen hergestellt wurden, hat den Vorteil, daß es schon bei ganz schwachem Wind funktioniert. Durch einen Regulator soll es in bestimmten Grenzen immer eine gewisse Tourenzahl einhalten, so daß ein fast gleichmäßiger Gang der betriebenen Maschinen erzielt wird (Stahlstich 1880).

49: Elektro-Windanlage. Kleinkraftanlagen mit etwa einer Leistung von 6000 Watt haben eine Höhe von etwa 15 m und einen Raddurchmesser von 10 m. Sie sind als ergänzende Energiequelle einsetzbar.

Forschungen auf diesem Gebiet unterstützt werden, einige Promille im Vergleich zur Förderung der Kernenergie.

In den USA wurden schon zwischen 1960 und 1970 etwa 100 000 Windräder zu je etwa 1000 DM verkauft, die einsam gelegene Wochenendhäuser mit Strom versorgen können. Sie haben einen Flügeldurchmesser von nur 1,5 Metern bei zwei Flügeln und leisten etwa 200 Watt, das heißt, sie können etwa zwei Glühlampen zum Leuchten bringen. Insgesamt liefern sie zwischen 50 bis 100 Kilowattstunden im Monat, da sie bei Windstille ausfallen.

Dies ist aber für einen normalen Haushalt zu wenig, der mindestens die doppelte Energiemenge benötigt. Natürlich sind diese Windräder nur zusammen mit Akkumulatoren brauchbar.

Es sind Windräder mit fast jeder denkbaren Anzahl von Flügeln konstruiert worden. Amerikanische Windräder haben zum Teil bis zu 100 Windflügeln, die sich bei etwas stärkeren Winden schrägstellen, so daß der Wind hindurchstreichen kann (Abbildung 48). Windräder mit einer großen Anzahl von Flügeln haben den Vorteil, daß sie selbst die kleinste Brise nützen und sich sehr leicht zu drehen anfangen. Ihre Umdrehungszahl bleibt jedoch verhältnismäßig gering, so daß sie für die Stromerzeugung nicht so brauchbar sind wie z. B. schnellaufende Zweiflügler (Abbildung 49). Sie werden daher direkt als Arbeitsmaschine, z. B. als Pumpe, eingesetzt. Hohe Drehzahlen verlangen andererseits sehr gutes Material. Beim Zweiflügler, der eine sehr lange Anlaufzeit hat und für schwache Winde nicht zu gebrauchen ist, beträgt bei einem Flügeldurchmesser von 18 Metern und einer Umlaufgeschwindigkeit von 100 Umdrehungen pro Minute die Geschwindigkeit der Flügelspitze immerhin rund 700 Stundenkilometer. Es werden daher sehr hohe Anforderungen an das Material gestellt.

In Dänemark und in den USA sind eine Reihe von derartigen zweiflügeligen Windrotoren aufgestellt, die 60 bis 100 Kilowatt Leistung haben. Damit können sie kleinere Betriebe oder auch Siedlungen mit Strom versorgen. In den USA laufen noch größere Projekte. Dort sind Windrotoren gebaut worden mit einer Leistung bis zu einem Megawatt. Diese Windräder sind alle so montiert, daß sie sich von selbst durch eine Steueranlage in die günstigste Windrichtung drehen. Im einfachsten Fall besteht diese Steueranlage aus einem Blech, auf das der Wind so lange drückt, bis es ganz in die Richtung des Windes gedreht ist. Wie schon erwähnt, fanden sich solche Steuerräder, wenn auch nur vereinzelt, an den holländischen Windmühlen.

50: Eine Landschaft mit Windrotoren – Bildmontage. Sollte mit Hilfe des Windes die Leistung eines Kraftwerks erreicht werden, so müßten zahlreiche Rotoren in einem Verbundnetz zusammengefaßt werden. Auf dem Foto ist künstlich dargestellt, wie sich die Landschaft durch den Aufbau von kleineren Rotoren verändern würde.

Die Argumente für die Nutzung der Windkraft können in folgenden Punkten zusammengefaßt werden:

1. Unter Berücksichtigung aller technischen Randbedingungen können Windenergieanlagen in der Bundesrepublik etwa 60 % des derzeitigen Strombedarfs erzeugen.

2. Die Speicherung der Windkraft in Verbundsystemen scheint immer weniger schwierig als bisher angenommen. Ein Vorteil der Windenergie ist es sogar, daß das Angebot jahreszeitlich weitgehend dem Bedarf entspricht, der Anfall im Winter also höher ist als im Sommer.

3. Mit Druckluftspeichern, Schwungrädern und chemischen Speichern bieten sich Möglichkeiten der Zwischenspeicherung an, die eine Erzeugung unabhängig vom Zeitpunkt des Bedarfs möglich machen, so daß die kostspielige Spitzenlastdeckung in der öffentlichen Stromversorgung durch eine Kette von Windenergiekonvertern im Megawattbereich übernommen werden kann.

4. Die Entwicklung der Großkonverter macht offensichtlich gute Fortschritte. Leistungen von 3 bis 5 Megawatt werden nicht nur bei Anlagen in Schweden, Kanada und den USA, sondern auch in Großbritannien, Dänemark, den Niederlanden und in der Bundesrepublik Deutschland geplant.

5. Kleine Rotoren neuer Bauart werden seit Jahrzehnten mit Erfolg für die Versorgung von Einzelgehöften mit Strom und Heizwärme, für Stromversorgung von Bergstationen, Leuchtbojen, Relais- und Wetterstationen sowie zum Wasserpumpen, zur Belüftung von Fischteichen u. a. eingesetzt und finden dank verbesserter Materialien und Techniken bei den laufend steigenden Energiepreisen immer mehr Interessenten.

6. Die Konverter belasten die Umwelt in keiner Weise, wenn man von der optischen Erscheinung absieht. Eine leichte Abbremsung der Windgeschwindigkeit um etwa 3 Prozent wird als wünschenswerte Begleiterscheinung gewertet.

(Sh. Urbanek, A.: Energie vom Wind. Aus: Energie, Jg. 29, Nr. 9, S. 297)

In den Energiebilanzen der Gegenwart erscheint Windenergie gar nicht. Einzelne Windenergieanlagen können grundsätzlich – das ist aus den bisherigen Ausführungen klar geworden – nicht die Größe anderer Kraftwerke erreichen. Ihre Leistungen liegen höchstens bei etwa ein bis drei Megawatt (Million Watt).

Das seit 1975 existierende Forschungsinstitut Windenergietechnik an der Universität Stuttgart schlägt drei verschiedene Anlagen vor, die unterschiedlichen Ansprüchen genügen sollen. Sie haben alle nur zwei aus Kunststoff hergestellte Rotoren, deren Umdrehungszahlen zwischen 30 und 40 pro Minute liegen.

1. Kleinanlagen mit Leistungen von einigen Kilowatt
Rotordurchmesser: ca. 10 m (Abbildung 49)

Eine solche Anlage könnte eine Pumpe in Bewegung setzen oder ein einsam gelegenes Haus mit Strom versorgen. Für Länder mit weit verstreuter Besiedlung ohne zusammenhängendes Stromnetz könnten diese Anlagen wichtig sein.

2. Mittlere Anlagen mit einigen 100 Kilowatt Leistung
   Rotordurchmesser: 30–40 m
   Eine solche Anlage könnte schon Dörfer versorgen oder kleine Fabriken. Für Länder der Dritten Welt ohne zusammenhängendes Stromnetz dürften diese Anlagen von Bedeutung sein.

3. Große Anlagen mit 1 MW Leistung
   Diese Anlagen könnten in einem Verbundsystem (Abbildung 50) auch größeren Strombedarf befriedigen. Vor allem in Norddeutschland, in Gegenden, in denen ständig eine kräftige Brise weht, könnten etwa 100 derartige, miteinander verbundene Anlagen ein herkömmliches Kraftwerk ersetzen. Sie benötigen ein Gebiet von ca. 8 Quadratkilometern, das jedoch noch weitgehend landwirtschaftlich genutzt werden kann. Auch die Lärmbelästigung ist bei niedrigen Umdrehungszahlen nur etwa so groß wie das Rauschen der Meeresbrandung! Weitere Umweltbelästigungen gibt es durch die Windanlagen nicht.

Diese drei Typen sollen in kleinen Forschungsprogrammen, die im Vergleich zur Kernenergieforschung über verschwindend geringe Etats verfügen, erprobt werden. So wurde im Kaiser-Wilhelm-Koog (20 km nordwestlich von Brunsbüttel an der Elbmündung) eine große Windanlage (Growian) mit einem 100 m hohen Turm und einem Rotordurchmesser von ca. 100 m gebaut. Die Anlage (Kosten: ca. 100 Millionen DM) wurde im Oktober 1983 eingeweiht. Die Materialprobleme an diesem Prototyp sind allerdings unerwartet groß, so daß bis heute (Oktober 1984) nur kurze Probeläufe möglich waren.

Als ergänzende Energiequelle könnte nach überschlägigen Berechnungen die Windenergie eine größere Rolle spielen als die Wasserenergie. Die Unstetigkeit in den Windstärken könnte durch die Kopplung mit Wasserkraftwerken ausgeglichen werden. Bei großen Windstärken wird das Zuviel an Strom für das Hochpumpen von Wasser verwendet, das bei Flauten wieder genutzt werden kann. Die Investitionskosten für eine derartige Anlage sind nicht größer als die für andere Kraftwerke, die Wartungskosten nicht aufwendiger. Um den endgültigen Einsatz zu proben, müßten Versuche in größerem Umfang begonnen werden, die jedoch bei weitem höhere Investitionskosten als bisher erfordern. Die Energiepolitik legt das Schwergewicht auf den Ausbau zentraler großer Kraftwerke mit tausend und mehr Megawatt Leistung und gibt kleineren Unternehmen und Vorhaben kaum eine Chance. Technische wie wissenschaftliche Entwicklung stagnieren daher seit mehreren Jahrzehnten in diesen Bereichen.

Kohle: Totes Gestein
mit lebendigen Wirkungen

Die Vorgeschichte der Kohleverwendung

Anders als bei Wind und Wasser ist die Energie der Kohle nicht unmittelbar sinnlich erfaßbar. Die Kohle sieht aus wie ein totes Gestein oder vermodernde, dicht gepackte Pflanzenteile, ohne daß ihr Energiegehalt irgendwann erahnt werden könnte. In der Natur finden sich vom Torf über die Braunkohle, die meist direkt an der Erdoberfläche liegt, bis zu den verschiedenen Formen der Steinkohle alle Übergänge von der Pflanze zum Stein. Die Steinkohle ist die älteste Kohleart und wurde im Erdzeitalter des Karbon vor etwa 200 bis 400 Millionen Jahren gebildet. Viele Schichten haben sich seitdem im allgemeinen über der Kohle abgesetzt und ihre Gewinnung im Untertagebau sehr mühsam gemacht.

Aus den Funden ist die Kohlebildung eindeutig zu klären: Durch klimatische Veränderungen sind im Laufe von Jahrmillionen riesige Waldgebiete untergegangen, von Wasser-, Erd- und Steinschichten bedeckt worden, und unter dem Druck dieser Schichten wurde Kohle gebildet. Hohe Drucke und Temperaturen haben Verbindungen geschaffen, die bei der älteren Steinkohle komplexer und energiereicher als bei der später entstandenen Braunkohle sind.

Entdeckt und in ihren Eigenschaften teilweise erkannt wurde die Kohle in der Antike; sehr viel Aufmerksamkeit zogen diese schwarzen unscheinbaren Steine, die brennen konnten, nicht auf sich, solange Holz in genügender Menge zur Verfügung stand. Theophrast (371–300 v. Chr.) schließt in seinem Buch über die Steine auch die Kohle in seine Beschreibungen ein. Weitere spärliche Nachrichten über die Kohlenutzung finden sich erst wieder seit dem 12. Jahrhundert. In dieser Zeit muß in London die Kohle sogar schon für Herdfeuer verbraucht worden sein. In den Chroniken finden sich aus dem Jahre 1273 Beschwerden vornehmer Londoner über den Gestank, den der Kohlequalm verursachte (Stegemann, O.: Zur Geschichte des Steinkohlebergbaus. Aus: Der Bergbau ... Zeitschrift zum XI. Allgemeinen Bergmannstag, Aachen 1910). Sie meinten außerdem, Kohlefeuer könnten Krankheiten hervorrufen; eine Auffassung, die teilweise bis weit in das 19. Jahrhundert wiederholt wird.

Dabei muß allerdings bedacht werden, daß die meisten Öfen des Mittelalters keinen Abzug hatten und der Qualm durch die Fensterluken – Glasscheiben gab es sowieso kaum – ins Freie drang. Wenn das Feuer nicht genug

Sauerstoff bekam, konnte sich giftiges Kohlenmonoxid bilden, das bei längerem Einatmen lebensgefährlich wirkt. Bei ungenügendem Abzug konnte auch die Kohlendioxidkonzentration so groß werden, daß sie Ohnmächte verursachte. Diese Gefahren traten auch bei Holzfeuern, wenn auch in geringerem Maße, auf. Ein ordentliches Kohlefeuer konnte erst dann betrieben werden, als auch ein Eisenrost zur Verfügung stand, der die Asche von der Kohle trennte.

Auf dem Kontinent wurden etwa zur gleichen Zeit wie in England die ersten Kohlengruben angelegt. Wie bei dem Einsatz von Wasserrädern spielten auch bei dieser neuen Entwicklung die Klöster eine besondere Rolle. Die Augustinermönche zu Klosterarth haben schon im Jahre 1113 Kohle gefördert. Etwas später berichten Chroniken von Lütticher Bergwerken. In dieser Gegend wurde die Kohle vor allem zum Keramikbrennen benutzt. Aus dem heutigen Ruhrgebiet gibt es seit etwa 1300 erste Dokumente über Steinkohlengruben. Danach nehmen die Nachrichten über die Verwendung von Kohle kontinuierlich zu.

Eine sehr wesentliche Rolle spielte während des Mittelalters die Produktion und der Handel mit Salz. Unter anderem wurde das Meerwasser in großen Wannen, unter denen Kohlefeuer entzündet wurden, eingedickt, und das wertvolle Salz setzte sich am Boden ab. In den Mittelmeerländern wurde das Salz in Salzgärten gewonnen, in denen die Sonne das Wasser verdunsten und das Salz kristallisieren ließ. Es wurde auf den berühmten Salzstraßen weiter nach Norden transportiert.

Zur Raffinierung von Zuckersäften wurden Kohlefeuer nur wenig herangezogen. Zucker konnten sich zudem nur die höheren Stände leisten; sein Konsum bedeutete Luxus und war nicht lebenswichtig wie Salz.

Auch bei der Herstellung von Glas (Abbildung 51) und Seife ersetzte die Kohle nach und nach das Holz. Die Betriebe wurden lediglich möglichst an

51: Glasproduktion. In englischen Öfen wurde schon zu Beginn des 17. Jahrhunderts Kohle zur Glasgefäßherstellung gebraucht. Es wurden Hochöfen gebaut, die besseren Zug und größere Hitze entwickelten als die niedrigen Öfen, die noch lange Zeit auf dem Kontinent üblich waren (Kupferstich 1707).

52: Das Erzrösten. Erze wurden bis weit in das 18. Jahrhundert im allgemeinen mit Holzkohle zum Schmelzen gebracht und so die Metalle gewonnen. Um weniger Holzkohle zu verbrauchen, wurden die sulfidischen Erze geröstet, d. h. bei sehr starkem Schwefelgehalt zuerst im offenen Feuer – und dann in geschlossenen Öfen (A und B) bis zur Schmelze erhitzt, um den Schwefel als Schwefeldioxid auszutreiben. Im unteren Teil der Abbildung ist im Hintergrund auch ein Schmelzofen (C) zu sehen (Holzschnitt 1617).

den Rand der Siedlungen gelegt, damit die Nachbarn vor dem «gefährlichen Kohlequalm» geschützt würden.

Eine größere Bedeutung erlangte die Kohle bei der Gewinnung von Salpeter und Schießpulver. Für militärische Zwecke wurden schon immer besondere Anstrengungen auf sich genommen.

Ein sehr bedeutsamer Bereich – viel mehr als für die gegenwärtige Zeit, in der es eine Vielzahl von Getränken gibt – war das Brauen von Bier. Für den Großteil der Bevölkerung war es bis weit in das 19. Jahrhundert hinein das wichtigste und beliebteste Getränk. Zum Brauen des Bieres mußte die Kohle allerdings erst «abgeschwefelt» werden, damit kein bitterer Nebengeschmack sich einschlich. Mit «Abschwefeln» war in der damaligen Zeit jede Trennung von mineralischen Zusätzen, vor allem Schwefel, von der Kohle gemeint, was damals nur teilweise gelang. Diese Erfahrungen waren jedoch für das Verkoken, also die Verwandlung von Kohle in Koks, von Bedeutung.

Im Hausbrand setzte sich die Kohle nur langsam durch. Selbst noch im 18. Jahrhundert ordnete Friedrich I. (der Große) im Ruhrgebiet den Verbrauch von Kohle an, um die Wälder zu schonen. Es mußten dafür jedoch geeignete Öfen mit Eisenrosten und Abzügen oder Schornsteinen konstruiert werden. Für einen einfachen Haushalt waren diese Anschaffungen – vor allem ein Rost aus Eisen – unerschwinglich. Der Verbrauch von Kohle blieb daher die Ausnahme.

Die größten Holzmengen wurden im Mittelalter und in den früheren Zeiten für die Verarbeitung von Erzen benötigt (Abbildung 52). Die Wälder Italiens verschwanden schon im Altertum, weil für diesen Zweck Raubbau getrieben wurde; allerdings auch, weil der Boden landwirtschaftlich intensiver genutzt wurde. In England fielen die Wälder vor allem im 15. Jahrhundert, als zahlreiche Lords durch die gehäufte Gründung und den Betrieb von Eisenhütten ihren Reichtum vermehrten. Als es in England kein Holz mehr gab, wurde Irland geplündert, wobei schon damals politische Begründungen den Zweck heiligen sollten: Das Gesindel sei leichter zu fassen, so hieß es, wenn es keine Wälder gebe. Innerhalb von einem Jahrhundert wurden die Hochwälder Irlands abgeholzt; danach ging die Hüttenindustrie sehr stark zurück, so daß England sogar Eisenimporteur werden mußte. Noch im 18. Jahrhundert spielte dabei Rußland als Handelspartner eine wichtige Rolle.

In den deutschen Ländern sah die Entwicklung nicht sehr viel anders aus. Ein Landgraf stellte fest, daß bei dieser Wirtschaftsart die Väter reich und die Kinder arm würden. Trotzdem wurde, solange es ging, in der Umgebung reicher Erzadern Holz geschlagen und Holzkohle hergestellt, die nötig ist, um höhere Temperaturen in den Öfen zu erreichen und Erze zu schmelzen (Abbildung 53). Mit 30 Tonnen Holz konnten 6 Tonnen Holzkohle produ-

53: Die Grubenkohlung. Für die Grubenkohlung wird eine Grube von beliebiger Größe gegraben und mit Knüppeln und Reisigzeug angefüllt, das anschließend angezündet und verbrannt wird. Auf die zusammenfallenden glühenden Hölzer wird neues Reisig gelegt und durch die Glut entzündet. So wird die Grube vollständig angefüllt, dann mit Erde überdeckt und nach etwa einem Tag die fertige Holzkohle herausgenommen (Holzschnitt 1540).

ziert werden, die nötig sind, um eine einzige Tonne Eisen zu erschmelzen. So ist es leicht verständlich, daß in der Gegend reicher Erzvorkommen ganze Wälder verschwanden.

Sicherlich gab es wegen dieser Zwangslage schon sehr früh Versuche, auch Kohle zur Erzverarbeitung heranzuziehen. Jedoch bildeten die mineralischen Zusätze der Kohle, vor allem ihr Schwefelgehalt, unüberwindliche Schwierigkeiten. Es ließ sich nur ein sehr sprödes Eisen erschmelzen, das sich zum Schmieden nicht mehr eignete. Man versuchte, Kohle wie Holz zu be-

54: Meilerkohlung. Das zu verkohlende Holz wird bei einem «stehenden Meiler» um eine Stange so dicht wie möglich kreisförmig so gestapelt, daß ein Kegel entsteht, der mit Grassoden abgedeckt wird. Die Verkohlungshitze wird an der Achse des Meilers durch geregelte Luftzufuhr erzeugt und von oben nach unten geleitet. Der Meiler verkohlt schichtenweise. Die Holzkohlen können erst dann herausgenommen werden, wenn der ganze Meiler durchgekohlt ist. Die Zeitdauer des Prozesses reicht von einigen Tagen bis zu mehreren Wochen – je nach Größe des Meilers, der Holzart und der Witterung (Kupferstich 1762).

82

handeln, das vor dem Einsatz in der Erzschmelze erst einen Verwandlungsprozeß durchmachen mußte. Für die Herstellung der Holzkohle wurden Gruben angelegt, die abgedeckt wurden, so daß nur wenig Luft zutreten konnte und der Verkohlungsprozeß nur ganz langsam verlief. Oder es wurden Meiler errichtet, wie es sie noch bis vor kurzem im Siegerland gab. In ihnen wird Holz aufgeschichtet und anschließend mit Grassoden (Grasstükke) und Laub abgedeckt, Luft tritt nur durch einige Löcher hinzu, die geschlossen und geöffnet werden können, so daß der Verkohlungsprozeß durch den Köhler systematisch geregelt werden kann (Abbildung 54).

In einem ähnlichen Verfahren gelang es nach vielen Versuchen, die seit 1709 datieren, Abraham Darby in Coalbrookdale (Wales), aus Steinkohle Koks herzustellen, der zusammen mit Holzkohle zum Erschmelzen von Erz und zur Herstellung eines Roheisens sich eignete. Dabei kam es vor allem auf die Art der Kohle an – sie durfte nicht sehr viel Schwefel enthalten – und auf die Mischung und Zusätze im Meiler, um einen für die Erzschmelze brauchbaren Koks zu erhalten. Darby hatte auf Grund seiner jahrzehntelangen handwerklichen Erfahrungen Erfolg, nicht jedoch auf Grund systematischer oder wissenschaftlicher Untersuchungen. Er war sich nicht darüber klar, was in dem Verkohlungsprozeß vor sich ging oder was das eigentlich Wichtige seines Vorgehens war. Er konnte es daher auch nicht so beschreiben, daß es übertragbar und reproduzierbar wurde. Unter etwas geänderten Bedingungen blieb der Erfolg aus. Das Verfahren konnte daher noch nicht zur Grundlage eines industriellen Prozesses werden. Es dauerte noch mehr als zwei, wenn nicht drei Generationen, bis dieses Verfahren allgemeine Bedeutung gewann.

Erste Entwicklungen von Wärmekraftmaschinen

Der Beginn der Neuzeit war in Mitteleuropa durch eine lebhafte Bergbauindustrie gekennzeichnet. Die wichtigsten Gebiete lagen in der Oberpfalz, im Harz, im Erzgebirge, im Siegerland, am Rande der Alpen, in Tirol und in der Steiermark. Der Abbau von Kohle wurde hier allerdings nicht betrieben. Die Förderung von Silber-, Kupfer- und Eisenerzen waren ihre Hauptaufgaben. Schon früh im 16. Jahrhundert erschien eine Reihe von Bergwerksbüchern, von denen das bedeutendste der Arzt und Philologe Georg Bauer, genannt Agricola, 1556 veröffentlichte (Agricola, G.: De re metallica, Basel 1556 [dtv-Ausgabe, München 1978]). In zwölf Großkapiteln, die in einem Band zusammengefaßt sind, behandelte er ausführlich alle Aktivitäten und Probleme des Bergbaus. Es sind die Probleme, die wenig später zum größten Teil auch für den Kohlebergbau bedeutsam werden: Wie werden Erzadern gefunden, wie werden Schächte angelegt? Wie werden sie bewettert, das heißt, mit frischer Luft versorgt? Wie werden die Schätze der

Erde zu Tage befördert? Wie kann der Zulauf des Grubenwassers bewältigt werden? Und als Arzt ging er natürlich auch der Frage nach, unter welchen Krankheiten der Bergmann besonders zu leiden hat. Auf die Kohle geht Agricola nur ganz am Rande ein, er erwähnt sie beiläufig, obwohl er den jahrzehntelangen Brand des Zwickauer Kohleberges und sein zwischenzeitliches kräftiges Aufflackern selbst erlebt hatte.

Kohle war nicht unmittelbar wichtig; sie wurde abgebaut, wenn die Flöze direkt die Oberfläche erreichten oder wenn sie besonders große Mächtigkeit aufwiesen, wenn sie wie in Schottland und Wales unmittelbar an der Küste lagen und die abgebaute Kohle leicht verschifft werden konnte. Auch aus diesem Grunde fand zuerst in England Kohle in immer weiteren Bereichen Verwendung.

Bei fortschreitendem Bergbau setzte das Wasserproblem tieferem Vordringen immer schwieriger zu überwindende Grenzen. Viele Schächte mußten aufgegeben werden, weil das zusammenlaufende Grundwasser alles ertränkte. Von 1000 Bergleuten waren in manchen Gebieten 600 Wasserknechte, die das Wasser zum Teil in Ledereimern, die von einem zum anderen weitergereicht wurden, ausschöpften. Einen Fortschritt bildete dann der Einsatz von Wasserrädern, die Pumpen antrieben. Doch wurden in heißen Sommern die Aufschlagwasser oft genug knapp, und der Bergbau geriet ins Stocken.

Diese Schwierigkeiten der Bergwerke, denen bei fortschreitendem Ausbau das Wasser buchstäblich bis zum Halse stieg, und sich ausbreitende Industriezweige – wie Spinnerei, Weberei und Waffenherstellung – gaben immer wieder den Anstoß, Antriebs- und Pumpmaschinen, die wirkungsvoller als Mühl- und Windräder waren, zu konstruieren. Schon in Leonardos Skizzenbüchern finden sich für diese Bereiche Ideen, die jedoch wirkungslos blieben, da sie in ihren Ansprüchen an die Materialverarbeitung und die Erfahrung des Handwerkers weit über seine Zeit hinaus gingen. Darüber hinaus veröffentlichte Leonardo nichts in Büchern, die vertrieben wurden, und er hatte keine Schüler, die seine Ideen weiter verfolgten. So entstanden nicht einmal Modelle, die die Funktionstüchtigkeit im kleinen überprüften. Diese wurden erst sehr viel später entwickelt (Abbildung 55).

Versuche auf einer mehr realistischen Basis führte erst der holländische Physiker Christiaan Huygens (1629–95) durch. Er wollte die gewaltige Kraft des Schießpulvers in einer Antriebsmaschine nutzen (Abbildung 56). Seine Vorstellungen erläuterte er den Mitgliedern der französischen Akademie der Wissenschaften, die auf Initiative des Wirtschafts- und Finanzministers Colbert 1666 gegründet worden war und zunächst vor allem praktisch ausgerichtete Aufträge zu erfüllen hatte:

«Ich habe die vergangenen Tage die Herren unserer Akademie und darauf auch Herrn Colbert den Abriß einer Erfindung sehen lassen, die man als sehr gut erdacht beurteilte und von der ich große Wirkungen erhoffen möchte, wenn ich sicher wäre, daß sie im

55: Vorläufer von Dampfmaschinen. In einem Kessel wird Dampf erzeugt und über Röhren in einen Wasserkessel geleitet. Durch den Dampfdruck wird das Wasser hinausgedrückt. Dasselbe Prinzip wendete einige Zeit später Th. Savery bei einer Pumpe an. In der Abbildung rechts wird in vereinfachter Form dasselbe Prinzip angewandt. Das Wasser wird in der Kugel erhitzt, und der sich bildende Wasserdampf drückt das Wasser aus dem Gefäß hinaus. Durch ein zweites Ventil kann neues Wasser hineingepumpt werden (Holzschnitte 1601 bzw. 1615).

Großen ebenso gelänge wie im Kleinen. Es handelt sich um eine neue bewegende Kraft durch das Mittel des Schießpulvers und durch den Druck der Luft. Hier ist die Beschreibung davon: AB ist ein Rohr, innen gut geglättet und von gleicher Weite. D ein Kolben oben im Rohr, der sich darin zu bewegen vermag, aber oben nicht aus dem Rohr heraus kann, weil dort ein Anschlag befestigt ist, der ihn daran hindert. Unten im Rohr ist eine kleinere Kapsel eingeschraubt, wobei zur vollkommenen Abdichtung Leder verwandt wird. An den Stellen EE des Rohrs sind Öffnungen und an diesen Schläuche aus feuchtem Leder EF angebunden. In die Kapsel C legt man, ehe man sie befestigt, ein wenig Schießpulver mit einem Stückchen Zunder. Nachdem man diesen am Ende angebrannt hat, befestigt man die Kapsel. Das Feuer greift dann zu dem Pulver über, welches aufflammt, das Rohr füllt und daraus die Luft durch die Schläuche (Ventile) EF hinausjagt, die sich bald danach durch den Druck der äußeren Luft schließen und glatt gegen die Öffnungen gedrückt werden, welche vergittert sind, da-

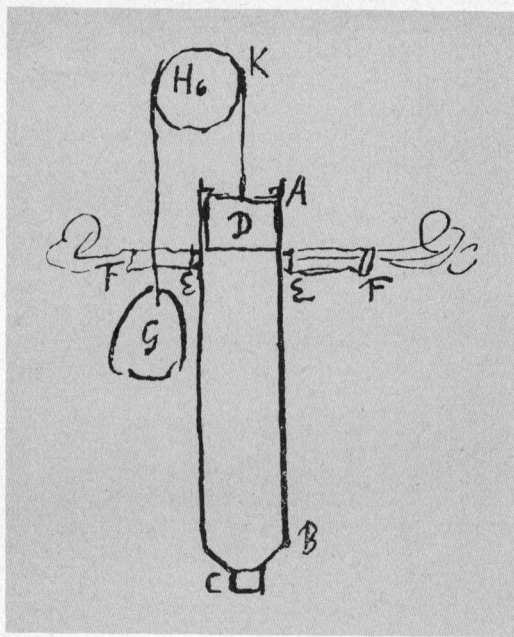

56: Schießpulverma-schine von Huygens. Die Maschine sollte ähnlich funktionieren wie die von Leonardo. Pulver wurde entzündet und trieb die Luft aus dem Zylinder durch das Ventil F, das anschlie-ßend geschlossen wur-de, hinaus. Es entstand nach der Abkühlung des Zylinders ein teilweises Vakuum, in das der Kolben von dem äuße-ren Luftdruck hineinge-drückt wurde und über eine Rolle ein Gewicht heben konnte (Skizze 1673).

mit die Lederschläuche nicht in das Rohr hineingelangen. Indem nun dieses Rohr (Zylinder) auf solche Weise leer oder fast leer bleibt, drückt die Luft mit einer sehr großen Kraft auf den Kolben D und nötigt ihn, im Rohr hinabzugehen, wobei er das Seil GK und damit das Gewicht G oder irgend etwas anderes, das man daran hängt, nach sich zieht.»

(Aus Huygens, Chr.: Œuvres complètes. To. 7. La Haye 1897, S. 356 f.)

Huygens berechnet anschließend den Druck der Luft, der auf den Kolben wirkt. Er nutzte die Pulverentladung nicht direkt aus, da sie ihm viel zu ge-waltig und unkontrollierbar erschien, sondern ließ den Pulverdampf aus den Ventilen des Zylinders verpuffen. Die Arbeit leistete erst der äußere Luft-druck, der den Kolben hineinpreßte, nachdem durch die Pulverexplosion ein luftverdünnter Raum entstanden war.

Die Wirksamkeit des äußeren Luftdrucks war schon einige Zeit vorher eindrucksvoll erprobt worden (Abbildung 57). Der Magdeburger Bürger-meister Otto von Guericke hat umfangreiche Versuche über den Luftdruck durchgeführt und sie 1672 in einem Buch «Nova experimenta Magdeburgica de vacuo spatio» – also neue Magdeburgische Experimente über den leeren Raum – veröffentlicht. Am berühmtesten ist sein spektakulärer Versuch mit einer aus zwei Hälften zusammengesetzten Kugel geworden, die er evaku-

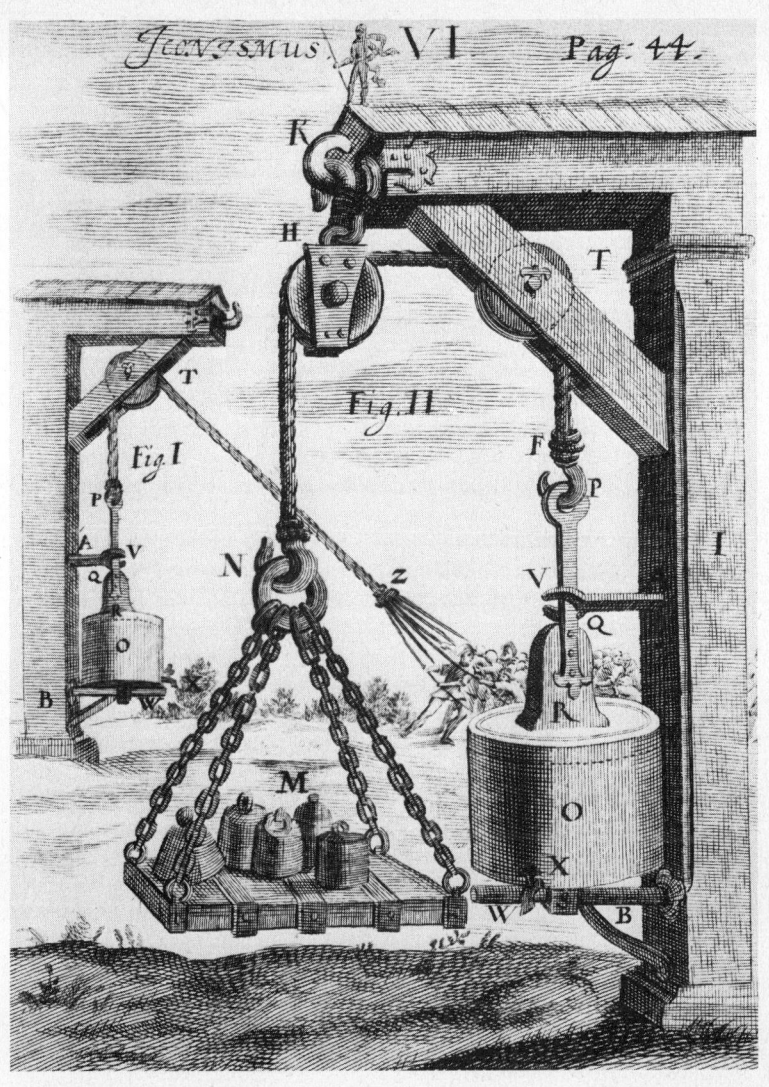

57: Das atmosphärische Prinzip. Guericke ging es zunächst um die Demonstration eines Prinzips. Aus einem Zylinder wird die Luft so weit abgepumpt, bis der äußere Luftdruck auf den luftverdünnten Raum eine Kraft ausübt, die ein schweres Gewicht heben kann (Kupferstich 1664).

ierte und die 16 Pferde – 8 auf jeder Seite der Kugel – anschließend nicht auseinanderziehen konnten, weil der äußere Luftdruck die Hälften zusammenpreßte. Den Halbkugelversuch führte Guericke zum erstenmal 1657 in Magdeburg durch, nicht jedoch vor dem Reichstag in Regensburg. Dort zeigte er nur einige kleinere Experimente.

Es stammen von ihm weiterhin Versuche, die unmittelbar die Arbeitsleistung des äußeren Luftdrucks nachweisen: In einem Kupferstich sieht man mehrere Männer bei der Arbeit, wie sie einen großen Zylinder mit einer Luftpumpe, die von ihm zu diesem Zweck aus der Feuerspritze entwickelt worden war, evakuieren. Den Kolben, der den Zylinder verschloß, konnte man über einen Galgen mit Massen bis zu 800 Kilo belasten. Der äußere Luftdruck drückte den Kolben in den Zylinder; ein großes Gewicht konnte so gehoben werden. Damit war grundsätzlich nachgewiesen, daß der äußere Luftdruck Arbeit leisten konnte.

Einen Ansatz für die Konstruktion einer Maschine nach diesem Prinzip boten erst die Huygenschen Versuche. An seinem Urmodell wurden gleichzeitig alle technischen Probleme der Konstruktion einer Kraftmaschine deutlich:

Wie kann ein sich stets wiederholender Prozeß erreicht werden, der einen Dauerbetrieb ermöglicht, so daß nicht nach jedem Arbeitsakt ein «Laden» der Maschine – wie bei einer Kanone – notwendig wird?

Wie kann das mit der Hand umständliche und langsame Öffnen und Schließen der Ventile automatisch gesteuert werden?

Wie kann der Zylinder so dicht geschlossen werden, daß größere Arbeitsleistungen möglich sind und höhere Temperaturen ohne Schaden am Material überstanden werden?

Außer den genannten finden sich gegen Ende des 17. Jahrhunderts eine Reihe weiterer Vorschläge. Die wichtigsten ersetzen das Pulver durch Wasserdampf und vermeiden dadurch die Explosionen, die beim Überhitzen und plötzlichen Auslösen der Verdampfung allerdings noch vorkommen können.

Die treibende Wirkung des Dampfes war schon in der Antike bekannt, jedoch wie bei den Windrädern mehr für Spielzeuge ausgenutzt worden. Als Beispiel sei Herons Aeolipile, die er im 1. Jahrhundert nach Christus konstruierte, wiedergegeben (Abbildung 58).

Der Physiker's Gravesande (1720) hat einen kleinen Dampfwagen erfunden, den er durch die rücktreibende Wirkung des Dampfes in Bewegung setzte.

Denis Papin (1647–1712) hat sich zeit seines Lebens bemüht, die treibende Kraft des Dampfes in einer Maschine umzusetzen. Keines seiner Projekte konnte ausreifen, da ihn sein unruhiges Leben aus Frankreich nach England, Hessen und wieder nach England führte, wo er schließlich verschollen ist. In Marburg und Kassel, wo er eine Zeitlang als Doktor der Medizin und Professor der Mathematik wirkte, führte er eine große Zahl von Versuchen mit

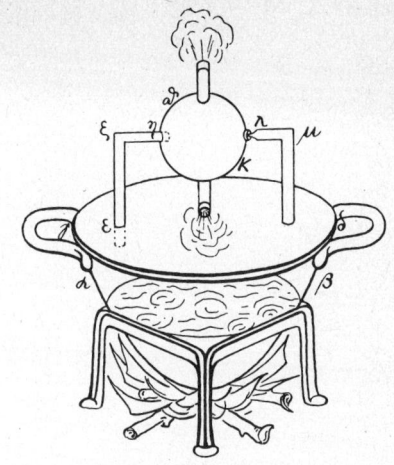

58: Herons Dampfrad. In einem
großen Kessel wird Wasser erhitzt und in Dampf verwandelt.
Der Dampf wird in eine Kugel geleitet und tritt über eine gebogene
Röhre so aus, daß der Rückstoß
die Kugel in Umdrehungen versetzt (Rekonstruktion).

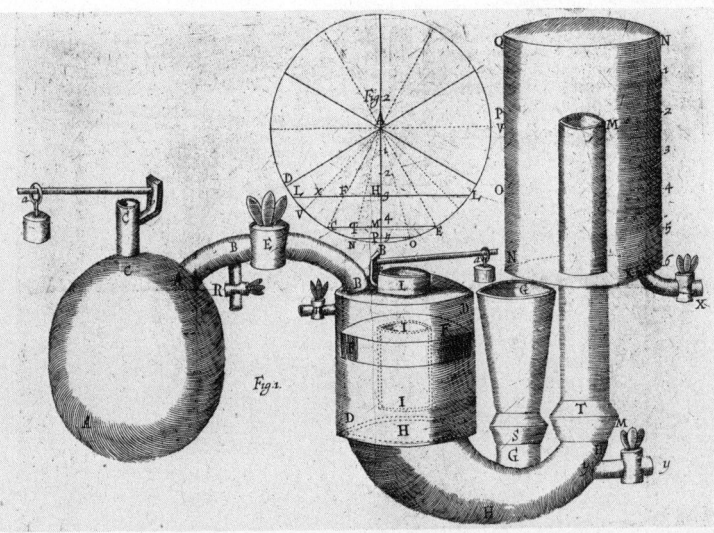

59: Papins direkt wirkende Hochdruckdampfpumpe (1706). In einem kupfernen
Kessel (links), der über ein Sicherheitsventil verfügt (C), wird Dampf erzeugt
und anschließend in einen Zylinder geleitet, in dem ein schwimmender Kolben
sich bewegt. Dadurch wird das Wasser unter dem Kolben über einen Druckwind-
kessel (rechts in der Abbildung) in ein Steigrohr gedrückt. Wird das Ventil E
geschlossen, bewegt sich der Kolben zurück, und das Spiel kann von neuem beginnen. Durch den Trichter G wird neues Wasser zugeführt, das über den Druck-
windkessel weitergepumpt wird. Die Hähne der Maschine mußten mit der Hand
bedient werden (Kupferstich 1707).

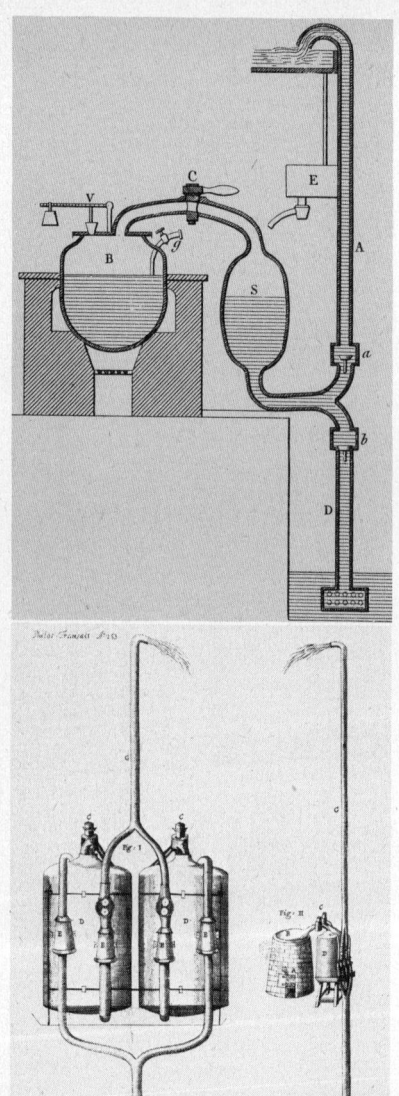

60 und 61: Th. Saverys Dampfpumpe. Die Schemazeichnung erklärt die Funktionsweise der Dampfpumpe. Heißer Dampf wird im Kessel B erzeugt und in den Kessel S (im Kupferstich D) geleitet. Durch den Dampfdruck wird Wasser in das Steigrohr hochgedrückt. Anschließend wird das Ventil C (Dampfzufuhr) geschlossen und aus dem Becken E kaltes Wasser auf den Kessel S geleitet. Der Dampf kondensiert, und es entsteht ein Unterdruck, der aus dem Steigrohr D durch das Öffnen des Ventils b Wasser ansaugt (Kupferstich 1699).

Vorformen von Dampfmaschinen durch. Der Landgraf sperrte ihm schließlich die Mittel für weitere Erprobungen, als nach einer Kesselexplosion die Versuche zu langwierig und gefährlich erschienen. Lediglich der Papinsche Dampfkochtopf ist bis heute ‹wenigstens dem Namen nach› bekannt geblieben.

Papins Zeichnungen (Papin, D.: Recueil de diverses pièces touchant quelques nouvelles machines. Kassel 1695. Übersetzt von F. Klemm 1954, S. 221 f.) zeigen, daß seine Vorschläge bei weitem ausgereifter waren als die von Huygens. Im Prinzip war jedoch nur das Pulver durch Wasser ersetzt, welches durch ein Feuer unter dem Zylinder erhitzt wurde. Die Sorgen blieben die gleichen: Der Kolben schloß nicht dicht genug, die Ventile mußten mit der Hand bedient werden, die Verbindungen hielten nicht dicht, die Kessel hielten den Dampfdruck nicht aus. Papin war trotzdem von seiner Erfindung begeistert:

«Und es geschieht in der Tat, daß der Kolben sofort, durch das ganze Gewicht der Atmosphäre angetrieben, hinabstößt und mit einer Kraft, die dem Durchmesser des Zylinders entspricht, die Bewegung vollführt, die man haben will ... Betrachtet man nun die Größe der Kräfte, die man auf diese Weise erzeugen wird und die geringen Kosten für das Holz, das man benötigen wird, so muß man sicherlich zugestehen, daß diese Methode bei weitem dem Gebrauch des Schießpulvers vorzuziehen ist ... Es würde zu weit führen, hier darüber zu sprechen, wie diese Erfindung sich anwenden ließe, das Wasser aus dem Bergwerk zu fördern, Bomben zu werfen, gegen den Wind zu segeln und was für andere Anwendungen dieser Art noch in Frage kämen ...» (Abbildung 59).

Die unzähligen technischen Schwierigkeiten, den Zylinder genügend zu dichten, die Kolben exakt im Zylinder zu führen, die Ventile genau arbeiten zu lassen, führten auch zu Versuchen, die Dampfkraft auf einfachere Art zu nutzen (Abbildung 60 und 61): Thomas Savery schrieb 1702 ein Buch: «The miner's friend» (Der Freund des Bergmannes), in dem er eine Dampfmaschine beschrieb, die zum Teil Dampf direkt auf Wasser wirken ließ und zum anderen Teil indirekt das durch den kondensierten Dampf gebildete Vakuum zum Absaugen von Wasser nutzte (das genaue Funktionieren wird durch den Text neben der Abbildung beschrieben).

Er sparte mit seiner Methode den Einbau eines Kolbens, hatte jedoch im großen Maßstab keinen Erfolg, da die erreichten Dampfdrucke zu gering waren und der Kohleverbrauch ungeheuer hoch war. Diese Konstruktion wurde nie in Bergwerken eingesetzt, wohl aber in den Landhäusern einiger reicher Lords als Wasserpumpe.

Ein großer Schritt weiter in dieser langen Entwicklung gelang dem Schmiedemeister Thomas Newcomen 1711/12. Seine Maschine brachte im einzelnen keine wesentlichen Neuerungen; die besondere Leistung bestand vielmehr darin, aus den verschiedenen, nur mit halbem Erfolg begleiteten Versuchen die Elemente herauszugreifen, die er als geschickter Schmied mit den ihm zur

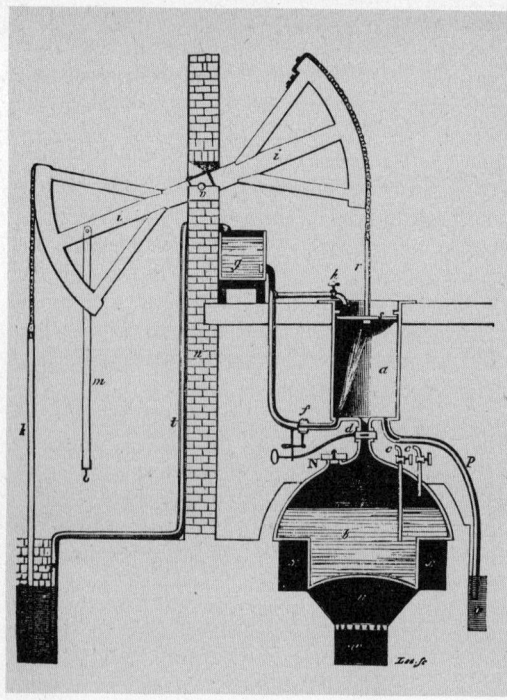

62: Die Dampfmaschine von Th. Newcomen. Ein Zylinder a, der oben offen bleibt, damit der Luftdruck auf ihn wirken kann, wird von einem Dampfkupferkessel (b) mit Dampf versorgt. Der Kolben ist mit Leder umgeben, damit er sich dicht im Zylinder bewegt, und wird auf der Oberseite mit einer Wasserschicht abgedeckt (Hahn h), die ihn dicht nach außen abschließt. Der Dampf vom Kessel, der nur wenig mehr als eine Atmosphäre Druck hat, strömt in den Zylinder, während der Kolben durch das Pumpengestänge (k) nach oben gezogen wird. Dann wird das Dampfeinlaßventil (d) geschlossen und in demselben Moment das Kondensatorventil (f) geöffnet, so daß ein Strahl kalten Wassers in das Innere des Zylinders eindringt: Der Dampf kondensiert; es entsteht ein Unterdruck, der äußere Luftdruck drückt den Kolben hinab und zieht damit das Pumpengestänge herauf. Das Kondensatorgefäß (g) wird durch eine Leitung (t) stets mit frischem Wasser versorgt. Die Kolben der Dampfmaschine (zum Beispiel die von Dudley Castle, Cornwall) hatten einen Durchmesser von rund 50 cm und Längen von 1,80 m. In jeder Minute machten sie 12 Hübe und beförderten dabei jedesmal rund 50 Liter etwa 50 Meter hoch. Die Leistung betrug rund 4 Kilowatt (Holzschnitt 1824).

Verfügung stehenden Materialien und Bearbeitungsmöglichkeiten vervollkommnen konnte (Abbildung 62).

Er sah, daß Saverys Versuch einer direkt wirkenden Maschine ökonomisch unsinnig war, da sie zu viel Kohle verbrauchte; der bewegte Kolben Papins jedoch bei genügend sorgfältiger Verarbeitung sehr effektiv arbeiten könnte. Andererseits leuchtete ihm die Trennung von Dampferzeugung und Dampfeinsatz, wie sie Savery vorgeschlagen hatte, als vorteilhaft ein. Den Kolben dichtete er zusätzlich durch eine darüber befindliche Wasserschicht ab. Vielleicht ist dabei die Entwicklung durch eine kleine schadhafte Stelle, ein Loch in dem Kolben, weiter vorangetrieben worden. Newcomen stellte nämlich fest, daß durch das direkte Einspritzen von Wasser und die dadurch bewirkte Kondensation des Dampfes im Zylinder (Einspritzkondensation) die Dampfmaschine sehr viel wirkungsvoller arbeitete als bei einer äußeren Abkühlung des Zylinders.

Der Balancier, der große Querbalken über der Maschine, der für diese Pumpen so charakteristisch ist, hatte neben der Kraftübertragung zusätzliche Funktionen. Er war so gelagert, daß er auf der Seite der Pumpe sich durch sein Eigengewicht senkte und die Steuerung der Hähne und Ventile, die in der ersten Entwicklungsphase noch der Maschinist mit der Hand bediente, übernahm.

Diese Maschinen Newcomens wurden nahezu ein Jahrhundert lang in Bergwerksbetrieben und zum Teil auf Landgütern (Abbildung 63) als Pumpen eingesetzt. Sie wurden im Laufe dieses Jahrhundertes in Einzelteilen wesentlich verbessert. Vor allem John Smeaton, der bei der Berechnung von Wasserrädern erwähnt worden ist, befaßte sich auch mit Dampfmaschinen. Günstigere Kolbenabmessungen, die Smeaton berechnete, und bessere Isolierungen führten zu einer wesentlichen Verringerung des Kohleverbrauchs, der bei den ersten Maschinen außerordentlich hoch war. Zyniker behaupteten sogar, diese Dampfmaschinen benötigten für den Betrieb eine eigene

63: Atmosphärische Dampfmaschine zum Wasserheben auf einem holländischen Landgut 1781. Vermutlich lag die Windmühle nach dem Bau der Dampfmaschine im Windschatten des Maschinenhauses und mußte deshalb um mehrere Meter aufgestockt werden. Anders läßt sich kaum erklären, warum diese Mühle zwei Galerien hatte – s. a. Abb. 44 (nach einem Aquarell 1781).

64: Eine Newcomensche Dampfmaschine in einem Kohlebergwerk in England. Sie wurde um 1750 gebaut und blieb bis 1886 in Betrieb. Sie wurde also erst stillgelegt, als es schon über 100 Jahre die bessere Wattsche Dampfmaschine gab. Die Maschine trieb eine Gestänge-Kolbenpumpe an, um ein Bergwerk zu entwässern (Diorama im Deutschen Museum).

Kohlegrube, dann würden sie eine zweite von Wasser freipumpen und Kohle fördern helfen (Abbildung 64).

Über ein halbes Jahrhundert lang blieb die Newcomensche Maschine für die englischen Bergwerke der wesentliche Fortschritt im Kraftmaschinenbau, die gegenüber anderen – also Wasser- und Windrädern – vor allem den Vorteil hatte, standortungebunden zu sein. Sie hatte riesige Abmessungen, die in der Abbildung im Vergleich zu dem danebenstehenden Mann deutlich zu erkennen sind. Der Kessel selbst hatte schon die Größe eines kleinen Hauses. Da sie atmosphärisch arbeitete, also der äußere Luftdruck und nicht der Dampfdruck für die Leistung entscheidend war, erhielten die Zylinder Durchmesser von einem Meter und mehr, damit Wasser in größeren Mengen hochgepumpt werden konnte.

Voraussetzungen für die Verbreitung
der Dampfmaschine

Die Maschine, wie sie Th. Newcomen konstruiert hatte, verbreitete sich nicht nur in England, sondern hatte auch auf dem Kontinent Erfolg. 1722 wurde eine solche Maschine in der südlichen Slowakei in der Nähe von Schemnitz von einem englischen Ingenieur in Betrieb gesetzt, um den dortigen Bergbau wieder in Gang zu bringen. Der Kaiser selbst hatte zunächst für die Finanzierung gesorgt.

In demselben Jahr baute J. E. Fischer von Erlach, Sohn des berühmten Barockbaumeisters und selbst Architekt, im Garten des Palais Schwarzenberg in Wien eine «Feuermaschine», um Springbrunnen zu betreiben. (Siehe Gerland, E.: Die erste in Deutschland in dauernden Betrieb genommene Dampfmaschine. In: Zeitschrift des VDI, Bd. 49, Teilb. 2; 1905, S. 1283/84; und Matschoss, C.: ebd. S. 901–907 und 1002–1006. Die Einführung der Dampfmaschine in Deutschland ...) Hier war es also, wie auch in Frankreich, vor allem die Finanzkraft von fürstlichen Herren, die technische Neuerungen ermöglichte. Sie blieben jedoch insgesamt vereinzelt, ganz im Gegensatz zu England, das im Laufe des 18. Jahrhunderts etwa 1500 atmosphärische Dampfmaschinen einsetzte.

Diese Unterschiede wurden zum Ende des 18. Jahrhunderts und zu Beginn des 19. Jahrhunderts noch ausgeprägter. England führte die industrielle Entwicklung lange Zeit an; die allgemeine Industrialisierung setzte, im Gegensatz zum Kontinent, verhältnismäßig schnell und in vielen Bereichen ein.

Die Weichen für diese Entwicklung waren schon sehr viel früher gestellt worden. Ganz wesentlich sind in diesem Zusammenhang die Überwindung der Zunftschranken und die Auflösung der feudalen Verhältnisse. Die Zünfte setzten der Produktion enge Grenzen. Sie schrieben die Art der Herstellung, also den Einsatz der Werkzeuge und Maschinen und die Produktionsmenge jedem Handwerksmeister vor. Technische Innovationen und expansive Bestrebungen wurden damit weitgehend unterbunden.

Reichen Grund- und großen Handelsherren, die diese Grenzen überwanden und neue Produktionsstätten aufbauten, war es oft unmöglich, genügend viele und geeignete Arbeiter zu finden. In der festgefügten feudalen Gesellschaft hatte jeder Handwerker und Bauer einen ihm genau zugewiesenen Platz, der ihm Sicherheit bot und daher nicht aufgegeben werden durfte. Der feudale Grundherr sah ohnehin seinen Reichtum vor allem in der Größe seines Bodenbesitzes und in der Zahl seiner Untertanen und Leibeigenen, die ihm unentgeltlich für bestimmte Zeiten – etwa ein, zwei Tage in der Woche – zur Verfügung standen. Noch zu Beginn des 19. Jahrhunderts versuchte ein sächsischer Grundherr, auf diese Weise ein Bergwerk zu betreiben. Natürlich scheute er dabei größere Investitionen, da diese sich nur bei intensivem Arbeitseinsatz rentieren (siehe Wilsdorf, H.: Dokumente zur Geschichte des Steinkohlenabbaus 1542–1882, Freital o. J. [1977?]).

In England hatte sich die Auflösung der feudalen Verhältnisse schon im 15. Jahrhundert vorbereitet. Das große Grundeigentum mit einer extensiven Form der Bodenbearbeitung gewann immer mehr Bedeutung und verdrängte Bauern und kleine Pächter von Grund und Boden, «setzte sie frei», so daß sie als Bettler herumziehen mußten. Der Boden wurde nicht mehr bearbeitet, sondern als Weide zur Aufzucht von Schafen genutzt. Dafür wurden viel weniger Arbeiter benötigt als für das Pflügen, Säen und Ernten auf den Feldern.

Schon Thomas Morus beschrieb diesen Vorgang in seiner Utopia (1516):

«Und doch liegt in diesen Verhältnissen durchaus nicht die einzige Ursache der Diebereien; es gibt noch eine andere, die euch nach meiner Ansicht in höherem Maße eigentümlich ist.» – «Und das wäre?» fragte der Kardinal. «Eure Schafe!» sagte ich. «Eigentlich gelten sie als recht zahm und genügsam; jetzt aber haben sie, wie man hört, auf einmal angefangen, so gefräßig und wild zu werden, daß sie sogar Menschen fressen, Länder, Häuser, Städte verwüsten und entvölkern. Überall da nämlich, wo in eurem Reiche die besonders feine und darum teure Wolle gezüchtet wird, da lassen sich die Edelleute und Standespersonen und manchmal sogar Äbte, heilige Männer, nicht mehr genügen an den Erträgnissen und Renten, die ihren Vorgängern herkömmlich aus ihren Besitzungen zuwuchsen; nicht genug damit, daß sie faul und üppig dahinleben, der Allgemeinheit nichts nützen, eher schaden, so nehmen sie auch noch das schöne Ackerland weg, zäunen alles als Weiden ein, reißen die Häuser nieder, zerstören die Dörfer, lassen nur die Kirche als Schafstall stehen und – gerade als ob bei euch die Wildgehege und Parkanlagen nicht schon genug Schaden stifteten! – verwandeln diese trefflichen Leute alle Siedlungen und alles eingebaute Land in Einöden.»

(Aus Morus, Th.: Utopia. London 1516. Hier: übersetzt von G. Ritter, Berlin 1922, S. 17 f.; Ergänzung im Anhang 6)

Bei diesem Umwandlungsprozeß sind drei Phasen zu unterscheiden:
– Unter dem Vorwand des Titularrechts eignete sich der Feudalherr Gemeindeland an, das bisher gemeinschaftlich genutzt wurde. Das Titularrecht, das dem König z. B. den Besitz des gesamten Reiches zusprach, begründete keine unmittelbar persönliche Nutzung. Der Mißbrauch dieses Rechts war nur durch die Schwäche der Zentralgewalt möglich; seit dem Ende des 15. Jahrhunderts wurde sogar eine lange Reihe von Gesetzen erlassen, um diese Entwicklung einzudämmen.
– Als zweites beschleunigte die Reformation im 16. Jahrhundert diesen Umwandlungsprozeß. Die Kirchengüter wurden enteignet und an die Grundherren verteilt.
– Und zum dritten konnten sich die Grundherren gegen Ende des 17. Jahrhunderts nach der «glorreichen Revolution» (1688) des Oraniers Wilhelm III. Staatseigentum aneignen. Durch diese Revolution hatte das Großbürgertum die politische Macht im Parlament übernommen und erließ in den folgenden Jahren Gesetze, die die Übernahme des Gemcindeeigentums

und die Vertreibung der Bauern und Pächter legalisierten. Es waren die sogenannten «Bills of Inclosures of Commons».

Damit wurde dieser Prozeß beschleunigt abgeschlossen. Hunderttausende von Landarbeitern, Bauern und kleinen Pächtern wurden heimatlos und zogen als Bettler und Arbeitssuchende durch das Land. Sie waren rechtlos geworden und wurden zudem durch eine drakonische Gesetzgebung, die die Bettelei unterbinden sollte, verfolgt. Gesetze gegen das Vagabundieren gab es seit 1496. (Siehe Dobb, M.: Entwicklung des Kapitalismus. Köln 1970, h. S. 235 f. und Brentano, L.: Eine Geschichte der wirschaftlichen Entwicklung Englands. Jena 1927, S. 393 ff.)

Durch diesen Umwandlungsprozeß waren jedoch zwei Voraussetzungen für neue Entwicklungen geschaffen worden. Auf der einen Seite kamen die Grundherren durch die Geschäfte mit Schafen und Wolle zu Geld und Kapital, das sie in anderen Bereichen, wie etwa Bergwerken, investieren konnten, und zum anderen gab es zahllose verarmte Landarbeiter und Bauern, die nichts weiter mehr besaßen als ihre Arbeitskraft.

Karl Marx befaßte sich in seinem Hauptwerk, dem Kapital, sehr ausführlich mit diesem Vorgang und beschrieb ihn folgendermaßen:

«Der Raub der Kirchengüter, die fraudulente (betrügerische, d. Verf.) Veräußerung der Staatsdomänen, der Diebstahl des Gemeindeeigentums, usurpatorisch und mit rücksichtslosem Terrorismus vollzogene Verwandlung von feudalem und Claneigentum in modernes Privateigentum, es waren ebensoviel idyllische Methoden der ursprünglichen Akkumulation. Sie eroberten das Feld für die kapitalistische Agricultur, einverleibten den Grund und Boden dem Kapital und schufen der städtischen Industrie die nötige Zufuhr von vogelfreiem Proletariat.»

(Aus Marx, K.: Das Kapital; 24. Kapitel, 2. Abschnitt. Berlin 1969, h. S. 760)

Diese Vorgänge bilden die Grundlage für den landwirtschaftlichen wie den industriellen Kapitalismus, der sich in einem langsamen, aber stetigen Prozeß in England herausbildete. Ausgedehnte Schafzucht auf den großen Ländereien, Spinnerei und Weberei mit den vom Lande vertriebenen Bauern in Zentren, die außerhalb der Kontrolle des alten Städtewesens und seiner Zunftverfassung lagen, ergänzten sich und beschleunigten eine Entwicklung, die zur industriellen Revolution zu Beginn des 19. Jahrhunderts führte.

Diese Entwicklungen wurden durch eine Reihe weiterer Ereignisse verstärkt. Die Entdeckung der Gold- und Silberländer Amerikas, die Eroberung Ostindiens und anderer Kolonialländer in Afrika und Asien führten zur Bildung von großen Kapitalien in den Händen der Handelsgesellschaften. Auch hierbei übernahm England neben den Niederlanden im 17. Jahrhundert eine führende Rolle. Die Entwicklungen haben mit technischen Erfindungen unmittelbar nichts zu tun. Sie bilden jedoch unter anderen ganz wesentlich die Voraussetzungen für die Durchsetzung und Anwendung technischer Erneuerungen. Dies wird bei der weiteren Entwicklung der Dampfmaschine besonders deutlich. Im Werke von James Watt (1736–1819), der hier-

65: James Watt. Watt (1736–1819) beschäftigte sich nach seiner Feinmechanikerlehre, die er nicht zu Ende geführt hatte, seit 1765 theoretisch wie praktisch mit der Verbesserung der Dampfmaschine. 1775 gründete er zusammen mit M. Boulton bei Birmingham die erste Dampfmaschinenfabrik, die er bis 1800 leitete (Gemälde 1802).

an wesentlichen, wenn auch nicht ausschlaggebenden Anteil hatte, werden alle Elemente sichtbar, die für diese Entwicklung wichtig sind. So hätte Watt nach einer ersten Konstruktionsphase in London seine Untersuchungen abbrechen müssen, wenn er nicht das Interesse finanzstarker Unternehmer gefunden hätte, die darauf aus waren, in ihren Bergwerksbetrieben bessere Pumpen einzusetzen als die bisherigen.

Obwohl die Idee und erste Konstruktionsversuche seit 1765 verbesserte Möglichkeiten klar demonstriert hatten, dauerte es über zwanzig Jahre, bis die neue Maschine in größerer Zahl eingesetzt werden konnte. Der erste Unternehmer, mit dem sich Watt verbunden hatte, ging in dieser Zeit pleite; erst Mathew Boulton, einer der größten Bergwerks- und Fabrikbesitzer, war schon so kapitalstark, daß er die weitere Entwicklung und den Vertrieb der Maschine finanzieren konnte. Da seine Geschäfte stockten, suchte er in jener Zeit neue Aktivitäten und gründete 1775 mit Watt zusammen eine Fabrik bei Birmingham, die den Bau der Dampfmaschine im Großen betrieb.

Die Verbesserung durch Handwerk und Wissenschaft

Neben diesen allgemeinen Bedingungen gewinnt außerdem auf der technisch-handwerklichen Ebene ein neuer Faktor unmittelbar Bedeutung: die wissenschaftliche Untersuchung und die Anwendung wissenschaftlicher Ergebnisse auf die Konstruktion von Maschinen. Auch diese Entwicklung wird seit dem 16. Jahrhundert immer deutlicher, zeigt sich bei Huygens und Papin in den ersten Versuchen zur Konstruktion von Wärmekraftmaschinen und gewinnt durch die Arbeiten von James Watt eine neue Qualität. Seine wissenschaftlichen Untersuchungen tragen zu einer wesentlichen Verbesserung seiner Maschine bei. Sein handwerklich-technisches Können hatte Watt bei einem Instrumentenmacher in London erworben und sich dabei als außerordentlich geschickt erwiesen, ohne allerdings eine vollständige Lehre zu absolvieren. Gerade aus diesem Grunde hat er eine Anstellung als Universitätsmechaniker in seiner Heimatstadt Glasgow gefunden, da sich die Universität nicht wie ein Handwerksbetrieb an die Vorschriften der Zünfte halten mußte.

Wissenschaft, zu der sich Watt schon seit früher Jugend hingezogen fühlte, und Handwerk gingen somit in seiner Person eine enge Verbindung ein. Watt entwickelte dabei zunächst nicht theoretische Modelle – z. B. über die Abläufe in einer Dampfmaschine –, sondern er ging von der Praxis aus. Es finden sich jedoch bei ihm deutlich erste Ansätze systematischer wissenschaftlicher Untersuchungen und Überlegungen. Anlaß dazu gab (1765) die Aufgabe,

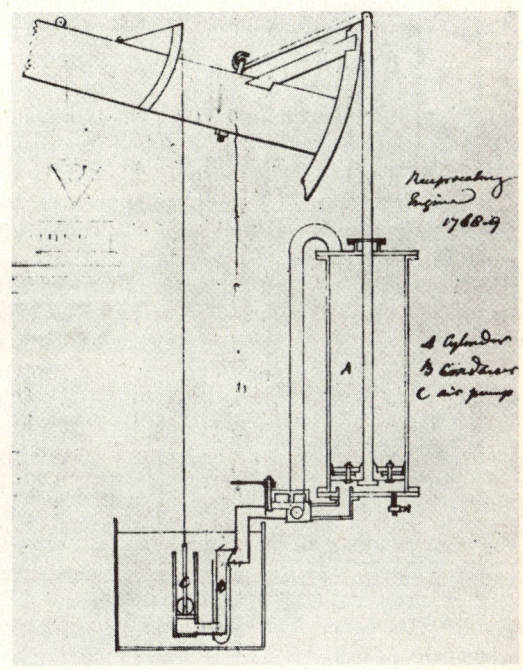

66: Der Kondensator und die Luftpumpe in der Dampfmaschine von Watt. Die Abbildung gibt einen Ausschnitt aus dem ersten Patent Watts (1769) wieder. Sie zeigt die wichtigsten Neuerungen, die Watt eingeführt hat: Den Kondensator und die Luftpumpe, die im Kondensator einen Unterdruck erzeugen sollte, damit der Wasserdampf aus dem Zylinder in den Kondensator gesaugt wird.

das Modell einer Newcomenschen Maschine für ein Labor der Universität Glasgow zu reparieren. Dabei stellte er durch seine Messungen fest, daß bei jedem Hub eine Dampfmenge benötigt wurde, die vier- bis fünfmal so groß wie das Zylindervolumen war. Weiter stellte er fest: Um siedendes Wasser in Dampf von der gleichen Temperatur zu verwandeln, wird fünfmal so viel Wärme benötigt wie beim Erhitzen der gleichen Menge Wasser von 0 auf 100° C. Es mußten dementsprechend unverhältnismäßig große Mengen kalten Wassers in den Zylinder eingespritzt werden, um den Dampf kondensieren zu lassen.

Watt hatte in jener Zeit auch Kontakt mit Joseph Black, der schon einige Jahre vorher die Verdampfungswärme des Wassers entdeckt hatte, d. h. er hatte erkannt, daß für den Übergang von siedendem Wasser in Wasserdampf eine bestimmte Wärmemenge notwendig ist. Von ihm lernte Watt exaktes Experimentieren und wissenschaftliches Arbeiten, was auch zu eigenen Publikationen in den Philosophical Transactions, der wissenschaftlichen Zeitschrift der Royal Society, führte. Es war ihm insgesamt klar: Um eine Maschine sparsamer arbeiten zu lassen, müssen die Wärmeverluste möglichst gering gehalten werden. Dafür führte er einen Kondensator (Abbildung 66) ein, der auf den ersten Blick ein zweiter Zylinder zu sein scheint. In diesen Kondensator wurde Wasserdampf aus dem Zylinder hineingesaugt und erst dort wieder in Wasser zurückverwandelt. Der Zylinder sollte immer möglichst heiß bleiben – Watt umgab ihn später noch mit einem isolierenden Mantel, durch den heißer Dampf strömte – und der Kondensator möglichst kalt, er wurde dafür von frischem Wasser umspült. Diese Neuerung senkte den Kohleverbrauch gegenüber der herkömmlichen Maschine um zwei Drittel.

Zwei weitere wichtige Verbesserungen schlossen sich gleich an: Neben dem Kondensator wurde eine Pumpe gebaut, die Luft und warmes Wasser, das später wieder dem Kessel zugeführt wurde, aus dem Kondensator absaugte und dort für Unterdruck sorgte.

Darüber hinaus hatten ihm seine Messungen zum Dampfdruck klargemacht, daß es möglich sein müsse, das atmosphärische Prinzip zu überwinden – bei dem der Dampf nur die Aufgabe hatte, für einen nach seinem Kondensieren teilweise evakuierten Raum zu sorgen – und die Kraft des elastischen Dampfes direkt wirken zu lassen. Die weitere Entwicklung ging zunächst sehr langsam voran. Die ersten großen Prototypen liefen erst elf Jahre nach dem Bau der Modelle. Sie waren einfach wirkend, das heißt, der Dampf trieb den Kolben nur jeweils in einer Richtung voran; die Rückwärtsbewegung dazu wurde durch das Gewicht des Balanciers (Querbalken) bewirkt, der so aufgehängt war, daß er auf einer Seite ein Übergewicht hatte. Diese Maschinen wurden für den Antrieb von Pumpen und Gebläsen verwandt.

Schon zu diesem Zeitpunkt drängte jedoch der Unternehmer M. Boulton, der die Versuche Watts finanzierte, darauf, eine allgemeine Antriebsmaschine zu bauen, die das Wasserrad ersetzen und den Anforderungen der wach-

67: Die Dampfturbine nach Watt (1782). Die Turbine besteht aus zwei konzentrischen Zylindern, von denen der innere über einen Arm C mit dem äußeren beweglich verbunden ist. Der Dampf tritt durch das Ventil G ein und drückt auf C. An dem äußeren Zylinder ist ein verschiebbarer Verschluß E befestigt, der durch den Arm des inneren Zylinders beiseite geschoben werden kann. Während dieser Phase kann auf den inneren Zylinder kein

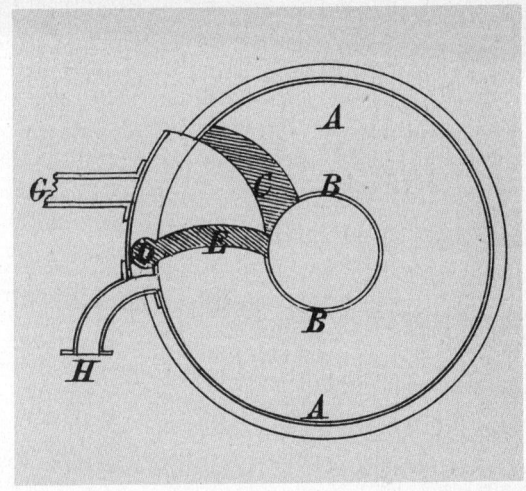

Druck ausgeübt werden. Die Totzeit muß mittels eines Schwungrades oder mit einer zweiten Turbine überwunden werden. Das Problem, die Ventile dicht schließen zu lassen, konnte in der damaligen Zeit nicht überwunden werden. Erst der Ingenieur F. Wankel beschritt erfolgreich in den letzten Jahrzehnten von neuem diesen Weg.

senden Industrie – vor allem in den Spinnerei- und Webereiunternehmen – genügen sollte. Watt versuchte kurze Zeit erfolglos, ein «Dampfrad» (Abbildung 67), eine Art Turbine, zu konstruieren, bei dem der Kolben, vom Dampf getrieben, sofort eine Kreisbewegung ausführen sollte; er kehrte jedoch sehr schnell wieder zu seiner Ausgangskonstruktion zurück, die er den neuen Anforderungen anpaßte: Das Pumpengestänge mußte mit einem großen Antriebsrad, das meist mehrere Meter Durchmesser hatte und an früher benutzte Wasserräder erinnerte, verbunden werden. Am einfachsten wäre der Einbau einer Kurbel gewesen, die Watt von früheren Konstruktionen gut kannte. Jedoch hatte gerade in jenen Jahren ein Knopfmacher ein Patent zur Verwertung der Kurbel, die schon im Mittelalter an Drehbänken verwandt worden war, erhalten. Watt mußte neue Wege suchen, da er den Knopfmacher finanziell nicht beteiligen wollte und führte das Planetenradgetriebe ein (Abbildung 68), das sich gut bewährte und die Möglichkeiten der Übersetzung einschloß.

Es ergaben sich jedoch noch eine Reihe weiterer Probleme. Bei der einfach wirkenden Maschine, bei der die Kolbenstange über eine Kette mit dem Balancier verbunden wird, müßte die Maschine bei einem Arbeitshub dem Antriebsrad so viel Schwung geben, daß es eine ganze Umdrehung voll-

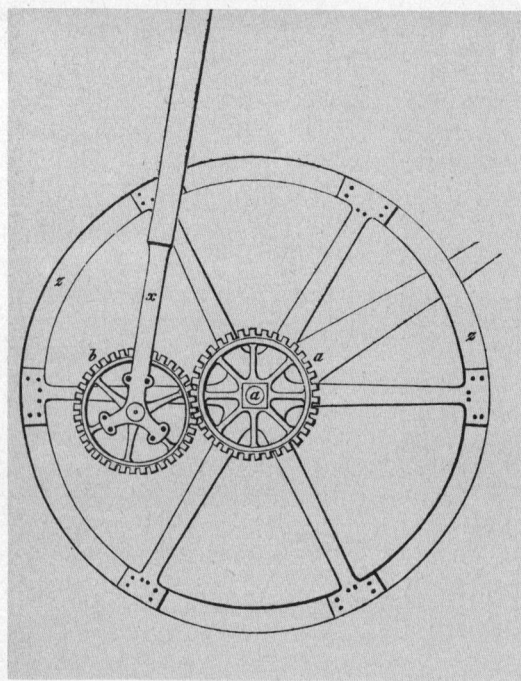

68: Die Drehbewegung. Um eine Hin- und Herbewegung des Kolbens in eine Drehbewegung zu übertragen, hätte Watt auch eine einfache Kurbel am Schwungrad anbringen können. Auf die verwendete Kurbel hatte jedoch ein anderer Fabrikant ein Patent erhalten, so daß Watt das Planetenradgetriebe einsetzte (Kupferstich 1826).

bringt. Die Totzeit ist sehr lang und ein gleichmäßiger Gang bei wechselnden Belastungen nicht zu erreichen. Die Maschine wurde daher in eine doppelt wirkende verwandelt (Abbildung 69): Der Dampf strömte einmal oben ein, drückte den Kolben nach unten, dann wurden die Ventile umgeschaltet, und der Dampf strömte von unten ein und trieb den Kolben nach oben. Die Totzeiten wurden verkürzt, und die Maschine bewegte sich viel gleichmäßiger.

Doch mit dieser Änderung waren neue Schwierigkeiten entstanden. Die Kolbenstange, die sich genau auf einer Geraden bewegte, mußte mit dem Balancier, dessen Ende sich auf dem Teil eines Kreises um seinen Lagerungspunkt schwingt, fest verbunden werden. Bei den einfach wirkenden Maschinen genügte eine Kette, um die Arbeitsbewegungen des Kolbens zu übertragen. Bei den doppelt wirkenden Maschinen wurde das «Wattsche Parallelogramm» eingeführt (Abbildung 70):

Der wesentlichste Teil sind drei miteinander verbundene Stangen, von denen zwei gleich lang sind und sich um einen festen Punkt bewegen. Der mittlere Punkt ihrer Verbindung bewegt sich, wie auch aus der Abbildung zu sehen ist, verhältnismäßig genau auf einer geraden Linie. Die vierte Seite des

69: Watts doppelt wirkende Dampfmaschine mit Drehbewegung. Im linken Teil der Abbildung ist der Ofen zu sehen, über dem in einem Kofferkessel der Dampf erzeugt wird. Er kann sowohl oben wie unten in den gegen die äußere Lufteinwirkung fest verschlossenen Zylinder (E) eintreten und den Kolben vorwärtstreiben. Unterhalb des Zylinders sind der Kondensator (F) und die Luftpumpe (H) zu erkennen. Die Rückflußleitung vom Kondensatorbecken zum Dampfkessel ist gestrichelt eingezeichnet. Die Kolbenstange wirkt über das «Wattsche Parallelogramm» auf den Balancier, der schließlich mittels des Planetenradgetriebes das Antriebsrad bewegt.

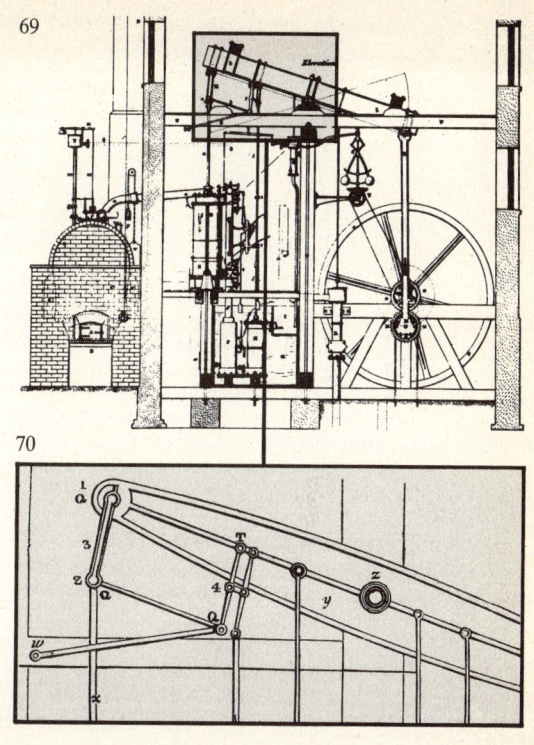

70: Das Wattsche Parallelogramm. Das wesentliche der Parallelogrammführung Watts besteht darin, daß der Punkt Z, an dem die Kolbenstange befestigt ist, annähernd auf einer Geraden geführt wird. Der Balancier bewegt sich auf einer Kreisbahn, die das Ende der Kolbenstange mitmachen muß. Würde sie einfach in Q mit dem Balancier verbunden, so würde sie starken seitlichen Schubkräften ausgesetzt. Diese Verschiebungskräfte werden weitgehend dadurch ausgeglichen, daß der Befestigungspunkt der Kolbenstange gleichzeitig den Verschiebungskräften der Stange, die zwischen W und Q angebracht und der ersten entgegengesetzt ist, folgen muß (Kupferstich 1824).

Parallelogramms bildete der Balancier. Später wurde der Kreuzkopf eingeführt, der jedoch damals technisch noch nicht möglich war.

Die Dampfzufuhr wurde durch einen Zentrifugalregulator (Abbildung 71), der schon bei Mühlen verwandt wurde, geregelt. Je schneller sich die Dampfmaschine bewegte, desto weiter wurden die Gewichte des Regulators auseinandergedrückt; sie wirkten dabei ihrerseits über einen Hebel auf das

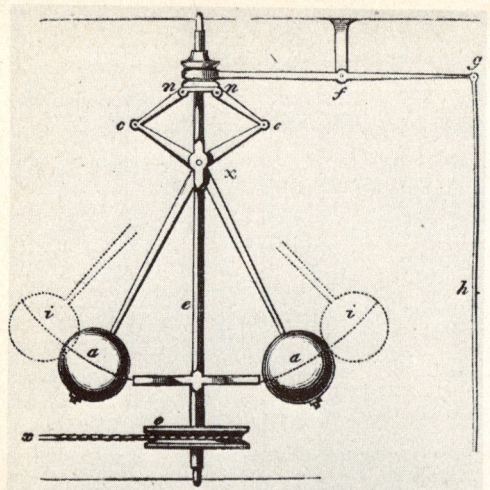

71: Der Zentrifugalregulator. Der Regulator ist unmittelbar mit dem Antriebsrad verbunden. Steigt dessen Geschwindigkeit, so werden die Kugeln durch die Fliehkraft nach außen gedrückt, und diese Bewegung wird durch ein Stangensystem direkt auf das Dampfzufuhrventil übertragen. Es wird bei höheren Geschwindigkeiten weiter geschlossen, so daß weniger Dampf in den Zylinder eintritt und der Kolben und damit auch das Antriebsrad sich langsamer bewegen (Kupferstich 1824).

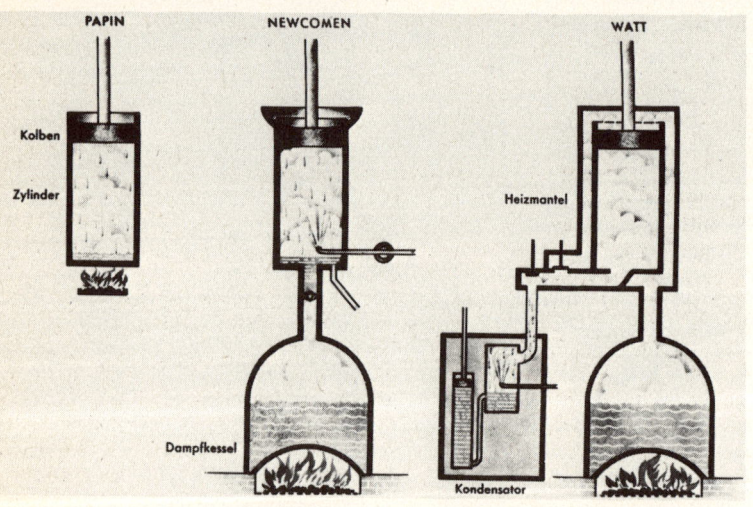

72: Die Entwicklung der Dampfmaschine. Im Vergleich die Dampfmaschine von D. Papin (1690), die von Th. Newcomen (1712) und die von J. Watt (1769). Bei Papin bilden Dampfkessel und Zylinder eine Einheit. Der Dampf wird in dem Zylinder kondensiert, und der äußere Luftdruck treibt den Kolben voran. Newcomen trennt Dampfkessel und Zylinder, jedoch wird in dem Zylinder der Dampf durch Einspritzen von kaltem Wasser kondensiert, und der äußere Luftdruck treibt den Kolben voran. Bei Watt sind Dampfkessel, Zylinder und die Kondensation des Dampfes getrennt. In späteren Ausführungen wirkt der Dampf auch direkt und treibt den Kolben voran.

Ventil der Dampfzufuhr. Es strömte weniger Dampf in den Zylinder ein, und die Drehzahl der Maschine wurde wieder herabgesetzt.

Etwa im Jahre 1788 war die Maschine so weit vollendet (Abbildung 72), daß sie alle bisher beschriebenen Elemente aufwies. Ein Original dieser Maschine, die von 1788 bis 1858 in Betrieb war, steht im Science Museum in London, im Deutschen Museum steht ein Nachbau. Die ganze Maschine mit Kessel und Pumpengestänge nahm einen Raum von rund 50 m^2 ein. Sie hatte eine Höhe von fast fünf Metern, die noch vom Schornstein überragt wurde. Der Zylinder wies einen Durchmesser von ca. 50 cm auf und einen Hub von 1,2 m. Sie erreichte etwa eine Leistung von 12 PS, also 9 kW bei rund 50 Umdrehungen pro Minute. Dabei ächzte, stöhnte und fauchte sie, als müßte sie mit eigenen Händen arbeiten. Die Unternehmer waren von dem Lärm beeindruckt, da sie es für ein unmittelbares Zeichen ihrer Kraft hielten, so daß Watt sie zunächst immer so einstellte, daß sie möglichst viel lärmte.

Produktion und Verkauf der Dampfmaschinen

Die zweite Phase der Entwicklung nach der ersten, der Konstruktionsphase – vom Modell zur großen Antriebsmaschine –, die die Unterstützung finanzstarker Unternehmer verlangte, war zum Teil schon von der dritten überlagert: Dem Verkaufen der Maschinen an die verschiedensten Bereiche, zunächst an Bergwerke, an Mühlen, an die Baumwollspinnereien und Webereien, wodurch der Aufstieg der englischen Textilindustrie erheblich beschleunigt wurde. In dieser Phase hatte die Firma Boulton & Watt eine mehr vermittelnde Funktion. Zunächst mußten Unternehmer für die Anschaffung der neuen Maschinen gewonnen werden. Das war keine leichte Aufgabe; denn wer garantierte für die Vorteile der neuen Konstruktion, die zunächst einmal vor allem erhebliche Investitionen verlangte. Kapitaleinsatz erschien auch damals den Unternehmern riskant oder sogar unnötig, solange die Arbeitskräfte billig genug waren. Zudem waren die Zeiten noch nicht so lange vergangen, in der Erfinder sogar verfolgt wurden, weil sie Unruhe in die bestehende Ordnung brachten. Der wirtschaftliche Liberalismus, der sich in jener Zeit langsam entfaltete, d. h. die Propagierung ungehinderter Konkurrenz, änderte zwar allmählich diese Einstellung, konnte aber nicht eine sofortige Umsetzung technischer Ergebnisse, so perfekt sie auch sein mochten, bewirken. Boulton setzte sich nur deshalb durch, weil er das finanzielle Risiko der Käufer möglichst gering hielt. Er führte ein Mietsystem ein, das sich bis in die Gegenwart in verschiedenen Bereichen wiederfindet. Boulton versprach, die Maschine auf eigene Rechnung anzuliefern und gegen die alte auszutauschen; er verlangte dafür, daß die finanziellen Vorteile der neuen gegenüber der alten Maschine geteilt würden, das heißt, die Hälfte der Ersparnisse an Kohlen sollte den Besitzern zugute kommen, die andere Hälfte sollte in Geld an die Firma Boulton & Watt abgeführt werden. Für ein solches Vorgehen brauchte Boulton vor allem einen langen Atem. Erst zehn Jahre nach der Auslieferung der ersten Maschinen begann sich das Geschäft für ihn zu rentieren.

In den ersten Jahren wurden die Maschinen jeweils an Ort und Stelle unter der Aufsicht eines Werkmeisters der Firma Boulton & Watt zusammengesetzt, die Zulieferung der verschiedenen Teile wie Kessel, Zylinder, Gestänge und Ventile erfolgte durch einzelne Manufakturbetriebe. Der Vertrieb war daher nur möglich, weil es in und um Birmingham genügend viele und gute Handwerksbetriebe gab, die den Ansprüchen der neuen Maschinenkonstrukteure genügen konnten.

Eines der größten technischen Probleme bildete die Herstellung der Zylinder mit dichtschließenden Kolben. Gerade in jenen Jahren entwickelte John Wilkinson ein Bohrwerk mit auf beiden Enden gelagerter Bohrstange, mit dem Zylinder präziser als vorher nachgebohrt werden konnten. Er übernahm übrigens auch die ersten Dampfmaschinen, zunächst um ein Gebläse anzutreiben (1776) und später, um sein Bohrwerk in Gang zu setzen und

73: Die Dampfmaschine als allgemeine Antriebsmaschine. Die Dampfmaschine mit Drehbewegung wurde ab 1788 als allgemeine Antriebsmaschine eingesetzt. Sie ersetzte in den großen Fabriken der immer stärker aufblühenden englischen Textilindustrie die Wasserräder. Eine einzige Maschine trieb die Arbeitsmaschinen einer ganzen Halle an (Stahlstich 1862).

immer größere Zylinder auszubohren. Er erreichte bei einer durchschnittlichen Zylindergröße Genauigkeiten von etwa einem halben Prozent, so viel, daß gerade noch eine Pennymünze zwischen Zylinderwand und Kolben geschoben werden konnte.

Erst ab 1796 wurden die Maschinen auch in der Fabrik von Boulton & Watt zusammengebaut, kurz bevor ihre Partnerschaft beendet war; Watt zog sich in einem Alter von 64 Jahren aus dem Geschäft zurück und überließ seinen Söhnen das Feld. Bis zu dieser Zeit waren insgesamt rund 500 Dampfmaschinen gebaut worden, davon über 300 als allgemeine Antriebsmaschinen.

Patent- und Fabrikgesetze

Das Jahr 1800 markierte darüber hinaus für die Firma einen wichtigen Zeitpunkt. In diesem Jahr lief endgültig das Patent aus, das Watt erstmals 1769 erworben hatte. Eine außergewöhnlich lange Schonfrist war damit zu Ende, sie war jedoch lange genug gewesen, um der Firma technisch und finanziell eine sichere Basis zu geben. Die normale Laufzeit eines Patents, die in England zwischen sechs und zwölf Jahren lag, hätte kaum ausgereicht, die ersten Prototypen zu erproben. Für den endgültigen Erfolg war es ausschlaggebend gewesen, daß das Parlament in einem Sonderbeschluß für dieses außerordentliche Projekt einen zeitlich und inhaltlich weitreichenden Patentschutz gewährte.

Dazu war ein politischer Einfluß notwendig, der durch die Verbindungen mit Boulton gegeben war. Das geschäftliche Risiko der neuen Firma wurde so durch eine entsprechende Gesetzgebung verkleinert. In dieser Hinsicht durfte nicht zu viel Liberalismus erlaubt sein, wenn nicht ein ungebetener Konkurrent, von denen es genug gab, die reifen Früchte der Erfindung wegstehlen sollte. Auf der anderen Seite konnten durch die Patentgesetze, wie es schon bei der Verwendung der Kurbel hätte geschehen können, Entwicklungen behindert werden. Watt hatte sich zum Beispiel auch Hochdruckdampfmaschinen patentieren lassen, obwohl er nie eine gebaut hatte. Diese Entwicklung setzte deshalb erst nach 1800 ein.

Für die Durchsetzung der kapitalistischen Unternehmen war natürlich nicht nur der Einfluß des Patentschutzes, die technische und finanzielle Seite wichtig, sondern wesentlicher war die soziale und wirtschaftspolitische Gesetzgebung. Das zeigte sich schon bei den Gesetzen zur Enteignung des Gemeindeeigentums, setzte sich fort in den Gesetzen im 16. Jahrhundert gegen Bettelei und das Vagabundieren der durch die Enteignung heimatlos gewordenen Landbevölkerung, die später dadurch um so leichter in die Fabriken getrieben werden konnte, die lange Zeit außerhalb jeder staatlichen Gesetzgebung sozusagen exterritorial unter der uneingeschränkten Herrschaft des jeweiligen Unternehmers existierten (Anhang 7).

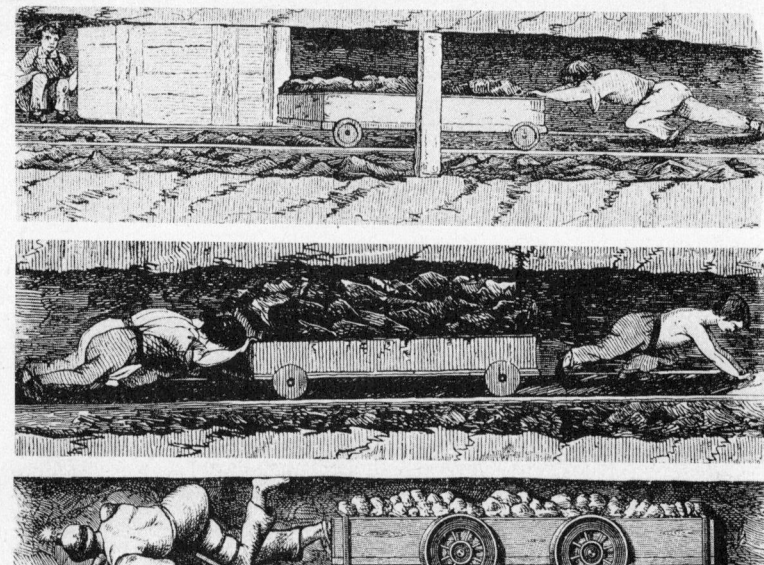

74: Kinderarbeit in Bergwerken. In den ersten Phasen der Industrialisierung wurden Kinder schon in sehr jungem Alter – ab 4 Jahren – zur Arbeit herangezogen. In Bergwerken hatten sie verschiedenste Arbeiten auszuführen. Wurden die Stollen nicht hoch genug ausgeschlagen, konnten nur Kinder die schweren Kohlewagen vorwärts bewegen. An den Lufttüren saßen sie im Stockfinstern und sahen nur dann ein menschliches Wesen, wenn ein Kohlewagen durchgeschoben wurde (Holzstich 1842).

Dieser Einfluß auf die Gesetzgebung führte zu Beginn der Industrialisierung zu einer immer mehr anwachsenden Verarmung der Arbeiterschaft. Die Einführung von Maschinen brachte keinen allgemeinen Wohlstand, sondern verschärfte sogar die Lage des Großteils der Bevölkerung. Zum einen mußte sie sich an einen langen zwölf-, vierzehn-, sechzehnstündigen monotonen Arbeitstag in den Fabriken – dem Rhythmus der Maschinen angepaßt – gewöhnen, zum andern fehlte ihr in den Jahren wirtschaftlicher Depression oft das Notwendigste zum Leben.

Sogar Kinder – vom vierten Lebensjahr an – mußten durch ihre Arbeit in Fabriken und Bergwerken, die ihre Gesundheit gefährdete und ihr Leben verkürzte, zum Lebensunterhalt der Familie beitragen. Erst 1840 veranlaßte das englische Parlament deswegen Untersuchungen, von denen in Leipzig die «Illustrirte Zeitung» berichtete:

«Die Zahl der Kinder, der Halberwachsenen, welche hier beschäftigt werden, übersteigt alle Begriffe, und sie treten ihre Arbeit, bei der sie nie das Licht des Tages erblicken, in einem zarteren Alter an als irgendwo, die Spitzenarbeit ausgenommen. So sagt der Kommissionsbericht: Es treten Fälle ein, daß die Kinder mit ihrem vierten Jahre, öfter mit dem fünften, häufig mit dem sechsten, zwischen dem siebenten und achten, gewöhnlich aber mit dem vollendeten achten in die Arbeit kommen.

In manchen Distrikten bleiben die Kinder während der ganzen Zeit, welche sie in dem Schacht zubringen, in der Einsamkeit und Finsternis, und nach ihrer eigenen Aussage haben manche während des Winters tage-, ja wochenlang kein anderes Tageslicht erblickt, als an den Sonntagen oder den Tagen, wo zufällig nicht gearbeitet wurde. Im Alter von sechs Jahren und aufwärts werden die Kinder dazu verwendet, die gefüllten Kohlewagen aus dem Nebenstollen in den Hauptstollen teils zu stoßen, teils zu ziehen und in den Treibschacht zu bringen, eine Arbeit, welche nach der einstimmigen Aussage aller Augenzeugen die ununterbrochene Anstrengung der gesammelten Körperkräfte der jungen Arbeiter in Anspruch nimmt.

Wenn ein Bergwerk in gutem Betrieb ist, so beträgt die Arbeitszeit der Kinder in wenigen Fällen 11, in den meisten 12 bis 13, und in einigen 14 Stunden täglich ...

Übrigens ist es durch die Aussagen unzähliger Zeugen dargetan, daß die Arbeit in den Bergwerken einen verkrüppelten Wuchs, gekrümmtes Rückgrat und eine Unzahl von Unordnung in den Lebensfunktionen: Herzbeschwerden, Brüche, Asthma, Rheumatismus, Appetitlosigkeit und dergleichen hervorbringt und daß diese Fälle nicht als Ausnahmen, sondern als Regel und unausbleibliche Folgen betrachtet werden. Die bei der Kommission befindlichen Ärzte behaupten, daß schon eine sechs Monate währende Arbeit in den Bergwerken auf die Konstitution der Kinder einen so nachteiligen Einfluß habe, daß nicht allein dadurch der Grund zu vielen Krankheiten gelegt, sondern daß auch ihre ganze körperliche und geistige Entwicklung dadurch unausbleiblich behindert werde. Die erwachsenen Arbeiter sehen fast alle um zehn Jahre älter aus, als sie wirklich sind» (siehe: Illustrirte Zeitung, Leipzig 1844, Bd. III, Nr. 66 und Nr. 68, S. 218 ff., nach dem englischen Parlamentsbericht 1842. [Reports from Commissioners Children's Employment, Session 3. Febr. – 12. Aug. 1842. Reprinted Shannon 1968] – Ergänzung im Anhang 8).

Erst in der zweiten Hälfte des 19. Jahrhunderts, nachdem es den Arbeitern gelungen war, sich gewerkschaftlich zu organisieren und gemeinsam für ihre Interessen einzutreten, wurden langsam Änderungen erreicht.

Die ersten Dampfmaschinen in den deutschen Ländern

Insgesamt sind es eine große Reihe von aufeinander einwirkenden und voneinander abhängigen Bedingungen, die dazu geführt haben, daß die Dampfmaschine in England allgemein eingesetzt wurde. Dabei wurden folgende genannt:
– Ein kapitalkräftiges Unternehmertum, das auf der einen Seite für die Finanzierung technischer Entwicklungen, auf der anderen Seite als Käufer der Maschinen wichtig war;

75: Die größte deutsche Dampfmaschine am Anfang des 19. Jahrhunderts. Sie wurde von 1799 bis 1802 in Tarnowitz (Oberschlesien) von dem deutschen Kunstmeister August Friedrich Wilhelm Holtzhausen gebaut. Die Maschine leistete bei einem Zylinderdurchmesser von 152,4 cm und einem Hub von 244 cm bei 12 Hüben in der Minute rund 55 Kilowatt (75 PS). Sie war eine Maschine vom Wattschen Typ und betrieb eine Pumpe (kolorierte techn. Zeichnung des frühen 19. Jahrhunderts).

– weit ausgebildete handwerklich-technische Fertigkeiten;
– die Anwendung wissenschaftlich gewonnener Erkenntnisse für die Verbesserung von Maschinen;
– ein arbeitsteilig organisiertes Manufakturwesen und eine Arbeiterschaft zum Bedienen der Maschinen;
– politischer Einfluß auf die Gestaltung der Arbeitsbedingungen.

In England hatte die Umwandlung der Feudalherren in Unternehmer schon im 15. Jahrhundert begonnen; sie war durch die Kolonialpolitik wesentlich beschleunigt worden. In den deutschen Ländern war die Entwicklung im 16. Jahrhundert durchaus vergleichbar – die Zentren der Bergwerksaktivitäten lagen sogar in Mitteleuropa –, wurden dann aber durch die Entwicklung in Kleinstaaten während der Reformation und des Dreißigjährigen Krieges vollständig unterbrochen. Nur die Fürsten verfügten danach über das Kapital, um industrielle Unternehmen zu beginnen, die meistens dann

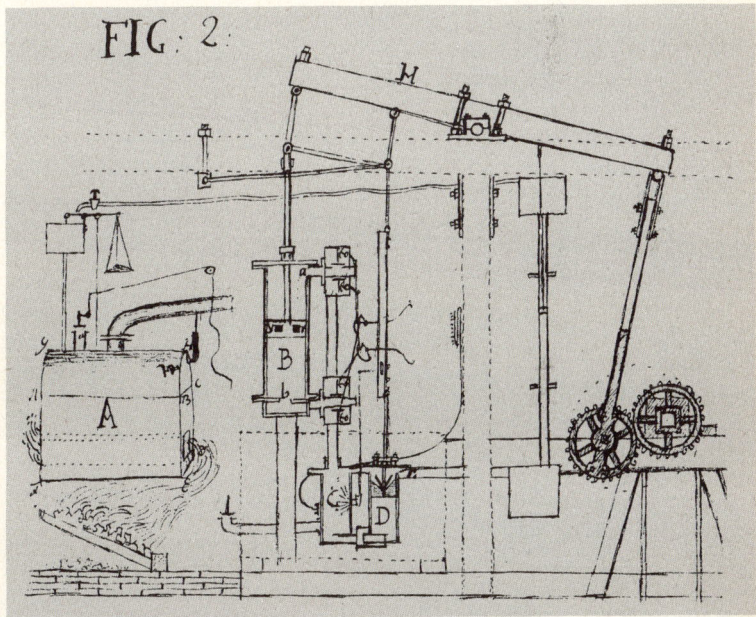

76: Skizze einer Dampfmaschine. Der junge bayrische Ingenieur G. Reichenbach reiste 1791 in die Fabrik Watts und fertigte heimlich eine Skizze an, um die Maschine nachbauen zu können. Die Skizze beschreibt zwar detailliert die Funktionsweise der Maschine; es gelang Reichenbach jedoch nicht, sie danach fertigzustellen. Die Schwierigkeiten, Zylinder und Ventile genau zu arbeiten, erwiesen sich als zunächst noch unüberwindlich (Zeichnung 1791).

möglichst schnell Geld bringen sollten, um Eroberungskriege zu finanzieren. Ein Beispiel hierfür sind die Bemühungen Friedrichs II. von Preußen (Friedrich der Große), in Schlesien Industrien anzusiedeln. Jedes Jahr wurde dem König über die Neugründungen Bericht erstattet, wobei geflissentlich verschwiegen wurde, daß ein großer Teil nach kurzer Zeit wieder geschlossen werden mußte. Zu dieser Zeit wurden auch Dampfmaschinen in Schlesien eingesetzt (Abbildung 75).

Die technischen Kenntnisse für den Bau und Betrieb der Maschinen gewannen die Ingenieure in England. So reiste z. B. Georg Reichenbach 1791 nach London und Birmingham und besuchte die Wattsche Fabrik, um dort ganz gegen den Willen seiner Besitzer eine recht gute Skizze anzufertigen (Abbildung 76), die mit seinen übrigen Tagebuchaufzeichnungen im Deutschen Museum aufbewahrt wird.

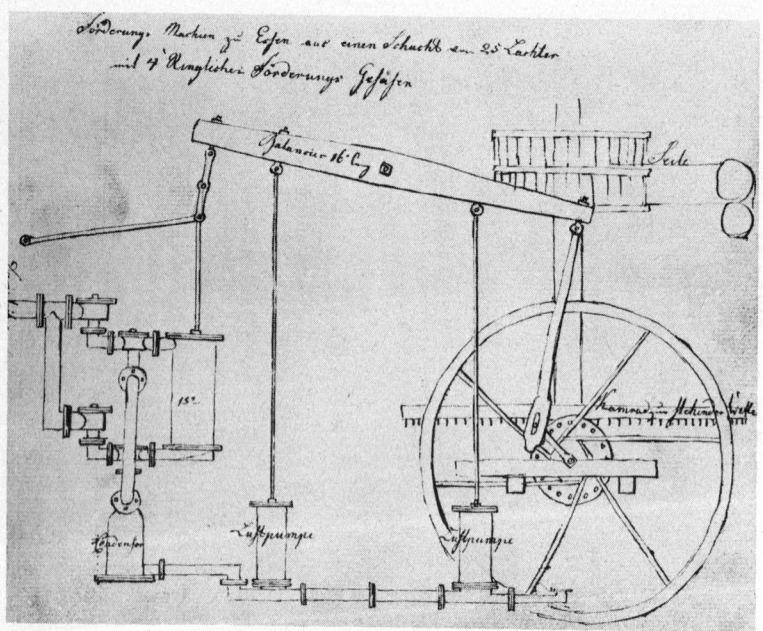

77: Dinnendahls Dampfmaschine. In Dinnendahls Skizzenbuch befindet sich der Entwurf für eine kleine Dampfmaschine (Zylinderdurchmesser ca. 37 cm), die der Kohleförderung dienen sollte. Sie ist doppelt wirkend mit Kondensator und Luftpumpe ausgelegt. Für die Kreisbewegung verwendete er die Kurbel und ein Kammrad, das in ein Gestänge eingreift. Schwierigkeiten dürfte ihm bei der Konstruktion die Geradführung der Kolbenstange gemacht haben. Aus der Zeichnung wird nicht klar, wie er die seitlich wirkenden Kräfte ausgleichen will. Er kennt offenbar Watts Parallelogramm noch nicht (Zeichnung 1807).

In Norddeutschland war es einige Jahre später der Tischler und Mechaniker Franz Dinnendahl, der anfing, selbst Dampfmaschinen zu bauen (Abbildung 77). Mit welchen Schwierigkeiten er dabei zu kämpfen hatte, schildert er sehr anschaulich in einer Selbstbiographie (Anhang 5).

Der Bericht zeigt sehr deutlich die grundsätzlichen Schwierigkeiten, die für die deutschen Länder, ob Norden oder Süden, typisch waren: Es gab wohl vereinzelt tüchtige Handwerker, aber kein ausgebildetes Manufakturwesen wie etwa in England, es gab somit keine Zulieferer von Bauteilen für die gesamte Dampfmaschine. Die industriellen Entwicklungen des 16. Jahrhunderts, die damals die englischen übertrafen, waren durch den Dreißigjährigen Krieg und die Kleinstaaterei zur Stagnation gekommen. Der Aufbau einer Maschinenfabrik war daher gegen Ende des 18. Jahrhunderts in einem deutschen Land ganz undenkbar.

Die Wissenschaft erlebte ebenfalls erst mit Beginn des 19. Jahrhunderts einen neuen Aufschwung. Neben neuen Universitäten wurden polytechnische Lehranstalten (Karlsruhe 1825) gegründet. Sie zeigen deutlich, daß die Bedeutung wissenschaftlicher Untersuchungen für die Praxis hoch eingeschätzt wurde. Die Gesetzgebung war ebensowenig auf die neue Entwicklung vorbereitet. Patentgesetze wurden in Preußen und Bayern erst nach dem Wiener Kongreß 1815 erlassen.

Eine intensive industrielle Entwicklung begann in Deutschland jedoch erst nach 1835, als durch die Zollunion die Kleinstaaterei wirtschaftlich überwunden war und nach der Revolution von 1848 das Bürgertum seinen Einfluß vergrößern konnte, wenn es ihm auch nicht gelang, wie in England und Frankreich sehr viel früher, die politische Macht zu übernehmen.

Kohle – die treibende Kraft der industriellen Entwicklung

Im Kohlebergbau gewann die Dampfmaschine neben der Wasserhaltung für die Bewetterung, für die Kohlebeförderung selbst und für das Anlegen von Schächten große Bedeutung. Im nördlichen Ruhrgebiet wurden erst mit Hilfe der Dampfmaschine Mergeldecken durchstoßen und Kohleflöze erschlossen, die alle bisher bekannten an Mächtigkeit weit übertrafen. Nur sehr langsam wurden jedoch Dampfmaschinen für die Ein- und Ausfahrt der Bergleute eingesetzt. Selbst als z. B. im sächsischen Bergbau die Schächte schon eine Teufe (Tiefe) von 400 Metern erreicht hatten, mußten die Bergarbeiter noch Leitern benutzen. Einer der Gründe für diesen Anachronismus lag darin, daß der Beginn der Arbeitszeit erst dann gezählt wurde, wenn der Arbeiter vor Ort seine Arbeit aufnahm.

Die Dampfmaschine eroberte neue Bereiche; Dampfschiffe und Lokomotiven verbrauchten immer mehr Kohle. Die Stahlproduktion auf Koksbasis kam in Gang. Im Laufe des 19. Jahrhunderts wurden die Verfahren, mit deren Entwicklung A. Darby schon 1709 begonnen hatte, wissenschaftlich untersucht und verbessert; erst danach wurden sie allgemein und angewandt.

Die Produktionszahlen der Kokserzeugung Deutschlands von 1800 bis 1955 sind ein Spiegelbild der ökonomischen Auf- und Abwärtsbewegungen in dieser Zeit. Sie geben Hinweise auf politische und soziale Entwicklungen.

Die Koksproduktion ist als Beispiel besonders gut geeignet, da sie größte Bedeutung für die Stahlerzeugung und damit für den gesamten Maschinenbau hat. Ihr langsamer Anstieg bis 1850 beweist, daß in dieser Zeit von einer industriellen Revolution, die in England schon längst in Gang gekommen war, in Deutschland nicht die Rede sein konnte. Die deutsche Produktion um 1850 entspricht der englischen um 1800. Erst nach dieser Zeit zeigt sich ein deutlicher Anstieg (Abb. 79).

Die Gesamtentwicklung der Produktion weist bis zum Ersten Weltkrieg eine zum Teil steile Aufwärtstendenz auf. Nach 1850 ist jede der Wirtschaftskrisen jedoch deutlich in einem Knick ablesbar. Die Kurve kann als Illustration der Wirtschaftsgeschichte Deutschlands im 19. und 20. Jahrhundert aufgefaßt werden; da wird z. B. in einem Kapitel (siehe Bechtel, H.: Wirtschaftsgeschichte Deutschlands im 19. und 20. Jahrhundert, München 1956, und H. Rosenberg: Große Depression und Bismarckzeit, Berlin 1967) über die «Wechsellagen» der deutschen Wirtschaft berichtet, daß der wirtschaftliche Aufschwung durch eine Krise (1857) mit Bankrotts in Handel und Bankgewerbe gebremst wurde. Der erste leichte Knick in der Kurve unterstreicht diese Feststellung. Das Glück der Gründerjahre nach dem deutsch-französischen Krieg wurde durch die große Krise von 1873 getrübt. Die lange Aufwärtsphase von 1874 bis 1894 begann zunächst mit einem sechsjährigen Niedergang, der längsten und tiefsten unter den modernen «Wechsellagen». An seinem Ende kam ein erster Anstieg. Aber dieser, wie auch der folgende bis 1882, war zu schwach und reichte nicht aus, um einer neuen von 1883 bis 1887 währenden Stockung hinreichende Antriebskräfte zu geben. Nach 1883 folgte eine allgemeine Arbeitslosigkeit. Der Grund lag in einer allgemeinen Überproduktion. Nach dieser Phase kam es in verstärktem Maße zu Kartell- und Konzernbildungen zur besseren Kontrolle der Warenproduktion. Ab 1888 folgten drei Jahre Aufschwung, dann wieder eine Stockung. Nach 1894 gab es vor allem durch Impulse der Außenwirtschaft neuen Aufschwung. 1901/02 und 1908/09 brachte neue Stockungen und eine Zunahme der Arbeitslosigkeit. Auch die Krise von 1913 ist in der Koksproduktion abzulesen.

Die Krisen der 20er Jahre waren um vieles tiefgreifender als die vorhergehenden. Die Weltwirtschaftskrise von 1930 signalisierte das endgültige Ende des Anstiegs der Kohleproduktion, die noch einmal danach in Deutschland große Bedeutung gewann; nach dem Ende des Zweiten Weltkriegs und nochmaligem intensiven Anstieg wurde die Förderung wegen der billigen Ölangebote reduziert und schließlich auf gleichbleibender Höhe gehalten.

78: Die Lokomotive. Im Oktober 1829 fand ein Lokomotiv-Wettrennen statt. Das Ergebnis sollte über den Bau der Lokomotive, die für die neu errichtete Strecke Liverpool–Manchester benötigt wurde, entscheiden. R. Stephensons Rocket siegte mit einer Spitzengeschwindigkeit von 47 km/h überlegen. Den Erfolg hatte die Rocket vor allem dem Röhrenkessel mit 25 Heizröhren zu verdanken, der eine effektivere Dampferzeugung ermöglichte (Lithographie 1829/30).

In England setzte die industrielle Entwicklung dreißig bis vierzig Jahre vorher ein. Die Statistiken zeigten schon früher einen immer steileren Anstieg der Produktionskurven, für die sich kein Ende abzeichnete.

Jetzt tauchten in anderen Bereichen Expansionsprobleme auf. Würde es für alle Zeiten möglich sein, die ständig wachsende Zahl der Dampfmaschinen mit Kohle zu versorgen? Es gab ab 1860 Schätzungen (z. B. Jevons, W. St.: The Coal Question, London 1865) der Kohlevorräte, die erstaunlich genau waren, und es folgten die ersten Publikationen, in denen das Ende der Expansion prophezeit wurde. Bei der Annahme von einer nur zweiprozentigen jährlichen Steigerung, die für rund 80 Jahre mit der realen Entwicklung übereinstimmte, mußten 1920 in England eine Jahresproduktion von 500 Millionen Tonnen erreicht, 1980 die von 1000 Millionen überschritten und damit die Gesamtvorräte endgültig erschöpft sein. Die neuaufblühenden Industrien schienen insgesamt auf schwankenden Füßen zu stehen. Kohle war 1860 der einzige bekannte brauchbare Brennstoff, der in größeren Mengen zur Verfügung stand.

Es mußte also ein absehbares Ende der Industrialisierung prophezeit werden, da die Basis kleiner und kleiner wurde. Auf Grund der damaligen technischen Entwicklung jedenfalls war keine andere Zukunftsprognose möglich.

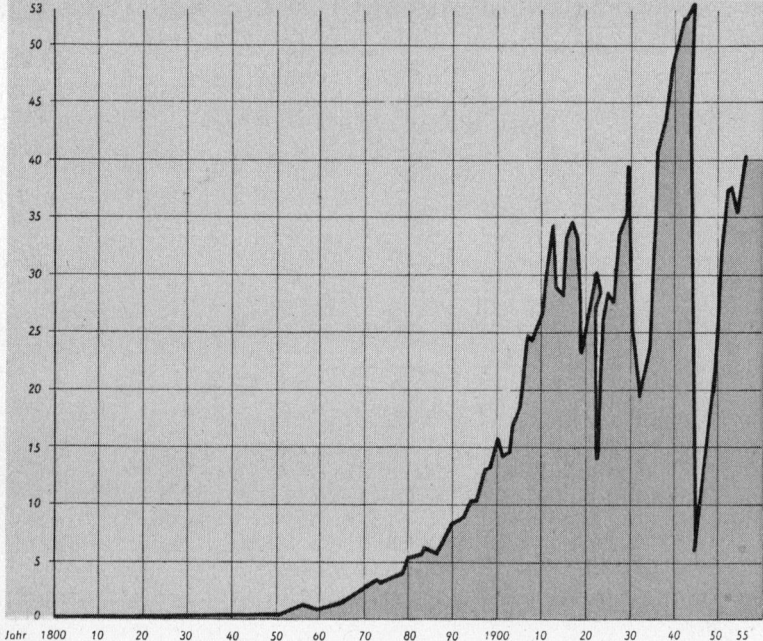

Jahr 1800 10 20 30 40 50 60 70 80 90 1900 10 20 30 40 50 55

79: Die Kokserzeugung in Deutschland von 1800 bis 1955. Die Kohleförderung beträgt jeweils das Vier- bis Fünffache der Kokserzeugung. In dem Auf und Ab der Kurve spiegeln sich deutlich die Wirtschaftskrisen wider.

Die reale Entwicklung – und das war selbst 1910 aus statistischen Kurven noch nicht abzusehen – verlief wesentlich anders. Der Übergang zu anderen Energiearten sowie zu anderen Wirtschaftsformen, nämlich zu noch größeren Konzernen und Kartellen und zu einer neuen wirtschaftlich-politischen Verteilung, die unter anderem zum Ersten Weltkrieg führte, war von heftigen Krisen, wie sie die Graphik der Koksproduktion zeigt (Abbildung 79), begleitet. Die Kohle wurde nach dem Ersten und noch stärker nach dem Zweiten Weltkrieg als hauptsächlicher Energieträger abgelöst. Die Wasserenergie wurde in großen Kraftwerken mit neuentwickelten Turbinen mehr denn je zuvor genutzt, neue Erdölquellen wurden erschlossen und durch die Konstruktion von entsprechenden Motoren nutzbar gemacht.

Grundsätzlich hat sich jedoch die Situation nicht geändert, die Probleme sind nur verschoben. Die Kohle wird bei gleichbleibend gedrosselter Förderung noch mehr als 200 Jahre reichen, Erdöl jedoch nur 30 Jahre. Welche neuen Energien an ihre Stelle treten, ist gegenwärtig eine genauso offene

116

Frage wie vor hundert Jahren. Die Möglichkeiten der Prognose der wissenschaftlich-technischen Weiterentwicklung sind kaum gewachsen.

Die Kurven der Kohleproduktion kennzeichnen noch weitere tiefgreifende Umwälzungen: Die Zahl der in den Bergwerken Deutschlands Beschäftigten nahm seit 1800 langsam, seit 1850 in immer größerem Tempo zu: Nur wenige Zahlen sollen diese Wende signalisieren:

1800 gab es 1500 Arbeiter im Bergbau,
1820 – 3500 Arbeiter
1840 – 9000 Arbeiter
1860 – 29000 Arbeiter
1865 – 42000 Arbeiter (Ergänzung im Anhang 9).

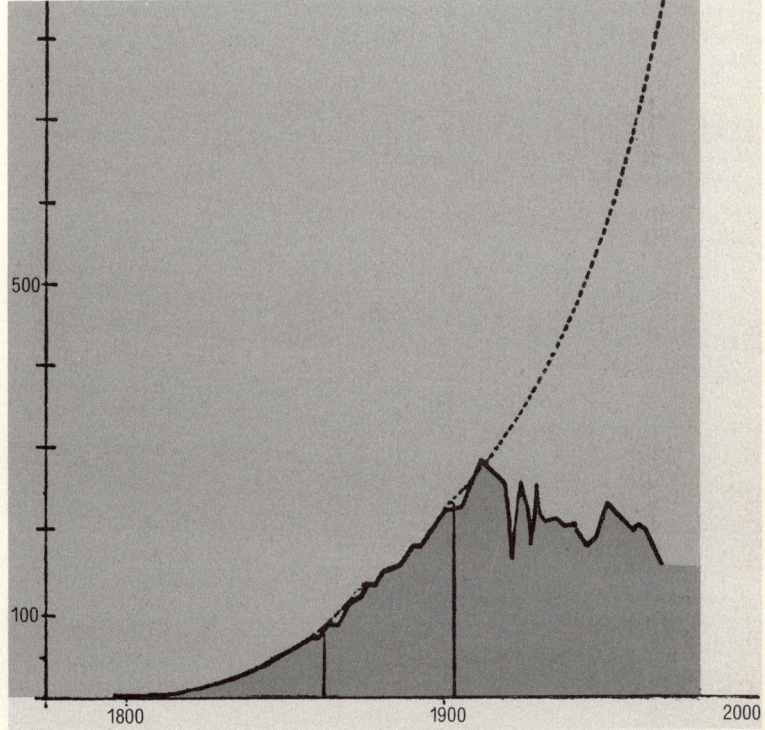

80: Die Kohleproduktion in Großbritannien von 1800 bis 1970. Bei einer nur zweiprozentigen Produktionssteigerung hätte im Jahr 1860 die gestrichelte Kurve als Kohleförderung prognostiziert werden müssen. Eine Prognose, die immerhin bis 1910 mit der Wirklichkeit übereinstimmte. Erst durch die Nutzung von Wasser- und Ölenergie ergaben sich totale Änderungen.

In Deutschland gab es vom Ende des Ersten Weltkrieges bis etwa 1950 540000 Beschäftigte im Bergbau, davon arbeiteten etwas mehr als die Hälfte unter Tage; 1970 waren es noch 250000, obwohl die Produktion etwa die gleiche Höhe behalten hatte (es werden seitdem jährlich knapp 100 Millionen Tonnen Steinkohle in der Bundesrepublik gefördert).

Die Verschiebungen in den Beschäftigungszahlen deuten nur darauf hin, daß jahrhundertelang gleich gebliebene Lebensweisen in wenigen Jahrzehnten vollständig geändert wurden, wie es die Abbildungen der Stadt Essen demonstrieren oder wie es der Bericht A. de Tocqueville, eines französischen Diplomaten und Historikers, von einer Reise nach England 1835 beschreibt:

«... über dieses wasserreiche Gebiet, zu dessen Bewässerung Natur und Kunst gemeinsam beigetragen haben, sind wie durch Zufall Paläste und Hütten verstreut (Tocqueville spricht hier von der Stadt Manchester). In der äußeren Erscheinung der Stadt zeugt alles von der persönlichen Macht des einzelnen Menschen, nichts von der geregelten Gewalt der Gesellschaft. Die menschliche Freiheit enthüllt auf Schritt und Tritt ihre eigenwillige und schöpferische Kraft. Nirgends erweist sich die langsame und beständige Tätigkeit der Regierung. ... Auf dem Gipfel der Hügel, die ich eben beschrieben habe, erheben sich 30 oder 40 Fabriken. Mit ihren 6 Stockwerken ragen sie hoch in

81: Kohletiefbau im 19. Jahrhundert. Fast durch das ganze 19. Jahrhundert wurde Kohle mit einfachen Werkzeugen unter schwerstem körperlichen Einsatz gewonnen. Erst vor etwa 100 Jahren wurden Bohr- und Schrämmaschinen eingesetzt, die eine in den folgenden Jahren immer weiter gehende Maschinisierung einleiteten. (Diorama im Deutschen Museum)

82: Die Veränderung einer Stadt: 1822–1867–1977. Noch im ersten Drittel des 19. Jahrhunderts bot Essen das Bild eines Landstädtchens ohne jede Industrie. Eine Generation später hat sich das Bild vollständig gewandelt. Dies ist die Phase der industriellen Revolution, die – wie die Abbildung deutlich zeigt – eine soziale Revolution gewesen ist. Noch einmal hundert Jahre später sind die rauchenden Fabrikschlote verdrängt, die Stadt ungeheuer gewachsen. Die großen Banken sind jetzt bis in das Zentrum des Ortes an die Stelle der Fabriken gerückt. Nur an einem Kirchturm in der Mitte des Bildes wird deutlich, daß es dieselbe Stadt sein muß und daß alle drei Bilder vom gleichen Standpunkt aus gemalt bzw. fotografiert sein müssen.

die Luft. Ihr unabsehbarer Bereich kündigt weithin von der Zentralisation der Industrie. Um sie herum sind gleichsam willkürlich die ärmlichen Behausungen der Arbeiter verteilt; auf unzähligen gewundenen Pfaden gelangt man dorthin. Zwischen ihnen liegt unbebautes Land, das nicht mehr den Reiz ländlicher Natur hat, ohne schon die Annehmlichkeiten der Stadt zu bieten. Der Boden dort ist schon aufgewühlt, an tausend Stellen aufgerissen; aber er ist noch nicht von menschlichen Siedlungen bedeckt. Dies sind die Steppen der Industrie ... Über den Landstreifen, der tiefer liegt als der Flußspiegel und überall von gewaltigen Werkstätten beherrscht wird, erstreckt sich ein Sumpfgebiet, das durch die in großen Abständen angelegten Gräben weder trockengelegt noch saniert werden konnte. Dort enden gewundene und enge Gäßchen, gesäumt von einstöckigen Häusern, deren schlecht zusammengefügte Bretter und zerbrochene Scheiben schon von weitem eine Art letzten Asyls ankünden, das der Mensch zwischen Elend und Tod bewohnen kann.

Unter diesen elenden Behausungen befindet sich eine Reihe von Kellern, zu der ein halbunterirdischer Gang hinführt. In jedem dieser feuchten abstoßenden Räume sind 12–15 menschliche Wesen wahllos zusammengestopft ... Wer jedoch den Kopf hebt, wird sehen, wie sich rings um diesen Ort die ungeheuren Paläste der Industrie erheben. Er wird den Lärm der Öfen, das Pfeifen des Dampfes hören ... Hier ist der Sklave, dort der Herr; dort findet sich der Reichtum einiger weniger, hier das Elend der großen Zahl; dort bringen die organisierten Kräfte der Menge zum Nutzen eines einzelnen hervor, was die Gesellschaft zu leisten noch nicht vermocht hat. Hier zeigt sich die Schwäche des Individuums gebrechlicher und hilfloser als mitten in der Wüste.

Ein dichter schwarzer Qualm liegt über der Stadt. Durch ihn hindurch erscheint die Sonne als Scheibe ohne Strahlen. In diesem verschleierten Licht bewegen sich unablässig 300 000 menschliche Wesen. Tausend Geräusche übertönen unablässig in diesem feuchten und finsteren Labyrinth. Aber es sind nicht die gewohnten Geräusche, die sonst aus den Mauern großer Städte aufsteigen ... Inmitten dieser stinkenden Kloake hat der große Strom der menschlichen Industrie seine Quelle, von hier aus wird er die Welt befruchten. Aus diesem schmutzigen Pfuhl fließt das reine Gold. Hier erreicht der menschliche Geist seine Vollendung und hier seine Erniedrigung; hier vollbringt die Zivilisation ihre Wunder, hier wird der zivilisierte Mensch fast wieder zum Wilden ...»

(Aus Tocqueville, A. de: Das Zeitalter der Gleichheit. Erstauflage Paris 1864; hier Stuttgart 1954, S. 365)

Die Beschreibung der Gegensätze aus dem Jahre 1835 ist für andere Teile der Erde auch in der Gegenwart gültig. Die Vororte der südamerikanischen Großstädte entsprechen fast genau dem Bild, das schon Tocqueville entworfen hat. Der Übergang zur Industrialisierung ist auch gegenwärtig mit der Bildung einer entwurzelten, weitgehend rechtlosen und nur am Existenzminimum existierenden Bevölkerungsschicht verbunden. Technische Veränderungen bringen auch gegenwärtig nicht allgemeinen Fortschritt, sie eröffnen nur Möglichkeiten, deren Auswahl, Entwicklung und Anwendung von den bestimmenden gesellschaftlichen Kräften getroffen wird.

Die Gegenwart und Zukunft der Kohle

Die Kohle, die im 19. Jahrhundert – im eigentlichen Sinne des Wortes – der wesentliche Antrieb sowohl der industriellen Entwicklung wie der ökonomischen Neuordnung Europas gewesen ist, verlor in unserem Jahrhundert immer mehr an Bedeutung. Das zeigte sich schon vor dem Ersten Weltkrieg, als die Nutzung der Wasserkraft auf neuer Stufe mit dem Bau von Kraftwerken zur Elektrizitätserzeugung begann.

In der Bundesrepublik Deutschland bildete die Kohle nach dem Zweiten Weltkrieg zunächst noch einmal das Rückgrat des wirtschaftlichen Aufschwungs. Das Ruhrgebiet mit seinen großen Kohlevorräten wurde zum zentralen Energielieferanten und zum Motor der wiederaufgebauten und ständig wachsenden Industrieunternehmen. Die Situation änderte sich Mitte der fünfziger Jahre, als Erdöl in immer größerem Umfang und zu immer niedrigeren Preisen angeboten wurde. Die selbstsprudelnden, unter hohem Druck eingeschlossenen Ölquellen verlangen nur wenig Förderinvestitionen und weniger Transportkosten als vergleichbare Mengen Kohle.

Aus rein finanziellen Gründen hätte der Untertageabbau der Kohle ganz eingestellt werden müssen. Die Zeitspanne, in der der Maschinenpark eines Unternehmens ausgetauscht wird, ist auf wenige Jahre verkürzt worden, so daß die Umstellung aller Kohlekraftwerke auf Erdölverbrauch ohne Verlust in einem Jahrzehnt möglich gewesen wäre. Eine halbe Million Arbeitsplätze wäre damit verlorengegangen und eine nur halbwegs unabhängige Energiepolitik unmöglich geworden. In dieser Situation wurde eine «eigenständige» Entwicklung der Industrie nicht mehr zugelassen. Von der Bundesregierung wurden Schutzzölle und direkte Subventionen des Bergbaus und der sogenannte Kohlepfennig beschlossen. (Ausführlich in Martin Meyer-Renschhausen: Energiepolitik in der BRD von 1950 bis heute. Köln 1977, S. 65 ff.)

Es kam allerdings zu einem intensiven Konzentrationsprozeß. Eine viertel Million der im Bergbau Beschäftigten wurde entlassen, die Gesamtbelegschaft schmolz auf weniger als die Hälfte zusammen. Nur die rentabelsten Zechen wurden erhalten und in der Ruhrkohle AG zusammengeschlossen.

Die Gesamtförderung wurde auf Grund von Beschlüssen der Bundesregierung auf einer Höhe von zunächst 140, dann knapp 100 Millionen Tonnen Steinkohle pro Jahr gehalten, wovon etwa ein Viertel für den Export, der subventioniert werden mußte, bestimmt wurde. Die Produktion der im Tagebau gewonnenen Braunkohle, die energetisch nur etwa halb so viel wert ist wie die Steinkohle, stieg sogar noch etwas in den letzten Jahren und liegt mengenmäßig über der der Steinkohle.

Der Verbrauch der Braunkohle wird fast völlig von den Anforderungen der Kraftwerksbetriebe bestimmt; bei der Steinkohle verteilt er sich auf folgende Bereiche:

Haushalt und Kleinverbraucher	12 %
Eigenverbrauch der Bergwerke	17 %
Industrie	30 %
Kraftwerke, Heizwerke	41 %

Quelle: Deutsche Shell AG, Öffentlichkeitsarbeit, 1977. Statistische Übersichten der Energieumsätze in der Gegenwart sind von allen größeren Unternehmen wie Siemens, Esso, Shell etc. zu erhalten. Ihre Angaben stimmen bis auf wenige Prozent überein (Ergänzung im Anhang 1b).

In näherer Zukunft werden sich wohl keine größeren Verschiebungen ergeben; der Anteil der Kleinverbraucher wird vielleicht noch etwas zurückgehen. 1975 wurde noch in etwa einem Fünftel der Haushalte mit Kohle geheizt, wobei die Mehrzahl Einzelöfen benutzte, also die Zentralheizungen schon fast alle auf Öl oder Gas umgestellt waren.

Der Eigenverbrauch dient dem Betrieb der Zechen selbst. Ein knappes Fünftel der geförderten Kohle ist also wiederum zum Abbau der Kohle notwendig.

Der Anteil der Industrie wird im wesentlichen und in immer zunehmendem Maße durch den Verbrauch von Koks für den Betrieb von Hochöfen bei der Stahl- und Eisenproduktion bestimmt. Für die chemische Industrie spielt die Erzeugung von Prozeßwärme die wesentliche Rolle.

Die meiste Kohle wird in Kraftwerken verbraucht, dieser Anteil wird in den nächsten Jahren noch etwas steigen. Die technische Entwicklung hat in den letzten Jahren in diesem Bereich weitere Fortschritte gemacht, so daß der Wirkungsgrad eines Kohlekraftwerkes bedeutend höher ist als der eines Kernkraftwerkes. Bis zu 43 % der erzeugten Wärme werden in elektrische Energie umgewandelt. Der Wirkungsgrad hängt, wie bei jeder Wärmekraftmaschine, von den erreichten Temperaturdifferenzen ab, das heißt, je höher das Wasser oder der Dampf erhitzt werden und je tiefer anschließend abgekühlt wird, desto größer ist der Wirkungsgrad. Bei Temperaturen über 374°C, der sogenannten kritischen Temperatur des Wassers, ist auch bei Anwendung noch so hoher Drucke Wasser immer dampfförmig.

Erst nach dem Zweiten Weltkrieg wurden Kraftwerke gebaut, die überkritische Temperaturen nutzten. Die dabei auftretenden Drucke von mehr als 200 bar (atü) stellen außerordentlich hohe Anforderungen an das Material, die erst durch die Entwicklung neuer Werkstoffe bewältigt werden konnten.

Kraftwerke werden möglichst in der Nähe von Wasserstraßen angelegt, damit zum einen die Kohlezufuhr auf einfachste Art gewährleistet ist und zum anderen genügend Wasser zur Kühlung zur Verfügung steht. Erst in letzter Zeit wurden Kühltürme gebaut, bei denen man das erhitzte Wasser in Rohrschlangen über große Flächen verteilt und durch die Außenluft abkühlt. Eine weitere Möglichkeit der Kühlung bildet die Verbindung mit Fernwärmeleitungen. Dies würde die Effektivität von Kraftwerken noch einmal er-

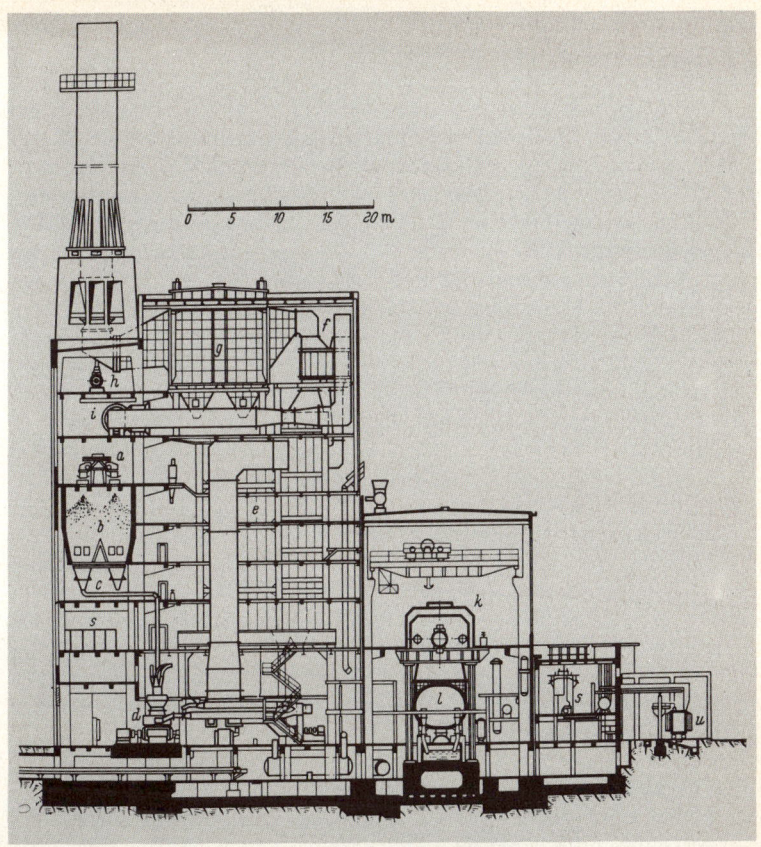

83: Querschnitt durch ein Kohlekraftwerk. Die Kohle wird in die Kohlemühle (d) geleitet. Im Kessel (e) wird der Dampf erzeugt, wobei über ihm Filter (g) und ein Luftvorwärmer angebracht sind. Der Dampf wird auf Turbo-Generatoren (k) geleitet, unter denen sich unmittelbar der Kondensator (l) befindet. Rechts in der Abbildung (u, s) ist die Kraftzentrale für die Eigenversorgung zu erkennen.

heblich erhöhen. Die Investitionen für das Anlegen von Leitungsnetzen, die sich erst in vielen Jahren amortisieren, schienen den Kraftwerksunternehmen bisher offensichtlich zu hoch.

Neben dem Schornstein ist das Kessel- und Bunkerhaus das beherrschende Bauelement eines Kraftwerks. Die Kohle wird zunächst fein gemahlen und dann auf einem Förderband zum Kessel transportiert. Die Technik dieser Kohlenstaubfeuerung ist in den letzten Jahren ständig weiterentwickelt worden. Oberhalb des Kessels vor dem Kamin werden Elektrofilter und Anlagen zur Entschwefelung der Rauchgase eingebaut, um die Abgabe von Schadstoffen nach außen zu reduzieren. Die Entschwefelungsanlagen erlauben vor allem, auch stark schwefelhaltige Kohle zu verwenden, da sie die Abgabe von Schwefeldioxid an die Luft weitgehend verhindern. Sie wurden jedoch erst in den Jahren der Kohlekrise verstärkt entwickelt und eingesetzt, als der Vergleich mit Ölkraftwerken zu einer schärferen Konkurrenz zwang.

Kraftwerke ohne Filter sind ganz wesentlich verantwortlich für die Zunahme des sauren Regens und des Waldsterbens. Ein Zusammenhang mit der Zunahme von Lungenkrebs muß vermutet werden. Angestrebt werden muß daher der Bau von Kraftwerken ohne jede Schadstoffabgabe.

An die Kessel schließen sich Hochdruck- und Kondensationsturbinen an, wobei die Dampfentspannung im allgemeinen in mehreren Turbinen erfolgt. Die Turbinen sind mit Generatoren zur Stromerzeugung gekoppelt, die ihrerseits über Transformatoren mit Überlandleitungen verbunden sind. Der gesamte Wasser- und Dampfkreislauf wird durch Pumpen aufrechterhalten, die zum Teil selbst schon erhebliche Teile der erzeugten elektrischen Leistung – bis zu 10 % – aufnehmen.

Von der Energie des Brennstoffes kann bei den besten Anlagen etwa 40 % in elektrische Energie umgesetzt werden. Diese Anteile ließen sich nur dann erhöhen, wenn Gasturbinen bei noch höheren Temperaturen eingesetzt würden. Es ist zum Teil dabei geplant, Hochtemperatur-Kernreaktoren für die Vergasung der Kohle, das heißt, für ihre Verwandlung in Methan und andere Gase einzusetzen, diese Gase auf 900° zu erhitzen und auf Turbinen wirken zu lassen. Dabei würde der Wirkungsgrad auf nahezu 50 % steigen. Diese Gase können anschließend in dem Kraftwerk für die Dampferwärmung herangezogen werden.

Da die Kohlevorräte bei gleichbleibender Förderung mindestens 200 Jahre ausreichen, würde sich langfristig die Entwicklung neuer technischer Methoden volkswirtschaftlich in jedem Fall lohnen. Erdöl und Erdgas oder Uran werden schon gegen Ende dieses Jahrhunderts sehr knapp werden. Für ein Einzelunternehmen bedeutet diese Situation natürlich noch keinen konkreten Auftrag, so daß technische Forschungen nur vorsichtig vorangetrieben werden.

Besondere Bedeutung gewinnen dabei die Prozesse zur Verflüssigung oder Vergasung der Kohle. Grundsätzlich ist die Benzinherstellung aus Kohle schon vor fünf Jahrzehnten gelungen (Fischer-Tropsch-Verfahren). Jedoch konnte die Methode preislich nicht mit Erdölprodukten konkurrieren. Großversuche liefen nicht an, jedoch wurden Laborversuche weiterverfolgt und die Methoden verbessert, so daß grundsätzlich die Möglichkeit, verschiedene Vergaserstoffe aus Kohle herzustellen, jederzeit gegeben ist. Energetisch ergiebiger als die Verflüssigung ist die Vergasung von Kohle. Bei Lünen wird ein Kraftwerk nach dem Prinzip der Kohledruckvergasung betrieben. Bei hohen Drucken und Temperaturen werden Wasserdampf, Luft und feingemahlene Kohle miteinander vermischt, es wird ein Gas erzeugt, das zunächst eine Turbine antreibt, anschließend verbrannt wird, um Dampf zu erhitzen und weitere Turbinen in Bewegung zu setzen. Das Verbrennungsgas selbst setzt wieder eine Gasturbine in Bewegung. Der Wirkungsgrad soll dadurch auf 45 % gesteigert werden. Bei diesen Verfahren wird vor allen Dingen die Belastung der Umwelt erheblich geringer als bei den üblichen Kohlekraftwerken. (Siehe Zydek, H. u. W. Heller [Hg.]: Energiemarktrecht, Essen 1979 [hier Abschnitt 2.41, Rahmenprogramm vom 8. 1. 1974])

Das aus der Kohle hergestellte Gas, das als Kokereigas einmal große Bedeutung besaß, könnte auch einmal das Erdgas ersetzen. Erdgas ist ein Gemisch aus verschiedenen Gasen, die insgesamt energiereicher sind als die bisher synthetisch gewonnenen, das heißt, sein Heizwert ist höher. So lange die Erdgasquellen so reichlich wie bisher sprudeln, werden daher keine großtechnischen Versuche zur Verflüssigung oder Vergasung begonnen werden.

Diese Projekte betreffen sowohl die Stein- wie die Braunkohle. In letzter Zeit sind Versuche angelaufen, den Verflüssigungsprozeß direkt im Stollen durchzuführen. Die Kohleflöze werden dazu vor Ort so stark erhitzt und mit Wasserdampf durchflutet, daß der Verflüssigungs- und zum Teil der Vergasungsprozeß einsetzt. Damit würden neue Möglichkeiten zum Abbau der Flöze, die bisher noch nicht erfaßt wurden, erschlossen.

Dies sind jedoch Zukunftspläne, deren Realisierung noch ganz unbestimmt ist. Es ließen sich weiterhin mit aus Kohle gewonnenen Gasen magne-

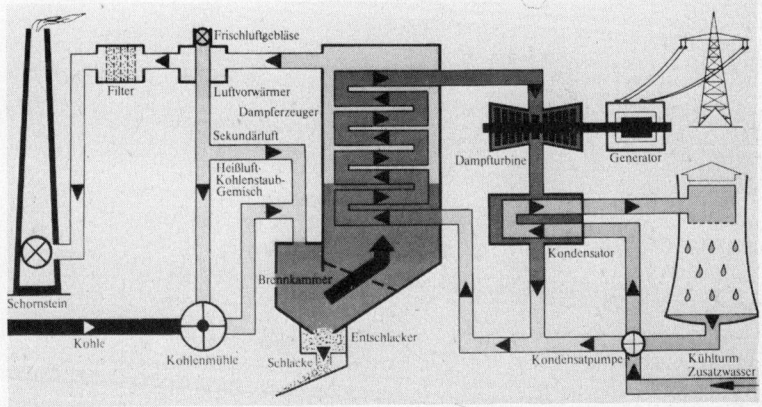

84: Schemabild eines Kohlekraftwerkes. Die einzelnen Vorgänge, die in der Abbildung 83 in der realen Anordnung wiedergegeben waren, sind hier schematisch aufgegliedert.

tohydrodynamische Maschinen konstruieren (MHD-Generatoren), die an Stelle eines geschlossenen Stromkreises elektrisch leitende Gase, sogenannte Plasmen, verwenden. Die dabei erreichten Temperaturen übersteigen mehrere tausend Grad, und da diese Gase anschließend wiederum Turbinen antreiben, ist der gesamte Wirkungsgrad höher als bei jeder anderen Wärmekraftmaschine. Die dabei auftretenden Probleme ähneln denen der Kernfusionsforschung; sie könnten als eine Vorstufe bezeichnet werden. Die Temperaturen, die für die Kernfusion benötigt werden, sind allerdings noch tausendmal höher.

Die Tendenz, die in den sechziger Jahren auf einen immer geringeren Kohleabbau hinauslief, ist in den siebziger Jahren nach der Öllieferungskrise zum Stillstand gekommen.

Es wurden jedoch von 1971 bis 1975 keine neuen Kohlekraftwerke gebaut, danach vor allem die alten verbessert. Bei einer durchschnittlichen Lebensdauer von 25 Jahren wird in den nächsten sechs bis zehn Jahren – das entspricht der Planungs- und Aufbauzeit eines neuen Kraftwerks – die Hälfte der bisher gebauten Kraftwerke den Betrieb wegen Überalterung schließen. Werden in dieser Zeit vor allem Kernkraftwerke, wie bisher geplant, gebaut, so wird der Anteil der Kohle am Energieumsatz weiter zurückgehen. Das heißt, die Entscheidung für die Prioritäten einer Energieart muß in diesen Jahren getroffen werden.

Um eine Energielücke, wie sie ab 1985 prophezeit wird, zu schließen, eignet sich die Kohle, für die seit vielen Jahrzehnten bewährte Techniken entwickelt sind, ohne Zweifel besser als Atomenergie, für deren Verwendung bisher noch kein geschlossenes Konzept vorliegt.

Erdöl – eine jahrtausendlange Geschichte geht ihrem Ende entgegen

Entstehung und Verwendung in frühen Zeiten

Die Entstehung des Erdöls liegt genauso im dunkeln wie seine erste Verwendung. Als zähe, dickflüssige Masse quoll es an verschiedenen Stellen der Erde aus dem Boden und wurde in unterschiedlichster Weise genutzt. Bootsbauer dichteten ihre Schiffe damit, Wagenlenker schmierten die Achsen ihrer Räder, und der Arzt verordnete die geheimnisvolle Substanz als Medizin gegen Krankheiten.

Genauso häufig und vielfältig wie das Auftreten sind die Benennungen gewesen: Steinöl, Petroleum oder Naphta, wenn es flüssig, Erd- oder Bergharz, wenn es fest war. Als Teer, Pech oder Bitumen wurde seine dickflüssige Erscheinungsform bezeichnet. War es in Steine gedrungen, so wurde es Ölschiefer oder Stinkstein genannt. Im folgenden soll nur der umfassende Na-

85: Eine Guffa auf dem Tigris. Zähflüssige Arten des Erdöls wurden schon in frühgeschichtlicher Zeit zum Abdichten von Mauerritzen, Matten und Booten verwandt. Die Guffas sind kreisrunde Boote, die auf ruhig fließenden Gewässern teilweise noch heute gebraucht werden.

me Erdöl gebraucht werden; dickflüssige Substanzen werden mit Bitumen bezeichnet.

Die große Zahl der Namen spiegelt die zahlreichen Erscheinungsformen wider. Erdöl, das aus verschiedenen Quellen stammt, hat weder dieselbe Farbe und Zähigkeit noch denselben Geruch. Heute sind Tausende von verschiedenen Erdölverbindungen analysiert; dabei hat sich gezeigt, daß die Grundzusammensetzung immer die gleiche bleibt und die Entstehungsweisen sehr ähnlich gewesen sein müssen.

Der Sage nach ist Erdöl das Blut der Drachen, die vor Millionen Jahren die Erde beherrschten und unterirdisch weiterlebten. Wahr ist an dieser Geschichte immerhin so viel, daß das Erdöl sich hauptsächlich in jener Zeit gebildet hat, in der die Saurier, drachenähnliche und tonnenschwere Tiere, ausstarben. Diese Zeit vor 70 Millionen Jahren bedeutete einen tiefen Einschnitt in der Entstehungsgeschichte der Erde: Die Erde gewann langsam ihr heutiges Gesicht. Neue Gebirge – die Alpen in Europa, die Anden und die Rocky Mountains in Amerika – wölbten sich auf. Das Klima änderte sich tiefgreifend. Heiße Sommer und kalte Winter lösten die bisher feuchtwarme Witterung ab. Die Sümpfe trockneten aus, die riesigen Meere, die große

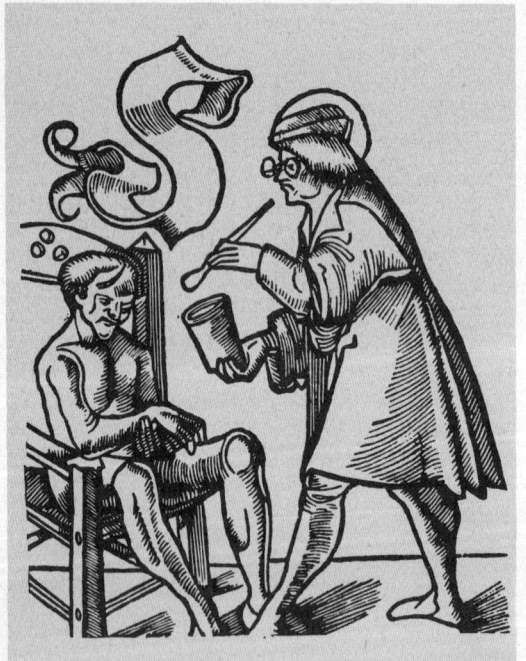

86: Petroleum als Medizin. Erdöl wurde in verschiedenen Arten seit der Antike als Medizin verwandt. Hier trägt es der Arzt auf eine schmerzende Hand auf und hofft auf die äußere Wirkung. Mit anderen Flüssigkeiten vermischt, wurde es gegen verschiedenste Krankheiten eingenommen (Flugschrift von ca. 1480).

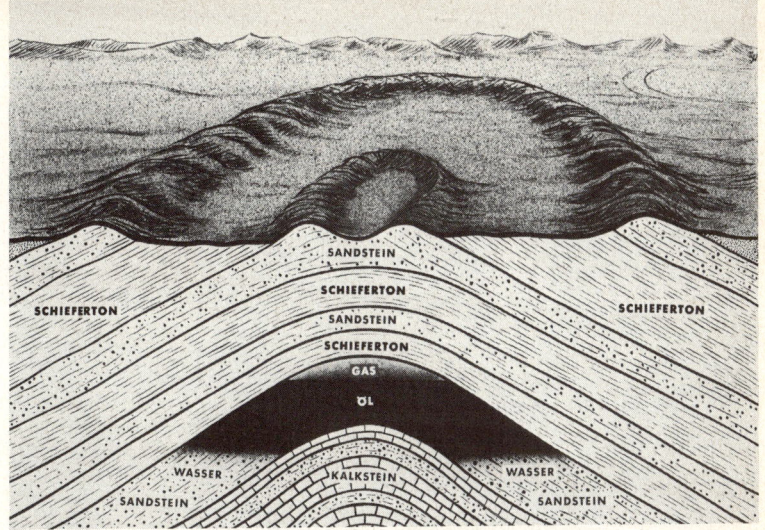

Beschriftungen in der Abbildung: SANDSTEIN, SCHIEFERTON, SANDSTEIN, SCHIEFERTON, GAS, ÖL, WASSER, SANDSTEIN, KALKSTEIN, WASSER, SANDSTEIN, SCHIEFERTON, SCHIEFERTON

87: Schnitt durch die Erdoberfläche. Über den Erdölquellen haben sich im Lauf der Jahrmillionen zahlreiche Schichten abgesetzt. Nur wenn die Schichten undurchlässig waren, wie etwa Schieferton, verlor sich das gebildete Erdöl nicht, sondern sammelte sich zusammen mit dem Erdgas in Kavernen. Häufig drang es aber in Gesteine ein, durchtränkte sie völlig, wobei die leichteren Bestandteile verdunsteten. So bildeten sich Ölsände und -schiefer.

Teile Europas, Amerikas und Vorderasiens bedeckt haben, gingen zurück. In den Millionen Jahren der Umbildung haben die Flüsse Erde, Steine und Pflanzen in flache Meere gespült, die sich ständig neu bildeten und wieder vergingen. Es blieben als Ablagerungen dieser Meere neue Gesteinsschichten; und in diesen Schichten waren Meerestiere und Pflanzen eingeschlossen. Aus ihnen entstanden unter wechselnden Hitze- und Druckverhältnissen eine große Zahl verschiedener Kohlenstoff- und Wasserstoffverbindungen, die sich schließlich zu den verschiedenen Arten des Erdöls und des Erdgases zusammensetzten. Verschiedentlich bildeten sich über diesen Stellen undurchlässige Schichten, unter denen sich in großen abgeschlossenen Bereichen Erdöl sammelte (Abbildung 87). Sie werden heute systematisch gesucht. Rund 500 sind bisher entdeckt, von denen wiederum die am leichtesten zugänglichen ausgebeutet werden. Sehr häufig haben sich jedoch über den Stellen, an denen Erdöl oder Erdgas entstand, weitere Schichten gebildet, die durchlässig waren. Das Erdgas entwich nach außen, und vom Erdöl verdunsteten die leichteren Bestandteile, die schwerflüssigeren versickerten im Gestein und durchtränkten die Schichten. Sie bildeten als Ölschiefer oder

88: Erdölgewinnung bei Agrigent (Sizilien). Öl mischt sich nicht mit Wasser. Befindet sich eine Quelle unter einem See, so schwimmt das Öl auf der Wasseroberfläche. Schon in der Antike waren derartige Stellen bekannt, und das Öl konnte mit verschiedenen Methoden – hier mit Schwämmen – abgeschöpft werden (Kupferstich um 1580).

Ölsand ein wichtiges Reservoir, das zum Teil – z. B. in Kanada – schon heute in größerem Umfang abgebaut wird. Die ölhaltigen Steine werden anschließend auf etwa 350° erhitzt, wodurch das Erdöl dünnflüssig wird und austropft. Bei geologisch günstigen Bedingungen wird sogar heißer Wasserdampf durch die Erde selbst gepreßt, so daß das Öl ausläuft, abgefangen oder hochgepumpt werden kann. Schon diese kurze Beschreibung des Verfahrens zeigt, daß diese Gewinnungsmethode ungleich aufwendiger und teurer sein muß als die bisher angewandten, bei denen Öl hochgepumpt wird. Sie wird sicherlich erst dann größere Bedeutung gewinnen, wenn Erdöl- und Erdgasfelder weitgehend erschöpft sind.

Aus den Rissen der Erde stieg schon immer an verschiedenen Stellen Erdöl hervor, das in der Umgebung der Fundstelle in unterschiedlichster Weise genutzt wurde. Meistens war es die dickflüssigere Art, das Bitumen, das verwendet wurde. Vielleicht ist auch die Arche Noahs mit Erdölpech abgedichtet worden und hat so die Sintflut überstanden. (Von dieser ungeheuren Überschwemmung berichtet schon das Gilgamesch-Epos, das 2500 Jahre vor

Christus geschrieben wurde, ausführlich. Die Bibel greift dann diesen Bericht zum Teil fast wörtlich wieder auf.)

Auf jeden Fall lassen sich in Vorderasien schon sehr früh Erdölquellen nachweisen. Es ist heute das Gebiet, das die größten Ölreserven aufweist und andererseits wegen seiner historischen Bedeutung archäologisches Interesse auf sich gezogen hat. So läßt sich zeigen, daß die Verwendung von erdölhaltigen Substanzen zum Abdichten von Häusern und Matten nahezu 10000 Jahre alt ist. Seit dieser frühen Zeit finden sich immer wieder Spuren von Erdöl, z.B. als Bindemittel für Ziegelbauten oder als Abdichtung von Wasserbekken. Seine Bedeutung bleibt nicht über alle Jahrhunderte gleich. Lange Zeit wurde es durch den einfachen Gebrauch von Lehm weitgehend zurückgedrängt. Es geriet dabei nicht völlig in Vergessenheit. Sowohl Griechen wie Römern blieb es wohlbekannt. Der Gebrauch von Erdölprodukten war im griechischen und römischen Reich allerdings selten, wie R. J. Forbes vor allem in seinem Aufsatz «Das Bitumen in den fünfzehn Jahrhunderten vor

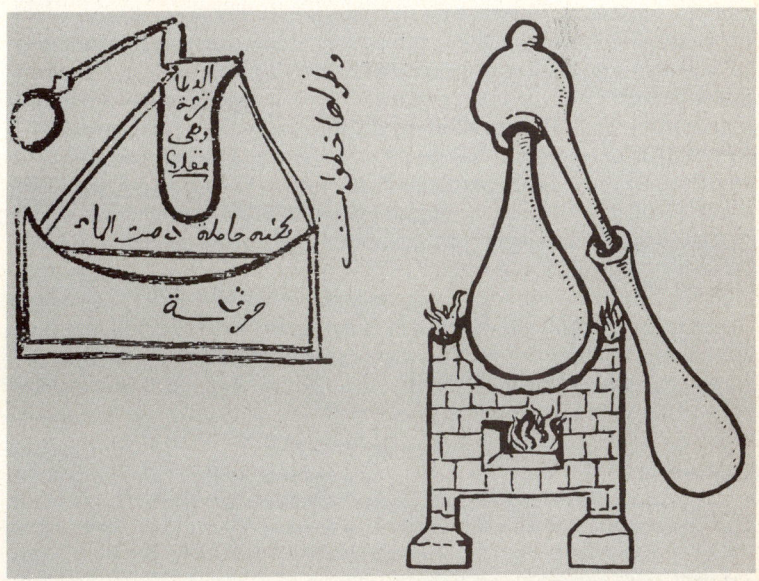

89: Altarabische Destillation auf dem Dampfbad. Die einfachste Art der Trennung des Erdöls in seine verschiedenen Bestandteile ist die Destillation: das Erdöl wird dafür zum Sieden gebracht und anschließend abgekühlt. Die einzelnen Bestandteile haben unterschiedliche Siedepunkte, wodurch eine Trennung möglich ist. Seit der Spätantike ist die Destillation bekannt und hat im frühen Mittelalter für die Herstellung des griechischen Feuers, einer gefährlichen Waffe, eine wichtige Rolle gespielt (Zeichnung 13. Jahrhundert).

131

Drake» ausführt. (In Bitumen, J. 7, 1937, S. 12f.) Sie systematisierten die verschiedenen Arten nach Herkunft, Zähigkeit, Farbe, Geruch und sogar Entflammbarkeit. An verschiedenen Stellen der Erde sprudelte es wie Wasser an die Erdoberfläche oder gewann an anderen als «ewiges Feuer» magisch-religiöse Bedeutung. In Griechenland brannte bei der Orakelstätte Apollonia ein solches Feuer; in Persien gab es sie so häufig, daß sich der Kult der Feueranbeter ausbreitete.

Erdölhaltige Substanzen haben lange Zeit medizinische Bedeutung gehabt und wurden teilweise als universelle Heilmittel angewendet. Der wirkliche Grund dafür dürfte in seiner Seltenheit, in seinen geheimnisvollen chemischen Eigenschaften und darin gelegen haben, daß es eingenommen nicht unmittelbaren Schaden anrichtete.

Auch für die Toten war Erdöl noch wichtig, da es zum Einbalsamieren und Mumifizieren Verstorbener gebraucht wurde. Im Arabischen bedeutet Mumie soviel wie Bitumen.

Im Mittelalter wurden vor allem durch die Entwicklung der Destillationstechnik (Abbildung 89) neue Anwendungsgebiete erschlossen. Dabei wurde das Erdöl erhitzt und die bei verschiedenen Siedepunkten verdampfenden Bestandteile voneinander getrennt. So konnten leichtere Erdöle, die schneller entflammbar sind, gewonnen werden. Als «flüssiges Feuer» verbreitete es eine Zeitlang in den Kriegen Furcht und Schrecken. Es wurden geheimnisvolle Mischungen zusammengebraut, die – entzündet und auf feindliche Schiffe geworfen – Schlachten entscheiden sollten (Abbildung 90). Dafür wurde Werg mit Bitumen, Schwefel, Harz und leicht entflammbaren Erdölen getränkt. In Brand gesteckt entzündete er alles, worauf er geschleudert wurde.

Die Kreuzfahrer lernten es auf ihren Eroberungszügen in der Gegend von Griechenland kennen und nannten es daher «griechisches Feuer». Ein russischer Historiker berichtet sehr anschaulich über die furchtbare Wirkung dieser Waffe gegen die russische Flotte, als sie das oströmische Reich im Jahre 941 angriff:

«Und dann, mit einem beflügelten Feuer bewaffnet, ließ der griechische Befehlshaber die Flammen vermittels gewisser Röhren auf die russischen Kriegsschiffe schleudern, ein schreckliches und unglaubliches Schauspiel! Als die Russen die Wirkungen (dieses magischen Feuers) sahen, flohen sie seewärts, um seiner Berührung zu entkommen, und einer kleinen Zahl gelang es, die Heimat zu erreichen. Bei ihrer Rückkehr berichteten sie ihren Landsleuten: ‹Die Griechen besitzen ein Feuer, das wie der Blitz in die Luft fliegt; sie schleuderten es auf uns und verbrannten unsere Boote; daher konnten wir sie nicht besiegen!› (Forbes, R. J.: More Studies. Leiden 1959, S. 81)

Erst als sich der Gebrauch des Schießpulvers (Mischung von Schwefel, Holzkohle und Salpeter) seit dem 14. Jahrhundert immer mehr verbreitete und schreckliche Wirkungen zeigte, wurde das griechische Feuer als Waffe zurückgedrängt. Als aber immerhin am Ende des 2. Weltkrieges das Schieß-

90: Griechisches Feuer. Das griechische Feuer bestand im allgemeinen aus einer Mischung von Schwefel, Harz, dickflüssigem und einem Teil leicht entzündbarem Erdöl. Auch gebrannter Kalk wurde zugesetzt, so daß die Mischung mit Wasser nicht gelöscht werden konnte. Erst nach der Entdeckung des Schießpulvers im 14. Jahrhundert wurde diese Waffe seltener. Hier wird sie von dem byzantinischen Kaiser Michael ii. im Kampf gegen den Rebellen Thomas eingesetzt (Zeichnung aus dem 10. Jahrhundert).

pulver in Deutschland knapp wurde, ‹regte der Führer an, sofort zu prüfen, ob eine Möglichkeit bestehe, das sogenannte griechische Feuer zum Zwecke des Entzündens von Holzbrücken über die großen Flüsse anzuwenden.›» (Siehe Boelcke, W. A.: Deutschlands Rüstung im Zweiten Weltkrieg. Hitlers Konferenzen mit Albert Speer 1942–1945. Frankfurt 1969, S. 473)

Seit dem späten Mittelalter wird über Erdölfunde in Mitteleuropa berichtet. So sind die Steinölbrennereien in Tirol bei Seefeld und am Achensee seit der Mitte des 14. Jahrhunderts bekannt. Etwas später wird zum erstenmal vom Öl des heiligen Quirinus berichtet, das von einer Quelle abgeschöpft wurde und vor allem medizinische Anwendung fand. Die Kapelle ist noch heute am Tegernsee zu sehen. Zum erstenmal wurde die Ölquelle 1433 erwähnt. Im 16. Jahrhundert breitete sich der Ruf des wundertätigen Quirinusöls immer weiter aus (siehe L. Suhling: Erdöl und Erdölprodukte ... München 1975, S. 67). Gegenüber der Antike sind keinerlei Erkenntnisse dazugekommen.

Der Arzt Georg Bauer, der meist mit seinem ins Lateinische übersetzten Namen Agricola genannt wird, faßt die Erfahrungen der Praxis wissenschaftlich systematisch zusammen (siehe Agricola, Georgius: De re metallica. libri XII, Basel 1556. Deutsche Ausgabe: München 1978). Mit Abbildungen aus seinem wichtigen Buch über den Bergbau sollen einige seiner Ergebnisse wiedergegeben werden (Abbildungen 30 und 91). Er beschreibt das Abschöpfen des Bitumens aus Quellen, das Ausschmelzen bituminöser Erze,

91: Bitumengewinnung. Agricola schreibt zu dem Bild: «Flüssiges Bitumen, das in größeren Mengen auf dem Wasser von Quellen, Bächen oder Flüssen schwimmt, wird mit Eimern oder anderen Gefäßen abgeschöpft. Kleine Mengen wurden mit Hilfe von Gansflügeln, leinenen Tüchern, Haarbüscheln, Häutchen von Binsenrohr und anderen Dingen, an denen sich das Bitumen leicht anhängt, gesammelt, in großen kupfernen oder eisernen Gefäßen gekocht und in der Wärme verdichtet» (Holzschnitt 1556).

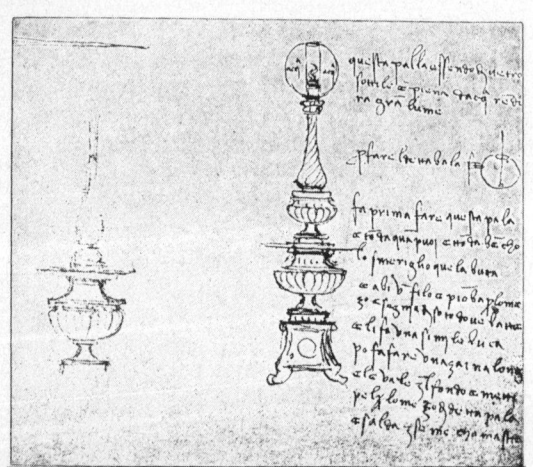

92: Öllampe – gezeichnet von Leonardo da Vinci. Öllampen blieben zur Beleuchtung bis in das 19. Jahrhundert die Ausnahme. Über das flackernde Licht von Talg-Kerzen oder Kienspänen ärgerte sich noch J. W. von Goethe. Das Besondere an Leonardos Lampe ist der Zylinder, der die Luftzufuhr regelte, wodurch ein helleres Licht entstand. Der Zylinder ist außerdem noch von einer wassergefüllten Kugel umgeben, die das Licht wie bei den späteren Schusterkugeln in bestimmte Bereiche konzentriert (Zeichnung um 1485).

wie Destillation, also die Trennung verschiedener Erdöle, und seine Verwendung, wobei er als Arzt der Medizin besonderes Interesse entgegenbringt. Bei seiner Darstellung wird deutlich, daß es keine systematischen Untersuchungen über das Erdöl gibt und daß frühere Erfahrungen nicht genau untersucht oder bestätigt werden, sondern stets nur an eigener Erfahrung gemessen oder nach selbstentwickelten Kriterien weitergegeben werden. Es gibt auch keine übergreifende, zusammenfassende Kooperation von Wissenschaftlern. Das Buch von Agricola ist eher ein Anzeichen dafür, daß die Untersuchungen der Natur und ihrer Schätze mehr in das Blickfeld der Menschen rückten als in früheren Jahrhunderten.

Jahrtausende war somit das Erdöl in verschiedenen Arten und Anwendungen bekannt. Als eines der sonderbaren Geschenke der Natur wurde es angenommen, ohne daß es systematisch gesucht, genutzt oder analysiert worden

93: Lampen um die Jahrhundertwende. Elektrische Beleuchtung und Stromerzeugung durch Generatoren begegnen uns schon (Th. A. Edison und W. Siemens) in den letzten Jahrzehnten des vorigen Jahrhunderts. Ehe jedoch ein allgemeines Stromerzeugungs- und -verteilungsnetz aufgebaut worden war – und das geschah in Deutschland erst nach 1920 – hatten Petroleumlampen große Bedeutung. In der Abbildung ist links ein Spiritusöllicht, in der Mitte ein Petroleumbrenner für Seezeichen und rechts ein Benzinglühlicht zu sehen. Der Verbrauch dieser Lampen bestimmte um die Jahrhundertwende wesentlich die Ölproduktion.

wäre. Aufgeklärte Leute hielten es für eine nutzlose Absonderung der Erde, eine klebrige Flüssigkeit, die stinkt und die in keiner Weise vernünftig verwendet werden kann, höchstens eben zum Schmieren von quietschenden Wagenrädern. L. Suhling merkt in seinem oben erwähnten Buch an, daß der Konrektor Chr. Fröbing in seinem Schulbuch «Die Bürgerschule» 1789 (S. 170) folgendes berichtet:

«Bei den Dörfern Hänigsen und Edemissen im Amte Meinersen sind viele Teerquellen. Der Teer wird auch von den Einwohnern auf Brot als Butter gegessen.»

Im Laufe des 18. und in den ersten Jahrzehnten des 19. Jahrhunderts erweiterte sich allerdings der Anwendungsbereich: Es wurden mehr Straßen gebaut, Rohre verlegt und Maschinen konstruiert denn je zuvor. Als Hilfsmittel war dabei das Bitumen sehr willkommen. Die Nachfrage nach einer besseren Beleuchtung stieg ständig, da die Arbeitszeiten verlängert wurden, um die Maschinen besser zu nutzen und die Produktion zu steigern. Außerdem wurden Arbeitsplatz und Wohnort voneinander getrennt, und eine ausreichende Beleuchtung am frühen Morgen und am späten Abend wurde immer notwendiger. Der Kienspan und die Talgkerze warfen nur ein spärliches Licht; die Petroleumlampe brachte einen großen Fortschritt, als es gelang, nichtrußende Öle herzustellen. Außerdem wurden in diesen Lampen Tierfette verbrannt. Die Jagd nach Walen versprach ein gutes Geschäft, da die dabei gewonnenen ungeheuren Fettmengen in den Tranlampen verbrannt werden konnten.

Das Ölfieber von Titusville und Peine

Bekannt war das Auffinden von Erdöl in der Mitte des 19. Jahrhunderts an vielen Stellen der Erde. In Europa gab es vor allem in norddeutschen Gebieten, im Elsaß, in der Schweiz sowie in der Gegend von Genf, aber auch in italienischen und französischen Orten Erdölquellen. In einigen dieser Gebiete betrug die jährliche Förderung schon zu Beginn des 19. Jahrhunderts mehrere tausend Tonnen.

Der plötzliche Run auf das Erdöl seit der zweiten Hälfte des 19. Jahrhunderts ist kaum zu verstehen, wenn nur die bisher genannten Tatsachen bedacht werden. In der jahrtausendealten Geschichte des Erdöls gab es zu jener Zeit nichts Neues. Ab und zu erschienen Bücher, die die bemerkenswerten Eigenschaften dieser zähtropfenden Flüssigkeit beschrieben, und der Bericht des Amerikaners Benjamin Silliman im Jahre 1855 ging eigentlich nicht über die Beschreibung von Johann Freud aus dem Jahre 1625 hinaus. Aber im 19. Jahrhundert wurden diese Berichte mit lebhaftem Interesse von einer neuen gesellschaftlichen Schicht gelesen. Der Bürger dieses Zeitalters las nicht nur, um sich allgemein zu bilden, sondern er wollte sein Wissen und sein

94: Das Ölfieber in Deutschland. Auch in Norddeutschland wurde, wenn auch nicht mit so großem Erfolg wie in den USA, nach Öl gebohrt; Aktiengesellschaften wurden gegründet und eine Ölindustrie wurde ins Leben gerufen, sogar neue Städte wie Ölheim bei Peine in Niedersachsen gegründet. Die zahlreichen Bohrtürme sind ein Beweis dafür, daß das Gelände viele Besitzer hatte, von denen jeder hektisch versuchte, dem anderen das Öl wegzupumpen (Holzstich 1881: «Touristen auf den Petroleumwerken in Ölheim in der Lüneburger Heide»).

Kapital anwenden. Lange waren die Zeiten überwunden, in denen neue Erfindungen zerschlagen oder gar durch kaiserliche Edikte verboten wurden. Ein neuer Stand, das Bürgertum, versuchte sich neben den Adeligen zu behaupten und durchzusetzen. Dazu brauchte es wirtschaftliche Erfolge, die es ständig in neuen Unternehmungen suchte.

Da nach Nordamerika nicht die europäische Oberschicht, sondern vor allem kleine verarmte Bürger ausgewandert waren, konnte sich dort der bürgerliche Pioniergeist ohne Widerstände entfalten. Daher ist es wohl kein Zufall, daß das «Erdölfieber» zuerst in Pennsylvania ausbrach und nicht in Norddeutschland, wo etwa zur gleichen Zeit die Suche nach Erdöl begann.

Diese Suche war eigentlich zunächst von der Vorstellung geleitet, daß dort, wo Erdöl aus dem Boden trat, Kohle, die wichtigste Energiequelle der damaligen Zeit, zu finden sein müsse. Denn Erdöl war nach damaliger wissenschaftlicher Auffassung ein Teilprodukt der Kohle. Wenn Kohle in der Retorte unter Luftabschluß erhitzt wurde, so bildeten sich neben Gasen auch zähe Flüssigkeiten, Teeröle, die durchaus mit verschiedenen Arten des Erdöls verglichen werden können. So lag eine Theorie nahe, die den Entstehungsprozeß von Kohle und Erdöl eng miteinander verband.

Da der Kohleverbrauch im Laufe des 19. Jahrhunderts durch Dampfmaschinen und Eisenbahnen ungeheuer anstieg, verwandelten sich gerade die leichter zugänglichen Kohlezechen in wahre Goldgruben. Auf der Suche

95: Der Bohrturm von E. L. Drake in Titusville. Dies ist der Bohrturm, mit dem in den USA (Pennsylvania) 1859 ein Ölspringer angebohrt wurde. Die Quelle war so reichhaltig, daß zahlreiche weitere Versuche sich anschlossen und der Aufbau einer Erdölindustrie eingeleitet wurde (Foto der Zeit).

96: Bohrstelle. Pioniere der Erdölsuche setzten einfache Mittel ein, um zum Erfolg zu kommen. Hier wird eine Quelle «zu Fuß» angebohrt. Ein Baumstamm ist quer so gelagert, daß er durch die natürliche Spannung den Bohrer, der durch das Körpergewicht der Arbeiter tiefer gedrückt und mit den Händen gedreht wird, wieder nach oben zieht. Mit etwas verbesserten Verfahren dieser Art wurden Tiefen bis zu 100 Metern erreicht.

nach Kohle bohrte man an den Erdölausflußstellen und fand häufig zunächst nur Wasser. Den heutigen Geologen würde dies ermutigen, und er würde empfehlen, unbedingt weiter zu suchen. Ist Öl aus Meeresablagerungen entstanden, dann sind Salzkavernen mit Wassereinschlüssen ein gutes Zeichen für die eventuelle Nähe von Erdöl. Die damaligen Erdölsucher gaben allerdings enttäuscht auf, wenn Wasser aus den Quellen sprudelte.

Das Erdölzeitalter beginnt in Titusville (Abbildung 95), in dem amerikanischen Staat Pennsylvania. Ein Bohrtrupp war in einem Gebiet, das als erdölträchtig galt, schon in 21 Metern Tiefe auf ein ergiebiges, selbstsprudelndes Ölloch gestoßen. Zwei- bis dreitausend Liter quollen jeden Tag an die Oberfläche. Das war für die damalige Zeit außerordentlich viel, so viel, daß zunächst nicht genügend Fässer aufzutreiben waren, um die Schätze zu bergen. Ein Faß Rohöl mit etwa 250 Litern Inhalt konnte in der ersten Zeit für etwas über 60 Mark verkauft werden. Hundert bis zweihundert Fässer jeden Tag mit Öl zu füllen, ohne daß mehr getan werden mußte als die Fässer aufzuhalten, schien ein Leben wie im Schlaraffenland zu garantieren. Der Erfolg lockte – es war im Sommer 1859 – eine große Schar von Glücksrittern an, die nach flüssigem Gold zu suchen begannen. Im Unterschied zur Goldsuche genügte allerdings nicht mehr eine kleine Ausrüstung mit Hammer, Sieb, Zelt und Verpflegung für einige Wochen. Erfolg versprachen nur größer angelegte Unternehmungen und höhere Investitionen, da die Bohrungen Wochen und Monate in Anspruch nehmen konnten. Einige versuchten sich allerdings mit primitivem Gerät und verkauften das Gelände, sobald sie Öl gefunden hatten. Sie bauten Baumstämme zu einem einfachen Gerüst zusammen, außerhalb des Gerüstes wurde ein Pflock tief in die Erde getrieben. Darüber wurde waagerecht, fast genau ausbalanciert, ein Baumstamm gelegt. Das eine Ende des Baumstammes war im rechten Winkel mit dem eigentlichen Bohrer verbunden, einem schweren, geschliffenen Stahl, über dem sich der Bohrtum erhob (Abbildung 96). In den Stamm waren Fußraster gehauen. Jedesmal, wenn das Eigengewicht des nicht ganz ausbalancierten Baumstammes den Bohrer aus einem Bohrloch hob, traten zwei Männer mit aller Kraft in die Fußrasten und trieben ihn wieder in das Erdreich hinein. Auf diese Art konnten nur ganz flache Quellen sozusagen «zu Fuß» angebohrt werden.

Im allgemeinen wurden Aktiengesellschaften gegründet und jeder kapitalkräftige Bürger aufgefordert, sein Geld in diese neuen erfolgversprechenden Unternehmungen zu investieren. Die Zahl der Neugründungen hielt sich jedoch bald mit der Zahl der Bankrotts die Waage. In Pennsylvania gelang es John D. Rockefeller, alle Fäden in seiner Hand zu vereinigen und die Konkurrenz nahezu vollständig zu verdrängen. Noch heute besitzt diese Familie in der Exxon Corporation maßgeblichen Einfluß auf das Ölgeschäft. Rockefeller ging in dieser ersten Phase der Ölgewinnung immer einen Schritt weiter als seine Konkurrenten. Er war sich darüber klar, daß das Ölgeschäft nicht nur aus der Suche nach der kostbaren Flüssigkeit bestand, sondern daß erst die Lösung der sich anschließenden Probleme, des Transports und der Verarbeitung des Erdöls, über einen dauerhaften Erfolg entschied. Es kam ihm darauf an, eine Gesamtstrategie zu entwickeln, wobei er die Ölsuche gerne anderen überließ, wenn sie später, da sie das Öl nicht transportieren oder verarbeiten konnten, in seine Abhängigkeit gerieten und er die Preise diktieren konnte. Er baute fernab von den ersten Ölquellen Raffinerien auf, die Petroleum lieferten, das ganz rußfrei in den Lampen abbrannte.

Der Rohölpreis sank in den folgenden Jahren sehr schnell; nach zehn Jahren konnte nur noch ein Zehntel des anfänglichen Verkaufspreises erzielt werden, nach zwanzig Jahren nur noch ein Zwanzigstel. Die verarbeiteten Erzeugnisse dagegen waren längst nicht so den Preisschwankungen unterworfen. Da die Standard Oil Company, die von Rockefeller jahrzehntelang geleitet wurde, mehr Öl und Petroleum transportierte als alle anderen zusammen, gelang es ihm, mit den privaten Eisenbahngesellschaften Sondertarife auszuhandeln. Sie transportierten das Öl der Standard für den halben Preis und ruinierten damit die Konkurrenz, die unter solchen Bedingungen natürlich keine Gewinne mehr erzielen konnte. Die Standard änderte mehrmals ihren Namen, blieb jedoch hauptsächlich im Besitz der Familie Rockefeller. John D. Rockefeller beteiligte sich schon seit 1863 am Erdölgeschäft, gründete die Standard Oil Company of Ohio, die 1882 den

Namen Standard Oil Company of New Jersey erhielt und seit 1972 Exxon Corporation heißt.

Rockefeller durchschaute und handhabe die Gesetze des Kapitalismus vollkommen. Er war der erste, dem der Aufbau eines Monopols gelang, und er kontrollierte über mehrere Jahrzehnte das gesamte Ölgeschäft von der ersten Ölsuche bis zum Verkauf des fertigen Produkts in ganz Nordamerika. Sogar die Preise des Händlers an der Ecke wurden von seinem Konzern festgelegt. Seine Agenten beobachteten jede Aktion etwaiger Konkurrenten und berichteten der Zentrale darüber. Die Informationen bildeten die Basis für neue Unternehmungen. Die Größe des Konzerns erlaubte sehr bald, durch zeitweises Unterbieten der Preise jeden Mitbewerber zu verdrängen. Der Konzern praktizierte die Theorie des wirtschaftlichen Liberalismus in Reinkultur. Es wurde der Konkurrenzkampf mit jedem freien Unternehmer aufgenommen, wobei allerdings der Einsatz jeden Mittels erlaubt war. Als eine neue Ölfirma dagegen begann, Ölleitungen zu verlegen, begannen die Agenten Rockefellers Land so aufzukaufen, daß ein Weiterbau nicht mehr möglich wurde. In weniger als zwei Jahrzehnten, also etwa von 1870 bis 1890,

97: Das Innere eines Bohrturms. Auf dem Bild ist der Arbeiter am Ende des Bohrgestänges zu sehen, der mit der Hand den Bohrer verdrehen und tiefer verstellen muß, der von einer Dampfmaschine gehoben und gesenkt wird. Dieses Schlagbohrverfahren wurde um die Jahrhundertwende durch das Drehbohrverfahren (Rotary) abgelöst. Die Bohrmeißel werden heute von Dieselmotoren angetrieben (Stich 1865).

98: Erdöltransport. In der ersten Phase der Gewinnung wurde Öl in Fässern transportiert, die auf Schiffen oder Eisenbahnen verladen wurden. In den USA wurden daneben schon seit den siebziger Jahren des vorigen Jahrhunderts Pipelines verlegt (Stahlstich 1875).

hatte die Ölgesellschaft Rockefellers die Kontrolle über den gesamten amerikanischen Markt gewonnen und begann ihren Einfluß auf Europa, ja sogar auf China auszudehnen. Neue technische Entwicklungen spielten hierbei nur eine Randrolle. Es wurden für die Verarbeitung des Rohöls die herkömmlichen chemischen Methoden herangezogen, für den Transport Leitungen gelegt, wie sie schon für den Wassertransport gebaut waren und für den Verbrauch einfache Lampen konstruiert, die zum Teil zu sehr niedrigen Preisen verkauft wurden, da das eigentliche Geschäft durch die Festlegung des Ölpreises bedingt war. Es wurden also technische Entwicklungen aufgegriffen, nie jedoch neue initiiert. Es ging um die Eroberung von Marktanteilen, die durch Kapitaleinsatz und ein ausgebautes Informationssystem gewonnen werden konnten; technische Innovationen waren dazu nicht notwendig, sie konnten gegebenenfalls gekauft werden.

Der Einfluß des Rockefeller-Konzerns wurde am Ende des Jahrhunderts so groß, daß sich das amerikanische Parlament damit befaßte und Antitrust-Gesetze erließ. Sie erreichten ihr Ziel nicht, da das Informationssystem des Konzerns nicht aufgelöst werden konnte. Die Absprachen und Beschlüsse der zahlreichen Firmen konnten auch in anderer Form als in persönlichen Zusammenkünften realisiert werden. Zudem war in jener Zeit ein Telegrafensystem entwickelt, das der Konzern sich zunutze machte. Als daraufhin Prozesse gegen Rockefeller angestrengt wurden, bezahlte Rockefeller meist großzügig die Konventionalstrafen, weil er nicht vor Gericht auftreten wollte. Sein Konzern war so groß geworden, daß er eigenes politisches und juristisches Gewicht gewonnen hatte. Er bestimmte unabhängig von parlamentarischen und richterlichen Beschlüssen seinen Weg selbst.

Das Erdöl wurde sehr bald auch in Dampflokomotiven und Schiffen verbraucht, da es gegenüber der Kohle erhebliche Vorteile aufwies. Sogar ölbefeuerte Dampfautos hat es gegeben, die allerdings, da sie zu schwer waren, die Konkurrenz mit den Benzinautos nicht lange aushielten. (Die Bezeichnung Chauffeur rührt übrigens daher, daß Fahrzeuge befeuert werden mußten.)

Der wesentliche Vorteil von Öl – im Vergleich zu Kohlefeuerungen – bestand darin, daß der Heizer überflüssig wurde. Dies zeigt sich auch in der Bauweise der amerikanischen Lokomotiven, die ihren Führerstand ganz vorn haben. Die Standzeiten wurden zudem sehr kurz, da Öl schneller als Kohle gebunkert werden kann. Bei den amerikanischen Bahnen, die in Händen privater Gesellschaften waren und sich gegenseitig erbittert Konkurrenz machten, war dies bei der Entscheidung zwischen Kohle und Öl von großer

99: Erdölbrände. Beim Anbohren einer neuen Quelle, die unter hohem Druck stand, konnte es zu Ölbränden mit katastrophalen Folgen kommen. Erreichte ein Bohrer die ölführende Schicht und konnte dem Druck des Öls nicht standhalten, wurde alles – Bohrer, Bohrturm und die dazugehörigen Maschinen – in die Luft geschleudert. Der Ausbruch eines Brandes, der mit Wasser nicht zu löschen war, wurde dadurch unvermeidlich. Ein Ölbrand konnte nur durch große Explosionen ausgeblasen werden.

Bedeutung. Rockefeller betrieb zudem eine langfristige Preispolitik. Er bot das Heizöl zunächst sehr günstig an und verlangte erst mehr, als die Mehrzahl der Schiffe und Lokomotiven sich auf Öl umgestellt hatten. Da er den Markt nahezu unumschränkt beherrschte, konnte er die Preise so bestimmen, daß eine Rückkehr zur Kohle gerade ausgeschlossen wurde.

Die Entwicklung des Dieselmotors

Vorläufer

Ganz unabhängig von der Erschließung der neuen mächtigen Energiequelle Erdöl wurden neue Maschinen, neue Motoren entwickelt, die diese Energieart anwenden konnten. Zwischen diesen Entwicklungen, die auf Grund technischer Logik ohne Zweifel zusammengehören, gab es zunächst keine Verbindung.

Die Entwicklung von Kraftmaschinen wurde aus anderen Gründen vorangetrieben. Die Dampfmaschine war im Laufe des 19. Jahrhunderts immer weiter entwickelt und technisch verbessert worden. Ihr Wirkungsgrad stieg von knapp einem Prozent der Wattschen Maschinen auf durchschnittlich fünf und erreichte bei optimalen Ausführungen noch einige Prozente mehr. Die besten Dampfmaschinen wiesen einen Wirkungsgrad von 15 Prozent auf, das heißt, nur 15 Hundertstel oder etwa ein Siebentel der zugeführten Wärme wurden in mechanische Arbeit umgesetzt. Das noch größere Problem der Dampfmaschinen bestand jedoch darin, daß sie ungeheuer groß, teuer und aufwendig im Betrieb waren. Nur kapitalkräftige Unternehmen konnten sich eine Dampfmaschine anschaffen, die im allgemeinen als zentraler Antrieb eine große Zahl von Arbeitsmaschinen in Bewegung setzte (vgl. Abbildung 73). Der hohe Anschaffungspreis war für die meisten Handwerker und Landwirte eine unüberwindliche Hürde; sie waren weiterhin auf die herkömmlichen Antriebsmaschinen wie Tret-, Wasser- oder Windräder angewiesen.

Als die Zunftverfassung aufgehoben, Gewerbefreiheit programmiert und die Leibeigenschaft der Bauern beseitigt war (zum Beispiel in Preußen 1807 durch die Reform des Freiherrn vom Stein) entstand dadurch ein neuer Markt, der auch für Antriebsmaschinen erschlossen werden konnte. Während des ganzen 19. Jahrhunderts lassen sich bei Ingenieuren und Maschinenfabriken Versuche nachweisen, kleinere Motoren für den Handwerker, Landwirt oder andere Gewerbetreibende zu entwickeln.

Der Ingenieur Max von Eyth beschreibt sehr lebhaft, wie intensiv neue Ideen aufgegriffen und sofort konstruktiv verfolgt wurden. Die Zeiten, in denen Erfinder vertrieben und bestraft wurden, waren längst vergessen. In seinen Lebenserinnerungen heißt es:

100: Eine direkt wirkende Gasmaschine aus dem Jahr 1860. Der Franzose J. J. E. Lenoir konstruierte als erster eine Gasmaschine, die in mehreren hundert Exemplaren verkauft wurde. Er benutzte die Explosionskraft der verbrennenden Gase, die elektrisch gezündet wurde, als Arbeitshub. Die verbrannten Gase wurden bei Rückgang des Kolbens ausgestoßen, und der Zylinder wurde vorgekühlt. Ein Nachbau der Maschine erwies sich in Deutschland zunächst als unmöglich. Es wurden andere Wege eingeschlagen (Stahlstich 1867).

«Im Frühjahr 1860 kamen die ersten Berichte über die Lenoirsche Gasmaschine (Abbildung 100) aus Paris und veranlaßten nicht wenige Maschinenfabrikanten, sich auf dieses Gebiet zu wagen. Die Zuversicht und der überschwengliche Enthusiasmus der Franzosen setzte auch unser schweres deutsches Blut in Bewegung. Wir wissen das ja heute besser zu beurteilen. Auch mein Herr und Meister Kuhn glaubte die neue Via Triumphale ohne Verzug einschlagen zu müssen und erwählte mich dazu, sie für ihn zu pflastern. Er wußte, daß es mir an dem nötigen Feuereifer hierfür nicht gebrach. Er baute im Fabrikhof eine fensterlose Bretterbude, zu der, nahezu bei Todesstrafe, niemand außer mir und meinem Monteur Zutritt hatte. Dort wurde die neue Maschine zusammengestellt, und in der Dämmerung einer Sommernacht, nachdem die Fabrik von allem, was Ohren hatte, verlassen war, zum erstenmal versucht. Es war eine unvergeßliche Stunde. Gasmaschinen jener Zeit mußten ein- oder zweimal von Hand gedreht werden, ehe sie in Gang kommen konnten. Dies verlangte schon die Theorie. Dagegen waren wir völlig im dunkeln darüber, ob bei der nun zu erwartenden Explosion der eingesaugten Gase ein Druck von einer oder 50 Atmosphären entstehen, ob die Maschine sich wie eine tollgewordene Kanone oder wie ein toter Eisenklumpen benehmen würde. Dazu die knisternde elektrische Zündung, von der wir alle nichts

101: Die atmosphärische Gasmaschine von Otto und Langen. Auch N. A. Otto und O. Langen stellten in Paris eine Gasmaschine auf, die zwar gewaltigen Lärm verursachte, aber nur halb so viel Gas verbrauchte wie ihre Vorläufer. Der Kolben wurde, ohne mit dem Getriebe fest verbunden zu sein, durch die Gasexplosion nach oben geschleudert (Flugkolben), dann klinkte eine mit dem Kolben verbundene Zahnstange in ein Zahnrad ein, das mit dem Schwung- und Antriebsrad verbunden war. Der äußere Luftdruck trieb den Kolben nach unten und setzte die Räder der Maschine in Bewegung (Stahlstich 1867).

verstanden. Es war dämonisch. Die Türe der Geheimbude wurde weit geöffnet, um sich im entscheidenden Augenblicke, wenn möglich, retten zu können. Kuhn stand im Freien, in der sicheren Entfernung von 15 Schritten. 15 Schritte hinter ihm stand seine treue, aber neugierige Frau, die ihren Gatten in dieser ernsten Stunde nicht verlassen wollte. Ich und einer der zwei Monteure waren bereit, uns in dieser ernsten Stunde zu opfern und drehten das Schwungrad. Bei der zweiten Umdrehung sollte der Theorie nach die erste Explosion erfolgen, die Maschine zu laufen beginnen oder alles zertrümmern. Wir drehten in banger Erwartung fünf-, sechsmal. Unser Mut wuchs. Wir drehten mit aller Kraft schneller. Bei der zehnten Umdrehung erfolgte ein furchtbarer Knall, den ein typischer Geruch begleitete. Das Schwungrad entriß unseren Händen; die Maschine machte zwei zuckende Umdrehungen und blieb dann stehen, als ob nichts geschehen wäre. Wir aber gingen nachdenklich und etwas erleichtert nach Hause, denn alles weitere Drehen hatte keine anderen Folgen, als daß der ganze Fabrikhof nach Gas roch.

Am folgenden Morgen aber bekam ich Weisung, unverzüglich nach Paris abzureisen und die dortige Maschine, wenn irgend möglich, in Augenschein zu nehmen.»

(Aus: Eyth, M. v.: Im Strom unserer Zeit. Bd. 1, Heidelberg 1904, S. 28f.)

Die Maschinen wurden auch später kein großer Erfolg und ließen sich im Gegensatz zur Lenoirschen Maschine, von der einige hundert Stück gebaut wurden, kaum verkaufen.

In Deutschland wurde die weitere Entwicklung wesentlich von Nicolaus August Otto (1832–91) mitbestimmt, der sich seit 1860 mit Gasmotoren beschäftigte. Er kehrte allerdings zunächst zum atmosphärischen Prinzip zurück, da die direkt wirkenden Gasexplosionen das Material sehr stark beanspruchten und ein gleichmäßiger Gang nicht zu erreichen war. Die Gasverbrennung bestimmte also nicht die Arbeitsleistung, sondern sorgte nur für ein teilweises Vakuum, in das der Kolben anschließend hineingezogen wurde. Diese Konstruktionen waren bis 1867 so ausgereift, daß sie bei vergleichbarer Leistung erheblich weniger Gas verbrauchten als die französische Konkurrenz (Abbildung 101 und 102).

Schon in dieser Zeit begann auch die Firma Krupp, die mit der wachsenden Stahlproduktion immer größer wurde, Interesse an Gasmaschinen zu zeigen.

102: Viertakt-Gasmotor von N. A. Otto 1876. Links in der Ausbildung mit der Aufschrift «Gasmotorenfabrik Deutz» befindet sich der wassergekühlte Zylinder, über dem ein Schmiergefäß angebracht ist. Davor ist die Steuerwelle zu erkennen (von der Kurbelwelle über eine Kegelradübersetzung angetrieben), die die Steuerschiebung bewegt. Sie steuert auch ein Kegelventil, das die Zuleitung der Betriebsgase in den Zylinder regelt. Unter dem Zylinder befindet sich der Fliehkraftregler, der die Gassteuernocken bei zu hoher Umdrehungsgeschwindigkeit so verschiebt, daß die Gaszufuhr aussetzt (Stahlstich 1876).

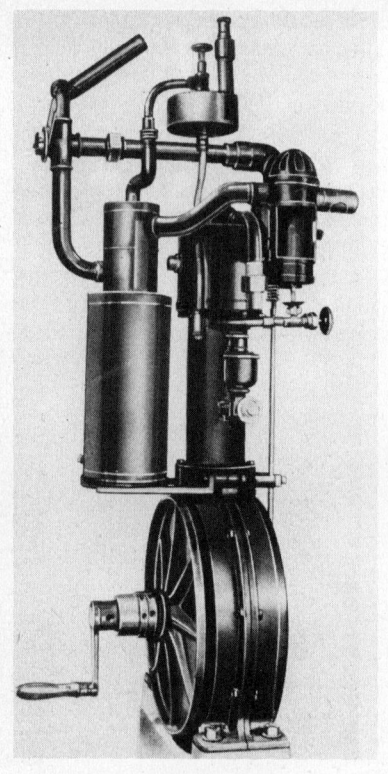

103: Die «Standuhr», ein Benzinmotor. G. Daimler und W. Maybach entwickelten 1885 diesen Motor, von dem der auffälligste Teil (links in der Abbildung) der Schwimmvergaser ist. In ihm wird die vorgewärmte Luft durch eine stets gleich dick bleibende Schicht Benzin gesaugt und dieses Benzin-Luftgemisch dem Zylinder zugeführt. Rechts neben dem Zylinder ist das Gehäuse für Glührohr (für die Zündung) und Heizflamme, über die nach dem Anlaufen des Motors die Luft zum Vergaser geführt wird, zu sehen. Durch den Saughub des Motors wird die Luft durch den Schwimmvergaser gesaugt, anschließend noch mit Frischluft versetzt, damit das Gemisch nicht zu fett wird, und in den Zylinder geleitet. Die Luft wird während des Betriebes durch die Auspuffluft vorgewärmt. Der Motor leistete etwa 1/3 kW.

Ihr lag vor allem auch an einer sinnvollen Verwendung der Hochofengichtgase, die lange Zeit nur abgefackelt wurden. Eine brauchbare Konstruktion für die Verwendung dieser Gase gelang erst gegen Ende des Jahrhunderts (1893–96).

Um von den Gasleitungen unabhängig zu werden und um einen transportablen Motor zu erhalten, begannen in derselben Zeit Ingenieure Vergaser zu entwickeln, die flüssigen Brennstoff, also zum Beispiel Benzin, in feine Nebel auflösten und in den Zylinderraum wie ein Gas einströmen ließen. Die «Standuhr» (Abbildung 103) von Wilhelm Maybach (1846–1929) wurde 1884 zunächst mit Gas, dann im selben Jahr noch mit Benzin betrieben.

Der theoretische Ansatz

Die Konstruktionen dieser Zeit gingen im wesentlichen, so wie es M. v. Eyth so drastisch beschreibt, von den Erfahrungen aus. Die Kenntnisse aus dem Dampfmaschinenbau und praktisch orientierte Phantasie führten zu neuen Entwicklungen. Wohl wurde mit allen Mitteln der Erfahrung nach Verlustquellen gesucht und ein immer wirtschaftlicherer Betrieb erzielt, es fand jedoch zunächst keine grundsätzlich theoretische Durchrechnung der Maschinen im heutigen Sinne statt.

Einen ganz anderen Weg beschritt Rudolf Diesel (1858–1913). Bevor er 1893 die Konstruktion eines Motors selbst begann, schrieb er eine Studie «Theorie und Konstruktion eines rationellen Wärmemotors zum Ersatz der Dampfmaschinen und der heute bekannten Verbrennungsmotoren». In den einleitenden Bemerkungen heißt es:

«In der vorliegenden Schrift ist eine Theorie der Verbrennung entwickelt und aus derselben sind die Bedingungen abgeleitet, nach welchen eine Verbrennung zu leiten ist, um einen möglichst hohen Arbeitsgewinn aus der Verbrennungswärme zu erzielen. Endlich ist in einigen Konstruktionen angegeben, auf welche Weise die abgeleiteten theoretischen Sätze zur Herstellung eines praktischen Motors führen. Dieser neue Motor hat eine gewisse Ähnlichkeit mit Feuer-, Luft- oder Gasmotoren, insofern als ein Verbrennungsprozeß im Arbeitszylinder stattfindet. Diese Ähnlichkeit ist jedoch nur

104: Rudolf Diesel. R. Diesel, am 18. 3. 1858 geboren, erhielt eine Ausbildung als Ingenieur und arbeitete zunächst auf kältetechnischem Gebiet. Ab 1893 entwikkelte Diesel als selbständiger Konstrukteur zusammen mit der Maschinenfabrik Augsburg und der Firma Krupp einen Hochdruckverbrennungsmotor, dessen Entwicklung 1897 abgeschlossen war und der unter seinem Namen weltberühmt wurde. Danach war Diesel mit wechselndem Erfolg vor allem als Geschäftsmann tätig. Am 29. 3. 1913 verschwand er bei der Überfahrt nach England spurlos vom Fährboot.

scheinbar, denn das Arbeitsprinzip beziehungsweise die Leitung des Verbrennungs-prozesses in demselben weicht von den bekannten Verfahren vollkommen ab; die Theorie wird zeigen, daß sowohl Feuer-, Luft- als auch Gasmotoren prinzipiell falsch arbeiten und daß keine Verbesserung an denselben günstigere Resultate ergeben kann, solange deren Arbeitsprinzip beibehalten wird.»

Diesel war davon überzeugt, daß auf Grund der Analysen S. Carnots (Abbildung 105), die schon 1824 publiziert, dann über ein Jahrzehnt vergessen, danach jedoch an allen Hochschulen gelehrt wurden, eine grundlegende Verbesserung aller Motoren möglich sein müsse. Sadi Carnot (1796–1832) beschrieb 1824 den optimalen Prozeß der Umsetzung von Wärme in mechanische Energie. 1832 erfolgte eine mathematische Überarbeitung durch B. P. E. Clapeyron; hier sind die ersten Diagramme abgebildet (Carnot-Diagramme). In seiner ersten Arbeit ging Carnot noch von der Vorstellung eines Wärmestoffes aus. 1878 gab sein Bruder das Werk und nachgelassene Schriften heraus. Dadurch wurde bekannt, daß Carnot schon den Satz von der Erhaltung der Energie allgemein ausgesprochen und das mechanische Äquivalent der Wärmeenergie annähernd bestimmt hatte.

Diesel glaubte, daß bei idealer Anordnung mit den damaligen Konstruktionsmöglichkeiten ein Wirkungsgrad von fast 70 Prozent erzielt werden könnte. Dafür müßte der Prozeß nahezu optimal, fast reversibel, also ohne für immer verlorene Wärmeabgabe nach außen – wie es bei der Kühlung der Fall ist – erfolgen. Der Verbrennungsprozeß sollte bei hoher, jedoch während des Verbrennungsvorganges gleichbleibender Temperatur (d. h. isotherm) ablaufen. Bei jeder Verbrennung wird Wärme frei, und in einem geschlossenen Gefäß steigen Temperatur wie Druck stark an. Nach Diesels ersten Vorstellungen sollte im isothermen Teil des Prozesses die entstehende Wärme durch Expansion der Gase und äußere Arbeitsleistung kompensiert werden; eine äußere Kühlung sollte nicht notwendig werden.

In der Realität ist es Diesel nie gelungen, einen isothermen Verbrennungsvorgang zu verwirklichen. Er hielt zwar aus schwer einsehbaren Gründen – vielleicht, um sein Patent zu verteidigen – bis zum Schluß an dieser Vorstellung fest und verschaffte sich dadurch viele Gegner, obwohl ihm die Messungen sehr schnell das Gegenteil beweisen mußten; selbst im Leerlauf betrugen die Temperaturdifferenzen vor und nach dem Verbrennungsvorgang mehr als 1000 Grad.

Beginnen wollte Diesel den Prozeß mit hochkomprimierter Luft im Zylinder. Er meinte zunächst, sogar Drucke bis zu 250 bar (atm) anwenden zu müssen. Bei dieser starken Kompression steigt die Temperatur der Luft auf über 800 Grad Celsius, eine Temperatur, die jeden beliebigen Kraftstoff von selbst entzündet. Für Diesel war die Selbstentzündung gar nicht von so großer Bedeutung: Wichtig war für ihn das Erreichen einer hohen Anfangstemperatur, so daß die entstehende Verbrennungswärme voll zur äußeren Arbeitsleistung herangezogen werden kann.

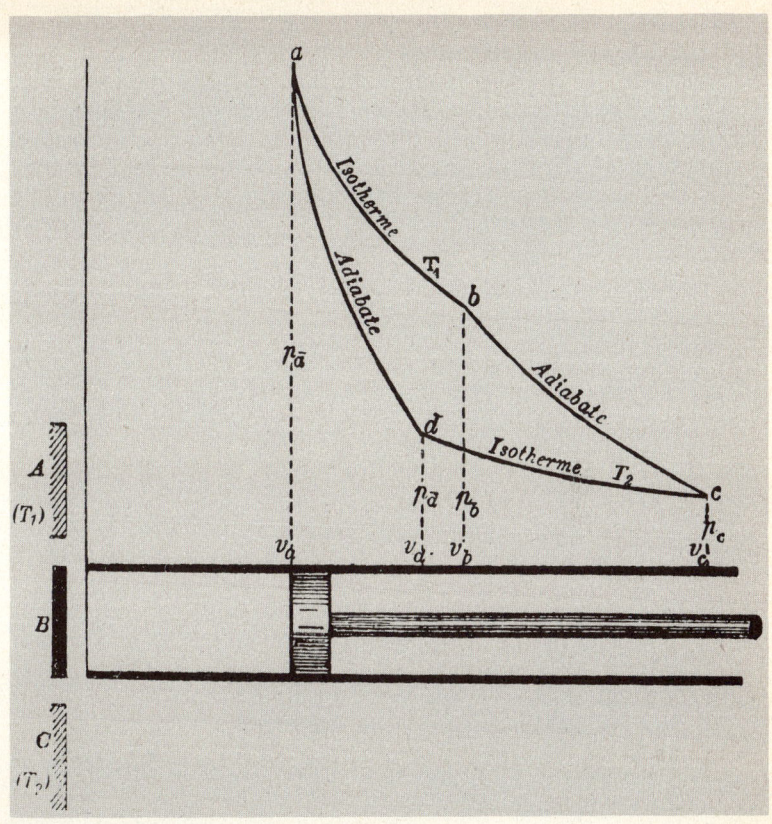

105: Der ideale Prozeß in einer Wärmekraftmaschine. Der bestmögliche Wirkungsgrad einer Wärmekraftmaschine wird durch den Wechsel von adiabatischen (gegen Wärmeübergänge isoliert) und isothermen (gleichbleibende Temperatur) Abläufen erzielt. Er wurde zuerst von S. Carnot (1824) beschrieben. Der erste Schritt besteht aus einer isothermen Kompression, die Temperatur bleibt gleich, Druck und Volumen verändern sich: der Kolben bewegt sich in den Zylinder hinein. Dieser Ablauf wird adiabatisch fortgesetzt. Die Kompressionswärme wird jetzt nicht mehr von einem Wärmereservoir aufgenommen, sondern trägt zu einer Temperatursteigerung im Zylinder bei. Nach dem Kolbenumkehrpunkt schließt sich zunächst wieder ein isothermer Verlauf an, der wiederum mit einer Adiabate fortgesetzt wird. In diesem Teil nimmt der Druck ab, und das Volumen wird größer. Dieser Prozeß ist so geleitet, daß mehr Wärme aufgenommen als abgeführt und dadurch Wärme in mechanische Arbeit umgesetzt wird. Die gesamte Arbeitsleistung wird durch die Fläche zwischen den Kurvenstücken wiedergegeben.

Die Anfangskompression verlangt eine äußere Arbeitsleistung, die zusätzlich durch den Arbeitstakt des Motors aufgebracht werden muß. In die hochkomprimierte Luft im Zylinderraum sollte dann eine genau dosierte Menge Kraftstoff eingespritzt werden, der sofort verbrennt und den Kolben zur Kraftübertragung vorwärtstreibt. Um Kraftstoff einzuspritzen, waren höhere Drucke notwendig als die, die schon im Zylinder herrschten. Es mußten jedoch nicht wie beim Benzinmotor Luft und Kraftstoff vor dem Einspritzen miteinander vermischt werden.

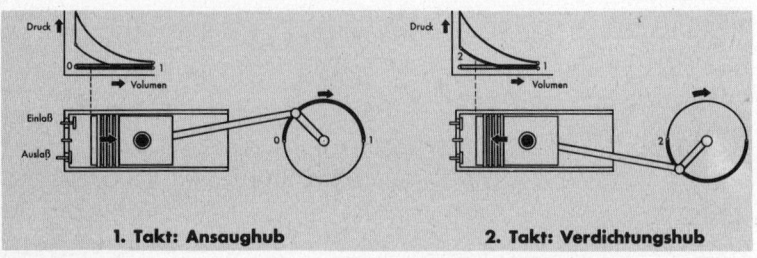

1. Takt: Ansaughub **2. Takt: Verdichtungshub**

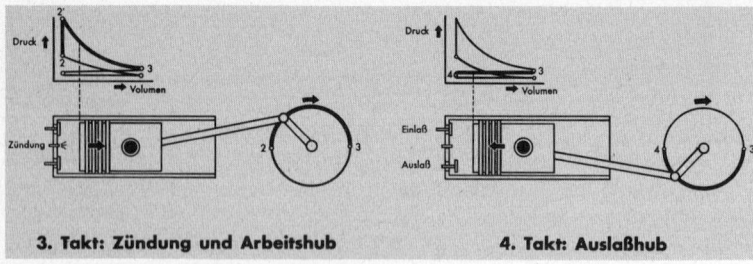

3. Takt: Zündung und Arbeitshub **4. Takt: Auslaßhub**

106: Das Viertakt-Verfahren beim Ottomotor.
1. Ansaugtakt. Der Kolben bewegt sich so, daß der Zylinderraum vergrößert wird, wodurch das Kraftstoff-Luftgemisch durch den geöffneten Einlaß angesaugt wird. Der Auslaß ist geschlossen.
2. Verdichtungstakt. Der Kolben bewegt sich zurück, wodurch der Zylinderraum verkleinert und das Gemisch verdichtet wird.
3. Zündung und Arbeitstakt. Kurz vor dem Kolbenumkehrpunkt wird die Verbrennung des durch den Kolben verdichteten Kraftstoff-Luftgemisches durch eine externe Zündung eingeleitet. Die Gase dehnen sich dadurch aus und treiben den Kolben zurück.
4. Auslaßtakt. Sobald der Kolben den zweiten Umkehrpunkt durch die vorwärtstreibenden Gase erreicht hat, wird der Auslaß geöffnet, und die verbrannten Gase durch den sich zurückbewegenden Kolben hinausgedrückt. Nach diesem Takt beginnt das Spiel von neuem.

Ein Vorteil dieser Motorenkonzeption bestand und besteht darin, daß nahezu mit jedem Kraftstoff, der sich unter hohen Drucken selbst entzündet, der Motor in Gang gesetzt werden kann. Diesel experimentierte lange Zeit zum Beispiel auch mit Kohlenstaub, weil er meinte, die Verschmutzungen würden so gering bleiben, daß sie den Gang des Motors nicht beeinflussen könnten. Dies war jedoch nicht der Fall; das Problem ist bis heute nicht gelöst worden. Diesel verwandte dann in erster Linie Petroleum.

Der Wasserdampf der Dampfmaschinen war in diesem Motor durch Luft ersetzt, die Wärme wurde nicht mehr in einem eigenen Kessel, sondern im Zylinder selbst erzeugt – ein Gedanke, den schon Leonardo (vgl. Abbildung 78) und viele Konstrukteure vor Diesel hatten. Diesel erwartete jedoch durch die Reihenfolge der Prozeßabläufe im Zylinder einen völlig neuen Wirkungsgrad; der ideale Carnot-Verlauf sollte weitgehend erreicht werden. In seiner ersten Schrift beschrieb ihn Diesel folgendermaßen (Abbildung 106):

1. Hingang des Kolbens, Ansaugen von atmosphärischer Luft bis Volumen V.
2. Rückgang des Kolbens unter Wassereinspritzung bis zum Volumen V_2 (isothermische Kompression), von da ab bis Volumen V_1 adiabatische Kompression ohne Wassereinspritzung. (Der ideale Carnot-Verlauf läßt sich nur erreichen, wenn der Kompressionstakt im ersten Teil isotherm verläuft, das heißt, die Kompressionswärme darf nichts zur Erhöhung der Temperatur beitragen. Es sollte daher Wasser eingespritzt werden, das durch die Kompressionswärme verdampft wird und so die erzeugte Wärme aufnimmt. Adiabatisch heißt ein Vorgang, wenn keine Wärme zu- oder abgeführt wird. Bei einer adiabatischen Kompression erhöht sich sehr stark die Temperatur.
3. Zweiter Hingang: Verbrennung eines allmählich eingespritzten Kohlenquantums unter Vorschub des Kolbens bis V_{1S}; hierauf adiabatische Expansion ohne Verbrennung (das ist der eigentliche Arbeitstakt).
4. Zweiter Rückgang: Ausstoß der verbrannten Gase.

Diesel schreibt weiterhin dazu: «Es wäre also bloß jede zweite Tour ein Arbeitsgang, wie bei den meisten Gasmotoren; der Zylinder müßte daher doppelt so groß sein wie eben ausgerechnet, wo bei jeder Tour ein Arbeitsgang stattfinden sollte. Schon im Interesse der Kleinheit der Maschine werden wir also den Prozeß nicht in einem Cylinder ausführen.» (In: Diesel, R.: Theorie und Konstruktion. Berlin 1893, S. 55)

Das Besondere an Diesels Idee bestand darin, daß die Temperatur im Zylinder nur durch die Kompression bestimmt wurde, nicht jedoch durch die Verbrennung. Bei dem Verbrennungsvorgang sollte gerade so viel externe Arbeit geleistet werden, wie für einen isothermen Vorgang notwendig war. Die Temperatur im Zylinder sollte jeweils genau kontrolliert werden: Zum einen durch bestimmte Wassereinspritzungen, die die entstehende Wärme aufnehmen und dabei verdampfen, und zum anderen durch eine genaue Berechnung und Dosierung der für die Arbeitsleistungen erforderlichen Brennstoffmengen. Diesel errechnete außerordentlich kleine Quantitäten für diesen Prozeß.

Dies sollte genau der entscheidende Unterschied zu den bisherigen Verbrennungsmotoren sein, bei denen der Druck und die Temperatur nach der Zündung während des Verbrennungsvorganges explosionsartig unkontrolliert anstiegen. In seinem ersten Patent 1892 hob Diesel den isothermen Verbrennungsvorgang als das Wesentliche hervor.

Von der Theorie zum Modell

Nachdem die Konzeption fertig entworfen war, verschicke Diesel seine Schrift an alle möglichen Wissenschaftler und Industrielle, da ihm selbst völlig die Mittel fehlten, seinen Motor zu konstruieren. Die meisten maßgeblichen Persönlichkeiten der Industrie waren der Auffassung, daß die bisherige Vorgehensweise sich bewährt habe und die reine Theorie eigentlich keinen Wert für die Praxis besitze.

Der Generaldirektor der Gasgesellschaft (Motorenbau) in Dessau erklärte zum Beispiel nach einem Besuch Diesels, «... auf keinem Gebiet spiele die Praxis der Theorie so viele Streiche wie auf dem der Wärmemotoren, und der reine Theoretiker sei ihm deshalb auf diesem Gebiet achtenswert, aber im übrigen ohne Bedeutung. Erst durch die Praxis bestätigte Theorie habe Wert für ihn.» (S. Sass. F.: Geschichte des deutschen Verbrennungsmotorenbauers von 1860–1918, Berlin 1962, S. 395.)

Andererseits bekam Diesel vor allem Rückendeckung und Anregungen von Fachleuten an Hochschulen. Schließlich gelang es ihm, die Maschinenfabrik in Augsburg (später M.A.N.; Augsburg/Nürnberg) zu einer Versuchsserie zu überreden. Dem Vertrag schloß sich etwas später auch die Firma Krupp aus Essen an, die vor allem wegen der Verwertung ihrer Hochofengichtgase einen verbesserten Gasmotor erwartete.

Im Verlauf der zweiten Entwicklungsphase, die schon mit der Diskussion des ersten theoretischen Entwurfs begann, mußte das Konzept grundlegend geändert werden. Die erste Konstruktion türmte so viele Schwierigkeiten auf, daß Diesel scheinbar bereit war, alle Prinzipien über Bord zu werfen, wenn es ihm nur gelänge, einen einigermaßen laufenden Motor fertigzustellen. Er experimentierte mit den verschiedensten Drucken, die er sehr schnell von den theoretisch angesetzten 250 bar auf 90 und dann in der späteren Praxis auf 40 bis 30 bar herabsetzte. Und es war immer noch sehr schwierig, Kolben zu konstruieren, die bei diesen «niedrigen» Drucken in den Zylindern dicht genug liefen und sich trotzdem nicht festfraßen.

Von der zweiten Versuchsreihe an kühlte er den Zylinder. Er gab damit die Versuche auf, allein durch Expansion der Verbrennungsgase und äußere

107: Erster funktionierender Dieselmotor 1897. Erst der dritte von Diesel in Augsburg gebaute Motor arbeitete zufriedenstellend. Er wird daher gewöhnlich als der erste Dieselmotor bezeichnet. Oben in der Abbildung befindet sich der Zylinder mit 25 cm Durchmesser und 40 cm Hub. Er lieferte bei 170 Umdrehungen pro Minute bis zu 14 kw (20 PS). Links in der Abbildung ist die Kompressorflasche zu sehen, in der sich Luft unter einem Druck von 30 bis 40 bar befand. Dieser Motor steht heute im Deutschen Museum.

Arbeitsleistung die Zylinder auf Zimmertemperatur abzukühlen. Er begann sogar Versuche mit verschiedenen Zündvorrichtungen. Eine gesteuerte und dosierte Verbrennung, wie er sie theoretisch verlangt hatte, gelang ihm nicht. Die Eigenzündung in der heißen, komprimierten Luft sah Diesel übrigens durchaus nicht als das Wesentliche seines Motors an. Bei den weiteren Versuchsreihen glückte sie ihm jedoch, und er konnte die schwierigen Versuche mit Glühkerzen wieder aufgeben.

Als besonders problematisch erwies sich das Einblasen des Kraftstoffs in die komprimierte Luft des Zylinders. Dies blieb bis in die Gegenwart ein Experimentierfeld, und gerade neuere Entwicklungen von Einspritzpumpen haben dazu geführt, daß der Dieselmotor gegenwärtig in immer mehr Personenkraftwagen Verwendung findet.

Nachdem die Augsburger Maschinenfabrik alle Pläne fast aufgeben wollte, brachte endlich der dritte Versuchsmotor nach über vier Jahren des Experimentierens den gewünschten Erfolg (Abbildung 108). Unzählige Schwierigkeiten im Detail, zahllose mit verschiedenen Brennstoffen durchgeführte

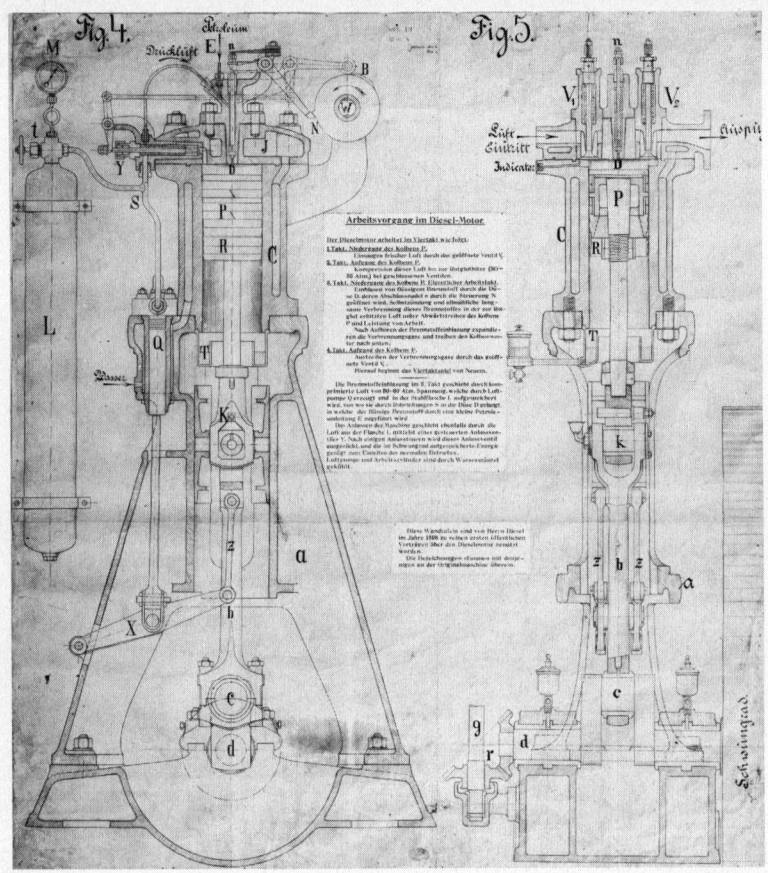

108: Arbeitsvorgang im Dieselmotor. Die Abbildung ist von R. Diesel 1898 selbst benutzt worden. Auf der Tafel stand als Erklärung: Der Dieselmotor arbeitet im Viertakt wie folgt: 1. Takt: Niedergang des Kolbens P. Einsaugen frischer Luft durch das geöffnete Ventil V. 2. Takt: Aufgang des Kolbens B. Kompression dieser Luft bis zur Rotgluthitze (30–35 Atm) bei geschlossenen Ventilen. 3. Takt: Niedergang des Kolbens P. Eigentlicher Arbeitstakt. Einblasen von flüssigem Brennstoff durch die Düse D, deren Abschlußnadel n durch die Steuerung N geöffnet wird. Selbstzündung und allmählich langsame Verbrennung dieses Brennstoffes in der zur Rotglut erhitzten Luft unter Abwärtstreiben des Kolbens P und Leistung von Arbeit. Nach Aufführen der Brennstoffeinblasung expandieren die Verbrennungsgase und treiben den Kolben weiter nach unten. 4. Takt: Aufgang des Kolbens P. Austreiben der Verbrennungsgase durch das geöffnete Ventil V_2. Hierauf beginnt das Viertaktspiel von neuem. Die Brennstoffeinblasung im dritten Takt geschieht durch komprimierte Luft von 50 bis 60 Atm Spannung, welche durch Luftpumpe Q erzeugt und in der Stahlflasche L aufge-

109: Eine Großdampfmaschine. Zur Zeit Diesels waren die Dampfmaschinen weit
entwickelt und erreichten Leistungen von über 1000 kW. Auf der Abbildung ist die
Maschine von G. H. Corliss auf der Weltausstellung von Philadelphia 1876 zu sehen.
Die Maschine bestand aus zwei unter 90° gekoppelten, auf einer Kurbelwelle arbeitenden Balanciermaschine. Sie hatte bei 36 Umdrehungen pro Minute eine Leistung von
rund 1000 kW (Holzstich 1876).

speichert wird, von wo sie durch Rohrleitungen S in die Düse D gelangt, in welche der
flüssige Brennstoff durch eine kleine Petroleumleitung E zugeführt wird. Das Anlas-
sen der Maschine geschieht ebenfalls durch die Luft aus der Flasche L, mittels eines
gesteuerten Anlaßventils Y. Nach einigen Anlaßtouren wird dieses Anlaßventil ausge-
rückt, und die in Schwungkraft aufgespeicherte Energie genügt zum Einleiten des normalen Betriebes. Luftpumpe und Arbeitszylinder sind durch Wassermäntel gekühlt.

110: Schiffsdieselmaschine. Diese Maschine der Firma Burmeister & Wain wird in 20 verschiedenen Ländern gebaut. Abgebildet ist eine 10-Zylinder-Maschine, die bei rund 100 Umdrehungen pro Minute rund 27 000 kW Leistung abgeben kann.

Versuchsreihen, endlose Abänderungen waren die Etappen auf diesem Weg. Diesel und seine mit ihm arbeitenden Ingenieure mußten dabei ihre praktische Phantasie beweisen. Es war unmöglich, das Versagen einer Versuchsreihe jeweils theoretisch zu analysieren und die dabei maßgeblichen Gründe genau festzustellen. Der Ingenieur mußte ein Gespür für die Konstruktion von notwendigen Abänderungen und die sich daraus ergebenden Anforderungen entwickeln. Dies war nur nach einer gründlichen Praxis möglich. Diesel selbst hatte übrigens, bevor er mit der Konstruktion seines Motors begann, rund zehn Jahre an der Entwicklung eines Ammoniakmotors gearbeitet. Mit seinem neuen Motor hatte er nur deshalb Erfolg, weil bei ihm sowohl theoretische Kenntnisse wie praktische Konzeptionserfahrungen zusammenkamen.

Die dritte Versuchsreihe, der dritte Motor, der heute als «erster Dieselmotor» im Deutschen Museum steht, erfüllte einen Teil der anfangs gehegten Hoffnungen. Bei 160 Umdrehungen pro Minute gab er eine Leistung von rund 13 Kilowatt (18 PS) ab. Der Wirkungsgrad lag zwischen 25 und 27 Prozent und damit bedeutend über allen anderen Maschinen, die bis zur damaligen Zeit konstruiert waren. Von dem ursprünglichen Entwurf war zwar nicht mehr sehr viel übrig geblieben. Die isotherme Verbrennung war nicht erreicht. Sie erfolgte vielmehr bei konstantem Druck (isobar), also durchaus nicht so, wie es der ideale Carnot-Prozeß und die optimale Umsetzung von Wärme in mechanische Arbeit verlangten. Der Zylinder mußte gekühlt werden, da selbst im Leerlauf die Temperaturen um rund 1000 Grad Celsius anstiegen. Bei der Verwirklichung des ursprünglichen theoretischen Ansatzes einer isothermen Verbrennung hätten die eingespritzten Kraftstoffmengen so klein gehalten werden müssen, daß die erzeugten Leistungen nicht einmal die auftretenden Reibungen hätten überwinden können, also noch nicht einmal Leerlauf möglich gewesen wäre. In der Praxis mußte Energie verschwendet werden, um einen Motor mit brauchbarer Leistung zu erhalten.

Darüber hinaus entsprach der neue Motor durchaus nicht den Bedürfnissen von Handwerkern oder Landwirten. Er war nahezu so groß und aufwendig wie eine Dampfmaschine, die er dann in den folgenden Jahrzehnten auch weitgehend ersetzte (Abbildung 109). Wegen der hohen auftretenden Drukke mußten Zylinder, Kolbenstange, Kreuzkopf und Pleuel sehr stark ausgelegt werden. Das Gewicht war dadurch so groß, daß der Motor nur stationär oder für große Fahrzeuge eingesetzt werden konnte. Die Werkstoffverbesserungen in den darauffolgenden Jahrzehnten führten laufend zu kleineren Maschinen. Erst in den letzten Jahren wird der Dieselmotor auf Grund seines überragenden Wirkungsgrades in immer mehr Personenkraftwagen eingebaut. Er ist der bei weitem sparsamste Motor, und die Anzeichen von knapper werdendem Erdöl dürften zu dieser Entwicklung beigetragen haben (vgl. Anhang 10).

Die Produktion im Großen

In der anschließenden dritten Phase ging es darum, die als Prototyp hergestellte technisch perfekte Maschine in großer Serie zu produzieren und zu verkaufen. Das Verkaufen schien so viel einfacher als zu Watts Zeiten, also ziemlich genau hundert Jahre vorher. Die einmal vorgezeigte und auf verschiedenen Messen ausgestellte Maschine fand reges Interesse. Zahlreiche Firmen wünschten Lizenzen. Auch Diesel wurde gedrängt, eine eigene Fabrik zum Bau seiner Motoren mit einigen anderen Teilhabern zu gründen. Da die Entwicklungsfirma, die spätere M.A.N. in Augsburg, sich durchaus nicht geneigt zeigte, ihre Produktion sofort auf den Bau von Dieselmotoren umzustellen, begann Diesel mit eigenen Produktionen. R. Diesel begann diese Produktion aber wohl mehr auf Drängen einiger Geschäftsleute. Sein Sohn Eugen schreibt in der Biographie über seinen Vater nur sehr zurückhaltend über diese verunglückten Aktivitäten, an denen sich R. Diesel wegen längerer Krankheiten auch nur wenig beteiligen konnte.

Die nächsten Jahre brachten nur bittere Rückschläge. Die neue Dieselfabrik war nicht in der Lage, einen einzigen Motor zu liefern, der längere Zeit bei den Käufern anstandslos lief. Der Prototyp hatte nur deswegen so einwandfrei funktioniert, weil ihn seine Konstrukteure in allen Einzelheiten mit allen seinen Schwierigkeiten genau kannten und jede Störung sofort beheben konnten. Für einen Maschinisten, der es bisher nur mit Dampfmaschinen zu tun hatte, die eine jahrzehntelange Entwicklungsphase hinter sich hatten, mußte dieser neue Motor ein Buch mit sieben Siegeln bleiben. Zu viele Feinheiten waren neu zu beachten, zu komplizierte Wartungsarbeiten durchzuführen, so daß die Maschinisten erst wochenlang vorher eingewiesen werden mußten. Eine neue Firma, die nur diese Motoren produzierte, konnte mit den immensen Schwierigkeiten nicht fertig werden. Nach kurzer Zeit mußte die Produktion eingestellt werden. Für andere Entwicklungen wäre dies schon ein Schlußpunkt geworden, da ein Versagen der Diesel-Fabrik selbst die meisten anderen Lizenznehmer von weiteren Versuchen zurückhielt.

Zu diesem Zeitpunkt hatte jedoch wieder die Maschinenfabrik Augsburg den Bau neuer Versuchsmotoren aufgenommen und sie für den Dauerbetrieb getestet. Welche unendlichen Schwierigkeiten damit verbunden waren, beschreibt ein daran beteiligter Ingenieur sehr anschaulich:

«Tagsüber durfte der Motor keinen Augenblick allein gelassen werden; nachts mußten die erforderlichen Arbeiten gemacht werden. Durch die in das Kurbelgehäuse durchschlagenden Zündungen wurde die Luft in dem kleinen, durch einen Glasverschlag abgetrennten Maschinenraum unerträglich verschlechtert. Aus den Berichten, die Monteur Schmucker nach Augsburg sandte, erkannte man dort, daß es so nicht gelingen würde, einen anstandslosen Betrieb herzustellen. Buz (Buz war der Generaldirektor der Maschinenfabrik in Augsburg, Lauster der Chefingenieur der Dieselabteilung) schickte daher Lauster nach Kempten mit der Anweisung, dort so lange zu bleiben, wie er – Lauster – es für nötig halte. ‹Schmucker sah abgearbeitet aus›, schreibt Lauster, ‹die Tag- und Nachtarbeit ging an diesem sonst so kräftigen, gesunden Mann nicht spurlos vorüber.› Lauster änderte zunächst die Saugleitung des Motors; die Luft wurde jetzt aus dem Maschinenraum angesaugt, und damit verschwanden «die unerträglichen Schmieröl- und Brennstoffdämpfe». Das auftretende starke Ansauggeräusch wurde durch einen primitiven Schalldämpfer, bestehend aus aufeinandergeschichteten Blechen mit zwischengelegten Distanzstücken, wirksam gemindert. Das Heißdampfzylinderöl, mit dem man anfangs bei der Schmierung der Kolben gute Erfahrungen gemacht hatte, erwies sich schließlich als unbrauchbar, weil es von den Kolben abtropfte, sich mit dem Triebwerkschmieröl mischte und in der Kurbelwanne einen dickflüssigen Brei bildete, wodurch das ganze Triebwerk gefährdet wurde. Ein russisches Schmieröl, das die Bezeichnung Oleonaphta führte, besserte zwar die Verhältnisse, aber ein stö-

Der Mensch war erfinderisch …

... als es ihm darum ging, Kraft und Arbeit zu sparen.

Der Mensch war auch erfinderisch, als es ums Geldsparen ging.

Im selben Jahr, als Watt ein Patent für seine verbesserte Dampfmaschine erhielt, als Arkwright die Spinnmaschine und Cugnot den Straßendampfwagen erfanden, ließ Friedrich der Große den Pfandbrief entdecken.

rungsfreier Betrieb war auch damit nicht möglich. Lauster sah bald, daß die vielen auftretenden Störungen, besonders das häufige Fressen der Kolben, zur Hauptsache durch die immer wiederkehrenden Überlastungen verursacht wurden. So griff er zu einem Gewaltmittel: er versah die Reglermuffe, von deren Stellung die Fördermenge der Brennstoffmenge abhing, mit einem Anschlag, der nur etwa drei Viertel der Vollast einzustellen erlaubte. Die volle Leistung, für die der Motor verkauft worden war, konnte er dann nicht mehr angeben. Das war der Fabrikleitung natürlich nicht recht, aber Lauster hatte das Glück, bei dem Direktor Schnetzer der Zündholzfabrik Verständnis für sein Vorgehen zu finden, zumal da man glaubte, daß die Störungen nur vorübergehend sein würden. Nachdem auch die Belegschaft der Fabrik sich daran gewöhnt hatte, beim Zu- und Abschalten der Arbeitsmaschinen Rücksicht auf den Motor zu nehmen, konnte man den Motor tagsüber einigermaßen in Betrieb halten. Die Nächte standen für Überholungsarbeiten zur Verfügung, denn ‹es verging kein Tag, an dem nicht neue Mängel entdeckt wurden›. Vor allem war es der Siebzerstäuber, der jeden Abend ausgebaut und gereinigt werden mußte, denn immer wieder sammelten sich im Sieb Ölreste an, die den Zerstäuber verschmutzten und den Durchflußquerschnitt so verringerten, daß der Auspuff zu rußen begann. Aber Schmucker verstand sich auf die schwierige Kunst, das Sieb des Zerstäubers zu wickeln. Nur das Triebwerk scheint wenig Anstände verursacht zu haben. Die Wasserkühlung der Kurbelwelle, die man vorgesehen hatte, brauchte nicht benutzt zu werden.

So konnte Lauster schließlich, ‹wenn auch immer noch sorgenvoll›, nach Augsburg zurückkehren. Die Sorgen waren nur zu berechtigt, denn während des ganzen Sommers 1898 wollen die Klagen in den Monteurberichten über vorgekommene Störungen nicht verstummen. Es sind meist nur unbedeutende Anlässe: Ventilfedern der Einblaseluftpumpe brechen; die Anlaßventile halten im Betrieb nicht dicht, so daß ihre Gehäuse rotglühend werden und die Spannung der Ventilfedern nachläßt . . .»

(Aus Sass, F.: Geschichte des deutschen Verbrennungsmotorenbauers von 1860–1918, Berlin 1962)

Erst als auch diese Entwicklungsphase erfolgreich abgeschlossen und der Motor einerseits so vereinfacht war, daß er sich nicht mehr so störanfällig zeigte wie in seinen Anfangsjahren, und auf der anderen Seite genügend viele Ingenieure den neuen Motor kennengelernt hatten, konnte er in größeren Stückzahlen verkauft werden. Dies war etwa um die Jahrhundertwende der Fall, Jahre nach der Herstellung des Prototyps.

Der gesamte Verlauf ist, mit neuen Akzentsetzungen, dem der Konstruktion der Wattschen Dampfmaschine sehr ähnlich. Die theoretischen Vorüberlegungen spielten allerdings bei dem Dieselmotor eine ungleich größere Rolle, ihre Korrektur und damit ihren Stellenwert im gesamten Prozeß erfuhren sie jedoch erst bei der praktischen Konstruktion. Die dritte Phase, die der allgemeinen Vorbereitung, konnte in beiden Fällen erst beginnen, nachdem das Modell und die Erprobungsphase abgeschlossen waren. In beiden Fällen mußten finanzkräftige Unternehmen die wirtschaftlichen Voraussetzungen dafür schaffen und dafür sorgen, daß der technisch neuen Konstruktion der Druchbruch gesichert wurde. Watt hatte sich damals ganz eng mit dem Unternehmer Boulton verbunden. Diesel wollte seine eigenen Wege gehen, sich nicht in das System einordnen. Der Erfolg verstellte ihm den Blick für die Schwierigkeiten, die nur auf Grund des Zusammenwirkens mehrerer günstiger Faktoren überwunden werden konnten.

Er war eher der Auffassung, daß mit der Wissenschaft alle Probleme gelöst werden könnten: technische wie soziale. Das war eine weit verbreitete Auffassung in dieser Zeit. «Die Kathedralen dieses Glaubens waren die Museen der Wissenschaft und der Technik, wofür das Deutsche Museum, München, 1903 gegründet, typisch ist.» (Siehe Thomas, E. Ir.: Diesel, Father and Son – Social Philosophies ... Aus: Technology and Culture, Vol. 19 [1978] Nr. 3, S. 376–393.)

In einer Zeit, in der der Kapitalismus sich in Deutschland voll entfaltete, hing Diesel sozial- und wirtschaftsutopischen Vorstellungen an. Das Kapital sollte nicht in den Händen weniger vereinigt sein, sondern von allen, die arbeiteten, von einer Gemeinschaft zusammengetragen und genutzt werden. Neben seinen technischen Büchern schrieb er auch ein kleines Bändchen mit dem Titel «Solidarismus. Natürliche wirtschaftliche Erlösung des Menschen» (München 1903), in dem er seine Ideen, ohne daß sie in seiner Zeit einen realen Anhaltspunkt fanden, schwärmerisch entwickelte. Er war ohne Zweifel ein Mensch voller Widersprüche, mit denen er nicht fertig wurde. Auf einer Überfahrt von Frankreich nach England verschwand er spurlos vom Fährboot.

Seine Erfindungen waren ihm um diese Zeit (1913) schon längst aus der Hand genommen. Diesel erfüllte erfolgreich eine Funktion, die nur im Zusammenspiel zwischen einem einzelnen und den allgemeinen wirtschaftlichen Anforderungen ausgeübt werden konnte. Er schied aus und wurde beiseitegedrängt, als er sich nicht mehr einfügte, sondern seinen eigenen Weg ging.

Seine Konstruktionen erwiesen sich für einen bestimmten Bereich allen anderen Motoren überlegen. Das neuentdeckte Erdöl fand im Dieselmotor seinen ihm entsprechenden Anwendungsbereich. Er wird auch wohl der transportable Motor der Zukunft sein, da er am leichtesten auf eine große Zahl von Kraftstoffen eingestellt werden kann, wirtschaftlicher als jeder Benzinmotor arbeitet und die Gewichtsunterschiede so klein geworden sind, daß er in jeden Personenkraftwagen eingebaut werden kann. (Der Vergleich zwischen einem Diesel- und Benzinmotor ist im Anhang 10 ausgeführt).

Erdöl in der Gegenwart und in der Zukunft

Erdöl und Erdölprodukte spielen im gegenwärtigen Leben eine anscheinend unersetzliche Rolle. Autos, Flugzeuge, die Mehrzahl der Heizungen, zahllose Kunststoffprodukte sind ohne Erdöl nicht mehr denkbar (Anhang 11). Es bildet die Grundlage wichtiger und großer Industrieunternehmen. Seit 1973, als die Erdöllieferungen knapp wurden, wird die Expansion dieser Unternehmungen nicht mehr so sorglos wie zwei Jahrzehnte vorher betrachtet.

Dabei haben die Erdölquellen in der Vergangenheit zunehmend reicher gesprudelt. Eine Darstellung der Fördermengen in einer einzigen Graphik seit der ersten größeren Entdeckung in den USA (1859) ist nicht mehr möglich, weil die Unterschiede zu gewaltig geworden sind. Von 1860 bis 1870 hat sich die Weltproduktion, die damals fast ausschließlich auf die USA beschränkt war, zum erstenmal verzehnfacht. Sie erreichte jedoch noch nicht ganz eine Million Tonnen jährlich. Die nächste Verzehnfachung kam knapp 20 Jahre später (1890), wobei die Förderungen am Schwarzen Meer (Baku) in einer langen Phase – bis 1914 – stark ins Gewicht fielen. In dieser Zeit wurde das meiste Erdöl noch für Lampen und Dampfmaschinen verbraucht.

Ein gewaltiger Sprung in den Förderungszahlen und eine nochmalige Verzehnfachung bis 1920 wurde durch den Einsatz von Motoren verursacht. Mittel- und Südamerika treten als neue und wichtige Produzenten auf.

Die nächste Verzehnfachung der Produktion wird 1960 erreicht. Der Mittlere Osten, also die arabischen Länder, fördert in dieser Zeit schon ein Viertel der Gesamtproduktion.

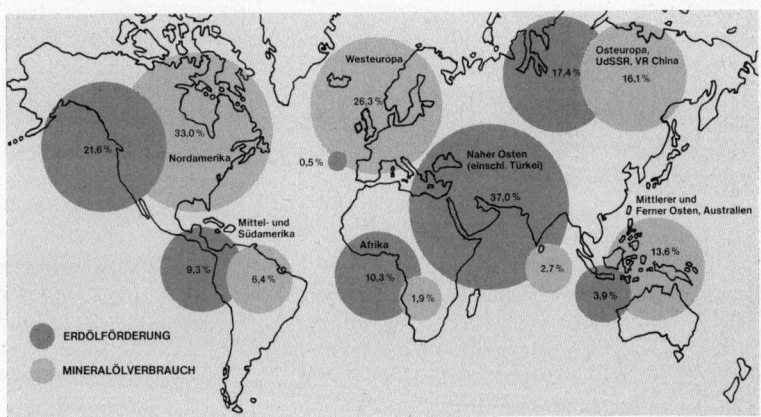

111: Erdölförderung in verschiedenen Ländern 1976. Zwischen Förderung und Verbrauch des Rohöls liegen oft weite Entfernungen. Zentrale Bedeutung für die westlichen Industrieländer hat die Rohölproduktion im Nahen Osten.

Von 1960 bis heute ist noch einmal eine Verdreifachung der Erdölproduktion festzustellen, also kaum ein Verlangsamen der industriellen Entwicklung und Expansion an diesen Zahlen abzulesen. Grob zusammengefaßt läßt sich die Entwicklung in der folgenden Tabelle wiedergeben:

Ölförderung

	1860	1870	1890	1920	1960	1976
Produzent	nur USA	fast nur USA	60 % USA 40 % UdSSR	60 % USA 5 % UdSSR 25 % Mittel- u. Südamerika	40 % USA 15 % UdSSR 25 % Mittl. Osten Rest: Rumänien und Südamerika	17 % USA/ Kanada 17 % UdSSR 35 % Mittl. Osten 9 % Afrika Rest: Rumänien und Südamerika
Rohöl in Millionen Tonnen	0,1	1	10	100	1000	3000

Bis zum Jahre 1976, in dem fast 3000 Millionen Tonnen Erdöl gefördert wurden, gab es weitere Verschiebungen. Der Anteil Nordamerikas (USA und Kanada) sank unter 20 Prozent, der Anteil der arabischen Länder, des Iran und der Türkei stieg auf 35 Prozent. Weitere Erdölreserven wurden in der Sowjetunion erschlossen, die in den letzten Jahren die Förderungen der USA übertraf und den Anteil von ganz Nordamerika erreichte. Die Steigerungsrate der europäischen Länder ist zwar in den letzten Jahren sehr gewachsen, für den gesamten Verbrauch bleibt sie jedoch nahezu bedeutungslos, da diese nur acht Tausendstel der Weltproduktion und nur ein Zwanzigstel ihres Eigenverbrauchs fördern können (siehe Schulling, H. D., R. Hildebrandt: Primärenergie ... Essen 1977).

Bei ständig ansteigendem Bedarf wurde ununterbrochen die Suche nach neuen Quellen vorangetrieben. Nahezu überall auf der Welt sind neue Erdölfelder erschlossen worden, und die Suchtrupps tauchen an den entlegensten Stellen der Erde auf, ohne daß äußere Bedingungen wie arktische Kälte, tropische Hitze oder Nordseestürme sie zurückhalten können. Selbst in Meerestiefen von 500 Metern wird noch nach Öl gebohrt, und auf dem Lande haben die Bohrlöcher eine Tiefe von sieben Kilometern erreicht. Damit sind die geographischen und geologischen Möglichkeiten der Ölsuche nahezu ausgeschöpft. Die Wahrscheinlichkeit, neue größere Erdölfelder zu finden,

112: Ein Bohrkopf wird eingesetzt. Seit Beginn unseres Jahrhunderts wird allgemein das Drehbohrverfahren (Rotary) angewandt. Das Gestein wird nicht zerschlagen, sondern durch den sich drehenden Bohrmeißel gelockert. Je nach Gesteinsart, die durchgebohrt werden muß, haben die Bohrköpfe verschiedene Konstruktionsformen. Um sie auszuwechseln, wird das ganze Bohrgestänge nach oben gezogen, in drei bis vier Meter lange Teile zerlegt und der neue Bohrkopf eingesetzt.

wird ständig geringer. Das heißt, die Zuwachsrate der Entdeckungen, die in den letzten Jahrzehnten mit der des Verbrauchs Schritt hielt, wird sinken. Die Fördererergebnisse können dann nur noch dadurch verbessert werden, daß die bisher entdeckten Lagerstätten intensiver ausgenutzt werden. Zum Beispiel könnte das Erdöl, das von Sanden oder Schiefer aufgesaugt worden ist, extrahiert werden. Wenn die Erdölpreise weiter steigen, so werden diese Verfahren eines Tages rentabel, worauf vor allem Kanada und Venezuela hoffen.

Die Erdölreserven, die mit den gegenwärtig üblichen Methoden gefördert werden können, sind in den letzten zwanzig Jahren durch neue Entdeckungen nahezu verdreifacht worden. Da der Verbrauch jedoch etwa gleich stark gestiegen ist, haben sich die Zukunftsaussichten nicht verbessert. Nach dem Verbrauch und dem Stand der Reserven des Jahres 1960 müßte das Ende der Erdöl-Ära auf das Jahr 2000 berechnet werden, nach dem Stand von 1970 auf das Jahr 2005, nach dem Stand von 1977 auf das Jahr 2007, das heißt also, auf Grund der Entwicklung der beiden letzten Jahrzehnte ist kurz nach der Jahrtausendwende das Ende der Erdöl-Ära abzusehen. Quellen hierzu sind die Prognosen der Erdölfirmen wie Shell, Esso und auch der Firma Siemens (KWU). Auch G. Schmidt: Kernenergie, Berlin 1970, S. 203 ff.

Der Öffentlichkeit in der Bundesrepublik Deutschland ist Ende 1973 sehr drastisch bewußt geworden, daß die Ölquellen versiegen können. Als die

Mineralölkonzerne und die OPEC (13 erdölproduzierende Länder, die sich 1960 zusammengeschlossen haben) sich nicht auf neue Preise einigen konnten, stagnierten die Lieferungen, und die Bundesregierung ordnete an, die Autos an mehreren Sonntagen nicht zu benutzen.

Dieses Jahr 1973 markierte eine Wende in der Energiepolitik vieler Länder. Viele Erdöl-Förderländer beginnen verstärkt Anstrengungen zu unternehmen, eigene Industrien aufzubauen, wozu sie die Zusammenarbeit mit anderen Industrieländern anstreben. Daneben sehen sie, daß bei gleichen oder sogar steigenden Förderzahlen ihr Ölreichtum sehr schnell erschöpft sein wird. Der Generalsekretär der OPEC schrieb 1973 dazu:

«Was uns heute in der Tat Sorgen bereitet, sind die ständig wachsenden Erdölmengen, die die Industrieländer verlangen. Unsere Sorge, die bald vielleicht schon zum Alptraum werden könnte, ist die Zukunft unserer Völker, nachdem ihre wertvollen Bodenschätze, die in vielen Fällen ihr hauptsächlicher oder sogar einziger Reichtum sind, aufgezehrt sind. Angesichts dieser Entwicklung sollten, so meine ich, solche Sorgen auch von den Verbraucherländern geteilt werden. Leider haben weder die umfangreiche Energiebotschaft Präsident Nixons noch die Pläne der EG, soweit sie uns bekannt sind, erkennen lassen, daß diesem Aspekt des Problems große Aufmerksamkeit ge-

113: Pipelines. Ein großes Netz von Pipelines durchzieht die Kontinente. Die ersten Pipelines wurden schon vor etwa 100 Jahren in den USA verlegt. Im Laufe der Zeit ist ein ganzes System der Reinigung, der Druckkontrolle und der Überwachung hinzugekommen, die trotzdem bis heute Rohrbrüche und Ölüberschwemmungen nicht ausschließen können.

schenk werden müßte. Im Lichte aller dieser Überlegungen empfehlen wir den hochentwickelten Ländern dringend, größere Anstrengungen zu unternehmen, um eine Lösung zur Deckung ihres Energiebedarfs zu finden.»

Für die Bundesrepublik gewannen seit 1973 Forschungsprogramme, die alternative Energien untersuchten, etwas größeres Gewicht. Die Beschlüsse zur Reduktion der Kohleförderungen wurden wieder revidiert. In dieser Zeit fiel allerdings auch die Entscheidung, daß die Kernenergie immer größere Teile der Energieversorgung übernehmen sollte, und zwar 1 Prozent im Jahre 1973, 9 Prozent 1980 und 15 Prozent 1985. Diese Pläne mußten inzwischen revidiert werden, da die prognostizierten Expansionsraten auf Grund von technischen, ökologischen und politischen Schwierigkeiten nicht zu verwirklichen sind.

Bei einem Versiegen des Ölstroms werden in vielen Bereichen tiefgreifende Veränderungen auftreten. Am einschneidendsten werden sich diese im Verkehr auswirken.

Rund 17 Prozent des Rohöls werden gegenwärtig in den Raffinerien in Benzin verwandelt. 1974 waren das 18 Millionen Tonnen für rund 18 Millionen Autos, also gerade 1 Tonne Benzin, 1400 Liter für jedes Auto.

114: Eine Erdölraffinerie. Das Rohöl muß zunächst, ehe es zum Verbraucher gelangt, in Raffinerien verarbeitet werden. In der Bundesrepublik geschieht dies hauptsächlich in Werken von Hamburg, Köln, Karlsruhe und Ingolstadt, wo die Pipelines der Nordsee- bzw. der Mittelmeerhäfen enden. Der Verbrauch des Erdöls: Mehr als die Hälfte des Erdöls wird als leichtes Heizöl zum Betrieb von Öfen und als schweres Heizöl zum Betrieb von Kraftwerken verbraucht. Rund ein Viertel benötigt der Autoverkehr, und nur ein verhältnismäßig kleiner Rest wird für chemische Produkte verarbeitet.

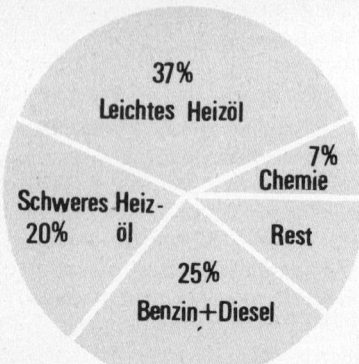

37%
Leichtes Heizöl

7%
Chemie

Schweres Heiz-
20% öl

Rest

25%
Benzin+Diesel

Weitere 8 Prozent des Rohölanteils werden in Dieselkraftstoff verwandelt, wovon fast alles für den Verkehr benötigt wird. Der Hauptanteil des Rohöls (37 Prozent) wird als leichtes Heizöl verbraucht, davon die Hälfte im Haushalt. Industrie und Kraftwerke benötigen mehr schweres Heizöl, das einen höheren Siedepunkt hat und dickflüssiger ist als das leichte. Ihr Anteil liegt bei 20 Prozent des gesamten Erdölverbrauchs.

Erst dann kommt die chemische Industrie, die für die Erzeugung von Kunststoffen einen Anteil von rund 7 Prozent benötigt; der Straßenbau verarbeitet das schwerflüssige Bitumen (4 Prozent), und der Rest besteht, chemisch aufbereitet, aus Schmierstoffen, Flüssiggasen und ähnlichem.

Die Verarbeitung des Rohöls für diese verschiedenen Zwecke beginnt mit mehreren Destillationsprozessen, wodurch unterschiedlich siedende Bestandteile voneinander getrennt werden. Da beim Erhitzen Verbindungen aufgebrochen werden, bilden sich Substanzen mit neuen Eigenschaften, deren Siedepunkte zwischen minus 160° (Gase) und plus 600° Celsius (Schweröle) liegen. Um reinere Substanzen und neue Zusammensetzungen zu erhalten, durchlaufen diese grob getrennten Bestandteile weitere chemische Verfahren, so daß die Ausbeute von schwerem Heizöl bzw. Benzin je nach Nachfrage in einem bestimmten Rahmen verschoben werden kann.

Gegen Ende dieses Jahrtausends, wenn der Ölstrom dünner wird, werden sich diese Industrien gründlich umstellen müssen. Dennoch gibt es eine konkrete Planung für die Zeit in zwanzig Jahren nicht einmal in Ansätzen. Die geschichtlichen Entwicklungen zeigen, daß jede Umstellung auf eine neue Energieart mit tiefgreifenden Änderungen in technischen und sozialen Bereichen verbunden ist. Die Umstellung von Erdöl auf andere Energiearten wird ohne Zweifel tiefgehende Krisen auslösen. Heute wird rund die Hälfte des benötigten Energiebedarfs durch Erdöl gedeckt. Als die Förderung der Kohle im Verlauf von 10 Jahren, von 1955 bis 1965, um 13 Prozent sank, durchlebte das Ruhrgebiet eine schwere Strukturkrise.

Wie wenig selbst nach jahrzehntelangem linearem Verlauf Entwicklungen prognostiziert werden können, zeigt die Geschichte der Kerntechnik. Die Kernenergie wurde von Industrie und Staat dazu bestimmt, die wachsenden Energieansprüche zu decken. Uran oder Plutonium können, selbst wenn alle Pläne zu realisieren wären, das Erdöl gar nicht ersetzen; denn in Atomkraftwerken wird die atomare in elektrische Energie umgesetzt, womit der Autoindustrie ohne Zweifel nicht geholfen werden kann. Die guten Transportmöglichkeiten, die vielseitige Einsetzbarkeit der Heiz- oder Treibstoffe können z. B. durch Atomenergie nicht ersetzt werden. Nur eine Vielzahl von Maßnahmen, wozu auch eine erweiterte Ausnützung der Kohle, der Aufbau dezentraler Energieversorgungsstellen und die Konstruktion neuer Motoren gehören, könnte die Auswirkungen eines Ausbleibens von Erdöl mildern, sicherlich jedoch nicht spurlos vorübergehen lassen. Technische Maßnahmen, wie sie eben aufgezählt wurden, bilden jedoch nur eine Seite der Vorsorge; ihre Realisierung wie ihre Auswirkungen liegen im gesellschaftlichen Bereich. Bisher sind es einige große Unternehmen, die diese Fragen vor allem von der technischen und wirtschaftlichen Seite angehen. Die tiefen Veränderungen im Arbeits- und Lebensbereich bleiben außer Betracht. Unmittelbare Reaktionen auf gegenwärtige Situationen kommen immer zu spät, da die Entwicklungen schon Jahre vorher eingeleitet und weitgehend vorstrukturiert wurden. Eine in der Gegenwart dem Erdöl sehr verwandte Energiequelle, das Erdgas, hat in den letzten zehn Jahren wachsende Bedeutung gewonnen. Die generellen Aussagen zur Energiesituation gelten in gleicher Weise für Erdöl wie für Erdgas. Auch das Gas wird zu Beginn des neuen Jahrtausends erschöpft sein und damit die Krise verstärken, die das Versiegen des Erdöls hervorruft.

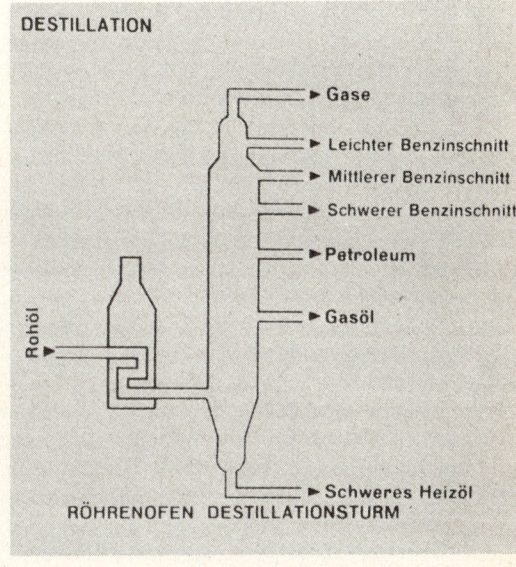

116: Destillationsturm. Die Erdölprodukte mit tiefstem Siedepunkt treten oben nach der längsten Kühlungsphase aus, die mit höchsten Siedepunkten am unteren Ende des Ofens. In Ölraffinerien werden mehrere Destillationsprozesse hintereinandergeschaltet, um eine vollständige Trennung zu erreichen. Um die Erdölprodukte bei höheren Temperaturen nicht zu zerstören, schließt sich an die Normaldestillation eine Vakuumdestillation (bei einem Druck von etwa 0,005 bar) an, wodurch der Siedepunkt herabgesetzt und schwere Heizöle und Schmierstoffe gewonnen werden.

Die Geschichte der Kerntechnik

Die Entdeckung der Kernspaltung

Als das bahnbrechende Ereignis in der Geschichte der Kernforschung gilt gemeinhin die Entdeckung der Kernspaltung durch die Chemiker Otto Hahn und Fritz Strassmann im Dezember 1938. Schon ein flüchtiges Studium der voraufgegangenen Wissenschaftsgeschichte läßt jedoch erkennen, daß diese Entdeckung durch eine lange Reihe wissenschaftlicher Erkenntnisse seit der Jahrhundertwende vorbereitet worden war, ja daß sich der Gang der Wissenschaft in den 30er Jahren der Entdeckung Hahns und Strassmanns bereits in einem Maße angenähert hatte, daß man aus der Rückschau zunächst nicht leicht begreift, wieso dieser letzte Schritt überhaupt noch sonderliche Schwierigkeiten bereitete und hernach als eine erregende Sensation aufgenommen wurde. Das Staunen hierüber erhöht sich noch, wenn man im Deutschen Museum vor dem dort aufbewahrten Experimentiertisch Otto Hahns steht und sieht, mit welch einfachen, im Vergleich zu modernen Großforschungseinrichtungen geradezu lächerlich geringfügigen Mitteln diese Entdeckung möglich war (Abbildung 117).

Heute, wo es auch dem interessierten Laien längst möglich ist, in den Vorstellungen des Atommodells zu denken und die Spaltvorgänge daraus logisch abzuleiten, muß man sich in ältere Vorstellungen und Erfahrungshorizonte zurückversetzen, um zu verstehen, daß selbst solche Entdeckungen, die aus der Rückschau geradewegs zur Kernenergie hinzuführen scheinen, seinerzeit doch noch nicht zu einer solchen Nutzung hinentwickelt, sondern im Rahmen älterer Auffassungen und Erkenntnisinteressen begriffen wurden.

Ein erster Schub atomphysikalischer Erkenntnisse, der bemerkenswert rasch in die Richtung der Kernenergie wies, erfolgte um die Jahrhundertwende. Er begann mit der – auch in der Öffentlichkeit sofort Aufsehen erregenden – Entdeckung der Röntgen-Strahlen (1895), die damals mangels einer Erklärung «X-Strahlen» genannt wurden. Schon einige Monate darauf gelangte der französische Physiker Becquerel, der dem Phänomen weiter nachging, zur Entdeckung der natürlichen Radioaktivität; die Erforschung neuer radioaktiver Substanzen wurde in Frankreich durch das Ehepaar Curie rasch weitergeführt. Bahnbrechend wurden die gemeinsamen Forschungen des Physikers Rutherford und des Chemikers Soddy in Montreal; die Verbindung von Physik und Chemie war eine Entwicklungsbedingung der Kernforschung und wiederholte sich später in der Kooperation der Elektro- und chemischen Industrie bei der militärischen wie bei der zivilen Nutzung der Kernenergie.

117: Der Experimentiertisch von Otto Hahn und Fritz Strassmann im Dezember 1938 (im Deutschen Museum). Ganz rechts, von einem zylindrischen Paraffinblock umgeben, die radioaktive Neutronenquelle und die der Strahlung ausgesetzte Uranprobe. In der Mitte des Tisches sind die beiden Verstärker (mit Röhren) für die Geiger-Müller-Zählrohre und links das mechanische Zählwerk zu erkennen. Unter dem Tisch sind die Batterien zu sehen, die für die Hochspannung (1200 V) des Zählrohrs sorgten. Von Hahns spezifisch chemischer Tätigkeit zeugt nur der unscheinbare Erlenmeyerkolben (flaschenförmiges Glasgefäß) rechts vor dem Paraffinblock.

E. Rutherford und Fr. Soddy entdeckten schon in den ersten Jahren nach 1900, daß Radioaktivität durch Zerfall von Atomen entsteht und daß bei diesem Vorgang Energie freigesetzt wird, die im Vergleich zu den bei chemischen Prozessen anfallenden Energiemengen ungeheure Ausmaße besitzt; sie konnten damals aber noch nicht erklären, auf welche Weise diese scheinbar aus dem Nichts entstehende Energie zustandekommt und nach welchen Gesetzen sich ihre Größe berechnen läßt. Auch die für die praktische Anwendung entscheidende Frage blieb noch lange Zeit unbeantwortet: ob sich der Zerfall bestimmter Elemente, der spontan nur unendlich langsam vor sich geht, künstlich bis zu einem Punkte beschleunigen ließe, wo die dabei entstehende Energie technisch nutzbar würde. Und selbst wenn diese Möglichkeit gesichert war, blieb immer noch die Frage offen, ob nicht die zur Auslösung und Aufrechterhaltung dieses Vorganges erforderliche Energie mindestens so hoch sein würde wie die am Ende gewonnene

118: Zwei Seiten aus dem Protokollheft von Hahn und Strassmann über die entscheidenden Versuchsergebnisse im Dezember 1938. Auf der linken Seite die Versuchsbeschreibung von Hahn; auf der rechten Seite das Meßprotokoll seines damaligen Assistenten Strassmann. Es geht bei dem Versuch darum, zu überprüfen, ob das bei der Bestrahlung des Urans entstandene Radiumisotop wirklich Eigenschaften des Radiums oder vielmehr Eigenschaften des Bariums aufweist. Zur Identifikation des Bariums wurde das Radium-Isotop Mesothorium I (Msth I) eingesetzt. Strassmanns Meßprotokoll zeigt in der ersten Spalte die Uhrzeiten, in der zweiten die seit Versuchsbeginn verstrichenen Minuten; es folgen die Ablesungen aus dem Geiger-Müller-Zähler und die aus den Ablesungsdifferenzen zu errechnende Zahl der Impulse.

Energiemenge: eben dies mußte man von dem überkommenen mechanistischen Weltbild her mit seinem Grundsatz von der Erhaltung der Energie befürchten.

Noch 1933 erklärte Rutherford:

«Wir können die Atomenergie nicht bis zu einem Grad unter Kontrolle bringen, wo sie einen kommerziellen Wert bekäme, und ich halte es für unwahrscheinlich, daß wir jemals dazu imstande sind.»

(S. Eve, A. S.: Rutherford, Cambridge 1939, S. 375)

Einer der frühesten Propheten eines kommenden Atomzeitalters war Rutherfords Mitarbeiter Soddy, der den «ungeheuren und bis jetzt kaum geahnten Energievorrat», den das Atom enthalte, unverzüglich dem Laien begreifbar machte (s. Soddy 1904, S. VI.). Ein Jahrzehnt später wurden nicht nur die Atomenergie, sondern auch bereits die Atombombe in einem utopischen Roman heraufbeschworen (s. H. G. Wells, The World Set Free, 1914). Rutherford hingegen ging vorerst daran, die allgemeine Struktur des Atoms – nicht nur die besonderen Eigenschaften radioaktiver Elemente – zu erforschen. Das Atom, das für die Wissenschaft des 19. Jahrhunderts nur erst eine Arbeitshypothese gewesen war, wurde für Rutherford zu einem Untersuchungsobjekt. Über die mit Atomzerfallsprozessen verbundene radioaktive Strahlung war die Atomstruktur zu erschließen: zumindest die Balance zwischen den positiv geladenen Protonen des Atomkerns und den negativ geladenen Elektronen der Atomhülle war über die aus Heliumkernen bestehende Alpha- und die aus Elektronen bestehende Betastrahlung zumindest als Hypothese zu ermitteln (Rutherford 1911); die Entdeckung des ungeladenen Neutrons hingegen erfolgte erst Jahrzehnte später.

Aber gerade dadurch, daß man begann, sich das Atom räumlich-materiell zu veranschaulichen – wie ein Planetensystem, in dem die Elektronen um den Kern kreisen –, geriet man um so mehr an theoretische Probleme, die auf der Grundlage der bisherigen Anschauungen nicht zu lösen waren. Das aus der Astrophysik entlehnte Modell enthielt elektrodynamisch und mechanisch zunächst mehr Widersprüche, als es Erscheinungen zu erklären half. Die klassische Physik wurde nahezu auf den Kopf gestellt: wie sollte man sich ein stabiles Atom denken, das sogar noch mit anderen Verbindungen eingehen kann, wenn es aus negativ und positiv geladenen Teilchen besteht? An diesem Punkt kam die Quantentheorie (siehe unten) der Atomphysik zu Hilfe: indem sie davon ausging, daß Strahlungsenergie nicht kontinuierlich, sondern nur in bestimmten Quanten abgegeben wird, machte sie unterhalb einer bestimmten Schwelle einen stabilen Zustand des Atoms vorstellbar.

1913 entwickelten Rutherford und der dänische Physiker Bohr zusammen ein auf der Quantentheorie aufbauendes Atommodell, das in den 20er Jahren – mit Niels Bohr als Kommunikationszentrum – zum Ausgangspunkt einer Umwälzung des physikalischen Weltbilds wurde, als sich immer wieder zeigte, daß man mit einer einzigen Atomvorstellung nicht alle Erscheinungen erklären konnte. Das waren damals jedoch Vorgänge auf rein theoretischer Ebene, die – wenn auch am Vorabend des Ersten Weltkriegs begonnen – von der Kriegsszene unberührt blieben.

Ähnliches gilt für das sich damals anbahnende Neuverständnis der Energie, das sich mit den Entwicklungen in der Atomtheorie traf. Max Planck gelangte um 1900 zu der Vorstellung kleinster, nicht weiter teilbarer Energiemengen («Quanten»); es lag nunmehr nahe, nach einer Beziehung zwischen Energie und Masse zu suchen. Die Formel hierfür fand Einstein mit der speziellen Relativitätstheorie (1905): Es entspricht einer Masse (m) eine Energie (E), die das Produkt aus der Masse und dem Quadrat der Lichtgeschwindigkeit (c) ist: $E = mc^2$. Dieses Energie-Äquivalent der Masse besaß eine ganz andere Dimension als die bei chemischen Prozessen anfallenden Energiemengen – ein Umstand, der geeignet war, schon frühzeitig Phantasien eines kommenden «Atomzeitalters» unbegrenzter Energien, allerdings auch grenzenloser Zerstörungskräfte aufkommen zu lassen.

Das Erkenntnisinteresse von Planck und Einstein ging freilich nicht in Richtung solcher Umwandlungsprozesse und auch nicht in Richtung einer Relativierung der Atomvorstellungen, wie dies durch die Weiterentwicklung der Atomtheorie geschah; Planck und Einstein waren vielmehr von dem Wunsch nach der Erkenntnis einfacher Ordnungsprinzipien und elementarer Weltbausteine geleitet und widerstrebten den aus ihren Entdeckungen gezogenen Konsequenzen.

Die 20er Jahre waren das «goldene Zeitalter» (Heisenberg 1973, S. 150) der theoretischen Atomphysik, die – unter der Ägide Niels Bohrs und mit rasch wachsender Berühmtheit Heisenbergs – das naturwissenschaftliche Weltbild veränderte und zeitweise mehr philosophisch als praktisch interessiert zu sein schien. Selbst die spezielle Relativitätstheorie, die den Ruhm Einsteins begründet hatte, fand erst 1932 eine klare empirische Bestätigung!

Die Radiochemie indessen ging einem alten, aus der Alchimie ererbten Ehrgeiz nach: sie verlegte sich auf die künstliche Herstellung neuer Elemente jenseits des Periodensystems der in der Natur vorkommenden Elemente, das mit dem Uran endete: solche «Transurane» hoffte man durch radioaktive Bestrahlung des Urans und anderer Elemente gewinnen zu können. Die Suche nach überschweren Elementen, die zugleich unbegrenzte Energie verhießen, drang damals bereits in die populäre Science-fiction-Literatur ein; große Verbreitung hatte Hans Dominiks Roman «Atomgewicht 500» (1935). Die Radiochemiker glaubten zeitweise, eine große Anzahl neuer Elemente zu entdecken, die in die bisherige Elementenskala nicht hineinpaßten; allmählich setzte sich jedoch das Konzept der Isotopie durch: Elemente, die in ihren chemischen Eigenschaften mit bereits bekannten Elementen übereinstimmten und sich nur in ihren radiochemischen Eigenschaften und ihrem Atomgewicht von ihnen unterschieden, wurden diesen als Isotope zugeordnet. Damit fielen die meisten auch der von Otto Hahn in seiner früheren Zeit entdeckten und mit neuem Namen versehenen Elemente der Vergessenheit anheim.

Die Entdeckung des Neutrons 1932 – durch Fermi, damals noch im faschistischen Italien – brachte die experimentelle Kernforschung wieder in Bewegung: mit diesem Kernbestandteil, der keine elektrische Ladung besitzt, war ein ideales «Geschoß» für Atomkerne gefunden, das – sofern es sie traf – ungehindert in sie eindringen konnte. Zunächst allerdings setzte man diese neue Methode nicht zur Kernspaltung ein, sondern wieder – wie schon die zuvor bekannte radioaktive Strahlung – zur Erzeugung neuer Elemente. Dieses Interesse hat ein Teil der Grundlagenforschung in den Kernwissenschaften bis heute beibehalten; außerdem dauert das Interesse an der Entdeckung neuer Kernbestandteile an. Aus der Sicht der reinen Wissenschaftsgeschichte erscheint die Kernspaltung eher als ein Seitenweg, der bald von der Grundlagenforschung fort in die Technologie führte. Von daher kann man kaum von einer immanenten Tendenz der Wissenschaftsentwicklung zur Kernspaltung sprechen, eher hingegen von einer Tendenz zur Kernfusion.

Das wird selbst durch die Begleitumstände der Entdeckung von Hahn und Strassmann bestätigt. Den späteren Betrachter muß es zunächst überraschen, wie Hahn sich anfangs gegen seine eigene Erkenntnis sträubte und krampfhaft nach anderen Interpretationen der Versuchsergebnisse suchte. Bei dem Neutronenbeschuß des Urans (Ordnungszahl 92) war Barium (Ordnungszahl 56) angefallen; aber bis dahin konnte man sich lediglich vorstellen, daß durch Neutronenbeschuß benachbarte Elemente entstehen, und daher schloß Hahn zunächst auf Radium, das in seinen Eigenschaften dem Barium

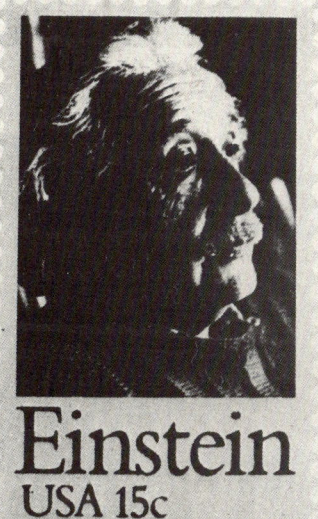
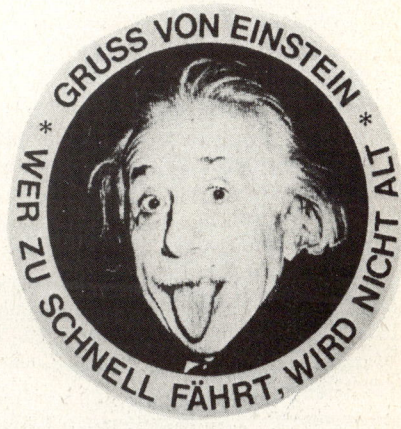

119: Einstein-Briefmarke und -Autoaufkleber. Wie kein anderer Wissenschaftler des 20. Jahrhunderts wurde Einstein weltweit zu einer Symbolfigur: nicht nur durch seine wissenschaftliche Leistung, sondern auch durch seinen entschiedenen Pazifismus, seine betont unkonventionelle Art und seine demonstrative Verachtung autoritärer Disziplin und strammer Konformität wurde er besonders in den USA zu einem Leitbild der liberalen Intellektuellen. Als ihn die NS-Machtergreifung zur Emigration in die USA veranlaßte, schrieb die New York Times, Einstein und Hitler symbolisierten in den Augen der Welt die zwei Seiten Deutschlands.

sehr ähnelt und sich mit seiner Ordnungszahl 88 in der Nähe des Urans befindet. Einen anderen Schluß zu ziehen, bedeutete einen Verstoß gegen damalige Vorstellungen der Physik und angebliche vieljährige Erfahrungen der Radiochemie; es bedeutete, daß nunmehr «Berge wissenschaftlicher Abhandlungen über die Transurane Makulatur» waren (Herbig 1976, S. 66). Das erklärt Hahns anfängliches Zögern; dennoch sah er sich nach Wiederholungen des Experiments zu eben diesem Schluß veranlaßt.

Die Chemikerin Ida Noddack hatte schon 1934 die Vermutung geäußert, daß bei der Beschießung schwerer Kerne mit Neutronen eine «Kernzertrümmerung» vor sich gehe, hatte aber diese Vermutung nicht mit eigenen Experimenten belegen können; für den Experimentalchemiker Hahn, der den Spekulationen der theoretischen Atomphysik immer ferngestanden hatte, zählten solche Hypothesen nicht. Andererseits waren sein Selbstvertrauen als Experimentalchemiker und seine in Jahrzehnten erworbene methodische Erfahrung und Akribie mit eine Bedingung dafür, daß er es wagen konnte, mit diesem Ergebnis an die Öffentlichkeit zu treten, ohne befürchten zu müssen, einer Ungenauigkeit bei der Versuchsanlage bezichtigt zu werden. Die geringen Mengen des Bariums waren nicht leicht nachzuweisen, und das andere Zerfallsprodukt, das Edelgas Krypton (Ordnungszahl 36; die Addition der Ordnungszahlen des Bariums und Kryptons ergibt die des Urans), hatte sich zunächst verflüchtigt und konnte erst durch gezielte Suche nachgewiesen werden. Dem üblichen Brauch der Naturwissenschaften entsprechend lag es anfangs nahe, die den bisherigen Theorien zuwiderlaufenden Ergebnisse auf Verunreinigungen der verwendeten Substanzen zurückzuführen; es gehörte einiges Vertrauen in die Genauigkeit der eigenen Versuchsanlagen und Messungen dazu, um die eigenen Versuchsergebnisse gegen das Gros der international unter Fachleuten vorherrschenden Auffassungen zu stellen (Abbildung 118).

Der Boden für diese neue Erkenntnis war dennoch seit langem vorbereitet. Hahn drängte denn auch, nachdem er sich von der Richtigkeit seiner Ergebnisse überzeugt hatte, auf beschleunigte Veröffentlichung, die schon wenige Wochen darauf (Januar 1939) in den «Naturwissenschaften» erfolgte (Anhang 12). Die Publikation erregte rasch weltweites Aufsehen, und nunmehr überstürzten sich die Entdeckungen in der Kernforschung. «Wäre diese Entdeckung in den ruhigeren Zeiten des 19. Jahrhunderts gemacht worden», schreibt Bernal (Bernal 1970, Bd. 3, S. 704), so hätte sie vielleicht «nach ungefähr fünfzig Jahren» zu einer neuen Energieerzeugung geführt. «Der fehlende finanzielle Anreiz und das Profitinteresse an bestehenden Energiequellen hätten aber auch die Entwicklung auf unbegrenzte Zeit aufhalten können.» Es war jedoch die Zeit der beginnenden NS-deutschen Expansion, des Einmarsches in die Resttschechei, der Entfesselung des Zweiten Weltkriegs, und führende Atomforscher, jüdischer Herkunft und ins Exil getrieben, hatten Grund, den NS-Imperialismus als persönliche lebensgefährliche

Bedrohung zu empfingen. Gerade Einstein war schon lange vor 1933 Zielscheibe einer antisemitischen Mordhetze gewesen. Eine in der Wissenschaftsgeschichte bis dahin beispiellose Forcierung der Kernforschung mit praktisch-technischer Ausrichtung setzte ein.

Die Psychose des internationalen Wettrennens, koste es, was es wolle, hat der Kernforschung auch nach dem Krieg, selbst im Bereich der friedlichen Kernenergie-Nutzung bis weit in die sechziger Jahre hinein angehaftet; erst in den siebziger Jahren scheint sich angesichts einer wachsenden öffentlichen Kritik eine besonnenere Einstellung durchzusetzen und die atomare Hektik als grundlos und gefährlich erkannt zu werden.

Die Experimente Hahns und Strassmanns hatten erst ansatzweise Möglichkeiten der technischen Nutzung gezeigt; Entscheidendes blieb noch zu entdecken: das spaltbare Uran-Isotop (U-235, das nur 0,7 % des natürlichen Urans ausmacht), und die Möglichkeit einer Kettenreaktion durch den Überschuß freiwerdender Neutronen (Anhang 13). Die Entdeckungen selbst folgten schon wenige Monate darauf an verschiedenen Orten (Bohr, Februar 1939; Joliot, März 1939); die größten Schwierigkeiten ergaben sich hier im Bereich der technischen Anwendung: ihre Lösung erforderte eine qualitative Veränderung des gesamten Forschungsbetriebs.

Hahn selbst spielte in der weiteren Entwicklung keine Rolle mehr, auch wenn er nach außen hin bis in die sechziger Jahre als Repräsentant der deutschen Kernforschung in Erscheinung trat. Die Rolle einzelner Persönlichkeiten und einzelner Entdeckungen wird in der späteren Entwicklung der Kernforschung und Kerntechnik gering; vollends nach 1945 ist sie kaum mehr auszumachen. Selbst Einsteins Rolle in der Entwicklung war nur vorübergehend gewesen und schon in den zwanziger Jahren, als sein Ruhm seinen Höhepunkt erreichte, kaum mehr existent; zwar wurde er im Herbst 1939 von Mitemigranten dazu gebracht, einen Brief an Roosevelt zu unterzeichnen (Anhang 14), der die US-Regierung dazu veranlaßte, die Kernforschung im militärischen Interesse zur Staatsaktion zu machen, aber er klagte später, er habe dabei «eigentlich nur als Briefkasten gedient» (Jungk, 1964, S. 87).

Atomwaffen und ihre Auswirkung auf die Entwicklung der Kerntechnik

Wenn die Kernspaltung gerade im nationalsozialistischen Deutschland entdeckt wurde, so war dies im Ganzen gesehen eher ein Zufall: die deutsche Kernforschung war seit 1933 durch die Vertreibung der jüdischen Wissenschaftler und Ächtung der «jüdischen» Kernphysik bereits empfindlich zurückgefallen, und bei den nachfolgenden Entdeckungen besaß denn auch zumeist das Ausland die Priorität. Dennoch breitete sich vor allem unter den emigrierten Kernforschern rasch die Sorge aus, die NS-Regierung könne in den Besitz einer Atombombe gelangen, zumal die Wissenschaftler damals die enormen technischen Schwierigkeiten, die sich auf dem Wege zum Bombenbau auftürmten, noch nicht überschauten. Geheimnisvolle Hindeutungen der NS-Propaganda auf kommende «Wunderwaffen» waren geeignet, solche Ängste immer wieder wachzurufen, zumal damals die deutsche Wissenschaft international noch ein gewaltiges Prestige besaß.

Im Oktober 1939 war es einem Kreis emigrierter Atomphysiker mittels der Autorität Einsteins gelungen, den US-Präsidenten Roosevelt zu veranlassen, die Atomforschung zur militärisch bedeutsamen Angelegenheit zu erklären, aber dieser Schritt hatte noch jahrelang kaum praktisch-organisatorische Folgen. Erst nach dem amerikanischen Kriegseintritt im Dezember 1941 wurde damit begonnen, die Atomforschung unter militärischer Leitung zu organisieren. Aber erst als das nun unter dem Decknamen «Manhattan Project» laufende Unternehmen im September 1942 dem General Groves, einem ehrgeizigen und rücksichtslosen Draufgänger mit großer Erfahrung in industrieller Organisation, unterstellt wurde, setzte jene forcierte und mit ungeheurem, nie dagewesenem Aufwand betriebene Projektforschung ein, die noch in den letzten Kriegsjahren zum Bau der ersten Atomwaffen führte.

Damals hatte sich herausgestellt, daß es zwei Wege zur Atombombe gab: zum einen den Weg über das spaltbare Uran-Isotop 235, das 0,7 % des Natururans ausmacht, und zum anderen den Weg über das spaltbare Plutonium (Pu-239), das in einem Reaktor durch Neutronenbeschuß des U-238 zu «erbrüten» war. Welches die bessere Vorgehensweise war, ließ sich im voraus nicht überblicken; bei beiden Methoden traten technische Schwierigkeiten auf, die zeitweise unüberwindbar erschienen, und gab es die Wahl zwischen mehreren Möglichkeiten. Das größte Problem bei dem ersten Weg bestand in der Heraustrennung des Uran-Isotops 235, das sich nur durch einen winzigen Unterschied im Atomgewicht von dem anderen Isotop unterscheidet. Bis 1943 waren nur Trennmethoden im Labormaßstab bekannt, die lediglich Milligramm-Mengen von U-235 lieferten; für den Bombenbau brauchte man jedoch Kilogramm-Mengen, also eine Steigerung in Höhe des Millionenfachen. Eine Reihe unterschiedlicher Trennmethoden wurden in großtechnischem Maßstab entwickelt, aber noch Anfang 1945 war nicht klar zu erkennen, welche Methode überhaupt wirksam war. Die Frage, welche Trennmethode unter wissenschaftlichen Gesichtspunkten optimal ist, wurde noch in den fünfziger und sechziger Jahren international immer wieder als offen angesehen; sie ließ sich nicht auf theoretischem Wege und durch Labor-Experimente, sondern nur durch großtechnische Erprobung beantworten.

Der zweite Weg – also die Plutoniumproduktion, – enthielt mehrere, dafür im einzelnen nicht ganz so große Probleme: zum einen die Frage nach der optimalen Konstruktion eines Reaktors mit möglichst hoher Plutonium-Ausbeute, und zum anderen die Frage nach dem wirksamsten Verfahren zur Gewinnung des Plutoniums aus den abgebrannten Brennelementen. Der erste Reaktor, Chicago Pile 1 (CP-1), wurde im November 1942 unter Leitung Fermis in weniger als einem Monat aus vierzigtausend Blöcken reinen Graphits zusammengesetzt; am 2.12.1942 wurde er erstmals «kritisch», das heißt, eine sich selbst erhaltende geregelte Kettenreaktion kam zustande. Die dabei anfallende Energie war jedoch ein bloßes Abfallprodukt; der Zweck des Reaktors bestand in der Plutoniumproduktion. Damals spielten die Kosten des Plutoniums und die Umweltprobleme, die mit der Wiederaufarbeitung verbunden sind, keine Rolle; beides wurde jedoch drei Jahrzehnte später zu einer Schicksalsfrage der Kerntechnik.

Dem Dilemma, zwischen den verschiedenen, in ihrem Wirkungsgrad nicht zu übersehenden Vorgehensweisen eine Wahl zu treffen, entzog sich General Groves dadurch, daß er jahrelang alle Wege auf einmal verfolgen ließ. 1942/43 stiegen die Ausgaben für das Manhattan Project von 16 Millionen auf 350 Millionen Dollar und 1944 weiter auf eine Milliarde, obwohl damals das Kriegsende bereits abzusehen war. Der für den Historiker besonders erstaunliche und fast unerklärliche Umstand bei der Entwicklung der Atomwaffen ist die Tatsache, daß diese nach damaligen Dimensionen des Staatshaushalts ungeheuren Summen bereitwillig für ein Projekt zur Verfügung gestellt wurden, das außerhalb herkömmlicher Staatstätigkeit lag, von dem die Öffentlichkeit nichts wußte und dessen Erfolgsbedingungen und Erfolgsaussichten kein Politiker durchschauen konnte. Erklärbar wird das Rätsel allenfalls durch den historischen Hintergrund der Ära des «New Deal», in der – erstmals in der Geschichte der USA – unter staatlicher Leitung wirtschaftliche Großprojekte, allerdings friedenswirtschaftlicher Art, unternommen worden und die Staatsausgaben von 5 auf über 12 Milliarden Dollar angestiegen waren; ohne den «New Deal» hätte es für das Manhattan Project schwerlich die organisatorischen, finanziellen und psychologischen Voraussetzungen gegeben. Einer der prominentesten «New Dealer», David E. Lilienthal, wurde 1946 der erste Vorsitzende der amerikanischen Atomic Energy Commission (AEC).

Unter der hemdsärmeligen und ungeduldigen Leitung des General Groves wurde ein neuer, dem akademischen Wissenschaftsbetrieb in diesen Dimensionen bis dahin fremder Forschungsstil durchgesetzt: die projektgebundene Großforschung, die von der Grundlagenforschung bis zur großtechnischen Anwendung («Forschung und Entwicklung», F & E abgekürzt) reicht und in engem Verbund mit einschlägigen Industrieunternehmen betrieben wird. Diese Organisationsweise der Forschung setzte sich auch bei der Entwicklung der friedlichen Kernenergie durch; sie ist jedoch ursprünglich aus militärischen Erfordernissen heraus entstanden: in beispielloser Schnelligkeit sollte eine Entwicklung von der Theorie bis zur Großtechnik getrieben werden, gerichtet nur auf ein einziges ganz bestimmtes Ziel und unter Außerachtlassung aller anderen Aspekte und Möglichkeiten; die Kooperation und Koordination einer großen Zahl von Forschern war zu organisieren, und zugleich mußte absolute Geheimhaltung gewährleistet werden: alles Erfordernisse, auf die der herkömmliche akademische Betrieb in keiner Weise eingerichtet war (Anhang 26 b).

Von 1943 an entstanden drei Großforschungsanlagen, die zugleich erforderten, daß in abgelegenen Gebieten ganze «Atomstädte», hermetisch von der Öffentlichkeit abgeschirmt, aus dem Boden gestampft wurden: die Isotopentrennanlage in Oak Ridge (Tennessee), die Anlage zur Plutoniumgewinnung in Hanford (Washington) im äußersten Nordwesten der USA und die Anlage zur Konstruktion der Bombe in Los Alamos (New Mexico). Die Isotopentrennung war eine Angelegenheit der Physik, da Isotopen (Isotop = «gleicher Ort» im Periodensystem der chemischen Elemente) eben dadurch definiert werden, daß sie chemisch nicht zu unterscheiden sind; die Herauslösung des Plutoniums aus den abgebrannten Brennelementen hingegen war Sache der Chemie.

An der Anlage von Oak Ridge waren die Elektrokonzerne General Electric und Westinghouse beteiligt, die später die führenden Produzenten von Kernkraftwerken wurden; die Anlage in Hanford wurde von dem Chemie-Konzern Du Pont betrieben. Bereits in den militärischen Anfängen der Kernenergie stabilisierte sich die führende Position einiger Großunternehmen. Unter der Leitung von Wissenschaftlern hingegen, mit Oppenheimer an der Spitze, stand das Laboratorium in Los Alamos; die Bombe selbst besaß die größte Nähe zur «reinen Physik»!

Die Physiker in Los Alamos, die ihre Wissenschaft zu nie geahnten internationalen Ehren und globalen Wirkungsmöglichkeiten erhoben sahen, verrichteten ihre Arbeit vielfach mit Begeisterung; damals und später pflegten sie ihren Eifer mit dem Hinweis auf die scheinbar drohende Gefahr einer NS-deutschen Atombombe zu rechtfertigen. Spätestens im Frühjahr 1945 wurde diese Rechtfertigung jedoch hinfällig, als sich herausstellte, daß im Deutschen Reich nicht die mindesten ernsthaften Anstalten zur Bombenentwicklung unternommen worden waren. An einen Abbruch des Manhattan Project war jedoch kein Gedanke; es wurde im Gegenteil gerade jetzt um so überstürzter vorangetrieben, wobei nunmehr die Hauptsorge dahin ging, daß das Kriegsende dem Einsatz der Atombombe zuvorkommen könnte. Eine Gruppe von Atomphysikern mit Szilard an der Spitze, die versuchte, den Einsatz der Bombe zu verhindern, konnte sich nicht durchsetzen. An die 2 Milliarden Dollar waren ausgegeben worden, über deren Zweck man nach Kriegsende der Öffentlichkeit würde Rechenschaft ablegen müssen. Wie nie zuvor in der Wissenschaftsgeschichte zeigte sich in der Entwicklung der Kernforschung der Zwang des investierten Kapitals, der es häufig nicht gestattete, Entwicklungen dann abzubrechen, wenn sie ihren ursprünglichen Sinn verloren hatten (Abbildung 120).

120: Die 214 t schwere «Jumbo», ein im Frühjahr 1945 fertiggestellter Stahlbehälter, in dem nach dem ursprünglichen Plan die erste Atombombe explodieren sollte. «Das Plutonium war 1944 noch so knapp und der Ausgang des ersten Atombombentests so zweifelhaft, daß die Bergung des wertvollen spaltbaren Materials im Fall eines Fehlschlags zu einer der Hauptsorgen wurde» (siehe Groueff 1968, S. 334). Man hielt es für möglich, daß die 35 cm dicken Stahlwände der «Jumbo» der Explosion standhielten und den Spaltstoff einfingen. Im Sommer 1945 hatte sich jedoch die Spaltstoffproduktion so weit erhöht, daß man auf den Einsatz der «Jumbo» verzichtete.

Erst Monate nach der deutschen Kapitulation, am 16. Juli 1945, fand die erste erfolgreiche Versuchsexplosion einer Atombombe bei Alamogordo in der Wüste New Mexicos statt; nun konnte die Bombe nur noch gegen Japan eingesetzt werden, das aber damals bereits am Ende seiner militärischen Kraft stand und Zeichen von Kapitulationsbereitschaft zu erkennen gab. Wenn die US-Regierung dennoch dem Einsatz der Bombe zustimmte, so gibt es Hinweise darauf, daß es ihr dabei vor allem darum ging, gegenüber der Sowjetunion ihre neugewonnene Stärke zu demonstrieren (Alperovitz

1966). Auch war der Nutzen der großen rüstungsindustriellen Komplexe unter Beweis zu stellen; sowohl der in Oak Ridge als auch der in Hanford gewonnene Spaltstoff wurde erprobt: am 6. 8. 1945 fiel auf Hiroshima eine mit Uran-235 und am 9. 8. 1945 auf Nagasaki eine mit Plutonium geladene Bombe. Die Zahl der Sofort-Toten wird in Hiroshima auf etwa 78 000, in Nagasaki auf 36 000 geschätzt; die Zahl der nach Monaten und Jahren an den Strahlenschäden Dahinsiechenden liegt weit darüber.

Anfang 1942 – zur gleichen Zeit, als in den USA das gesamte Kernforschungsprogramm der Armee unterstellt wurde – wurde in Deutschland die Kernforschung der Zuständigkeit des Heereswaffenamtes entzogen und dem Reichsforschungsrat unterstellt: das bedeutete, daß auf eine zielstrebige militärische Nutzung in absehbarer Zeit verzichtet wurde und die Forschung im wesentlichen der Eigeninitiative der Wissenschaft überlassen blieb, wobei die Rivalität zwischen mehreren Forschergruppen ein koordiniertes und wirkungsvolles Vorgehen verhinderte. Mehrere Gruppen gingen – getrennt voneinander – an die Konstruktion eines mit Schwerwasser moderierten Reaktors; aber das schwere Wasser war sehr knapp und reichte bis zum Schluß nicht einmal zum Betrieb eines einzigen Versuchsreaktors aus. Erst im Frühjahr 1945, unmittelbar vor dem Einmarsch der Alliierten, schien die unter Heisenbergs Leitung arbeitende Gruppe vom Berliner Institut für Physik der Kaiser-Wilhelm-Gesellschaft (der späteren Max-Planck-Gesellschaft), die im schwäbischen Haigerloch in einem ehemaligen Weinkeller einen Schwerwasserreaktor errichtete, so weit zu sein, den Reaktor in Betrieb zu setzen –, aber die Probe aufs Exempel scheiterte an dem Fehlen einer restlichen Menge schweren Wassers, die die konkurrierende Diebner-Gruppe nicht herauszugeben bereit war.

Auf die alliierten Atomwissenschaftler, die sofort nach dem Einmarsch die deutschen Anlagen und Forschungsakten durchsuchten, wirkten die reichsdeutschen Anstrengungen geradezu lächerlich dilettantisch (Goudsmit 1947). Der Kontrast zu den amerikanischen Riesenlaboratorien konnte kaum größer sein. Dabei waren die Bedingungen in Deutschland mit seiner seit langem kriegsentschlossenen Regierung, seiner hochstehenden Wissenschaft, seiner weltweit führenden Chemie- und Elektroindustrie und seiner rüstungstechnischen Erfahrung ursprünglich in mancher Hinsicht eher günstiger als in den USA. Über die Ursachen des eklatanten deutschen Zurückfallens ist denn auch verschiedentlich gerätselt worden. Von deutscher Seite wurde später behauptet (Jungk 1964, S. 91), dieses Ergebnis resultiere aus einem passiven Widerstand der deutschen Atomforscher, die der von ihnen verabscheuten NS-Regierung nicht eine solche furchtbare Waffe hätten in die Hand geben wollen. In den meisten Selbstzeugnissen der deutschen Atomphysiker findet sich diese Behauptung jedoch allenfalls in angedeuteter Form; in der Regel wird nur bemerkt, daß man vor der Entscheidung, ob man die Bombe bauen wolle, niemals gestanden habe, da Deutschland dazu

182

bei weitem die Mittel gefehlt hätten. Es gibt Hinweise darauf, daß die deutschen Atomforscher – damals bereits von den Alliierten interniert – auf die Nachricht von dem Atombombenabwurf auf Hiroshima und Nagasaki nicht zuletzt deshalb verwirrt und niedergeschlagen reagierten, weil sie selbst nunmehr vor der Welt als Versager dazustehen drohten (Anhang 15).

Krieg es tatsächlich so, daß Deutschland zum Bau der Bombe nicht die Mittel besaß? Ein Blick auf die ungeheuren Dimensionen des Manhattan Project scheint diese Auffassung zu bestätigen: zumindest in den letzten Kriegsjahren hätte das Reich nicht entfernt derartige Ressourcen an qualifiziertem Personal und industriellen Kapazitäten dafür freistellen können. Andererseits ergab sich das Ausmaß des amerikanischen Aufwands wesentlich daraus, daß man erst spät begann und aus mangelnder Erfahrung eine Vielzahl von Entwicklungen nebeneinander verfolgte; prinzipiell wäre der Bau der Atombombe wohl auch mit erheblich geringeren Mitteln denkbar gewesen. Der in Deutschland eingeschlagene Weg eines Schwerwasserreaktors war – wenn auch angeblich auf Grund einer falschen Messung (Winnacker/Wirtz, S. 36) gewählt – an und für sich durchaus die optimale Strategie, um ohne den enormen industriellen Aufwand der Isotopentrennung an Spaltstoff heranzukommen; denn Schwerwasserreaktoren produzieren relativ viel Plutonium und lassen sich in vergleichsweise geringer Größe bauen. Hätte es in großem Stil und unter straffer Führung eine enge Zusammenarbeit zwischen den Atomphysikern und der hochentwickelten deutschen chemischen Industrie gegeben, wären die Probleme der Schwerwasser- und Plutoniumproduktion möglicherweise zu bewältigen gewesen.

Die entscheidenden Ursachen für den mangelnden deutschen Erfolg sind wohl eher in Strukturen der deutschen Wissenschaft und auch in Strukturen des NS-Systems zu suchen. Die deutsche Wissenschaft – ohnehin durch die Vertreibung der Juden auf dem Gebiet der Kernphysik weit zurückgeworfen – war von ihrer Mentalität, Tradition und akademischen Organisation aus eigener Kraft zur Projektforschung größeren Stils nicht in der Lage, und das NS-Regime besaß ungleich weniger als die von intellektuellen «Braintrusts» umgebene Regierung Roosevelt die Begabung, Wissenschaftler für Großprojekte zu mobilisieren und zu begeistern. Ähnliches gilt für die Wirtschaft: das NS-Regime, so totalitär es viele andere Bereiche beherrschte, hatte die Industrie doch schlechter im Griff als die demokratisch gewählten Regierungen Großbritanniens und der USA. Im übrigen zeigte die NS-Führung, mochten ihre Proklamationen auch in Jahrhundert- und Jahrtausend-Perspektiven schwelgen, im allgemeinen nur eine geringe Fähigkeit zur längerfristigen Planung: ihr entsprach das Konzept des «Blitzkrieges», und darin war für eine sich über Jahre erstreckende Atomforschung kein Raum. In mehrfacher Hinsicht fehlten in NS-Deutschland also die für die Entwicklung von Atomwaffen notwendigen politischen und gesellschaftlichen Rahmenbedingungen.

In den USA schienen nach Kriegsende durch die Herausnahme der Atomforschung aus dem Militärapparat und die Gründung der zivilen Atomic Energy Commission (AEC) die Weichen auf friedliche Kernenergie-Nutzung umgestellt zu werden; jedoch wurden in dieser Richtung jahrelang kaum Fortschritte gemacht, und als im September 1949 die erste sowjetische Atomexplosion bekanntgegeben wurde, gab es noch einmal einen Grund, um die Wissenschaft zu einem waffentechnischen Wettlauf zu mobilisieren. Das Konzept der «Wasserstoffbombe» oder «thermonuklearen» Bombe – einer nicht durch Spaltung schwerer Urankerne, sondern durch Verschmelzung leichter Deuterium-Kerne entfesselten Kettenreaktion – war bereits im Zweiten Weltkrieg vorhanden, wie denn das Konzept der Fusionsenergie kaum weniger alt ist als das Konzept der Kernspaltenergie. Der frühzeitige Verfechter der Wasserstoffbombe, der einst aus NS-Deutschland emigrierte Edward Teller, erlangte nunmehr die Führung, während Oppenheimer und andere leitende Atomphysiker zunächst gegen den Bau der neuen «Superbombe» opponierten. Wenige Jahre darauf wurde Oppenheimer mit Hinweis auf frühere persönliche Beziehungen kommunistischer Sympathien verdächtigt, wurde von einem Untersuchungsausschuß der AEC verhört und anschließend als «Sicherheits-Risiko» aus dem Staatsdienst entfernt. Kurz vorher, am 1. März 1954, war die erste militärisch verwendbare amerikanische Wasserstoffbombe auf den Bikini-Inseln explodiert: sie besaß eine Atombombe als Zünder, und ihre Sprengkraft betrug das 750fache der Hiroshima-Bombe.

Aber bereits im August 1953 war bekanntgeworden, daß auf sowjetischer Seite ebenfalls eine thermonukleare Explosion stattgefunden hatte; es handelte sich dabei noch nicht um eine abwerfbare Bombe; aber es dauerte nur bis zum 23. November 1955, bis auch die Sowjetunion die erste H-Bombe explodieren ließ. Das nukleare Patt im Bereich der Bomben war perfekt; der Rüstungswettlauf konzentrierte sich in der Folgezeit vor allem auf die Trägerwaffen, die Raketen.

Auf die Explosion bei den Bikini-Inseln läßt sich der Beginn der wachsenden internationalen Protestwelle gegen die Atomwaffen-Versuche und der Beginn der Debatte über die durch radioaktiven «Fallout» verursachten gesundheitlichen Schäden datieren; denn damals war ein japanisches Fischerboot ahnungslos in die Gefahrenzone geraten, und die gesamte Mannschaft war für Jahre erkrankt; einer der Fischer starb. Auch wurde erst in jenen Jahren in der Weltöffentlichkeit Genaueres über Langzeitschäden an den Überlebenden der Atomexplosionen von Hiroshima und Nagasaki bekannt; bis zum Ende der amerikanischen Besatzung (1952) stand die japanische Berichterstattung über die «Hibakusha», die strahlengeschädigten Überlebenden, unter US-Zensur. Mitte der 50er Jahre begann die Kampagne der Federation of American Scientists gegen die Atomtests; im Juli 1957 fand die erste der internationalen Pugwash-Konferenzen gegen die Nuklearversuche statt.

Kurz vorher, im April 1957, hatten die führenden bundesdeutschen Atomphysiker im sog. Göttinger Manifest (Anhang 16 a–c) gegen Pläne zur atomaren Bewaffnung der Bundeswehr protestiert – eine Kundgebung, die weites Aufsehen erregte.

Im August 1963 kam es endlich zwischen den USA, der Sowjetunion und Großbritannien (seit 1952 ebenfalls Atommacht) zu einem Abkommen über die Einstellung der Atomwaffenversuche in der Atmosphäre; Programme mit unterirdischen Kernexplosionen, z. T. zu friedlichen Zwecken (das sogenannte «Plowshare»-Programm in den USA), wurden fortgesetzt. 1967/68 kamen die gleichen drei Mächte überein, die weitere Verbreitung von Atomwaffen vertraglich zu verhindern und auch die übrigen Nationen darauf zu verpflichten. Das brachte die Bundesrepublik in eine Entscheidungssituation; sie hatte zwar schon 1954 den Verzicht auf Atomwaffen öffentlich erklärt, doch erst nach heftigen öffentlichen Debatten (Anhang 17 a, b) und nach dem Bonner Machtwechsel von 1969 unterzeichnete die neue sozialliberale Bundesregierung den sogegenannten «Atomsperrvertrag». International ist die Gefahr der «Proliferation», der Weiterverbreitung von Kernwaffen dennoch bis heute geblieben. Es ist sogar zweifelhaft, ob die durch den NV-Vertrag vorgesehene Spaltstoffkontrolle selbst innerhalb der Vertragsländer überhaupt wirksam ist (Anhang 18).

Die Angst vor der Atombombe hat noch lange Zeit die Einstellung breiter Bevölkerungsteile zur Kernenergie geprägt (Anhang 16c). Noch 1968, als in der Bundesrepublik bereits über ein Jahrzehnt Programme zur friedlichen Kernenergie-Nutzung bestanden, wurde diese von der Bevölkerung offenbar noch kaum wahrgenommen: eine Repräsentativuntersuchung ergab, daß von 1000 Befragten 430 mit «Atom» die Atombombe assoziierten und nur etwa 60 «Atomreaktor», «Atomforschung» usw. (atomwirtschaft Jg. 13/1968, S. 71). Befürworter der friedlichen Kernenergie-Nutzung haben immer wieder behauptet, daß die sich in den 70er Jahren ausbreitende Angst vor Kernkraftwerken ihren historischen Ursprung in der Angst vor den Kernwaffen habe. In der Tat gibt es vor allem in manchen Gebieten der USA eine unmittelbare Kontinuität zwischen der früheren Bewegung gegen Atomtests und der späteren Bewegung gegen Kernkraftwerke (Novick 1971, S. 185 ff.); die Göttinger Atomphysiker allerdings verbanden 1957 ihren Protest gegen die atomare Bewaffnung mit einem Bekenntnis zur friedlichen Kernenergie-Nutzung, und der gleiche Wissenschaftler-Kreis gehörte zu den Begründern nicht nur der Kernforschung, sondern auch der Kerntechnik in der Bundesrepublik.

Einen mächtigen Antrieb hierzu hatte nicht nur in Deutschland, sondern auch in vielen anderen Ländern die von der UNO im August 1955 veranstaltete 1. Genfer Atomkonferenz gegeben; dort schienen die Großmächte mit der Offenlegung einer damals schier überwältigend wirkenden Fülle kerntechnischer Erkenntnisse einen sichtbaren Schlußstrich unter die Zeit zu setzen, in der die militärische Nutzung dominierte. Noch zwei Jahre zuvor war in den USA das der Atomspionage angeklagte Ehepaar Rosenberg nach einem spektakulären und beispiellosen Prozeß hingerichtet worden; nun begann sich die Last der Geheimhaltung von der Atomphysik endlich zu heben. Die internationale «Familie» der Kernforscher – für viele Beteiligte eine romantische Jugenderinnerung – schien sich wieder zusammenzufinden, und die Schuld, die die Wissenschaft durch die Waffenproduktion auf sich geladen hatte, versprach von nun an durch ein Zeitalter friedlicher Forschung getilgt zu werden – ein Zeitalter, in dem die unbegrenzte Verfügung über Kernenergie helfen würde, alle aus ungleichmäßiger Entwicklung erwachsenden Konflikte in der Welt zu überwinden (Anhang 19a + b). Eine Welle von Euphorie breitete sich unter Fachleuten und interessierten Laien aus; sie wich einige Jahre später einer tiefen Ernüchterung, als man allgemein erkannte, daß der Weg zur Kernenergie länger und aufwendiger war als anfangs angenommen, und als die Fusionsenergie, auf deren unbegrenztes Potential und angebliche Ungefährlichkeit die Öffentlichkeit besondere Hoffnungen setzte, in eine unbestimmte Zukunft entschwand (Anhang 19b, c).

Dennoch hat sich seit Mitte der fünfziger Jahre die friedliche Kernenergie-Nutzung zunehmend von der militärischen Forschung gelöst; wenn sie in der ersten Zeit noch vom «spin-off» der Waffentechnik zehrte, so wurde die Rüstung in den sechziger Jahren doch eher zu einem lästigen und ablenkenden Einfluß auf die friedliche Nutzung. Der bundesdeutschen Kernenergie-Entwicklung ist es offenbar zugute gekommen, daß sie sich von Anfang an – im Unterschied zur britischen und französischen Nuklearentwicklung – nicht im Schatten von Militärapparaten vollzog, sondern sich frühzeitig nach wirtschaftlichen Gesichtspunkten ausrichten konnte: dieser Umstand trug nicht unwesentlich dazu bei, daß die bundesdeutsche Atomindustrie ihre britischen und französischen Konkurrenten, die anfangs einen weiten Vorsprung besaßen, Ende der sechziger Jahre sichtbar überrundete.

Dennoch ist die Kerntechnik bis heute in mehrfacher Hinsicht von ihrem militärischen Ursprung geprägt; die im Zeichen der Waffentechnik stehende Anfangszeit ist keine völlig überwundene Episode, sondern hat sich in manchen Strukturen und Wesenszügen der Kerntechnik und ihrer Entwicklung niedergeschlagen. Allgemein ist das forcierte Tempo, die immer neue Vorstellung eines internationalen Wettlaufs, bei dem um jeden Preis mitzuhalten sei, als ein Erbe jener Anfangszeit anzusehen; immer wieder wurden Entscheidungen über Reaktortypen gefällt, bevor alternative Typen hinreichend erprobt waren: die Entwicklung erscheint frühzeitig fixiert und durch vollendete Fakten prädeterminiert. Kaum jemals hat eine Abwägung der Kernenergie mit alternativen Energiequellen stattgefunden: spätestens seit den fünfziger Jahren bestand allgemeine Übereinstimmung, daß einzig der Kernenergie die Zukunft gehöre: die gewaltigen durch die Waffenproduktion geschaffenen Forschungs- und Entwicklungskapazitäten verlangten nach einer

121: Das britische Atomkraftwerk Calder Hall. Es besteht aus 4 Reaktoren von je 50 MW, die 1956–1959 fertiggestellt wurden. Heute, wo es Reaktorblöcke von weit über 1000 MW gibt, wirken diese Kapazitäten winzig; als es erbaut wurde, war Calder Hall jedoch das mit weitem Abstand größte Kernkraftwerk der Welt. Auch in der Bundesrepublik galt es damals weithin als Vorbild, zumal es mit Natururan arbeitete und keine Urananreicherung brauchte. Es hat Graphit als Moderator und wird mit Gas gekühlt; die Gas-Graphit-Linie bestimmte seit Calder Hall die britische und zeitweise auch die französische Reaktorpolitik und unterschied sie von den US-amerikanischen Reaktorentwicklungen. Äußerlich beherrschend sind hier bereits – wie bei heutigen Kernkraftwerken – die gewaltigen Kühltürme, während das charakteristische kuppelförmige Containment des Reaktors noch fehlt. Eine rentable Stromerzeugung war in Calder Hall noch nicht möglich, maßgebend war vielmehr die Plutonium-Produktion. Calder Hall ist daher eher als eine «mit einem Kernkraftwerk umkleidete Bombenfabrik» (siehe Baade, 1958, S. 120) zu charakterisieren.

dauerhaften Nutzung. Diese aus militärtechnischen Erfordernissen heraus entstandene Organisationsform der Großforschung setzte sich selbst in einem Land wie der Bundesrepublik durch, das niemals eine Waffenproduktion betrieben hatte; ob sie ein optimaler Weg zur Entwicklung wirtschaftlicher Kernkraftwerke ist, ist bis heute fraglich. Bis in die Auswahl der Reaktortypen hinein zeigt sich die Wirkung der militärischen Genese: international dominieren bis heute absolut die auf dem Uran-Plutonium-Zyklus basie-

renden Reaktoren, obwohl die mit dem Thorium-Uran-233-Zyklus arbeitenden Hochtemperaturreaktoren wesentliche Vorteile besäßen – aber die
letztere Technologie besaß niemals militärische Bedeutung. Unter den
kommerziell errichteten Kernkraftwerken haben die Leichtwasserreaktoren weltweit nahezu die Alleinherrschaft erlangt; sie konnten sich deshalb
durchsetzen, weil sie frühzeitig als Antrieb für amerikanische U-Boote entwickelt wurden und daher am ersten als «erprobt» galten, und weil die für
diesen Reaktortyp notwendige Urananreicherung zugleich eine militärische
Schlüsseltechnologie war, deren enormer Aufwand nicht in die Kostenrech-
nung einging.

Oberflächlich betrachtet scheint die Kernenergie-Entwicklung ganz in die
Vorstellung zu passen, daß der Krieg der Vater aller Dinge sei; in Wirklichkeit reicht das Konzept der Kernenergie jedoch weit vor den Zweiten Weltkrieg zurück, und die ungeheure Förderung, die sie durch den Krieg erlangte, ist nicht pauschal als Fortschritt zu bewerten: manches weist vielmehr
darauf hin, daß die kerntechnische Entwicklung durch den Krieg und die
Rüstung bedenkliche Überstürzungen und Deformierungen erfuhr und daß
die Bewältigung dieser ihrer Vergangenheit als Aufgabe noch für die Zukunft bestehen bleibt (Anhang 18).

Die Entwicklung in der Bundesrepublik:
Motive, Interessen und Institutionen

Die deutsche Kernforschung war noch Jahre nach der Gründung der Bundesrepublik starken Beschränkungen von alliierter Seite unterworfen, die sie
über den Bereich der Theorie und des Labors nicht hinausgelangen ließen.
Diese Beschränkungen fielen erst im Mai 1955 fort, als die Bundesrepublik
durch das Inkrafttreten der Pariser Verträge die volle Souveränität erlangte.
Damals führte ein zeitliches Zusammentreffen mehrerer Umstände dazu,
daß die Bundesrepublik ihre neugewonnene nukleare Handlungsfreiheit unverzüglich wahrzunehmen suchte: im August 1954 war seitens der US-Regierung Privatfirmen der Betrieb von Kernreaktoren gestattet und dadurch vorstellbar geworden, daß die Kernenergie sich in die ganz auf die Privatinitiati-
ve abgestellte Wirtschaftsordnung der Ära Adenauer/Erhard einfügte; im
Februar 1955 hatte die Veröffentlichung des britischen Atomprogramms –
des damals ehrgeizigsten Kernkraftprogramms der Welt! – die Zuversicht
geweckt, daß auch für eine Mittelmacht wie die Bundesrepublik eine Kernenergie-Entwicklung großen Stils möglich sei; Anfang Juni 1955 wurde auf
der Konferenz von Messina zusammen mit der (1957 in Kraft tretenden) Europäischen Wirtschaftsgemeinschaft (EWG) die Gründung einer Europäischen Atomgemeinschaft (Euratom) beschlossen: die Kernenergie bekam

also eine Bedeutung für die europäische Integration – ein für das Interesse der Regierung Adenauer an der Kernenergie höchst wichtiger Umstand!

Schließlich und vor allem hinterließ die schon erwähnte Genfer Atomkonferenz (August 1955) mit ihrer Offenlegung einer Fülle von kerntechnischen Erfahrungen der Atommächte bei vielen Wissenschaftlern, Wirtschaftlern, Politikern und Publizisten einen geradezu überwältigenden Eindruck. Von nun an gab es einige Jahre lang eine Öffentlichkeit, die stürmisch nach friedlicher Kernenergie-Nutzung verlangte (Anhang 19a, b, c); hier entstand im grundsätzlichen sehr rasch ein Konsens, der sämtliche Parteien umfaßte und vom Bundesverband der Deutschen Industrie (BDI) bis zum Deutschen Gewerkschaftsbund (DGB) reichte, auch wenn es Meinungsverschiedenheiten darüber gab, wieweit die Kernkraft-Entwicklung von staatlicher und von privater Seite betrieben werden sollte.

Geradezu schlagartig wurde die Kernkraft-Förderung auf verschiedenen Ebenen institutionalisiert: im Oktober 1955 wurde eigens ein Bundesministerium für Atomfragen unter Leitung von Franz Josef Strauß geschaffen und drei Monate später eine Deutsche Atomkommission einberufen; sie war im Unterschied zur amerikanischen AEC keine eigenständige Behörde, sondern nur ein ehrenamtliches Beratergremium des Atomministers und setzte sich aus führenden Männern der Wissenschaft und Wirtschaft zusammen. Ursprünglich wollte die Bundesregierung die Kerntechnik soweit wie möglich der privaten Initiative überlassen. Ende 1955 richteten sowohl der BDI wie auch der DGB einen Atomausschuß ein; im Frühjahr 1956 trat ein Bundestagsausschuß für Atomfragen zusammen. Auch in mehreren Bundesländern wurden zur gleichen Zeit Atomausschüsse installiert – das alles zu einer Zeit, als die deutsche Kernforschung noch ganz in den Anfängen stand und noch nicht die geringste ökonomische Rolle spielte! Es stellt sich daher die Frage, welcher Art das damals in der Bundesrepublik vorherrschende Interesse an Kernenergie war.

In der Öffentlichkeit wurde damals wie heute die Notwendigkeit des Aufbaus einer Atomwirtschaft mit Hinweis auf die langfristige Verknappung der Energieträger und die in Zukunft drohende Energienot gerechtfertigt; schon Mitte der fünfziger Jahre tauchte das Schlagwort von der künftigen «Energielücke» auf. Da die bundesdeutsche Bevölkerung bis Mitte der fünfziger Jahre an Kohleknappheit litt, waren die Folgen eines Mangels an Energieträgern damals eine alltägliche Erfahrung; kurz darauf allerdings schlug die Kohleknappheit in Überfluß um, und es begann die erste große Absatzkrise der deutschen Kohle (1957) zugleich mit einem steilen Anwachsen der Ölimporte. Auch diese Situation konnte als «Energielücke» interpretiert werden: nämlich als bedenklicher Mangel an konkurrenzfähigen heimischen Energieträgern; aber das setzte ein autarkistisches Denken voraus, wie es den freihändlerischen Grundprinzipien der Wirtschaftspolitik Ludwig Erhards widersprach.

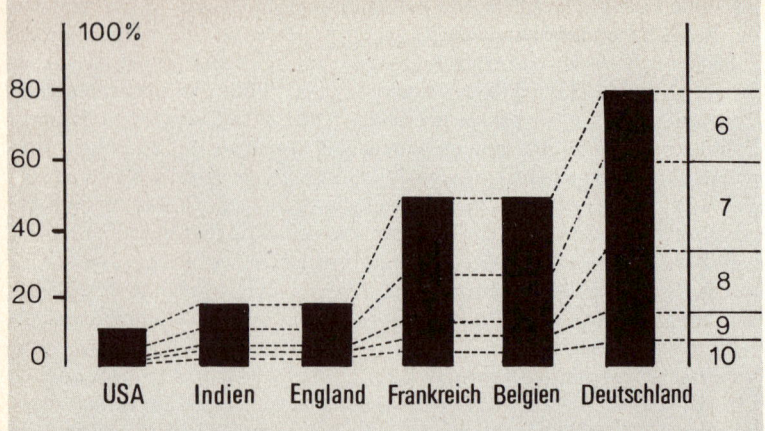

122: Dieses 1956 in «atomwirtschaft», dem führenden Organ der bundesdeutschen Atomindustrie veröffentlichte Schaubild («Die Aussichten für Atomenergie im Jahre 1960 in verschiedenen Ländern») dokumentiert, in welch groteskem Maß die Aussichten der Kerntechnik selbst in Fachkreisen überschätzt wurden; hiernach wäre es bei starkem Anstieg der Stromerzeugungskosten in der Bundesrepublik bereits 1960 denkbar gewesen, 80 % der gesamten Elektrizitätserzeugung durch Kernenergie zu decken! In Wirklichkeit war 1960 noch kein einziges Kernkraftwerk in Betrieb, und selbst ein Jahrzehnt danach betrug der Atomstrom nicht einmal 1 % der Gesamterzeugung! – Das Schaubild zeigt außerdem, daß man es in der bundesdeutschen Wirtschaft schon frühzeitig für möglich hielt, in der Kernenergie eine weltweite Spitzenposition zu erlangen. Die Zahlen auf der rechten Seite der Graphik erfassen den Kostenbereich zwischen 6 und 10 Millionstel Dollar pro Kilowattstunde bezogen auf den Prozentsatz der gesamten Elektrizitätserzeugung.

Die Förderung der Kerntechnik wurde offenbar lange Zeit, ja bis in die siebziger Jahre hinein, nicht vorrangig als Energiepolitik mit dem Ziel der bundesdeutschen Stromversorgung verstanden (Anhang 20 a). Die Energieversorgungsunternehmen (EVUs) spielten bei der kerntechnischen Entwicklung oftmals eine eher bremsende Rolle, wurden von seiten der Atominteressenten wiederholt kritisiert und waren in der Deutschen Atomkommission kaum vertreten. Das Bundeswirtschaftsministerium, zu dessen Ressort die Energiepolitik gehörte, zeigte sich lange Zeit an der Kernenergie desinteressiert. Mochte auch langfristig tatsächlich eine zunehmende Verknappung der Energieträger drohen, so widersprach doch eine langfristige Investitionsplanung eklatant allen damaligen Grundsätzen bundesdeutscher Wirtschaftspolitik, die von der Unvorhersehbarkeit und Unplanbarkeit der ökonomischen Zukunft ausging und im übrigen auf das Erdöl setzte. Die Sorge vor einer späteren Energienot, mochte sie auch zur Rechtfertigung der kerntechnischen Aufwendungen gegenüber der Öffentlichkeit geeignet sein, stellte keine wesentliche Triebkraft der Entwicklung dar.

Die frühesten Impulse zur Förderung der Kerntechnik kamen aus den Reihen der Wissenschaft; vor allem Heisenberg, der bereits während des Krieges die führende Rolle in der deutschen Kernforschung erlangt hatte, drängte die Bundesregierung schon vor 1955 immer wieder zum Handeln und ging dabei bis zu einer scharfen öffentlichen Kritik an der Regierung Adenauer, die nach Heisenbergs damaliger Auffassung dem Ausland einen kaum mehr aufzuholenden Vorsprung in der Kernforschung ließ. Daß eine energische Förderung dieses Sektors notwendig sei, um die internationale Reputation der deutschen Wissenschaft wiederherzustellen, war eine verbreitete Überzeugung; die beiden aufeinanderfolgenden Atomminister Strauss und Balke begriffen die Atompolitik vorrangig als Forschungspolitik, wie denn auch das Bundesatomministerium – im Einklang mit einer von Anfang an bestehenden Tendenz – 1962 in das Bundesministerium für wissenschaftliche Forschung umgewandelt wurde.

Auch dieses Motiv hätte jedoch in den fünfziger Jahren außerhalb des Ministeriums nicht ausgereicht; die Zeit für eine bundesseitige Wissenschaftspolitik war noch nicht gekommen. Größere Durchschlagskraft besaß dagegen die Warnung, daß die Stellung der deutschen Exportindustrie auf dem

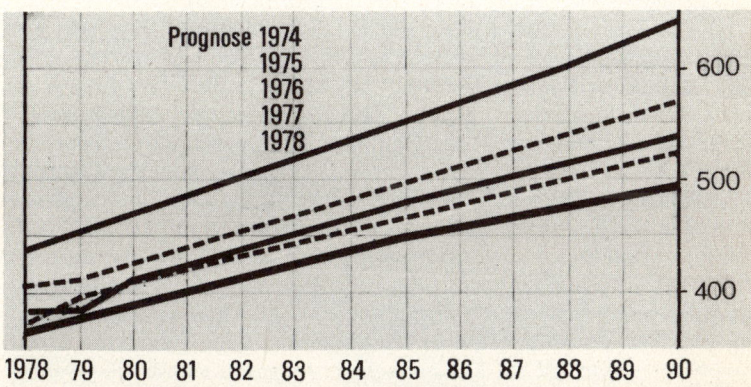

123: Besonders nach der «Ölkrise» vom Herbst 1973 wurde deutlich, daß das Wachstum des Energieverbrauchs keine Konstante ist und daß Prognosen, die das bisherige Wachstum geradlinig fortschreiben, unzuverlässig sind. Die Auswirkung der Ölpreiserhöhung auf die Kernenergie-Aussichten war daher zwiespältig: einerseits gab die Ölverteuerung der Kerntechnik starke Impulse, andererseits aber wurde die allgemeine Aufmerksamkeit auf Möglichkeiten der Energieeinsparung und auf die Vielfalt energietechnischer Alternativen gelenkt.

Weltmarkt ohne kerntechnische Erfahrungen auf die Dauer nicht zu halten und auszubauen wäre (Anhang 19a, 20b). Zu jener Zeit war die Vorstellung verbreitet, daß die Kerntechnik und Radiochemie eine allgemeine Umwälzung der Technologie weit über den Kraftwerksbau hinaus bringen würden; im übrigen findet sich in der Literatur bis in die sechziger Jahre hinein immer wieder die Behauptung, daß Kernkraftwerke durch ihre relative Standortunabhängigkeit wie geschaffen für die Bedürfnisse zahlreicher Entwicklungsländer seien, die nicht über fossile Energieträger verfügten oder diese nur unter großen Kosten in entferntere Landesteile transportieren könnten. Diese Behauptung setzte eigentlich voraus, daß rentable Kernkraftwerkstypen von kleiner und mittlerer Kapazität entwickelt würden (Anhang 19a); hierzu zeigte jedoch die nur an Großkraftwerken interessierte deutsche Energiewirtschaft keine Neigung.

Zwischen den Kernenergie-Interessen der auf die heimische Energieversorgung orientierten EVUs und denen der auf Export spekulierenden Herstellerfirmen gab es auch sonst zeitweise eine starke Diskrepanz: Die EVUs bevorzugten, sofern sie überhaupt an Kernenergie interessiert waren, solche Kraftwerkstypen, die bereits als erprobt galten und deren Anlagekosten möglichst niedrig lagen; ein Teil der Exportindustrie hingegen war vor allem daran interessiert, sich durch Entwicklung eigener Reaktortypen gegenüber der ausländischen Konkurrenz zu profilieren, und hegte die begründete Sorge, daß die Strategie der EVUs darauf hinausliefe, amerikanische Reaktortypen zu übernehmen. In der Tat enthielt das erste bundesdeutsche Kernkraftwerk –1957 vom Rheinisch-Westfälischen Elektrizitätswerk (RWE) in Auftrag gegeben und bei Kahl am Main erbaut – einen US-amerikanischen Siedewasserreaktor, der angereichertes Uran benötigte; die Bestellung erfolgte ohne Rücksicht auf das zur gleichen Zeit aufgestellte erste Atomprogramm (sog. «Eltviller Programm»), das die Bevorzugung deutscher Eigenentwicklungen und auf Natururan basierender Reaktortypen vorsah. Da die Investitionspolitik der EVUs trotz deren meist öffentlichen oder halböffentlichen Charakters staatlicherseits kaum beeinflußt wurde, bereitete die Durchsetzung der staatlichen Atomprogramme immer wieder Schwierigkeiten.

Einen besonderen Einfluß auf die ersten Atomprogramme besaßen leitende Männer der chemischen Industrie; aus der Chemie kam auch der Atomminister Balke (1956–62). Führende Chemiekonzerne engagierten sich damals aus mehreren Gründen in der Kerntechnik: Als größte industrielle Stromabnehmer waren sie an billiger Energie und an Konkurrenz unter den Energieträgern interessiert; als kerntechnische Produzenten konnten sie u. U. auf ein Geschäft mit Schwerwasser und mit dem durch Wiederaufarbeitung zu gewinnenden Plutonium hoffen; auch sonst versprachen sie sich von radioaktiven Substanzen vielfältige industrielle Nutzungsmöglichkeiten. Das in der Deutschen Atomkommission anfangs wiederholt proklamierte autarkistische Energiekonzept entsprach Traditionen der chemischen Industrie aus

124: «Mensch, die nehmen jetzt die Pille.» Die Karikatur gibt einen Einblick in populäre Vorstellungen über Kernkraftwerke in einer Zeit, als sie sich kommerziell durchzusetzen begannen, ihr Aussehen aber der Öffentlichkeit noch nicht geläufig war. Der Kernreaktor, der mit einem wirklichen Reaktor kaum Ähnlichkeit hat, sieht hier genauso aus wie Dampfkessel und Feuerung eines Kohlekraftwerks; der Unterschied besteht nur in der winzigen Menge des benötigten Kernbrennstoffs und in der scheinbaren Sauberkeit des Kernkraftwerks. Zu beachten ist auch, daß der Kernreaktor von einem «white-collar»-Arbeiter bedient wird!

der Kriegs- und Zwischenkriegszeit, die damals ihre Wirkung noch nicht verloren hatten, stand allerdings in Widerspruch zur bundesdeutschen Wirtschaftspolitik (Anhang 21).

Man hätte erwarten können, daß die Kernenergie-Interessen mit der in Deutschland seit über einem Jahrhundert etablierten Macht der Kohle zusammengestoßen wären; zu einer offenen und längerdauernden Konfrontation auf ganzer Linie ist es jedoch nicht gekommen, wenn es auch hinter den Kulissen Spannungen genug gegeben hat. Da die Förderung der Kerntechnik lange Zeit nicht vorrangig als Energiepolitik verstanden wurde, kam sie der Kohle nicht sogleich ins Gehege; auch das mit der Kernenergie früher oft verknüpfte autarkistische Konzept der Bevorzugung heimischer Energiequellen (zeitweise glaubte man an große deutsche Uranvorkommen) war geeignet, taktische Bündnisse zwischen Kernenergie und Kohle gegen die

Ölimporte entstehen zu lassen, zumal auch die Kohle immer stärker auf staatliche Subventionen angewiesen war. Kernenergie wie Kohle benötigen eine «nationale» Wirtschaftspolitik. Einen Verband Kernenergie-Kohle versprach auch das Projekt, Hochtemperatur-Kernkraftwerke zur Kohlevergasung einzusetzen und die auf diese Weise «veredelte» Kohle wieder konkurrenzfähig zu machen; das Projekt wurde allerdings bis heute nicht realisiert.

Ein wichtiger Nebenschauplatz der Kerntechnik war lange Zeit die Schiffsreaktorentwicklung. Eine Hauptfaszination der Kernenergie besonders in früherer Zeit ergab sich aus der beliebten Gegenüberstellung der winzigen Spaltstoffmenge mit der für die gleiche Leistung benötigten Kohlemenge (1:60 000 oder noch mehr), während man die Dimensionen der Sicherheitsproblematik erst allmählich überblickte; so erklärt es sich, daß anfangs die Meinung verbreitet war, mindestens so gut wie für den Kraftwerksbetrieb eigne sich die Kernenergie zum Antrieb von Schiffen, ja selbst von Lokomotiven und Flugzeugen (vgl. Anhang 19 a). In den USA wurden Kernantriebe für U-Boote noch vor den Kraftwerksreaktoren entwickelt, und die Leichtwasserreaktoren setzten sich in den Kraftwerken wesentlich deshalb durch, weil sie bereits in U-Booten erprobt waren. Die Fahrt des nuklear getriebenen amerikanischen U-Bootes «Nautilus» (Abbildung 126) unter dem Polareis im Sommer 1958 erregte weltweites Aufsehen. In der Bundesrepublik entstand in Geesthacht ein Forschungszentrum zur Schiffsreaktorentwick-

125: «Die Atomlokomotive der Zukunft». Pläne wie der einer Lokomotive, die einen Reaktor mit sich führt, konnten nur zu einer Zeit kursieren, als die Diskussion über Reaktorsicherheit noch ganz in den Anfängen stand und die Öffentlichkeit sich für derartige Probleme noch nicht interessierte. Allein die Möglichkeit der Entgleisung oder des Zusammenstoßes von Zügen und die damit verbundene Gefahr der Freisetzung des radioaktiven Potentials machte solche Pläne in Fachkreisen frühzeitig indiskutabel.

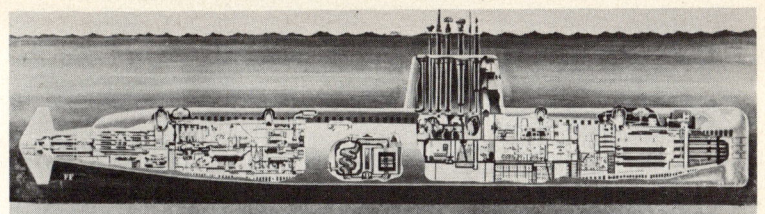

126: Das amerikanische Atom-U-Boot «Nautilus». Es wurde durch einen Druckwasserreaktor angetrieben, ebenso wie das erste zur Stromerzeugung gebaute und tatsächlich genutzte Kernkraftwerk der USA (Shippingport, 1958 fertiggestellt). Nach diesem
Vorbild wurde ein Atom-Frachtschiff – die «Otto Hahn» – 1968 in der Bundesrepublik
fertiggestellt. Dieses Schiff ist seit 1978 außer Dienst, u. a. weil es auch zunehmend
schwieriger wurde, Häfen zu finden, die das Schiff ankern ließen.

lung; 1968 wurde das Atomschiff «Otto Hahn» in Betrieb genommen. Seither ist es jedoch um die Schiffsreaktorentwicklung still geworden: wesentlich
unter militärischen Gesichtspunkten begonnen, hat sie die Wirtschaftlichkeit
nicht erreicht, dagegen zunehmend Sicherheitsbedenken auf sich gezogen.

Die bundesdeutsche Kernenergie-Entwicklung besaß in ihrem ersten Jahrzehnt kein reales wirtschaftliches Fundament, sondern wurde durch eine
Summierung spekulativer Interessen vorangetrieben (Anhang 19b, c). 1967
hingegen wurden bei Stade und Würgassen (Abbildung 127 und 128) die ersten Kernkraftwerke auf kommerzieller Basis in Auftrag gegeben – mit eben
den Leichtwasserreaktoren, die das RWE schon zehn Jahre zuvor bei dem
Auftrag von Kahl bevorzugt hatte –, und mit dem Bau von Biblis A (1969–74)
(Abbildung 129 und 130), dem damals größten Kernkraftwerk der Welt
(1145 Megawatt), stieg die deutsche Atomindustrie zur führenden in Europa
auf. Die meisten Leitmotive der ersten Zeit traten nunmehr in den Hintergrund oder beschränkten sich auf den Bereich der auf Staatskosten und in
Verbindung mit den Großforschungszentren entwickelten fortgeschrittenen
Reaktoren: Der Ehrgeiz, eigens deutsche Reaktortypen zu kreieren, verschwand, nachdem man mit Erfolg eine deutsche Version der amerikanischen Leichtwasserreaktoren auf den Markt gebracht hatte; das besondere
Engagement der chemischen Industrie ging zurück, als Schwerwasser nicht
mehr benötigt wurde, die Wiederaufarbeitung sich als zu kostspielig erwies
und sich schließlich das Projekt eines BASF-eigenen großstadtnahen Kernkraftwerks zerschlug; das Ziel möglichst hoher Plutonium-Ausbeute wurde
von den Kernkraftwerken der «ersten Generation» auf die Schnellen Brüter
übertragen, und auch diese werden heute mindestens so sehr als Plutonium-
verbraucher wie als Plutoniumerzeuger angestrebt. Als Triebkraft der europäischen Einigung hatte die Kernenergie sehr rasch ausgedient, nachdem
Euratom zwischen die Mühlsteine der konkurrierenden nationalen Indu-

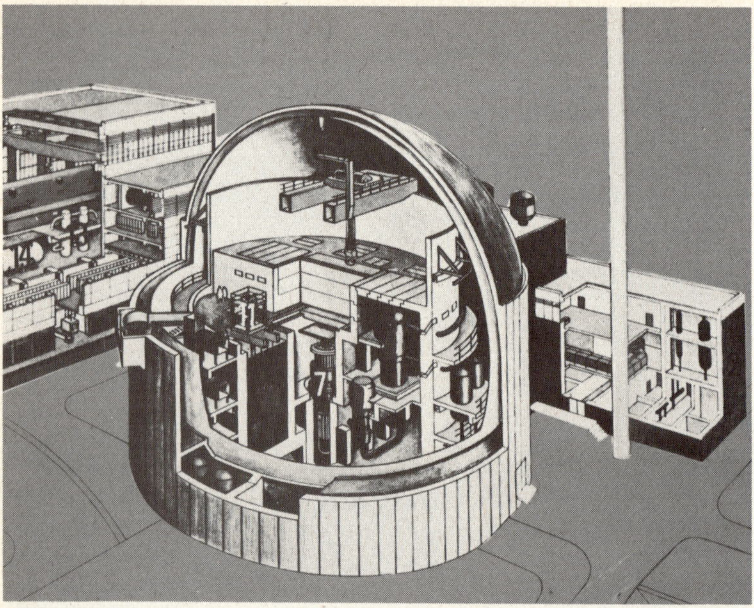
14
7

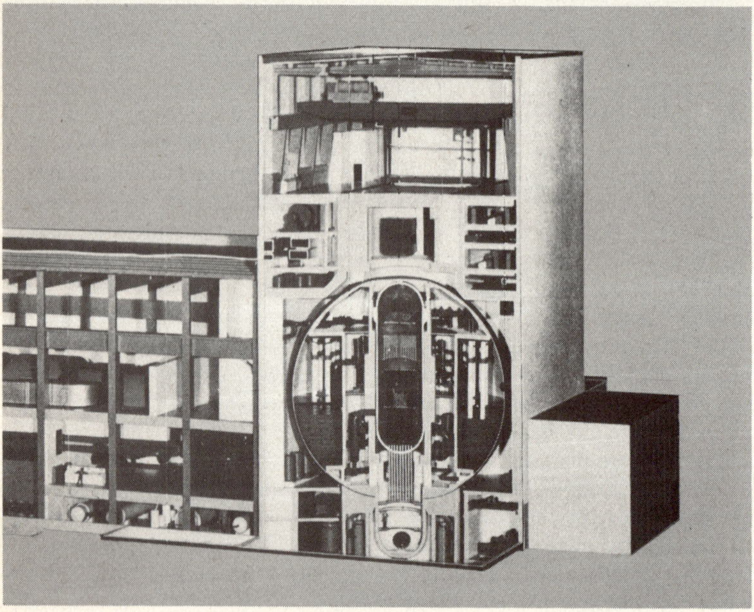

129: Luftansicht der beiden Kernkraftwerksblöcke Biblis A und B (1145 und 1230 MW, 1969–74 und 1971–76 erbaut). Beide Blöcke wurden von der Kraftwerk-Union (KWU) für das Rheinisch-Westfälische Elektrizitätswerk (RWE), den größten bundesdeutschen Stromerzeuger, errichtet. Beide sind mit Druckwasserreaktoren ausgestattet und auch sonst sehr ähnlich eingerichtet: sie markieren den Übergang zum Serienbau bei Kernkraftwerken. Das Kühlwasser wird normalerweise aus dem dahinter fließenden Rhein bezogen; für Zeiten geringer Wasserzuführung und hoher Wassertemperatur des Rheins wurden zusätzlich vier 80 Meter hohe Kühltürme errichtet. Die Kühltürme für Biblis A waren ursprünglich nicht eingeplant und wurden erst auf Grund einer Behördenauflage errichtet; daher liegen sie etwas abseits.

◄ 127 und 128: Querschnitt durch Modelle von den Kernkraftwerken Stade und Würgassen. Diese beiden ersten auf kommerzieller Basis in Auftrag gegebenen Kernkraftwerke wurden von Siemens (Stade, oben) und AEG (Würgassen, unten) zu einer Zeit erbaut, als beide Firmen in der Kerntechnik noch miteinander konkurrierten und unterschiedliche Reaktorkonzepte vertraten. Auch äußerlich unterschieden sich beide Kernkraftwerke deutlich voneinander: Bei dem mit einem Druckwasserreaktor und Zweikreissystem ausgestatteten Kraftwerk Stade sind Reaktorgebäude und Turbinenhaus stärker voneinander getrennt als in dem Kraftwerk Würgassen mit seinem Siedewasserreaktor und Einkreissystem (über den Unterschied beider Reaktortypen vgl. das folgende Kapitel). Der mit höherem Druck arbeitende Reaktor Stade besitzt ein stärkeres «Containment» (der kuppelförmige Überbau) als der Reaktor Würgassen.

197

130: Das Gesamtgewicht des Reaktor-Druckgefäßes für das Kernkraftwerk Biblis beträgt 540 t (zum Vergleich Stade: 280 t); es enthält im Betrieb 102 t Uran (Stade: 56 t). Nur wenig jedoch wuchs gegenüber Stade der Durchmesser des kuppelförmigen Sicherheitsbehälters: 56 m statt 48 m; hier und an anderen Punkten zeigt sich die Kostendegression bei steigender Blockgröße. Die Reaktorkuppel soll dem Aufprall eines abstürzenden Flugzeugs bis zu einer Aufprallgeschwindigkeit von 400 km/h standhalten können.

strien geriet und von einer Krise in die nächste taumelte. Auch die Vorstellung, Kleinkraftwerke an eine Vielzahl von Entwicklungsländer zu exportieren, gehört nach dem Sprung der Blockgrößen über 1000 Megawatt der Vergangenheit an; nur die größten Staaten der Dritten Welt – und oft solche, die zugleich den Ehrgeiz eines militärischen Kernenergie-Programms hegen – treten als potentielle Kunden in Erscheinung.

Die öffentlichen Ausgaben zur Förderung der Kerntechnik stiegen seit Mitte der fünfziger Jahre ständig an: mit weniger als 20 Millionen DM im Jahre 1956 beginnend, wuchsen sie vor allem mit dem Aufbau der Großforschungszentren, der Versuchsreaktoren und der Brüter- und HTR-Prototypen steil an und übersprangen 1970 die Milliardengrenze. Die Initiative bei der kerntechnischen Entwicklung jedoch lag nicht mehr beim Bundesministerium und bei der Atomkommission, sondern war im Laufe der sechziger Jahre ganz auf die führenden Firmen der inzwischen hochkonzentrierten Atomindustrie (1969 Gründung der Kraftwerks-Union, KWU, durch Siemens und AEG), auf die führenden EVUs und auf die zu Großforschungskomplexen angewachsenen Kernforschungszentren übergegangen.

Der Schwerpunkt in der Tätigkeit der Nachfolgeministerien des Bundesatomministeriums (1962 Bundesministerium für wissenschaftliche Forschung, 1969 für Bildung und Wissenschaft, 1972 für Forschung und Technologie) verlagerte sich – ebenso wie das Interesse der zuständigen Bundestags-ausschüsse – zunehmend auf die Förderung anderer neuer Technologien und auf Wissenschafts- und Bildungspolitik. Auch die Deutsche Atomkommission, die über sehr viel mehr Experten verfügte als das Ministerium, verlor die Initiative und zerfiel praktisch immer mehr in Einzelausschüsse; sie wurde 1971 von der sozialliberalen Regierung im Rahmen einer allgemeinen Reform des Beratungswesens aufgelöst und durch ad-hoc-Ausschüsse ersetzt, auf die sich ohnehin längst der Schwerpunkt der Beratungstätigkeit verlagert hatte (Anhang 22a und b). Auch in anderen Ländern ließ die wachsende Eigendynamik der kerntechnischen Entwicklung die Bedeutung öffentlicher Institutionen zurücktreten; in den USA wurde die AEC 1974 aufgelöst. Dafür verstärkten sich im Laufe der öffentlichen Kernenergie-Kontroverse Bestrebungen, den Staat als Kontrollinstanz der Kerntechnik einzusetzen.

Die Technologie von Kernkraftwerken: Reaktortypen und Reaktorgenerationen

Die physikalische Grundlage der in Kernreaktoren erzeugten Energie besteht in folgendem Prozeß: Bei der Spaltung des Uran-Isotops 235 (oder auch von U-233 oder Plutonium-239) werden Neutronen frei, die die Spaltung von weiteren Urankernen verursachen und somit eine Kettenreaktion auslösen. Dies ist auf Grund mehrerer Voraussetzungen möglich: Das an der Obergrenze der Periodenskala der Elemente befindliche Uran, das schwerste der in der Natur vorkommenden Elemente, ist relativ instabil; es bildet eben deshalb die obere Grenze des Periodensystems, weil noch schwerere Elemente zerfallen und die Jahrmilliarden der Erdgeschichte nicht überdauerten.

Auch der Kern des Uran-235 kann gewissermaßen nur noch mühsam seinen Zusammenhalt aufrechterhalten; ein einziges neu hinzukommendes Neutron genügt meist, um ihn zu zerstören. Das Neutron kann ungehindert in den Kern eindringen, da es mangels einer eigenen elektrischen Ladung keinerlei Abstoßung erfährt. Das Problem besteht nun darin, zu gewährleisten, daß ein Neutron im Durchschnitt auf einen Kern trifft, da U-235 nur 0,7 % des Natururans ausmacht und der «Einfangquerschnitt» des Atomkerns, dessen Durchmesser nur ein 10000stel des Atomdurchmessers beträgt, sehr gering ist. Es gibt zwei Methoden, um die Treffwahrscheinlichkeit des Neutrons zu erhöhen: zum einen die Urananreicherung, d. h. die Erhöhung des U-235-Anteils; zum anderen die Abbremsung des Neutrons auf sogenannte «thermische» Energie durch einen Moderator: Ähnlich wie beim Golfball hängt die Treffwahrscheinlichkeit des Neutrons von seiner Geschwindigkeit ab: sie wird bei niedrigen Neutronengeschwindigkeiten höher. Trifft das Neutron auf einen Atomkern, so werden bei dessen Spaltung im Durchschnitt 2,46 weitere Neutronen frei; eine Kettenreaktion (Abbildung 131) ist also möglich, falls nicht zu viele Neutronen für den Spaltprozeß verlorengehen, ja es kann sogar in Explosionsschnelle zu einem lawinenartigen Leistungsanstieg kommen, da sich die Spaltung eines Kerns in weniger als einer Milliardstel Sekunde vollzieht – das ist der Vorgang in der Atombombe.

Ein solcher Vorgang ist in einem Kraftwerksreaktor, der keinen reinen Spaltstoff enthält, prinzipiell unmöglich; auch dort besteht jedoch die Gefahr, daß die Kettenreaktion bis hin zur Kernschmelze und zur Freisetzung

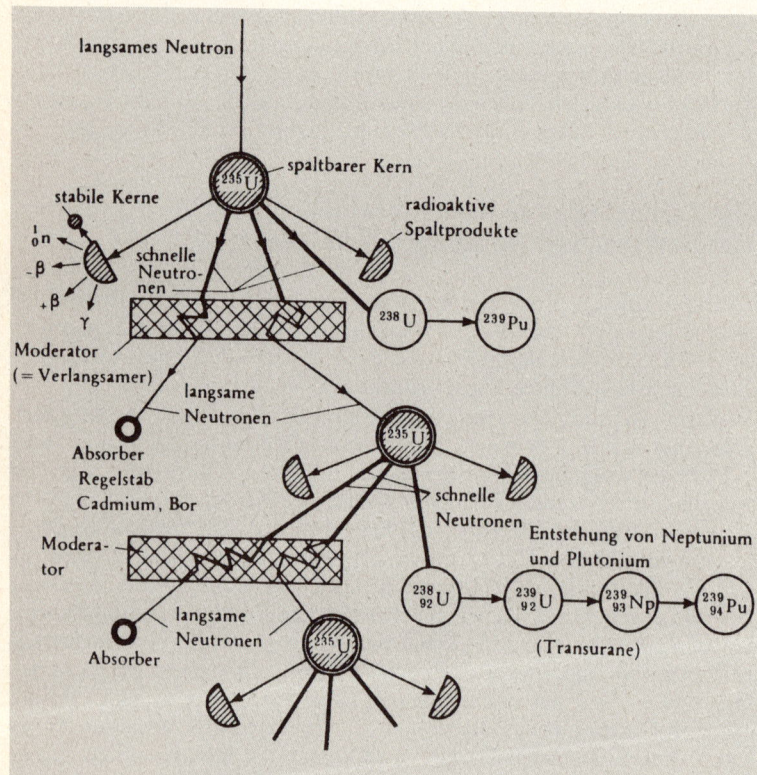

131: Schema der moderierten Kettenreaktion im natürlichen Uran. Natururan braucht einen besonders wirksamen Moderator wie Graphit oder schweres Wasser, während man sich bei angereichertem Uran mit normalem Wasser («Leichtwasser») als Moderator begnügen kann. Das Schema zeigt, wie die bei der Spaltung eines Kerns von Uran-235 freigesetzten Neutronen, durch den Moderator gebremst, weitere U-235-Kerne spalten, außerdem aber U-238-Kerne über mehrere Zwischenstufen in Plutonium-239 verwandeln. Auch die bei der Spaltung aufgetretene Strahlung ist angedeutet.

von Spaltprodukten nach außen anwächst. Dies muß durch ein automatisches Regelsystem verhindert werden, das durch Absorption von Neutronen dafür sorgt, daß die Kettenreaktion sich nur gerade selbst erhält und keine «Leistungsexkursion» stattfindet.

Die Energie ergibt sich beim Spaltprozeß aus dem sogenannten «Massendefekt»: die Summe der Massen der bei der Spaltung entstehenden Atomkerne ist etwas geringer als die Atommasse des ursprünglichen Urankerns. Zwar beträgt der Massendefekt nur etwa ein tausendstel der Spaltstoffmasse; aber die daraus entstehende Energie enthält, dem Einsteinschen Massen-Energiegesetz entsprechend, einen Faktor von der Größenordnung des Quadrates der Lichtgeschwindigkeit. Diese durch den Massendefekt freiwerdende Energie tritt zu etwa 85 % als kinetische Energie der Spaltprodukte in Erscheinung, die dann durch die umgebende Materie in Reibungswärme verwandelt wird; die restliche Energie erscheint in der Form von Strahlung.

Bei leichten Atomkernen entsteht ein Massendefekt durch Kernfusion; hierauf beruht das Prinzip der Fusionsenergie. Daher ist auch das am entgegengesetzten Ende des Periodensystems stehende Element, der Wasserstoff, zur Erzeugung von Kernenergie – in diesem Fall Fusionsenergie – geeignet. Den scheinbaren Widerspruch, daß durch zwei entgegengesetzte Prozesse Energie erzeugt wird, kann man durch folgende Vorstellung auflösen: zur Mitte des Periodensystems hin nimmt die innere Stabilität der Elemente zu, zum Rande hin nimmt sie ab; die Stabilität der Elemente am oberen Rande ist gewissermaßen nur durch Anstrengung aufrechtzuerhalten, und die dazu erforderte Kraft wird durch die Umwandlung in mehr zur Mitte hin liegende Elemente frei. Man spricht davon, daß dem nach der Mitte hin zunehmenden Massendefekt eine nach der Einsteinschen Äquivalenz zunehmende «Bindeenergie» entspricht; man darf dabei aber nicht vergessen, daß «Masse» und «Energie» nur Hilfs-Veranschaulichungen der Verhältnisse im Atom sind.

Durch die Kernspaltung entsteht eine Vielzahl verschiedener – teils stabiler, teils weiter zerfallender – Spaltprodukte (Nuklide); schon daraus ergibt sich die Schwierigkeit der Wiederaufarbeitung, d. h. der Herauslösung radioaktiver Substanzen aus den abgebrannten Brennelementen. Die Spaltprodukte drohen den weiteren Spaltprozeß immer mehr zu stören bzw., wie man sagt, den Reaktor zu «vergiften»; daher muß der Reaktor im allgemeinen zunächst «überkritisch» sein, d. h. mehr Brennstoff enthalten, als zur Ingangsetzung einer Kettenreaktion erforderlich ist. Daher sind neutronenabsorbierende Regelstäbe nötig. Sie werden mit zunehmender Reaktorvergiftung herausgezogen.

Kernkraftwerke besitzen in ihrer Gesamtanlage auf den ersten Blick eine große Ähnlichkeit mit fossilen, d. h. mit Kohle, Öl oder Erdgas beheizten Kraftwerken; lediglich die Feuerung erscheint ausgetauscht und durch den Reaktor ersetzt. In allen bisherigen Kernkraftwerken wird die beim Kernzer-

132: Niederdruck(ND)-Turbinenwelle für das 1973 in Auftrag gegebene Kernkraftwerk Mülheim-Kärlich. Eines der sehr wenigen bundesdeutschen Kernkraftwerke, das nicht von der KWU, sondern von der Brown, Boveri & Cie. AG (BBC) erbaut wird. Für Kernkraftwerke mußten Turbinen von einer bis dahin unbekannten Größe gebaut werden, wobei auch manche unerwarteten Probleme auftraten; so wurde der Betrieb des Kernkraftwerks Würgassen wesentlich durch Schäden an der Niederdruck-Turbine beeinträchtigt. Die einwellige Turbinenanlage von Mülheim-Kärlich besitzt einen Hochdruck(HD)-Teil und zwei dahinterliegende ND-Teile; die ND-Turbinen besitzen einen größeren Umfang und werden aus mehreren Teilen zusammengeschweißt, während das Innere der HD-Turbine gegossen ist. Die Umlaufgeschwindigkeit der ND-Schaufelspitzen beträgt 424 Meter pro Sekunde. Die hier noch freiliegende Turbinenwelle wird im Kraftwerk von einem Außengehäuse umschlossen.

fall entstehende Wärme auf mechanischem Wege in elektrische Energie umgesetzt: ein im Reaktor erhitztes «Kühlmittel» überträgt im allgemeinen in Dampferzeugern seine Wärme auf einen Sekundärkreislauf, und dieser wird in eine Turbine geschickt, an die Generatoren angeschlossen sind. Die Möglichkeit, Wärme auf einem direkten Wege in elektrische Energie umzusetzen, wurde bisher großtechnisch nicht realisiert. Die Kraftwerksindustrie, die bis heute Kernkraftwerke und fossile Kraftwerke nebeneinander produziert, besaß und besitzt ein Interesse daran, möglichst viele der für fossile Kraftwerke benötigten Komponenten auch in Kernkraftwerken einsetzen zu können; sie war daher von Anfang an bestrebt, die Konstruktion der letzteren den herkömmlichen Konstruktionen möglichst weit anzunähern.

Die äußere Ähnlichkeit der Kernkraftwerke mit konventionellen Kraftwerken trug anfangs dazu bei, daß die bei Kernkraftwerken auftretenden Probleme – so vor allem die Materialprobleme – vielfach unterschätzt wurden und viele Firmen glaubten, sich im Kernkraft-Geschäft nebenbei und ohne sonderliche Extra-Aufwendungen engagieren zu können. In Wirklichkeit stellte die Kernenergie doch eine größere Anzahl neuartiger Probleme.

Da die Steuerungs- und Sicherheitssysteme von Kernkraftwerken sehr rasch und zuverlässig funktionieren müssen und außerdem die inneren Reaktorbereiche unter normalen Umständen nicht betreten werden können, war die Kerntechnik schon früh auf weitgehende Automatisierung angewiesen; bereits in den fünfziger Jahren wurde das «Atomzeitalter» gern mit dem «Zeitalter der Automation» gleichgesetzt. Die Kernkraftwerke unterscheiden sich also durch Zahl und Qualifikation der Beschäftigten erheblich von Kohlekraftwerken, wenn auch die zunehmende Automatisierung fossiler Kraftwerke diesen Unterschied verringert. Hinzu kommen neuartige technische Probleme. So verursachte die massive Einwirkung radioaktiver Strah-

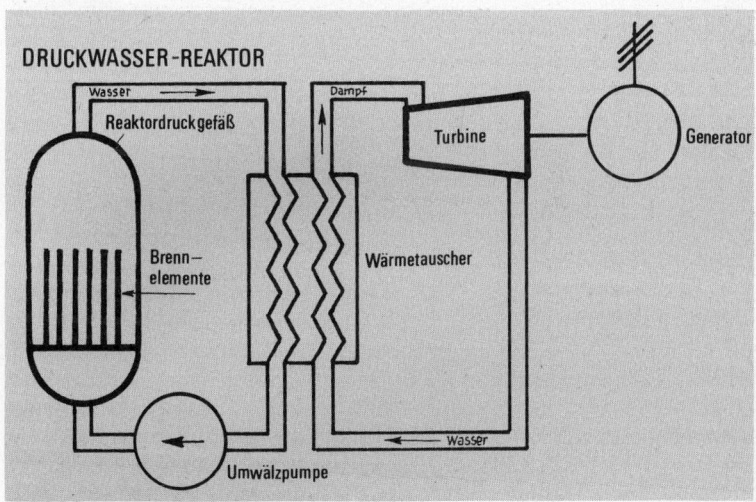

133: Schematische Darstellung des Zweikreissystems in einem Druckwasser-Kernkraftwerk.

lung bei hoher Temperatur und über Jahre hinweg vor allem an den Brennelementen Materialschäden, wie man sie z. T. aus der bisherigen Technik nicht kannte und auch nicht theoretisch vorausberechnen konnte (atomwirtschaft Jg. 14/1969, S. 211).

Das war um so bedenklicher, als Risse und Brüche in Rohrleitungen, wie sie in fossilen Kraftwerken häufig vorkamen, in Kernkraftwerken nicht als Normalerscheinung toleriert werden können, da dort ein Austritt von Radioaktivität droht und aus dem gleichen Grunde Reparaturen auch ungewohnte Schwierigkeiten aufwerfen. Im September 1974 mußten in den USA sämtliche Siedewasserreaktoren wegen solcher Risse im Rohrleitungssystem abgeschaltet werden; dadurch und durch seine auch sonst geringere Verfügbarkeit geriet dieser Reaktortyp, der bis dahin als besonders erprobt galt und auch im ersten bundesdeutschen Kernkraftwerk eingesetzt wurde, in Mißkredit.

Da sich ein Austritt von Radioaktivität aus den Brennelementen in dem Reaktorkühlkreislauf kaum vermeiden läßt, muß die Verbindung zur Turbine im allgemeinen durch einen zweiten Kreislauf («Sekundärkreislauf») hergestellt werden (Abbildung 133 und 134), der mit dem «Primärkreislauf» durch Wärmetauscher verbunden ist. Von dem in den Siedewasserreaktoren angewandten Einkreissystem wird gegenwärtig mehr und mehr abgegangen. Im Laufe des Kernkraftwerksbaus hat sich außerdem durchgesetzt, daß der Primärkreislauf von einem gasdichten Sicherheitsbehälter («Containment») umgeben sein muß, der das Entweichen jeglicher Radioaktivität nach außen verhindert und zugleich so massiv ist, daß er einem Flugzeugabsturz standhält. Die runde Kuppel des Containment ist zum Wahrzeichen der Kernkraftwerke geworden.

Da die meisten bisherigen Kraftwerksreaktoren stabförmige Brennelemente enthalten, die nicht laufend entnommen und nachgeladen werden können, und da das Abschalten eines Kernkraftwerks sehr aufwendig ist, muß ein Kraftwerksreaktor in der Regel «überkritisch», das heißt für längere Zeit (in der Regel ein Jahr) mit Kernbrennstoff versehen sein. Da er somit ein gewaltiges radioaktives Potential enthält, erhöht sich entsprechend die Gefahr, wenn der Reaktor «durchgeht», das heißt die Kettenreaktion außer Kontrolle gerät und immer weiter um sich greift. Unter den in der Bundesrepublik entwickelten Reaktortypen ist es einzig der sogenannte «Kugelhaufen-Reaktor», der einen kontinuierlichen Brennelement-Wechsel ermöglicht und daher die eben bezeichnete Gefahr von vornherein in Grenzen hält.

Auch die Wärmeabfuhr enthält bei Kernreaktoren mehr Probleme als bei herkömmlichen Kohlekraftwerken: Der Bau der Kessel in fossilen Kraftwerken kann sich ganz an der Wärmeabgabe ausrichten, also auf optimalen Kontakt zwischen Feuerung und Wasser- bzw. Dampfsystem orientiert sein. Beim Reaktorkern hingegen rangiert dieser Aspekt erst an zweiter Stelle; vorrangig ist die Aufgabe, einen gleichbleibenden, regulierbaren Neutro-

134: Teil eines Dampferzeugers bei der Werkmontage. Im Dampferzeuger kommt der radioaktive Primärkreislauf mit dem Sekundärkreislauf, der aus dem Schutzbereich herausführt, in Berührung; er ist daher ein wesentliches Problemfeld der Reaktorsicherheit. Die Abbildung verdeutlicht die Schwierigkeit einer Kontrolle und Reparatur von Rohrbrüchen und Rohrlecks. Nach Ansicht von Fachleuten sind Dampferzeuger für Schäden «besonders anfällig» (vgl. atomwirtschaft Jg. 20/1975, S. 82 ff.).

nenfluß zu sichern. Da ein Reaktorkern im allgemeinen kleiner ist als die Feuerung eines fossilen Kraftwerks gleicher Leistung, erhöht sich das Problem der Wärmeabfuhr: wird normales Wasser («Leichtwasser») als Kühlmittel verwendet, muß die Reaktortemperatur erheblich niedriger gehalten werden – in Leichtwasserreaktoren auf etwa 300° – als in modernen Kohlekraftwerken; will man hingegen die hohen Temperaturen der letzteren erreichen (über 800°), muß man einen wirksameren Wärmeleiter als Kühlmittel verwenden: so etwa Helium in Hochtemperatur-Kraftwerken. Besonders stark ins Gewicht fällt das Kühlproblem bei den Schnellen Brütern mit ihrer hohen Kerndichte: hier benutzt man daher Natrium, also ein flüssiges Metall, obwohl man wegen dessen chemischer Aggressivität manche Unannehmlichkeiten in Kauf nehmen muß.

Die «Neutronenökonomie» eines Reaktorkerns wird desto günstiger, je größer der Reaktorkern ist; da nämlich die Außenfläche nicht im gleichen Maße wie das Volumen wächst, nimmt der Verlust an Neutronenenergie, der sich beim Aufprallen von Neutronen auf die Außenumhüllung ergibt, mit wachsendem Volumen ab (Abbildung 135, 136, 137). Ähnliches gilt für das kostspielige Containment, das ebenfalls nicht im gleichen Maße wächst wie

135 bis 137: Ober- und Unterteil eines Reaktordruckgefäßes und Einsetzen des oberen Kerngerüstes in das Reaktordruckgefäß (es handelt sich bei den einzelnen Abbildungen um verschiedene Reaktoren).

Bei dem Oberteil, das gerade einer Röntgenprüfung unterzogen wird, fallen die Öffnungen für den Kühlkreislauf auf; das Unterteil enthält Steuerantriebs- und Kernflußmeßstutzen. Das obere Kerngerüst enthält die Führungseinsätze für die Steuerstäbe. Die Werbeanzeige, der diese Abbildung entnommen ist, weist darauf hin, daß Reparaturen im Reaktorkern «praktisch ausgeschlossen» seien; daher sei hier Präzision in einem Maße erforderlich, die «an der Grenze des in einer Maschinenfabrik Meßbaren» liegt.

die Leistung des Reaktors. Daraus folgt, daß die Wirtschaftlichkeit von Kernkraftwerken mit wachsender Blockgröße zunimmt. Es kam dem Durchbruch der Kernkraftwerke zur Wirtschaftlichkeit zugute, daß sich in den fünfziger und sechziger Jahren die bei fossilen Kraftwerken üblichen Block-

206

größen vervielfachten und von 100 auf 600 Megawatt (MW) anwuchsen; 600 MW waren die Kapazität, bei der in der zweiten Hälfte der 60er Jahre Leichtwasser-Kernkraftwerke für die Energiewirtschaft ökonomisch reizvoll wurden. Die Kerntechnik drängte sogleich über 600 MW hinaus; nur wenige Jahre nach 1967, als mit den 600-MW-Aufträgen von Stade und Würgassen die Wirtschaftlichkeit – wenn man die Entsorgung ausklammert – erreicht war, wurden bereits Kernkraftwerke von 1200 MW projektiert. Bei diesen Größen scheint die Entwicklung vorerst stehenzubleiben, da im Bereich der Druckkessel nunmehr eine Grenze bisheriger Ingenieurtechnik erreicht ist (Winnacker/Wirtz 1975, S. 145).

Ein letzter wesentlicher Unterschied zwischen Kern- und Kohlekraftwerken besteht in der Kostenstruktur: bei den Kernkraftwerken hat sich der Kostenschwerpunkt stark von den Betriebskosten zu den Anlagekosten hin verschoben. Das hat zur Folge, daß Kernkraftwerke sich mehr für den Grund- als für den Spitzenbetrieb eignen und daß bei ihnen Betriebsunterbrechungen erheblich teurer zu Buche schlagen als bei Kohlekraftwerken. Im Kernkraftwerk Brunsbüttel entstand am 18. 6. 1978 ein aufsehenerregender Störfallablauf dadurch, daß bei einer Betriebsstörung das darauf automatisch reagierende Schnellabschaltsystem von der Bedienungsmannschaft absichtlich außer Betrieb gesetzt wurde, um unter anderen die bei einer Abschaltung entstehenden Betriebsverluste zu vermeiden (Der Spiegel 17. 7. 1978, S. 149f.).

Im übrigen ergeben sich bei verschiedenen Reaktortypen unterschiedliche Probleme, und auch die eben dargestellten Besonderheiten von Kernkraftwerken fallen je nach dem Reaktortyp verschieden ins Gewicht. Im folgenden soll über die wichtigsten Typen und ihre in der Entwicklung der Kerntechnik besonders beachteten Eigenschaften ein kurzer Überblick gegeben werden.

Im allgemeinen werden die Reaktortypen nach dem jeweils verwendeten Moderator und Kühlmittel unterschieden; daneben auch nach dem Kernbrennstoff (wenn dieser nicht angereichertes Uran ist) und nach der Form der Brennelemente (wenn diese nicht stabförmig sind). Der Moderator, wie erwähnt, ist eine Substanz, die die bei der Kernspaltung freiwerdenden Neutronen abbremst, um die Häufigkeit, mit der die Neutronen wiederum auf spaltbare Atomkerne treffen und diese spalten, zu erhöhen und auf diese Weise die Kettenreaktion in Gang zu halten. Nur bei den sogenannten «schnellen» Reaktoren, insbesondere den Schnellen Brütern, die mit hochangereichertem Spaltstoff arbeiten, fällt der Moderator fort. – Das «Kühlmittel» dient der Wärmeabfuhr aus dem Reaktor; es kann mit dem Moderator identisch sein. Nur bestimmte Kombinationen von Brennstoff, Moderator und Kühlmittel sind möglich; es gibt jedoch immerhin so viele theoretisch denkbare Kombinationen, daß die kerntechnischen Gremien sich am Anfang einer verwirrenden Vielfalt von Möglichkeiten gegenübersahen. Die

Vor- und Nachteile der verschiedenen Typen waren nicht leicht gegeneinander abzuwägen, und die bei der großtechnischen Realisierung auftretenden Probleme – die weit mehr auf ingenieurtechnischer als auf atomphysikalischer Ebene lagen – waren noch kaum zu übersehen; daher ist die Frühphase der Kerntechnik durch Unsicherheit hinsichtlich der als optimal anzusehenden Reaktortypen und durch langdauernde Typen-Kontroversen gekennzeichnet (Anhang 23, 24 a, b). Bestimmte Firmen und Nationen identifizierten sich zeitweise mit bestimmten Reaktortypen und gaben diesen dadurch einen politischen Beigeschmack.

Wie schon im Krieg bei der Bombenkonstruktion, so stellte sich auch bei der friedlichen Kernenergieentwicklung zu allererst die Frage, ob man mit oder ohne Isotopentrennanlagen – die das Uran «anreicherten», das heißt den Anteil des spaltbaren Isotops U-235 erhöhten – vorgehen solle. Anfangs bestand bei den führenden europäischen Staaten überwiegend Einigkeit in der Bevorzugung von Natururan-Reaktoren, um eine Abhängigkeit von den US-amerikanischen Isotopentrennanlagen bzw. den Aufwand eigener Großanlagen zur Isotopentrennung zu vermeiden. Wenn man Natururan als Brennstoff einsetzen wollte, ergab sich allerdings die Unbequemlichkeit, daß man auf das billige und in seinen technischen Eigenschaften altbekannte Leichtwasser (= normales H_2O) als Moderator und Kühlmittel verzichten mußte: Leichtwasser war wegen seiner schlechten «Neutronenökonomie» – es «schluckt» gewissermaßen Neutronen – nur bei angereichertem Uran zu verwenden (Anhang 23). In England und Frankreich schlug man daher längere Zeit den Weg gasgekühlter graphitmoderierter Reaktoren ein; zu einem «gasgekühlten Uran-Graphit-Block» zwischen England und Frankreich kam es jedoch nicht, sondern jedes Land entwickelte seine eigenen Typen. Trotz Euratom und trotz des gemeinsamen Interesses an Unabhängigkeit von den USA kam bemerkenswert wenig europäische Reaktor-Kooperation zustande; der kommerzielle Erfolg der US-amerikanischen Leichtwasserreaktoren überrollte schließlich alle europäischen Atomprogramme (vgl. Anhang 24 b) und veranlaßte die Europäer gegen Ende der sechziger Jahre, ihre Unabhängigkeit nunmehr auf dem Wege europäischer Isotopentrennanlagen zu suchen. Frankreich gab seine «nationale» Gas-Graphit-Linie bezeichnenderweise 1969 nach dem Ende der Ära De Gaulles auf und ging zur Adaption der amerikanischen Leichtwasserreaktoren über; nur Großbritannien, das mit den Gas-Graphit-Kernkraftwerken von Calder Hall einst international die kerntechnische Spitzenstellung innegehabt hatte, verfolgt bis heute beharrlich eigene Reaktorentwicklungen (Anhang 24 a). Ein bundesdeutscher Abkömmling der Gas-Graphit-Linie, der sich durch Übersiedlung in die «zweite Generation» der Reaktoren bis heute behauptet hat, ist der Thorium-Hochtemperaturreaktor.

Die kerntechnisch unerfahrene Bundesrepublik stand in den 50er Jahren der Vielfalt möglicher Reaktorkonstruktionen einigermaßen ratlos gegenüber. Wohl mehr aus Verlegenheit als aus ernsthafter Absicht sah die Deutsche Atomkommission in ihrem ersten Programm – dem sogenannten Eltviller bzw. 500-MW-Programm von 1957 – die Förderung fünf verschiedener Reaktortypen vor, und eine die realen Möglichkeiten erheblich übersteigende Typenvielfalt wurde in den Programmen bis in die sechziger Jahre beibehalten. Dabei zeigte sich allerdings früh eine Konzentration auf den schwerwassermoderierten, anfangs auch -gekühlten Natururan-Reaktor (Anhang 23). Schwerwasser ist ein zehnmal wirksamerer, allerdings auch viel kostspieligerer Moderator als Graphit, und Schwerwasserreaktoren konnten entsprechend kleiner gebaut werden als Gas-Graphit-Reaktoren gleicher Leistung; im übrigen entsprach dieser Reaktortyp der aus dem Zweiten Weltkrieg überkommenen Tradition der deutschen Atomphysik und dem Interesse mancher Chemiefirmen, die das schwere Wasser herstellen konnten.

Aber die «nationalen» Motive, die zur Aufrechterhaltung einer solchen Reaktorentwicklung notwendig waren, besaßen in der Bundesrepublik ein

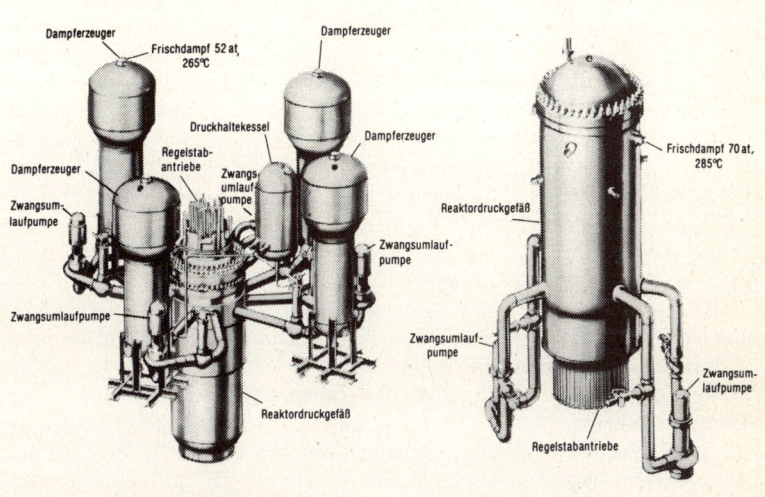

Druckwasserreaktor   Siedewasserreaktor

138: Gegenüberstellung eines Druckwasser- und eines Siedewasserreaktors aus dem Jahre 1966. Die damalige Bildunterschrift läßt eine Wertung des Verfassers erkennen: «Links das recht aufwendige System eines Druckwasserreaktors, rechts zum Vergleich der wesentlich einfachere Siedewasserreaktor der AEG». In Wirklichkeit war der anfängliche Eindruck, was «einfach» und was «kompliziert» sei, manchmal irreführend; so hat sich inzwischen der Druckwasserreaktor gegenüber dem Siedewasserreaktor durchgesetzt!

geringeres Durchsetzungsvermögen als in ihren westlichen Nachbarstaaten, die Atomwaffen produzierten und umfangreiche staatliche Atombehörden aufbauten; im Widerspruch zu den bundesdeutschen Atomprogrammen setzten sich bis Mitte der sechziger Jahre die Leichtwasserkernkraftwerke durch. Bei diesen Leichtwasser-Reaktortypen unterscheidet man Siede- und Druckwasserreaktoren; die ersteren wurden von der AEG, die letzteren von Siemens produziert, entsprechend der Spezialisierung ihrer früheren amerikanischen Nuklearpartner-Firmen General Electric und Westinghouse. Der Siedewasserreaktor besitzt den sicherheitstechnischen Vorteil des niederen Druckes; das dadurch allerdings im allgemeinen erforderte Einkreissystem bringt sicherheitstechnische Nachteile mit sich, da der radioaktiv kontaminierte Wasserdampf dabei aus der Reaktorumhüllung hinaus in den Turbinenbereich gelangt; außerdem bewirkt der mit dem Einkreissystem verbundene starke Temperaturabfall des Kühlkreises Instabilitäten des Kühlmittels und eine starke Strapazierung des Materials. Beim Druckwassertyp wird das Sieden und die dabei auftretende lästige Dampfblasenbildung durch Druckhöhen in der Größenordnung von 150 bar verhindert; der Wasserdampf wird im gesamten Primärkreislauf auf einer Temperatur um 300° gehalten.

Mit der Durchsetzung der Leichtwasserreaktoren kam die Diskussion der verschiedenen Reaktortypen (Abbildung 138) allgemein aus der Mode; fortan überwog die Auffassung, daß sich weitere Forschungen über den theoretisch besten Reaktortyp erübrigten und es vielmehr darauf ankomme, mit einem einmal gewählten Typus über einen längeren Zeitraum hinweg Erfahrungen zu sammeln und ihn ingenieurtechnisch zu optimieren (Anhang 24 b). Die hohen Entwicklungskosten machen es allerdings in der Kerntechnik sehr schwierig, aus ungünstigen Erfahrungen Konsequenzen zu ziehen und eine einmal eingeschlagene Entwicklung wieder aufzugeben (Traube 1978, S. 157 ff.).

Das zeigte sich auch bei den sogenannten Reaktoren der «zweiten Generation», die die kommerzielle Phase noch nicht erreicht haben und in der Bundesrepublik als einzige mögliche Alternative zu den Leichtwasser-Kernkraftwerken verblieben sind. Die «zweite Reaktorgeneration» soll gegenüber den bisherigen Kernkraftwerken, deren Nachteile vor allem in ihrer relativ hohen Abwärme und schlechten Brennstoffnutzung liegen, die Wärme- und Brennstoffnutzung erheblich verbessern: durch starke Erhöhung der Temperaturen und der «Brutrate». Die Brutrate bezieht sich auf das bei den Spaltprozessen anfallende Plutonium, das aus dem Uran-238 entsteht; die Brutrate liegt über 1, wenn das entstehende Plutonium die Menge des verbrauchten Spaltstoffes übersteigt. Reaktoren mit einer Brutrate über 1 sind der üblichen Definition nach Brüter, mit einer darunterliegenden Brutrate Konverter.

In der Bundesrepublik wird die «zweite Generation» durch den natriumgekühlten schnellen Brüter (der Prototyp SNR-300 wird seit 1973 bei Kalkar

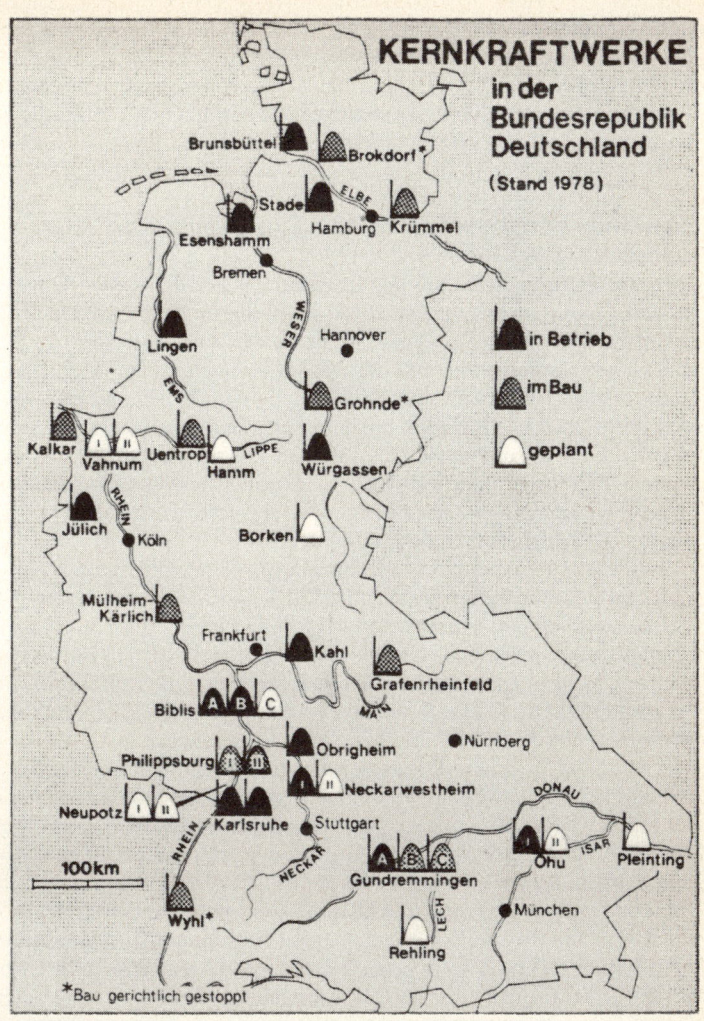

Within the map:

KERNKRAFTWERKE
in der
Bundesrepublik
Deutschland
(Stand 1978)

Brunsbüttel
Brokdorf*
Stade
ELBE
Hamburg
Krümmel
Esenshamm
Bremen

in Betrieb
im Bau
geplant

WESER
Hannover

Lingen
EMS
Grohnde*

Kalkar
Vahnum
I II
Uentrop
Hamm
LIPPE
Würgassen

RHEIN
Jülich
Köln
Borken

Mülheim-
Kärlich
Frankfurt
Kahl
MAIN
Grafenrheinfeld

Biblis A B C
Nürnberg

Philippsburg I II
Obrigheim

Neupotz I II
Karlsruhe
Stuttgart
NECKAR
Neckarwestheim I II

DONAU
ISAR
Ohu I II
Pleinting

100km

Gundremmingen A B C
München

Wyhl*
LECH
Rehling

*Bau gerichtlich gestoppt

139: Kernkraftwerke in der Bundesrepublik Deutschland 1978.

am Niederrhein gebaut) und den Thorium-Hochtemperaturreaktor (THTR-300, Prototyp seit 1972 in Uentrop bei Hamm im Bau) vertreten; der THTR, ein Konverter, unterscheidet sich von den meisten anderen Reaktoren im übrigen dadurch, daß er Thorium als Brutstoff für Uran-233 verwendet und mit kugelförmigen Brennelementen arbeitet. SNR und THTR wurden im Laufe der sechziger Jahre die hauptsächlichen Arbeitsschwerpunkte der beiden größten Kernforschungszentren der Bundesrepublik: der Natriumbrüter wurde zum Großprojekt des Kernforschungszentrums (KFZ) Karlsruhe, und der Hochtemperaturreaktor gewann in der Folge die gleiche Bedeutung für die Kernforschungsanlage (KFA) Jülich.

Großforschungsinstitute und Zukunftsreaktoren

Eine wesentliche Rolle bei der Entwicklung der deutschen Atomwissenschaften hatte frühzeitig die – 1911 gegründete – Kaiser-Wilhelm-Gesellschaft zur Förderung der Wissenschaften, die Wirkungsstätte von Einstein und Hahn, gespielt; eine noch stärkere Rolle spielte nach 1945 ihre Nachfolgerin, die Max-Planck-Gesellschaft, deren erster Präsident Otto Hahn war und deren Institut für Physik unter Leitung Heisenbergs aufgebaut wurde. Während die Kaiser-Wilhelm-Gesellschaft ursprünglich vorwiegend von privaten Geldgebern finanziert wurde, lag später die Hauptlast der Finanzierung beim Staat. Die Kaiser-Wilhelm-Gesellschaft und ihre Nachfolgerin waren unabhängig von Universitäten.

Tendenzen zu einer gewissen Distanz vom Hochschulbetrieb gab es bei den Atomwissenschaften also schon früh; dennoch wären die Hahnschen Experimente mit ihrem geringen Aufwand ohne weiteres auch an einem Hochschulinstitut möglich gewesen: Bis dahin ließ sich höchstens in Ansätzen erkennen, daß die Kernforschung den Hochschulrahmen sprengte. Dies geschah auf radikale Weise erst in den USA während des Zweiten Weltkriegs unter dem Druck der militärischen Anforderungen. Als in der Bundesrepublik Mitte der fünfziger Jahre die kerntechnische Entwicklung begann, dachte man noch keineswegs daran, dem US-amerikanischen Beispiel in organisatorischer Hinsicht zu folgen: man beabsichtigte vielmehr – wenn auch, vor allem bei SPD und Gewerkschaften, schon früh Zweifel an diesem Konzept laut wurden –, hier von vornherein die Entwicklung in der Hauptsache der Privatindustrie zu überlassen (Anhang 21) und wollte Entsprechungen zu der mächtigen amerikanischen Atomenergiebehörde und zu Atomstädten wie Oak Ridge und Los Alamos bewußt vermeiden (Anhang 26 a). Von Karlsruhe war anfangs meist nur als «Reaktorstation» die Rede, und das dortige Forschungszentrum wurde in den ersten Jahren, als die Kostenvoranschläge noch einen kleinen Bruchteil der späteren Kosten betrugen, zur Hälfte von der Industrie finanziert.

Das Ziel der Brüter-Konstruktion war inner- und außerhalb der Bundesrepublik schon sehr früh da, ja stand geradezu am Anfang der Kernenergie-Entwicklung, wenn man nämlich von dieser neuen Technologie nicht nur «normale» Stromerzeugung, sondern Streckung der Energievorräte der Erde auf Jahrhunderte und Jahrtausende erwartete; es war frühzeitig abzusehen, daß bei Kernkraftwerken mit niedriger Brutrate die Uranvorkommen der Erde nicht viel länger vorhalten würden als die Vorräte an fossilen Energieträgern. In den USA glaubte man Anfang der fünfziger Jahre, mit dem Brüterbau unverzüglich beginnen zu können; der erste zur Stromerzeugung eingesetzte Reaktor der Welt (freilich nur mit der winzigen Kapazität von 100 kW!), der Ende 1951 im US-Staat Idaho in Betrieb gehende EBR-I, war bereits ein Brüter. Er wurde allerdings vier Jahre später durch einen Störfall außer Betrieb gesetzt, und das gleiche Schicksal erlitt im Oktober 1966 kurz nach seiner Inbetriebnahme der nach dem Muster des EBR-I bei Detroit erbaute Brüter-Prototyp «Enrico Fermi». Je mehr Erfahrungen man sammelte, als desto aufwendiger und riskanter erwies sich die Brüterentwicklung; gerade in den USA verbreitete sich schon Ende der sechziger Jahre eine gewisse Zurückhaltung gegenüber den Brütern, die dann 1977 mit der Präsidentschaft Carters zur offiziellen Regierungspolitik wurde: eine Politik, die den USA relativ leicht fiel, da diese über beträchtliche eigene Uranvorräte verfügten.

Der Brüterbau wurde schon 1957 im ersten bundesdeutschen Atomprogramm zum Ziel der kerntechnischen Entwicklung erklärt; 1960 begann offiziell die Brüterforschung in Karlsruhe. Anfangs war der Brüterbau im Karlsruher Forschungszentrum allerdings nur ein Ziel unter anderen; damals war Karlsruhe noch eine wesentliche Rolle bei der zur «ersten Generation» gehörenden Schwerwasser-Reaktorlinie zugedacht, und beim KFZ Karlsruhe entstanden mehrere Schwerwasser-Forschungsreaktoren. Aber als sich die amerikanischen Leichtwasserreaktoren in der Bundesrepublik industriell durchsetzten, hingen solche Entwicklungen in der Luft; zur Konstruktion der ersten Reaktorgeneration wurde das Forschungszentrum nicht mehr gebraucht. Die Industrie, der die Kosten des KFZ ohnehin über den Kopf wuchsen, zog sich 1963 aus der Trägergesellschaft zurück. Fortan entwickelte sich zwischen Industrie und Kernforschungszentren eine Arbeitsteilung, die den Forschungszentren vornehmlich solche Reaktorentwicklungen überließ, die in die weitere Zukunft reichten, für die Privatindustrie zu aufwendig waren und den bereits kommerziell gebauten Kernkraftwerkstypen nicht schon bald Konkurrenz zu machen drohten.

Dabei blieb allerdings eine enge Zusammenarbeit zwischen Forschungszentren und Industrie bestehen; es wurde die Regel, daß bei der Reaktorentwicklung spätestens im Prototypenstadium – der Zwischenstufe zwischen Versuchs- und Leistungsreaktor – die Leitung an die Industrie überging. Die Verantwortung für den industriellen Teil des Brüterprogramms wurde ab 1966 der Firma Interatom übertragen, obwohl der Brüterbau weiterhin vom Staat finanziert wurde.

Der Ausbau der Kernforschungszentren vollzog sich zwangsläufig in einem Spannungsfeld zwischen einerseits der hochschulmäßigen Wissenschaft, andererseits der Industrie. Die Abgrenzung der Verantwortlichkeiten zwischen Forschungszentren und Industrie fiel nicht immer leicht, und im übri-

140: Luftbild des Kernforschungszentrums Karlsruhe (um 1965). Damals lag das Forschungszentrum noch in einiger Entfernung von den nächsten Siedlungen; inzwischen sind die Siedlungen – gegen anfängliche Bedenken der Kernforscher – näher herangerückt. – In der Mitte des Kernforschungszentrums, links von dem Turm, der erste Forschungsreaktor (FR 2): unten rechts der 1961–65 erbaute «Mehrzweck-Forschungsreaktor»', der mit seiner Kapazität von 50 MW bereits ein Kraftwerk darstellte. Beide Reaktoren werden mit Schwerwasser moderiert und verkörpern damit eine inzwischen von den Leichtwasserreaktoren überrollte Entwicklung. – Im Vordergrund Mitte das der Euratom unterstellte Transuran-Institut, das der Plutoniumforschung dient: der damals größte Baukomplex des Zentrums.

gen mußte die Industrie – je nach der Industrienähe oder -ferne der Forschungsprojekte – befürchten, daß ihr die Forschungszentren entweder Konkurrenz machten oder Dinge betrieben, die in absehbarer Zeit keinen industriellen Nutzen versprachen (Cube 1977, S. 157ff.). Tiefergehender noch waren die Spannungen, die sich bei der Durchsetzung der Großprojekte gegenüber den Traditionen der deutschen Wissenschaft ergaben. Die projektgebundene Großforschung widersprach allen Grundprinzipien und Gewohnheiten des deutschen Wissenschaftsbetriebs; sowohl die Freiheit der Wissenschaft als auch die Einheit von Forschung und Lehre wurden eliminiert. Die Gewohnheit, unabhängig von äußeren Zwängen individuell oder in kleinen – von Ordinarien geleiteten – Gruppen zu forschen und ohne Rücksicht auf vorgegebene Ziele und Zeitpläne und auf praktische Nutzbarkeit den im Verlauf der Forschung aufkommenden Neugierden nachzugehen, stand diesem neuen Forschungsstil entgegen und konnte nicht ohne heftige Konflikte eingeschränkt und unterdrückt werden (Anhang 26b).

Es gibt in der Bundesrepublik vier mit Reaktortechnik befaßte Kernforschungszentren: das KFZ Karlsruhe, die KFA Jülich, das Forschungszentrum der Gesellschaft für Kernenergieverwertung in Schiffbau und Schiffahrt (GKSS) in Geesthacht bei Hamburg und das Institut für Plasmaphysik (IPP) in Garching bei München. Die Entstehung der ersten drei Zentren reicht bis 1956 zurück; das auf die Kernfusion ausgerichtete IPP wurde 1960 gegründet. Die Entwicklung aller vier Zentren weist hinsichtlich des dargestellten Spannungsfeldes charakteristische Unterschiede auf.

Das KFZ Karlsruhe – eine gemeinsame Gründung des Bundes, des Landes Baden-Württemberg und eines Konsortiums der Privatwirtschaft, in der Folge aber größtenteils vom Bund finanziert – vollzog am frühesten den Übergang zur Projektforschung großen Stils; hier war mit dem Schnellen Brüter rasch ein klares und zugkräftiges Ziel vorhanden. Heisenberg hatte das KFZ in München ansiedeln wollen, um es in enger Verbindung zur Max-Planck-Gesellschaft zu halten; nur gegen seinen heftigen Widerstand wurde der Standort Karlsruhe durchgesetzt (Heisenberg 1973, S. 257ff.). Spätestens Mitte der 60er Jahre war der Großteil der Karlsruher Aktivitäten auf das Brüterprojekt hin orientiert, das mit seiner utopisch anmutenden Perspektive unerschöpflicher Energie am besten geeignet war, öffentliche Gelder zu mobilisieren. Karlsruhe wurde fortan auch von den Politikern als Vorbild für die übrigen, in der Projektforschung noch nicht so fortgeschrittenen Kernforschungszentren hingestellt. Schon damals tauchte allerdings die Frage auf, was aus Karlsruhe werden solle, wenn das Ziel des Projektes erreicht sei (Anhang 27a, b).

Die KFA Jülich war eine Gründung des Landes Nordrhein-Westfalen, deren Kosten jedoch ab 1968 zur Hälfte, ab 1970 dann zu 75 % vom Bund übernommen wurden. Im Unterschied zu Karlsruhe war Jülich in der ersten Zeit eng mit Hochschulen verbunden – die Jülicher Institute standen unter der Leitung von auswärts lehrenden Hochschulprofessoren –, und der Übergang zur Projektforschung verzögerte sich dementsprechend. Der Thorium-Hochtemperaturreaktor war nicht von Anfang an als «Zukunftsreaktor» einer künftigen Generation gedacht; erst allmählich wurde er als Großforschungsprojekt konzipiert, und bis heute muß er um seine Gleichberechtigung mit dem Schnellen Brüter kämpfen. Dieses Jülicher Großprojekt ging nicht aus dem Forschungszentrum selbst hervor, sondern die Initiative lag hier bei einem Firmenkonsortium (BBC/Krupp), vor allem allerdings bei dessen Chefkonstrukteur Rudolf Schulten, nach dem der THTR gern benannt wurde («Schulten-Reaktor»). Bei diesem originellsten deutschen Reaktorprojekt läßt sich der Einfluß einer einzelnen Persönlichkeit am ehesten erkennen.

Durch eine Länderinitiative – hier der vier Küstenländer Niedersachsen, Bremen, Hamburg und Schleswig-Holstein – entstand auch das Forschungszentrum Geesthacht an der Elbe. Es wurde früher manchmal in einer Reihe mit Karlsruhe und Jülich genannt, ist aber im Vergleich dazu klein und unbedeutend geblieben. Das dortige Projekt der Schiffsreaktorkonstruktion entwickelte wenig Zugkraft und erwies sich mit der Zeit als eine Angelegenheit mehr der Vergangenheit als der Zukunft der Kerntechnik.

Als Gegenpol zu Geesthacht läßt sich das IPP bei Garching ansehen: auch dort ist der Übergang zur Projektforschung großen Stils offenbar bisher nicht gelungen; aber wenn man in Geesthacht die Ursache darin erkennen kann, daß die Aufgabe zu wenig zukunftsträchtig und zu wenig von der Industriepraxis abgehoben war, so war in Garching die Ursache entgegengesetzter Art: das Ziel des Fusionsreaktors lag in einer so unsicheren Zukunft, daß es nur wenig Anhaltspunkte für ein konsensfähiges Programm gab und auch von industrieller Seite kein Druck auf bestimmte praktische Ziele ausging. Das IPP – zu 90 % vom Bund und zu 10 % von Bayern finanziert – verblieb nach anfänglichen Kontroversen im Rahmen der Max-Planck-Gesellschaft und konnte auf diese Weise relativ stark überkommene Gepflogenheiten der Wissenschaft beibehalten.

Während der 60er Jahre sind die Kernforschungszentren personell und materiell stark angewachsen – erst seit Mitte der 60er Jahre kann man von Karlsruhe und Jülich als Großforschungszentren sprechen –, während ihr Wachstum nach 1970 durch staatliche Mittelkürzungen abrupt zum Stillstand gebracht wurde (Anhang 27b). Zwischen Karlsruhe und Jülich hat sich mit einem Personalstand von jeweils über 3000 Mitarbeitern und einem Jahresetat von je etwa 250 Millionen DM seit langem eine Parität herausgebildet; in Geesthacht betragen Mitarbeiterzahl und Etat nur etwa ein Fünftel davon; Garching liegt etwas darüber.

Von Anfang bis heute bestand zwischen Karlsruhe und Jülich eine latente Rivalität; der Politik und der Öffentlichkeit gegenüber wahrte man jedoch zumeist die Interessenallianz, und es war den Politikern kaum jemals möglich, von Angehörigen des einen Forschungszentrums kritische Stellungnahmen zu der Arbeit des anderen Zentrums zu bekommen. Jülich griff ursprünglich mit Brüterentwicklungen und Isotopentrennung in das Revier von Karlsruhe und mit Plasmenphysik in den Garchinger Bereich über, aber es kam auf die Dauer – auch unter staatlichem Einfluß – zu Revierabgrenzungen. Die drei in Jülich zeitweise angegangenen Brüterprojekte wurden sämtlich aufgegeben. Auch der THTR stand in einer gewissen Konkurrenz zum Karlsruher Brüter-Projekt – es wurde ihm von seinen Anhängern eine fast so hohe Brutrate und dafür

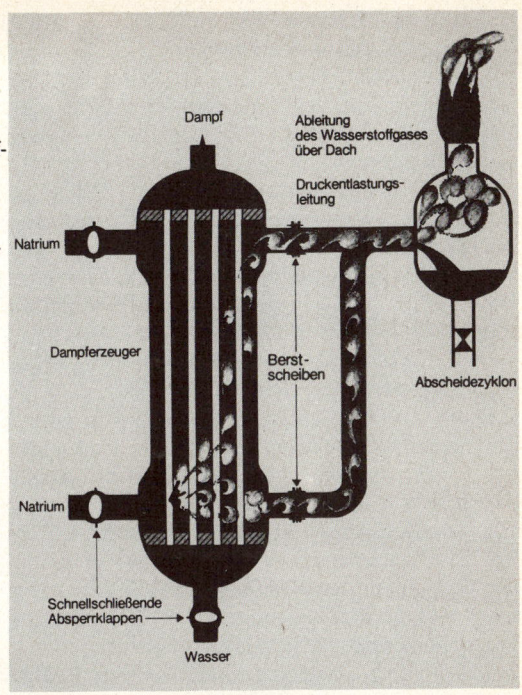

141: Schema des Druckentlastungssystems für die Dampferzeuger im Schnellen Brüter. Beim natriumgekühlten Schnellen Brüter sind die Dampferzeuger eine besondere Gefahrenzone, da Natrium und Wasser (-dampf), die miteinander sehr heftig reagieren, dort nur durch die Wände der Wärmetauscherrohre voneinander getrennt sind: Jedes Leck in einem solchen Rohr bedeutet daher eine Explosionsgefahr. Im Störfall sollen Schnellschlußklappen die Zufuhr von weiterem Natrium und Wasser verhindern, und zugleich soll ein an den Dampferzeuger angeschlossener «Zyklonapparat» das Wasserstoffgas und Natrium schnellstens voneinander trennen und abführen.

Bildbeschriftungen: Dampf — Ableitung des Wasserstoffgases über Dach — Druckentlastungsleitung — Natrium — Dampferzeuger — Berstscheiben — Abscheidezyklon — Natrium — Schnellschließende Absperrklappen — Wasser

größere Sicherheit und geringere Kosten als dem Plutonium-Brüter zugeschrieben – (Anhang 28 a, b); aber es wurde beliebt, langfristige «Reaktorstrategien» zu entwerfen, die nachwiesen, daß die Spaltstoff-Ökonomie von Brütern und Thorium-Konvertern auf lange Sicht optimal ineinandergreifen würde (Krämer/Seetzen 1968). In einer ähnlichen Situation gegenüber Staat und Öffentlichkeit befand man sich auch insofern, als beide Projekte immer neue Verzögerungen und Kostensteigerungen erfuhren. Das war besonders kraß bei dem Schnellen Brüter der Fall: Der Bau des Prototyps SNR-300 bei Kalkar begann 1973, als er dem ursprünglichen Plan zufolge schon abgeschlossen sein sollte, und die Kostenvoranschläge waren zu jener Zeit von ungefähr 350 Millionen auf 1,7 Milliarden DM angestiegen – wo sie mitnichten stehenblieben.

Die Brüter-Problematik führte Ende der sechziger Jahre zum erstenmal seit langem zu einer aktiveren Haltung von Bundestag und Öffentlichkeit gegenüber der Kernenergie. Bis dahin waren in Karlsruhe zwei Brütertechnologien nebeneinander entwickelt worden: ein mit Dampf und ein mit flüssigem Natrium gekühlter Brüter. 1968 jedoch entschlossen sich die Leitung des

KFZ und die beteiligten Firmen (Siemens, AEG und Interatom) zum Abbruch der Dampfbrüter-Entwicklung. Aus der sonst geschlossenen Front der Experten scherte diesmal ein Verfechter des Dampfbrüters aus und fand Unterstützung bei dem Wissenschaftsredakteur der «Fankfurter Allgemeinen Zeitung», Kurt Rudzinski, der einen vieljährigen Kampf gegen den Natriumbrüter führte.

Erstmals seit langem stellte sich in der Öffentlichkeit eine kerntechnische Alternative, und das machte einige Bundestagsabgeordnete mobil: Anfang 1969 kam es zum ersten öffentlichen Hearing in der bundesdeutschen Kernenergie-Geschichte – einem in den USA seit langem üblichen Verfahren. Dabei wurde deutlich, daß bei der Typenwahl weniger interne Experten-Erkenntnisse ins Gewicht fielen als vielmehr industriepolitische Gesichtspunkte, die auch für den Laien durchsichtig waren (Anhang 29 a–c). Den Ausschlag gab offenbar der Umstand, daß in den USA kurz zuvor die Dampfbrüter-Entwicklung eingestellt worden war. Einige Jahre früher hätte man diese Tatsache eher als Chance für eine deutsche Eigenentwicklung interpretiert, aber seit dem Sieg der amerikanischen Leichtwasserreaktoren – zu dem gerade die Bundesrepublik kräftig beigetragen hatte – war die Zuversicht geschwunden, sich gegen einen von den USA angeführten internationalen Trend durchsetzen zu können. Im übrigen wurden die guten Qualitäten des Natriums hinsichtlich der Wärmeabfuhr und Neutronenökonomie betont, während die Gegenseite auf die Explosivität des Natriums und auf die hohen Kosten des Natriumbrüters hinwies.

Das Hearing führte zu keinem Resultat, und das Ministerium bestätigte die intern bereits getroffene Entscheidung; aber ein kritisches Öffentlichkeitsinteresse an der Kernenergie ist seitdem nie ganz verschwunden, auch wenn der Beginn der eigentlichen Kernenergie-Kontroverse in der Bundesrepublik erst auf etwa 1974 zu datieren ist. Hatte man in den 60er Jahren die USA in der Kernkraft-Entwicklung nachgeahmt, so war es in den 70er Jahren konsequent, wenn auch amerikanische Kritiken an der Kernenergie mit einiger Verzögerung in der Bundesrepublik Resonanz fanden.

Die bundesdeutsche Brüterentwicklung vollzog sich während der 60er Jahre im Wettlauf mit Frankreich, obwohl eine Zusammenarbeit von der Technik wie von der Politik her nahegelegen hätte, da Frankreich ebenfalls auf den Natriumbrüter setzte und beide Staaten der Euratom angehörten. Damals gelangte die Bundesrepublik nur zu einer Zusammenarbeit mit Belgien und den Niederlanden; die drei Staaten beschlossen 1972 gemeinsam den Bau des Prototyps SNR-300 bei Kalkar (Abbildung 142). Dieser wurde am Ende allerdings nur für eine unter 1 liegende Brutrate konstruiert; es handelte sich also noch nicht um einen Brüter im strengen Sinn. Hatte man in der Bundesrepublik geglaubt, auf einen Versuchsbrüter verzichten zu können und gleich zum Demonstrationskraftwerk zu gehen, so zeigte sich nun, daß bis zur Herstellung kommerzieller Brüter noch eine weitere Stufe zwischengeschaltet werden mußte; und so gingen zur Zeit des Baubeginns in Kalkar die Planungen schon längst in Richtung von 1000-MW-Einheiten, die immer noch keine kommerziellen Brüter, sondern vom Staat zu finanzierende Demonstrationsbrüter sein würden.

Hiermit war die Grenze des allein auf nationaler Ebene zu Realisierenden sichtbar übersprungen, und Anfang 1974 kam es nach jahrelangen Verhandlungen zu einem Abkommen zwischen der Bundesrepublik, Frankreich und Italien, das in Zukunft den Bau solcher Demonstrationsbrüter in allen drei Staaten vorsah. In den USA allerdings, die früher der Schrittmacher im Brüter-Wettlauf gewesen waren, mehrten sich zu jener Zeit die Bedenken gegen die Brüterentwicklung, und die schließlich im Frühjahr 1977 von der Regierung Carter bekanntgegebene Absicht, den Brüterbau vorerst zu verschieben, hat international auf diesem Sektor wieder eine offene Situation geschaffen.

Eine in mehrfacher Hinsicht offene Situation hat sich während der 70er Jahre auch beim THTR ergeben. Um 1972 gab es heftige Auseinandersetzungen, ob man bei den Brennelementen Schultens Kugelhaufen-Konstruktion beibehalten oder nach US-Vorbild eine prismatische Form wählen sollte; damals unternahm der US-Konzern General Atomic, eine Tochter der Ölkonzerne Gulf und Shell, mit seinem Hochtemperaturreaktor einen aufsehenerregenden Vorstoß nach Europa. Durch eine Serie von Bestellungen erschien der kommerzielle Durchbruch der HTR in den USA gesichert; 1975

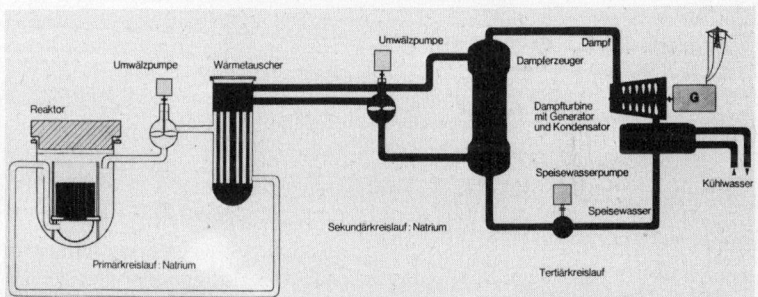

142: Schema der Kühlkreisläufe bei dem Schnellen Natriumbrüter (SNR), der bei Kalkar gebaut wird. Da in dem Dampferzeuger, der Natrium und Wasser Wand an Wand bringt, die Störfallgefahr besonders groß ist, mußte verhindert werden, daß das radioaktive Natrium des durch den Reaktorkern führenden Primärkreislaufs bis dorthin gelangt; daher mußte noch ein Sekundärkreislauf mit Natrium eingeschaltet werden. Da jeder Wärmetausch mit Verlusten verbunden ist – im Primärkreislauf erreicht das Natrium eine Temperatur von 550°, im Sekundärkreislauf das Wasser 500° –, wird die Wirtschaftlichkeit des Kernkraftwerks dadurch herabgesetzt; Kalkar allerdings wird ohnehin wesentlich auf Staatskosten und nicht auf kommerzieller Grundlage errichtet.

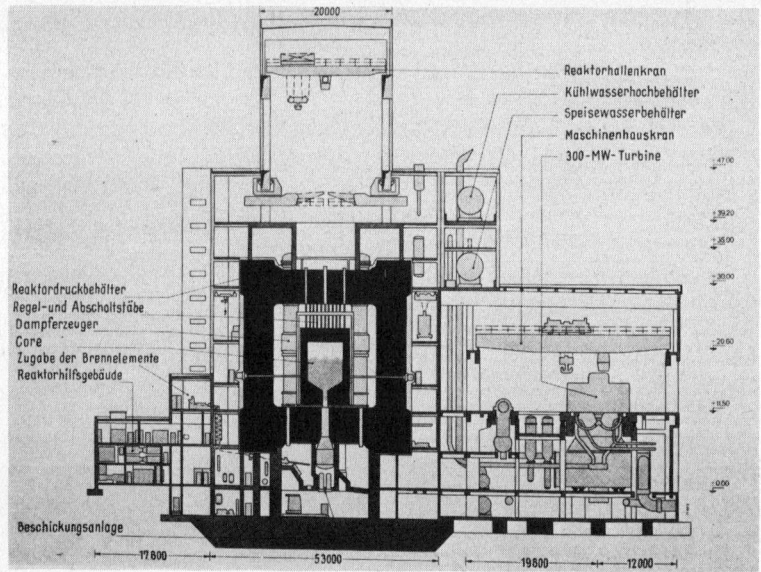

Reaktorhallenkran
Kühlwasserhochbehälter
Speisewasserbehälter
Maschinenhauskran
300-MW-Turbine

Reaktordruckbehälter
Regel- und Abschaltstäbe
Dampferzeuger
Core
Zugabe der Brennelemente
Reaktorhilfsgebäude

Beschickungsanlage

143: Schnitt durch das THTR-Reaktorgebäude und das Maschinenhaus (Plan beim Baubeginn 1970). Damals wurde auf ein Voll-Containment verzichtet, und an eine Sicherung gegen Flugzeugabsturz dachte man nicht; inzwischen kamen entsprechende Auflagen u. a. vom Bundesinnenministerium, die für das ursprüngliche THTR-Konzept «revolutionär» waren und eine völlige Überarbeitung erzwangen. Als besonders langwierig erwies sich der Bau des aus dickwandigem Spannbeton bestehenden Reaktordruckbehälters, der den gesamten Helium-Primärkreislauf einschließt. In dem Druckgefäß befinden sich also auch die Dampferzeuger, von denen die Kühlkreisläufe direkt in die Turbine gehen. Der Austausch der kugelförmigen Brennelemente erfolgt am unteren Ende des Reaktorkerns.

jedoch gab General Atomic die Aufträge zur allgemeinen Überraschung wieder zurück. Das bot einer bundesdeutschen Entwicklung wieder neue Chancen, machte die kommerzielle Zukunft des HTR allerdings unsicherer als je zuvor. Auch die Realisierbarkeit der beiden auf dem THTR aufbauenden Zukunftsprojekte – der unmittelbaren Nutzung der nuklearen Prozeßwärme und des Übergangs zur Einkreis-Heliumturbine – ist nach wie vor offen und in den letzten Jahren zunehmend in Frage gestellt. Gegenwärtig ist sogar damit zu rechnen, daß die gesamte THTR-Linie sang- und klanglos von der Bühne verschwindet: ein Vorgang der die Alternativlosigkeit der bestehenden Reaktorentwicklung perfekt machen würde.

220

Kerntechnik als System: der Brennstoffkreislauf

Der «Brennstoffkreislauf» ist ein Sammelbegriff für sehr verschiedenartige Techniken: für die aufeinanderfolgenden Verfahren, denen Kernbrennstoffe von der Uranschürfung bis zur Endlagerung unterworfen werden. Im allgemeinen wird er als Sammelbezeichnung für die erforderlichen Kerntechniken außerhalb der Kernkraftwerke gebraucht – einen Bereich, der bei der üblichen Fixierung der Aufmerksamkeit auf die Kraftwerke häufig zu wenig beachtet und in der Vergangenheit oft vernachlässigt wurde. Es handelt sich dabei vor allem um die Fabrikation der Brennelemente, den Transport der Kernbrennstoffe, die Wiederaufarbeitung, die (Wieder-)Anreicherung des Spaltstoffs und die Behandlung der radioaktiven Abfälle für die Zwischen- und Endlagerung. Zum Kreislauf wird diese Aufeinanderfolge durch die Wiederaufarbeitung, die aus den abgebrannten Brennelementen das Uran und Plutonium herauslöst und zur Wiederverwendung bereitstellt; die Wiederaufarbeitung wird daher gern von ihren Befürwortern als «Schließung des Brennstoffkreislaufs» bezeichnet.

Da die Kernenergie-Entwicklung von Anfang an wesentlich unter dem Gesichtspunkt der energiewirtschaftlichen Unabhängigkeit und langfristigen Versorgungssicherheit betrieben wurde – mochte man der Öffentlichkeit gegenüber auch die erhoffte Billigkeit der Kernenergie hervorheben –, kam der Wiederaufarbeitung eine Schlüsselfunktion zu; erst durch sie wurden die in Brütern und Konvertern gewonnenen Spaltstoffe verfügbar. Durch die Wiederaufarbeitung versprach die Kernenergienutzung zu einem geschlossenen System, einem sich zunehmend selbst erhaltenden Kreislauf zu werden. Dennoch ist der Begriff «Brennstoffkreislauf» nicht ganz korrekt: auch in einem künftigen Zeitalter der Brüter würde nicht Brennstoff aus dem Nichts geschaffen, sondern nur das Uran-Isotop 238 – das 99,3 % des Natururans beträgt – durch Umwandlung in Plutonium (oder Thorium durch Umwandlung in Uran-233) als Kernbrennstoff nutzbar gemacht werden. Auch im geschlossenen «Brennstoffkreislauf» müßte also von außen neuer Brennstoff zugesetzt werden, und auch hier fallen beträchtliche Mengen radioaktiver Rückstände an, die nicht weiter verwertet werden können.

Die Bereitstellung von Urananreicherungskapazitäten wurde in der Bundesrepublik wünschenswert, nachdem man das ursprüngliche Konzept der Bevorzugung von Natururan-Reaktoren aufgegeben hatte und die amerikanischen Leichtwasserreaktoren übernahm: Mit diesen Reaktortypen drohte man – und nicht zuletzt auch die potentiellen ausländischen Kunden der deutschen Reaktorindustrie – in eine dauernde Abhängigkeit von den USA (oder auch der Sowjetunion) zu geraten, was im krassen Widerspruch zu der mit der Kernenergie angestrebten energiewirtschaftlichen Unabhängigkeit gestanden hätte. Dennoch wurde die Urananreicherung von der bundesdeutschen Atompolitik lange Zeit vernachlässigt.

Während im Bereich der Kernkraftwerke der «ersten Generation» längst bestimmte Reaktortypen dominieren, die als optimal gelten, nicht mehr mit Alternativen konfrontiert werden und auf kommerzieller Basis in Serie produziert werden, ist im Bereich des übrigen Brennstoffkreislaufs – ähnlich wie bei den Brütern – bis heute noch vieles offen. Die Urananreicherung (Isotopentrennung) und mehr noch die Wiederaufarbeitung sind – neben den Schnellen Brütern – die aufwendigsten und schwierigsten Technologien im Kernenergie-System. Das zeigte sich, wie erwähnt, in den USA bereits während des Zweiten Weltkriegs, als ausgedehnte Industriekomplexe und ganze «Atomstädte» (Oak Ridge und Hanford) für diese Verfahren errichtet werden mußten: denn Isotopentrennung und Wiederaufarbeitung waren zugleich die Schlüsseltechnologien auf den beiden möglichen Wegen zur Atombombe.

Dieser Umstand hat beiden Technologien immer eine besondere politische Brisanz gegeben; im übrigen hat das Vorhandensein erheblicher militärischer Kapazitäten auf diesem Sektor die Kosten der Verfahren bis heute undurchsichtig gehalten, so daß die wirklichen Gesamtkosten einer Kerntechnik, die beide Verfahren erfordert, immer noch unbekannt sind. Beide Umstände wirkten sich auf das Verhalten der Bundesrepublik gegenüber der Brennstoffkreislauf-Problematik aus.

Die politische Brisanz dieser Technologien bekam die Bundesrepublik mehrfach zu spüren. 1960 monierte der US-Präsident Eisenhower dem deutschen Bundeskanzler gegenüber ein deutsch-brasilianisches Abkommen über die Lieferung von Uranzentrifugen; die bundesdeutsche Zentrifugenentwicklung mußte daraufhin unter Geheimhaltung gestellt werden – und geriet eben dadurch international in die Schlagzeilen, mit dem Tenor, daß man in der Bundesrepublik einen preiswerten Weg zur Atombombe für Mittelstaaten («Atombombe des kleinen Mannes») entwickelt habe. Die Zentrifugenentwicklung wurde in Jülich weiter betrieben, kam aber dort – durch die eingeschränkte Publizität ohne Zugkraft und ohne wirksame Steuerung – nicht recht voran. Derweil wurde – lange Zeit kaum beachtet – in Karlsruhe eine andere Urananreicherungsmethode, das Trenndüsenverfahren, entwickelt; es geriet 1975 in die Schußlinie, als der African National Congress die Bundesrepublik beschuldigte, dieses Trennverfahren an Südafrika weitergegeben und dem Apartheid-Staat damit den Weg zur Atommacht eröffnet zu haben. Im gleichen Jahr kam es zwischen der Bundesrepublik und den USA erneut über Brasilien zu einer Kontroverse, die über Jahre hinweg andauerte und zeitweise eine erhebliche Schärfe annahm, da anders als 1960 Bonn diesmal nicht zurückwich: Der Hauptkonfliktpunkt bei dem – mit intensiver Regierungshilfe zustandegekommenen – Brasilienvertrag der KWU war die vereinbarte Lieferung von Urananreicherungs- und Wiederaufarbeitungstechnologie an Brasilien – beides Technologiekomplexe, die es in der Bundesrepublik selbst in großtechnischem Maßstab noch gar nicht gab!

144: Zentrifugen in der deutschen Prototypanlage in Almelo. Die Zentrifugen werden zu Kaskaden hintereinandergeschaltet. Vor der Errichtung einer deutsch-britisch-niederländischen Gemeinschaftsanlage in Almelo wurden von den beteiligten Nationen kleinere Prototypanlagen auf der Grundlage der jeweiligen nationalen Forschungen errichtet; die deutsche und die niederländische Anlage liegen in Almelo nebeneinander, die britische wurde in Capenhurst installiert.

Die Niederlande hatten Ende der 60er Jahre in der Zentrifugenentwicklung einen Vorsprung erlangt, und ein deutsch-britisch-niederländisches Abkommen von 1970 vereinbarte die Errichtung einer Zentrifugenversuchsanlage im niederländischen Almelo; mittlerweile verstärkten sich aber wieder Bestrebungen, die Urananreicherung von der multinationalen auf die nationale Ebene zurückzuholen (atomwirtschaft Jg. 21/1976, S. 557 f.). Die Typendiskussion dauert in der Isotopentrennung an; von Anfang bis heute sind vor allem drei Verfahren – Zentrifuge, Trenndüse und Diffusion – im Gespräch. Es fällt auf, daß es auf diesem Sektor gelang, einer in den USA seit Jahrzehnten vorherrschenden Technologie – dem Diffusionsverfahren – durch eine gemeinsame europäische Anstrengung eine neue Entwicklung entgegenzustellen; der Grund ist deutlich darin zu erkennen, daß allein die Zentrifuge privatwirtschaftlich reizvoll zu werden versprach. Die Zentrifuge (Abbildung 144) besitzt wesentliche Vorzüge gegenüber der Diffusion: sie benötigt nur ein Zehntel der elektrischen Energie; und während eine Urananreicherung von 4 % über tausend Diffusionsstufen erfordert, müssen beim

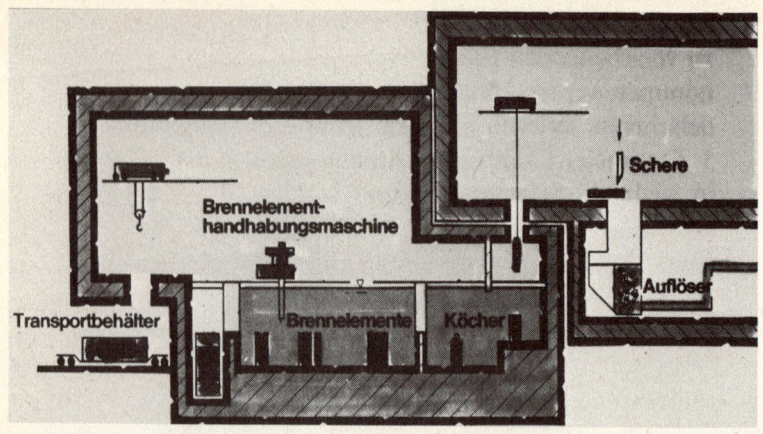

Zentrifugenverfahren «nur» etwa hundert Stufen eingesetzt werden. Die Urananreicherung wird bisher ganz vom Staat finanziert; ob dieser Bereich der Kerntechnik in private Hand übergehen wird, ist noch offen.

Bei der Wiederaufarbeitung hingegen – die ebenfalls als Bombentechnologie bei den Atommächten eine Tradition als «nationale» Aufgabe besaß – bestand die Bundesregierung von vornherein darauf, daß sie im wesentlichen von der Privatwirtschaft getragen würde; dementsprechend wurde ihre Inangriffnahme immer wieder verzögert, zumal es für das bei der Wiederaufarbeitung gewonnene Plutonium noch gar keine friedenstechnische Nachfrage gab. Nur beim KFZ Karlsruhe kam nach jahrelangen Verhandlungen und Bauverzögerungen eine kleine Versuchsanlage zur Wiederaufarbeitung (WAK, 1971 in Betrieb genommen) zustande. Damals erschien die Angelegenheit, sofern man nicht in «nationalen» Kategorien dachte, nicht vordringlich, da sich international ein Überhang an Wiederaufarbeitungskapazitäten abzeichnete; aber 1973/74 wandelte sich schlagartig die Situation, als Wiederaufarbeitungsanlagen in den USA, Großbritannien und Frankreich auf Grund von Störfällen und Funktionsmängeln stillgelegt bzw. umgebaut wurden und sich zeigte, daß diese Technologie noch keineswegs ausgereift war.

Als nunmehr in der Bundesrepublik Wiederaufarbeitungsprojekte forciert wurden, gelangte zugleich einer breiteren Öffentlichkeit zur Kenntnis, daß diese Anlagen erhebliche Gefahrenpotentiale enthielten und Umweltbelastungen hervorriefen: Gefahren, welche die der Kernkraftwerke selbst – sogar nach Angabe des Atom-Befürworters Mandel (1971) – um das Hundertfache überstiegen. Mandel schreibt z. B. in atomwirtschaft Jg. 16/1971, S. 22.:

«... das KKW mindestens 100mal weniger zur Umweltbelastung beiträgt als das Kohlekraftwerk. Allerdings hebt beim gegenwärtigen Stand der Technik die Freisetzung von Radioaktivität aus Aufbereitungsanlagen (...) diesen Vorteil (...) wieder auf...»

145: Schematische Darstellung der Prozesse in einer Wiederaufarbeitungsanlage. Die abgebrannten Brennelemente werden zunächst in ein Wasserbecken versenkt, wo man ihre Radioaktivität eine Zeitlang abklingen läßt; in diesem Becken entstehen noch enorme Wärmemengen (zeitweilig bis zu 80 MW!), die ständig abgeführt werden müssen. Sodann werden die Brennelemente herausgenommen, mit Scheren zerschnitten und in siedende Salpetersäure versenkt, von der alle lösbaren Bestandteile – darunter Uran und Plutonium – aufgenommen werden. Diese müssen nun wiederum aus der Säurelösung extrahiert werden: hier liegt das technische Hauptproblem. Anlaß zu hohen Sicherheitsvorkehrungen gibt die bei diesem Prozeß vor sich gehende Freisetzung von enormen Mengen hochradioaktiver Substanzen.

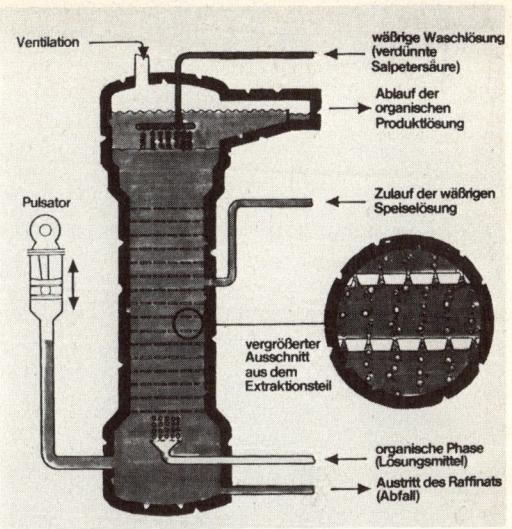

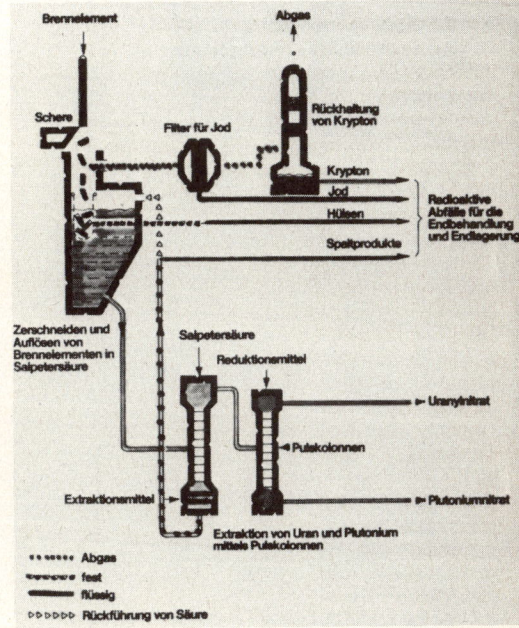

DER ATOMARE BRENN -

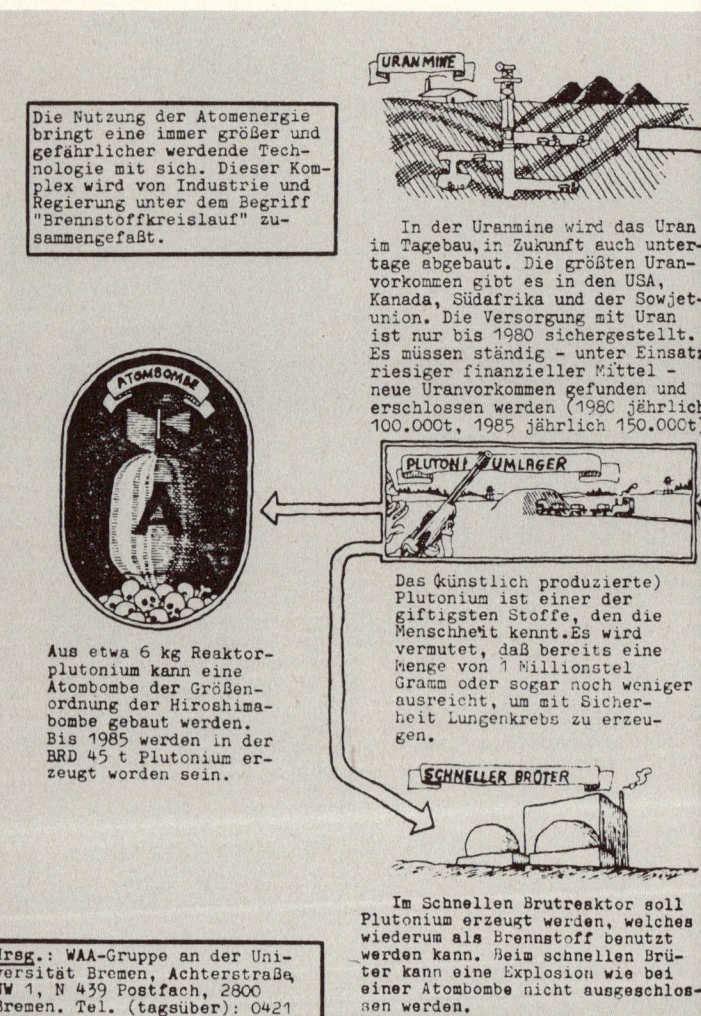

Die Nutzung der Atomenergie bringt eine immer größer und gefährlicher werdende Technologie mit sich. Dieser Komplex wird von Industrie und Regierung unter dem Begriff "Brennstoffkreislauf" zusammengefaßt.

URANMINE

In der Uranmine wird das Uran im Tagebau, in Zukunft auch untertage abgebaut. Die größten Uranvorkommen gibt es in den USA, Kanada, Südafrika und der Sowjetunion. Die Versorgung mit Uran ist nur bis 1980 sichergestellt. Es müssen ständig - unter Einsatz riesiger finanzieller Mittel - neue Uranvorkommen gefunden und erschlossen werden (1980 jährlich 100.000t, 1985 jährlich 150.000t)

ATOMBOMBE

PLUTONIUMLAGER

Das (künstlich produzierte) Plutonium ist einer der giftigsten Stoffe, den die Menschheit kennt. Es wird vermutet, daß bereits eine Menge von 1 Millionstel Gramm oder sogar noch weniger ausreicht, um mit Sicherheit Lungenkrebs zu erzeugen.

Aus etwa 6 kg Reaktorplutonium kann eine Atombombe der Größenordnung der Hiroshimabombe gebaut werden. Bis 1985 werden in der BRD 45 t Plutonium erzeugt worden sein.

SCHNELLER BRÜTER

Im Schnellen Brutreaktor soll Plutonium erzeugt werden, welches wiederum als Brennstoff benutzt werden kann. Beim schnellen Brüter kann eine Explosion wie bei einer Atombombe nicht ausgeschlossen werden.
Für den Schnellen Brüter werden eigene Wiederaufarbeitungsanlagen und Brennelementfabriken benötigt.

Hrsg.: WAA-Gruppe an der Universität Bremen, Achterstraße, NW 1, N 439 Postfach, 2800 Bremen. Tel. (tagsüber): 0421 218 2408.
Zeichnungen nach Claus Deleuran.

146: Der «Brennstoffkreislauf» in der Sicht der Kritiker.

STOFF «KREISLAUF»

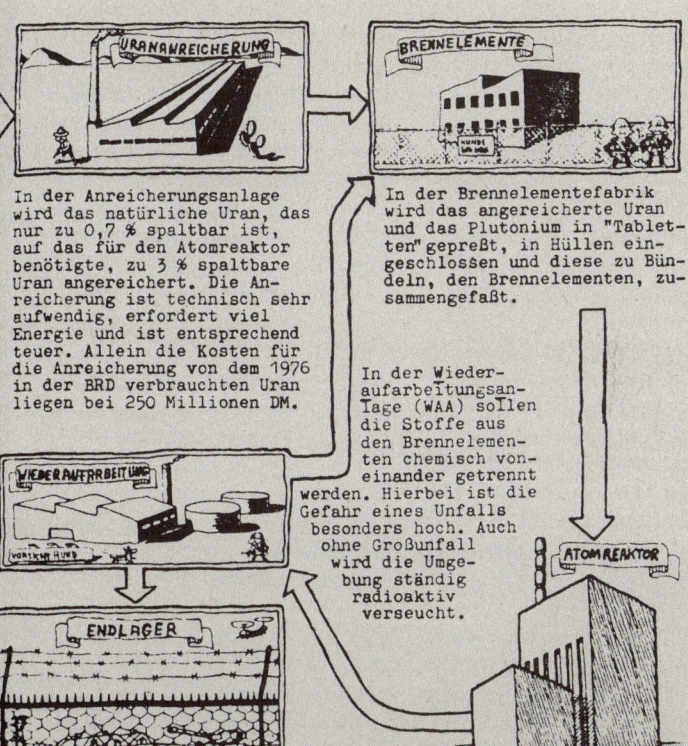

In der Anreicherungsanlage wird das natürliche Uran, das nur zu 0,7 % spaltbar ist, auf das für den Atomreaktor benötigte, zu 3 % spaltbare Uran angereichert. Die Anreicherung ist technisch sehr aufwendig, erfordert viel Energie und ist entsprechend teuer. Allein die Kosten für die Anreicherung von dem 1976 in der BRD verbrauchten Uran liegen bei 250 Millionen DM.

In der Brennelementefabrik wird das angereicherte Uran und das Plutonium in "Tabletten" gepreßt, in Hüllen eingeschlossen und diese zu Bündeln, den Brennelementen, zusammengefaßt.

In der Wiederaufarbeitungsanlage (WAA) sollen die Stoffe aus den Brennelementen chemisch voneinander getrennt werden. Hierbei ist die Gefahr eines Unfalls besonders hoch. Auch ohne Großunfall wird die Umgebung ständig radioaktiv verseucht.

Im Atomkraftwerk wird durch die Spaltung von Uran eine riesige Energiemenge erzeugt. Zwei Drittel davon werden zur Aufheizung der Flüsse und ein Drittel zur Stromversorgung benutzt. Es werden ständig radioaktive Stoffe an die Umgebung abgegeben, je älter das Atomkraftwerk ist, desto größer ist die Umgebungsbelastung.

er hochradioaktive Abfall us der Wiederaufarbeitungsnlage wird jahrzehntelang in iesigen Behältern auf dem elände der Anlage gelagert nd gekühlt werden müssen. er mittelaktive Abfall soll n den Salzstock eingepumpt erden. Die dabei entstehende efährdung für die Bevölke- ung - über hunderttausende on Jahren - ist nicht abzuchätzen.

Während die Wiederaufarbeitung früher, als man mit ihr gemeinhin noch keine genaueren Vorstellungen verband, eher als eine Art Reinigung des «Atommülls» geschätzt wurde, wuchs nun die Sorge nicht nur vor dem dort kondensierten Plutonium, sondern mehr noch vor den radioaktiven Abgasen: Tritium, Krypton, mitsamt Partikeln des radioaktiven Jods und C 14, die sich in Organismen anreichern können. Mehrere Standortprojekte für eine bundesdeutsche Wiederaufarbeitungsanlage – zunächst (1976) im westlichen Niedersachsen, dann (1977) weit im Osten bei Gorleben – stießen auf heftigen Widerstand in der Bevölkerung und ließen Zweifel an der Durchsetzbarkeit des Projektes aufkommen. Der ursprüngliche Plan sah eine Wiederaufarbeitungsanlage mit einer Kapazität von 1500 jato (Tonnen pro Jahr) bei Gorleben vor: das war danach aber das bei weitem größte Wiederaufbereitungsprojekt der Welt und gegenüber der kleinen Versuchsanlage in Karlsruhe (40 jato) ein gewaltiger Kapazitätensprung. Der Widerstand sowohl der lokalen Bevölkerung wie auch eines internationalen Expertengremiums, aber wohl auch das enorme ökonomische Risiko des Projekts veranlaßten die Zurücknahme dieser höchst ehrgeizigen Pläne.

Sowohl die Bundesregierung und das Gros der Atomindustrie als auch die meisten Kernkraftgegner gingen bisher in der Regel wie selbstverständlich davon aus, daß die Wiederaufarbeitung ein unverzichtbarer Bestandteil der – als «Kreislauf» vorgestellten – Kernenergienutzung sei; seitens der Bundesregierung wurde daraus 1976 die Konsequenz gezogen, weitere Kernkraftwerksgenehmigungen an die Bewältigung dieses Problems zu knüpfen, während sich auf seiten der Kernkraftgegner das Gefahrenpotential der Wiederaufarbeitung zu einem Schlüsselargument beim Nachweis der Gemeingefährlichkeit der Kerntechnik entwickelt hat.

Vor allem in den USA scheint sich mittlerweile eine dritte Position durchzusetzen, die zwar die erheblichen Gefahren der Wiederaufarbeitung zugibt, daraus jedoch nicht die Gefährlichkeit der Kerntechnik insgesamt folgert, sondern die Notwendigkeit der Wiederaufarbeitung für die Kerntechnik bestreitet: hier erscheint die Wiederaufarbeitung eher als ein Überbleibsel aus der Phase der vorherrschend militärischen Kernkraftnutzung – nicht etwa als Inbegriff langfristig-vorausschauender Rationalität. Zugleich wird auch die Rationalität der damit eng verbundenen Brüter-Entwicklung angefochten; das Argument, daß das durch Brüter und Wiederaufarbeitungsanlagen zu gewinnende Plutonium als wertvoller Kernbrennstoff benötigt werde, wird angezweifelt, da es in Wahrheit bisher eine wirtschaftliche Verwertung von Plutonium in Reaktoren nicht gebe, sondern lediglich eine Verwendung für den Bombenbau. Es wird daher empfohlen, die abgebrannten Bauelemente ohne weitere Plutoniumabtrennung der Endlagerung zuzuführen (Ford-Foundation 1977, S. 295 ff.). In der Bundesrepublik gilt jedoch dieser «Wegwerfzyklus» als unverantwortliche Verschwendung.

Die Zwischen- und Endlagerung radioaktiver Abfälle wird mit der Wieder-

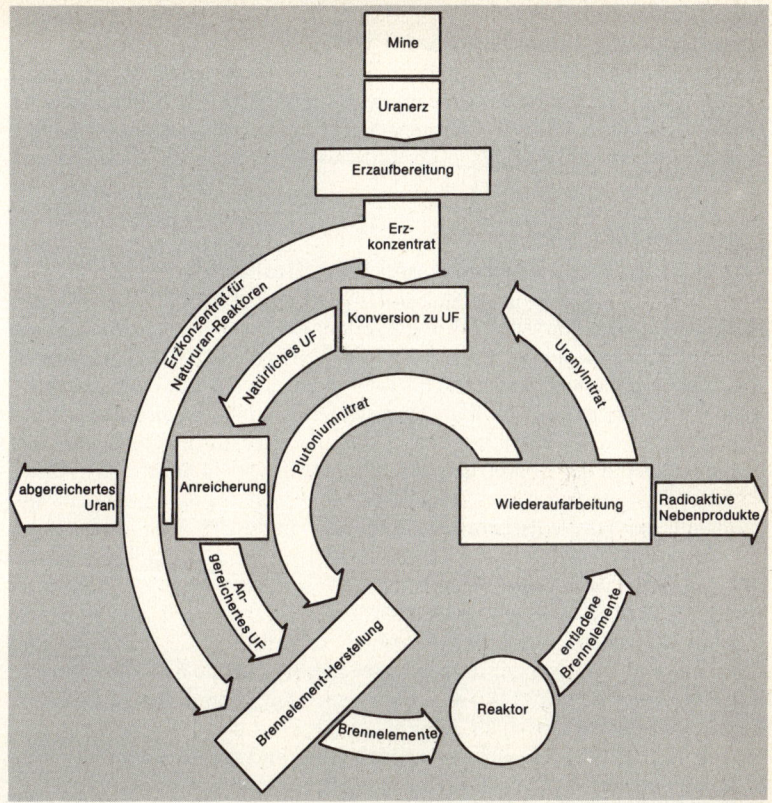

147: Der «Brennstoffkreislauf» in der Sicht der Befürworter.

aufarbeitung gern unter dem Begriff der «Entsorgung von Kernkraftwerken» zusammengefaßt, und neuerliche Bestrebungen gehen dahin, beides in einem «Entsorgungspark» räumlich zu vereinigen. Das Problem des «Atommülls» wurde in der Öffentlichkeit am frühesten bemerkt und rangierte lange Zeit an der Spitze der Argumente gegen Kernkraftwerke; dabei besitzt es, technisch gesehen, einen vergleichsweise eher geringeren Schwierigkeitsgrad, aber seine absurde Zeitdimension – die Jahrzehntausende der notwendigen Lagerung, entsprechend etwa der Halbwertzeit des Plutonium-239 von etwa 24 360 Jahren – macht es in einem geschichtsphilosophischen Sinne unlösbar. Die bisher praktizierte Lagerung des Atommülls in dem ehemaligen Salzbergwerk Asse ergab sich mehr aus einer Zufallsgelegenheit: das Bergwerk wurde 1964 stillgelegt und stand zur Disposition eben zu der Zeit, als das Atommüll-Pro-

blem akut wurde; die Deponie in Asse wurde nur als provisorische und versuchs-
weise Lagerstätte verstanden für niedrig- und mittel-, nicht für hochradioaktive
Abfälle. Die Überlegungen über eine dauerhafte Lösung sind auch hier noch im
Gange. Zur Zeit wird ein Salzstock bei Gorleben für die Endlagerung in
Aussicht genommen: Die Nachbarschaft von Wiederaufbereitungsanlage und
Endlagerung würde dem Konzept der integrierten «Entsorgung» entsprechen.

Die Sicherheitsproblematik und die Öffentlichkeit

Bereits Mitte der fünfziger Jahre gab es zeitweise ein starkes öffentliches
Interesse an Kernenergie, das sich in einer Welle von «Atomzeitalter»-Lite-
ratur äußerte; das war damals ein überwiegend positives Interesse, das sich –
nicht selten von utopischen Visionen beflügelt – auf die vermeintliche Vielfalt kerntechnischer Möglichkeiten richtete. Die Gefahr wurde damals fast
ausschließlich in der Bombe gesehen; über die Technologie von Kernkraftwerken, die es damals noch fast nirgends gab, bestanden naturgemäß im allgemeinen nur vage Vorstellungen. Immerhin hat die damalige Auffassung,
daß die größte und greifbarste Gefahr der Kerntechnik in der Ausbreitung
der nuklearen Waffentechnologie bestehe, seit dem Ende der siebziger
Jahre wieder an Überzeugungskraft gewonnen.

Während es in den sechziger Jahren die Raumfahrt war, die das technische
Interesse der Öffentlichkeit stärkstens auf sich zog und die Kerntechnik zeitweise für die Öffentlichkeit fast in Vergessenheit geraten ließ, rückte die
Kerntechnik in den siebziger Jahren – um 1969 in den USA beginnend –
wieder in den Vordergrund: nun jedoch mehr und mehr als Objekt eines
kritischen Interesses, das sich auf die Sicherheitsproblematik dieser Technologie richtete. Daher erscheint es sinnvoll, die Sicherheitsprobleme und die
neuerliche Öffentlichkeitsentwicklung im Zusammenhang zu behandeln.

Hier ist die Situation besonders undurchsichtig und schwer zu überschau-
en: In den Jahren der Kontroverse hat sich eine beträchtliche Menge von
Pro- und Kontra-Argumenten angesammelt, die teilweise auf unterschiedlichen Ebenen liegen und mit verschiedenen Begriffen und Methoden operie-
ren; die Qualität der einzelnen Argumente ist nicht immer leicht zu bestimmen, und noch schwerer sind sie oft gegeneinander aufzuwiegen. Immerhin
lassen sich sowohl in der Wahrnehmung der Sicherheitsproblematik wie auch
in der Öffentlichkeitsentwicklung doch einige Phasen, historische Entwick-
lungslinien und auch Lernprozesse aufzeigen, die beitragen könnten, die gegenwärtige Situation durchsichtiger zu machen und die immer wieder festge-
fahrene Kontroverse auf die Ebene rationaler Kommunikation zu heben.

Wenn die Kontrahenten in der Debatte um die Sicherheit der Kerntechno-
logie häufig aneinander vorbeireden, so liegt das nicht zuletzt daran, daß

«Sicherheit» kein eindeutiger Begriff ist; selbst in der technologischen Spezialliteratur zur Reaktorkonstruktion werden verschiedene «Sicherheitsphilosophien» unterschieden, und diese Notwendigkeit ergibt sich noch stärker im Alltagsgebrauch des Wortes. Zunächst kann «Sicherheit» rein ökonomisch im Sinne von Betriebszuverlässigkeit und Sicherung gegen Verluste, auch als «Versorgungssicherheit» gegenüber einer möglichen Unterbindung der Brennstoffzufuhr verstanden werden; die Öffentlichkeit jedoch ist heute vor allem an der Sicherheit vor gesundheitlicher Schädigung interessiert. Auch hier kann man die Akzente unterschiedlich setzen: man kann den Normalbetrieb von Kernkraftwerken im Blick haben oder unvorhersehbare Störfälle; man kann sich auf das kerntechnische System als solches beschränken oder die Möglichkeit von Flugzeugabstürzen, Sabotage und Kriegshandlungen einbeziehen, also Vorgänge, deren Ursache außerhalb der Kerntechnik liegt. Man kann mit «Sicherheit» die Abwesenheit von empirisch feststellbaren Schädigungen meinen, aber auch die Vermeidung von hypothetisch zu vermutenden, wenn auch empirisch kaum restlos nachzuweisenden Schädigungen: und bei radioaktiver Strahlung hat man es weithin mit Gefahrenpotentialen der letzteren Art zu tun (Anhang 30 a).

In der Kerntechnik lassen sich im großen und ganzen drei Sicherheitskonzepte unterscheiden, die, wenn sie gegenwärtig auch alle nebeneinander bestehen, historisch doch nacheinander in den Vordergrund getreten sind: Die Konzepte der inhärenten Sicherheit, der instrumentierten Sicherung gegen bestimmte maximale Störanfälle und der Sicherheitsvorkehrung gegen technisch nicht beherrschbare Störfallmöglichkeiten.

Das Konzept der inhärenten Stabilität dominierte vor allem in der Frühzeit der Kernenergie: Überlegungen über Reaktortypen, die bereits durch ihre innere Struktur unkontrollierbare «Leistungsexkursionen» (abrupte Beschleunigungen der radioaktiven Prozesse) verhinderten, konnten sich am ehesten zu einer Zeit entfalten, als die Typenwahl noch offen war. Die inhärente Stabilität wird vor allem durch einen «negativen Temperaturkoeffizienten der Reaktivität» gewährleistet: d. h. durch Eigenschaften der Brennelemente, die bewirken, daß ein Ansteigen der Temperatur die Reaktivität verringert und die Kettenreaktionen drosselt. Dies war etwa bei den anfangs überwiegenden Gas-Graphit-Reaktoren, die Natururan verwendeten, in hohem Maße der Fall. Ein besonderes Problem stellte die Gewährleistung eines Mindestmaßes an inhärenter Sicherheit bei der Entwicklung des Schnellen Brüters dar, dem der bremsende Moderator fehlt, während sein Konkurrent, der Hochtemperaturreaktor, in dieser Hinsicht von vornherein durch seine kugelförmigen graphitumhüllten Brennelemente bessergestellt war: diese enthalten nicht nur einen stark negativen Temperaturkoeffizienten, sondern ermöglichen auch einen laufenden Austausch des Brennstoffs und damit eine Begrenzung der radioaktiven Substanzen auf die kurzfristig benötigte Menge (Anhang 28 a, b). (Dieser Sicherheitsvorteil des THTR könnte allerdings da-

148: Eine doppelte Luftschleuse zwischen Reaktorhalle und Turbinenhaus und mechanisch betätigte, hermetisch schließende Türen sollen es unmöglich machen, daß radioaktive Strahlen und Partikel in das Turbinenhaus und die Außenwelt gelangen.

durch reduziert werden, daß die bei ihm vorgesehene Nutzung der nuklearen Prozeßwärme zum Heranrücken an industrielle Ballungszentren veranlaßt und daß der Übergang zum Helium-Einkreissystem das dort entstehende radioaktive Tritium zur akuten Gefahr macht.) Freilich reichen inhärente Stabilitätsfaktoren zur Sicherung des Reaktorbetriebes niemals aus; von außen einwirkende Instrumentierungen müssen in jedem Fall hinzukommen. Inzwischen hat die inhärente Stabilität nur noch eine Hilfsfunktion für das Konzept der instrumentierten Sicherheit («engineered safeguards»), da sich Reaktortypen durchgesetzt haben, die wesentlich durch Sondervorkehrungen gesichert werden müssen. Mit dem Ende der Reaktortypendiskussion setzte sich die Auffassung durch, es ginge nicht darum, welcher Reaktortyp der sicherste sei, sondern es komme darauf an, einen Reaktor sicher zu machen. Eine parallele Verschiebung von inhärenter zu instrumentierter Sicherung läßt sich in der militärischen Luftfahrttechnik beobachten.

Dieses Konzept der instrumentierten Sicherung verfährt nach dem Prinzip der Redundanz («Überfluß»): Es werden mehrere voneinander möglichst unabhängige Sicherheitsmechanismen installiert, die sich bei Störanfällen automatisch einschalten. Die wichtigsten Vorkehrungen sind zum einen Steuerstäbe aus einem neutronenabsorbierenden Material, die, je weiter sie in den Reaktorkern hineingestoßen werden, desto mehr Kettenreaktionen

149: Die Handhabung von Plutonium kann nur in sogenannten Handschuhkästen erfolgen: die Strahlung des Plutoniums ist von sehr kurzer Reichweite, aber relativ stark, so daß bereits die Inkorporation von Millionstel Gramm durch Organismen auf Dauer tödlich sein kann.

unterbrechen; zum anderen ein Notkühlsystem, das bei Störungen des normalen Kühlsystems in Aktion tritt. Auch diese Vorkehrungen setzen allerdings eine gewisse inhärente Stabilität voraus; würden Leistungsexkursionen ungehindert und blitzschnell mit Neutronengeschwindigkeit ihren Lauf nehmen – so wie es bei der Explosion einer Atombombe geschieht –, wäre kein mechanisches System in der Lage, rechtzeitig zu intervenieren.

Das Prinzip der instrumentierten Sicherung erscheint, für sich genommen, nicht voll befriedigend: Zum einen muß bei Automatismen, die nur äußerst selten in Aktion treten und bei denen eine Routinekontrolle nur begrenzt möglich ist, im Ernstfall mit Funktionsstörungen gerechnet werden; zum anderen ist die Möglichkeit nicht ganz auszuschließen, daß bei der hochgradigen Interdependenz der Prozesse in einem Kernkraftwerk ein Störfall auch die Sicherheitsvorkehrungen in Mitleidenschaft zieht und verhindert, daß sie in geplanter Weise zur Wirkung kommen. Bereits bei bisherigen Störfällen war wiederholt ein «Schneeballeffekt» unvorhergesehener Wirkungsketten zu beobachten.

Ein weiteres Bedenken ergibt sich daraus, daß viel stärker als bei der inhärenten Stabilität durch instrumentierte Sicherung eine Konfrontation zwischen Sicherheit und Wirtschaftlichkeit entsteht: jede zusätzliche Sicherheitsinstrumentation bedeutet eine Kostenerhöhung, und jede Betätigung des Sicherheitssystems einen enormen Betriebsverlust. Von daher ist zu bezweifeln, ob das theoretisch mögliche Maximum an Sicherheitsinstrumentierung auch praktisch verwirklicht und in Gebrauch gesetzt wird – gerade dann, wenn es wirklich lange Zeit keinen katastrophalen Unfall in einem Kernkraftwerk geben sollte und die allgemeine Aufmerksamkeit entsprechend nachläßt (Abbildung 148, 149, 150).

Die eben beschriebene «Sicherheitsphilosophie» basiert auf dem Modell des «größten anzunehmenden Unfalls» («GAU»): die Instrumentierung muß darauf eingerichtet sein, diesen Störfall zu beherrschen. Der «GAU» ist ein bestimmter Einzelstörfall – bei Leichtwasserreaktoren in der Regel ein Bruch der Hauptkühlleitung (Koelzer 1974, S. 43 f.) –, der dann mit seinen Auswirkungen im Modell durchgespielt wird. Für die Definition des «GAU» gibt es keine völlig objektiven Kriterien (atomwirtschaft 12/1967, S. 148); man

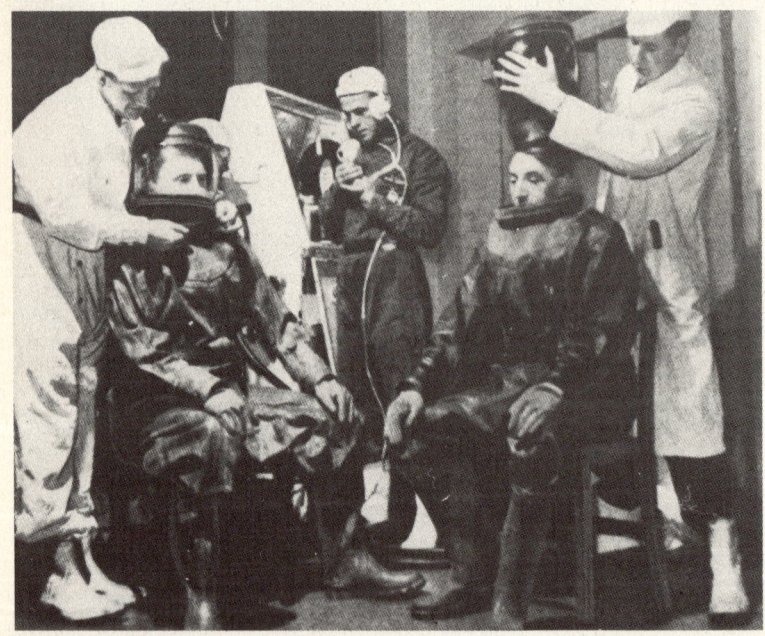

150: Zwei Arbeiter werden mit Schutzanzügen ausgerüstet, um in einem strahlenverseuchten Gebiet arbeiten zu können. Sie sind mit Sprechfunkgeräten ausgerüstet, um ihre Beobachtungen sofort melden zu können.

kann annehmen, daß die Definition vom Stand der Sicherheitstechnik stark beeinflußt wird. Auf diese Weise droht sich diese «Sicherheitsphilosophie» jedoch in einem Zirkelschluß zu bewegen, und der Umstand, daß Sicherungsvorkehrungen auf den «GAU» eingerichtet sind, ist noch kein Beweis für maximale Sicherheit. Außerdem ist mit der Beherrschung des «GAU» nicht unbedingt die Beherrschung von Störfällen unterhalb des «GAU» gewährleistet. Ähnlich anfechtbar ist das Konzept der «Toleranzdosis»: der Obergrenze der radioaktiven Strahlungen und Substanzen, die kerntechnische Anlagen an die Umwelt abgeben dürfen; diese Dosis war weniger an Ergebnissen der Genetik als vielmehr an dem ökonomisch und technisch Machbaren orientiert und wurde demgemäß im Zuge des sicherheitstechnischen Fortschritts herabgesetzt (Umweltschutz IV, S. 71). In der genetischen Wissenschaft bestand von Anfang an Einigkeit darüber, daß eine Untergrenze der Schädlichkeit radioaktiver Strahlung nicht nachzuweisen ist.

Spätestens seit Ende der sechziger Jahre wird die Möglichkeit eines über den «GAU» hinausgehenden «größten hypothetischen Unfalls» – in Veröffentlichungen manchmal als «Super-GAU» oder «Restrisiko» bezeichnet – in Erwägung gezogen: also die Möglichkeit eines durch die Reaktorinstrumentierung nicht mehr zu beherrschenden Unfalls, der eine Reaktor-Kernschmelze, eine Freisetzung der radioaktiven Substanzen und möglicherweise sogar explosionsartige Vorgänge zur Folge hätte (Abbildung 151). Vor allem durch die Diskussion eines von der BASF bei Ludwigshafen geplanten großstadtnahen Kernkraftwerks wurde um 1970 die Frage des Restrisikos akut; auch durch den damals bei Biblis vollzogenen Sprung über 1000 MW, der den Bereich herkömmlicher ingenieurtechnischer Erfahrung überschritt. Die Notstandsdebatte der späten sechziger Jahre, in den siebziger Jahren als Terrorismus-Debatte wiederaufgenommen, blieb ebenfalls nicht ohne Wirkung auf die Sicherheitsdiskussion der kerntechnischen Gremien und gab Anlaß, die Möglichkeit der gewaltsamen Zerstörung eines Kernkraftwerks in Betracht zu ziehen. Auch stellte sich heraus, daß die markanten Kuppeln der Kernkraftwerke allgemein beliebte Zielobjekte von Militärflugzeugen waren (1. deutsches Atomrechts-Symposium, S. 94); dies in Verbindung mit dem Gedanken an die zahlreichen «Starfighter»-Abstürze ließ die Forderung nach einem Reaktor-Containment aufkommen, das selbst dem Aufprall eines Düsenjägers standhalten kann.

Im übrigen wurden für diese «Restrisiken» verschiedene Gegenstrategien erwogen, ohne daß sich bis heute eine Lösung deutlich durchgesetzt hätte. Der Vorschlag einer unterirdischen Anlage von Kernkraftwerken kam auf, wurde theoretisch wiederholt befürwortet, fand aber kaum industrielle Resonanz. Bei dem BASF-Projekt wurde für die Eventualität einer Explosion ein Berstschutz vorgesehen und daraufhin später durch Gerichtsentscheid auch für das – von Bürgerinitiativen besonders bekämpfte – Kernkraftwerksprojekt bei Wyhl gefordert: bisher wird ein Berstschutz jedoch von den

Kernkraftwerkserbauern als zu kostspielig abgelehnt. Intern werden Evakuierungspläne für den Katastrophenfall ausgearbeitet; aber bisher bestehen im allgemeinen stärkste Hemmungen dagegen, sie der Bevölkerung bekanntzugeben.

Die einfachste Methode, um das «Restrisiko» in Grenzen zu halten, bestand von Anfang an darin, Kernkraftwerke weitab von größeren Siedlungen zu bauen; so besaß in der US-amerikanischen Genehmigungspraxis das Kriterium «distance» immer einen erheblichen Stellenwert, auch wenn man im Prinzip darauf beharrte, daß Kernkraftwerke selbst in dichtbevölkerten Gebieten errichtet werden können. In der ungleich dichter besiedelten Bundesrepublik glaubte man sich auf diese amerikanische Sicherheitsphilosophie gar nicht erst einlassen zu dürfen, da abzusehen war, daß man auf diese Weise bald in Standortschwierigkeiten geraten würde; man verlegte sich darauf, der «distance»-Philosophie ein auf deutsche Präzision vertrauendes Konzept einer ganz auf Instrumentierung und inhärente Eigenschaften abgestellten Sicherung entgegenzusetzen, und der Bau großstadtnaher Kernkraftwerke galt zeitweise als notwendige Demonstration der Verläßlichkeit dieser Sicherheitstechnologie (vgl. atomwirtschaft Jg. 16/1971, S. 73).

Selbst in West-Berlin wollte man Anfang der sechziger Jahre ein Kernkraftwerk bauen, und nur alliierte Bedenken führten damals zur Vertagung des Projekts. In der Praxis wurde man allerdings durch kommunale Bedenken schon früh dazu veranlaßt, kerntechnische Anlagen an abseitige Standorte zu verlegen; die Kernforschungszentren Karlsruhe und Jülich, ursprünglich in nächster Nähe von Karlsruhe und Köln geplant, mußten in einsame Waldgebiete ausweichen. Auch in der Bundesrepublik scheint sich ein stillschweigender Konsens hergestellt zu haben, daß Kernkraftwerke in Großstädten vorerst zu riskant seien; die Baugenehmigung des BASF-Projektes wurde 1970 durch ministeriellen Entscheid verschoben, und inzwischen ist das Projekt ganz aufgegeben worden.

Eng verbunden mit den Sicherheitskonzepten ist das Problem, mit welcher Methode man die Wirksamkeit von Sicherheitsvorkehrungen ermittelt. In der Kerntechnik hat man – ähnlich wie zur gleichen Zeit in der Luft- und Raumfahrttechnik – mehr und mehr versucht, mit der Wahrscheinlichkeitsrechnung zu arbeiten und diese auf Unfallmöglichkeiten, die im theoretischen Modell durchgespiegelt wurden, anzuwenden. Man ist auf diese Weise zu extrem geringen Unfallwahrscheinlichkeiten gelangt; aber es hat doch auch immer wieder grundsätzliche Bedenken hinsichtlich der Aussagekraft und Zuverlässigkeit von Wahrscheinlichkeitsrechnungen gegeben (atomwirtschaft Jg. 12/1967, S. 148). Der hierauf beruhende sogenannte «Rasmussen-Bericht» zur Reaktorsicherheit, der 1974 im Auftrag der US-amerikanischen Atomenergiebehörde erstellt wurde, rief in der Öffentlichkeit heftige Kritik hervor. Er wurde schließlich von dem Urheber revidiert. Der klassische Gültigkeitsbereich der Wahrscheinlichkeitsrechnung beschränkt sich

151: Was geschieht, wenn ein Kernreaktor durchgeht? Die Amerikaner gewannen über diese Frage grundlegende Erkenntnisse, als sie im Rahmen sehr aufwendiger Versuche, die in den Jahren 1953/1954 unternommen wurden, den Siedewasserreaktor «Borax I» durch plötzliches Entfernen der Regelstäbe außer Kontrolle brachten. Innerhalb von einer Zehntel Sekunde entwickelten sich in dem durchgehenden Reaktor zehn Millionen Kilowatt thermische Energie. Bis zu 80 m hoch wurden die Trümmer des Reaktors und der zu ihm gehörenden Kontroll- und Steueranlagen geschleudert. Radioaktive Kontamination wurde in einem Umkreis von nur 120 m festgestellt. Die Explosion blieb also räumlich begrenzt und war nicht im entferntesten mit einer echten Kernwaffenexplosion zu vergleichen. Ein derartiger «Rod-Ejection-Unfall» (Unfall durch Ausstoßen der Steuerstäbe) bei einem Groß-Kernkraftwerk – «Borax I» war nur ein winziger Versuchsreaktor – würde jedoch auf Grund der in ihm enthaltenen Massen an hochradioaktiver Substanz den Tod der Bevölkerung in mindestens 40 km Umkreis zur Folge haben, auch wenn die Explosionswirkung als solche nicht mit der einer Atombombe zu vergleichen ist.

auf Datenreihen geringer Komplexität, die sich bereits über einen langen Zeitraum gleichartig wiederholt haben; bei der Kerntechnik trifft in jeder Hinsicht das Gegenteil zu. Hier muß die probabilistische Sicherheitsanalyse die Gesamtproblematik in kalkulierbare Einzelvorgänge zerlegen; dabei können aber kaum alle möglichen Komplikationen erfaßt werden (Anhang 31a und b). Die Geschichte der älteren Kraftwerkstechnologie, insbesondere der Dampfkessel, spricht entschieden gegen die Zuverlässigkeit von Wahrscheinlichkeitsrechnungen, die sich auf hypothetische Vorwegnahme von Störfällen gründen: Zwar hat man auch dort immer wieder versucht, Kesselexplosionen durch Vorausberechnungen zu verhindern, aber ein befriedigendes Maß an Sicherheit ist doch erst durch über ein Jahrhundert praktischer Erfahrung und Auswertung bereits geschehener Unfälle erreicht worden. Aus den Dampfkessel-Überwachungsvereinen (DÜV) sind die heutigen Technischen Überwachungsvereine (TÜV) hervorgegangen.

Auch bei der Entwicklung der Kerntechnik hat man sich nie allein auf Wahrscheinlichkeitsrechnungen verlassen – allgemeine Regelungen für die Reaktorsicherheit wurden bis in die siebziger Jahre mit Hinweis darauf verschoben, solche Regelwerke entstünden dadurch, «daß man die Praxis ex post betrachtet und aus den Erfahrungen die allgemeinen Regeln formuliert» (3. deutsches Atomrechts-Symposium, S. 320). Für die Energieversorgungsunternehmen (EVUs) war bei der Auswahl der Reaktortypen fast immer entscheidend, ob der Typus bereits als «erprobt» galt. Vor allem aus diesem Grund setzten sich die Leichtwasserreaktoren durch, die theoretisch keineswegs optimal waren; und in der Folge wurde es immer mehr üblich, geringschätzig über «Papierreaktoren» zu reden, die im Konstruktionsentwurf die besten zu sein schienen, aber noch nicht großtechnisch erprobt waren. Die Kosten und Risiken der Kerntechnik wirkten sich dahin aus, daß die Experimentierfreudigkeit der Industrie und mehr noch der EVUs gering blieb; während sich in der Dampfkessel-Geschichte noch nach vielen Jahrzehnten neue Typen durchsetzten und bisherige erfolgreich zurückdrängten, erscheint in der reaktortechnischen Entwicklung die Typenwahl schon sehr früh fixiert.

Ob diese Art von Vorsicht wirklich der Sicherheit diente, ist nicht ausgemacht; so hat sich der besonders lange erprobte Siedewasserreaktor in den letzten Jahren doch international als besonders störanfällig erwiesen. Eher kann man vermuten, daß die Erlangung eines Höchstmaßes an Sicherheit auch einige Experimentierbereitschaft erfordert.

An experimenteller Forschung zur Reaktorsicherheit ist in der Bundesrepublik lange Zeit nur wenig geschehen; man pflegte sich herbei auf US-amerikanische Untersuchungen zu verlassen – auch dies ein Umstand, der die deutsche Entwicklung in Abhängigkeit von den USA hielt. Erst in den 70er Jahren begann eine intensivere Forschung auf diesem Gebiet. 1979 erschien eine offiziöse «Deutsche Risikostudie Kernkraftwerke»; sie beschränkte sich jedoch auf Druckwasserreaktoren vom Typ Biblis B und versah auch die

Gültigkeit der hierzu gemachten Aussagen mit gewichtigen Einschränkungen (Deutsche Risikostudie Kernkraftwerke, hg. vom Bundesmin. f. Forschung und Technologie, Bonn 1980, vgl. vor allem S. 237–245).

In diesem Zusammenhang ist zu fragen, inwieweit die bisherige Praxis des Genehmigungsverfahrens kerntechnischer Anlagen geeignet ist, den sicherheitstechnischen Fortschritt zu fördern. Die Problematik der Verfahrensregelung – sowohl für die Kernindustrie als auch für die Kernkraft-Kritiker – ergibt sich vor allem aus zwei Grundzügen des Verfahrens: zum einen aus der Lokalisierung des Verfahrens – es werden nicht Reaktortypen, sondern Reaktorstandorte genehmigt, und die Genehmigung vollzieht sich auf Landesebene, auch wenn bundesweite Organisationen wie das TÜV-Institut für Reaktorsicherheit (IRS) und die ministerielle Reaktorsicherheitskommission (RSK) mitwirken –, zum anderen aus der Praxis der Teilgenehmigungen, die die Genehmigung des Reaktors auf einen Zeitpunkt verschiebt, da die Errichtung der Gebäude längst begonnen hat. Dieser Grundzug des Genehmigungsverfahrens – ein Musterbeispiel bürokratischer Kompetenzendiffusion und hinhaltender Strategie – besitzt Nachteile sowohl für die Erbauer wie auch für die Anfechter von Kernkraftwerken: Die Erbauerfirmen müssen befürchten, daß noch zu einem Zeitpunkt, wo der Bau längst begonnen hat und bereits viele Millionen investiert wurden, zusätzliche Sicherheitsauflagen verordnet werden, die die ursprünglichen Kalkulationen zunichte machen; die Gegner müssen machtlos zusehen, wie schon frühzeitig vollendete Fakten geschaffen werden, bevor der Reaktor selbst in seinen Einzelheiten zur Diskussion steht. Die Praxis des Genehmigungsverfahrens bewirkt zwar häufig beträchtliche Verzögerungen von Kernkraft-Projekten, aber sie ist doch kaum dazu geeignet, eine Grundsatzdiskussion über Reaktortypen und die Möglichkeiten erhöhter Reaktorsicherheit aufkommen zu lassen: Eher schrecken die Bestimmungen von der Neueinführung sicherheitstechnischer Verbesserungen ab, da wesentliche Konstruktionsänderungen eine Neueinleitung des Genehmigungsverfahrens erfordern (Anhang 32b). Zur Konfrontation der Kernkraft-Erbauer und Kernkraft-Kritiker hat das Genehmigungsverfahren wesentlich beigetragen: Die Erbauer gerieten in die Rolle dessen, der frühzeitig und möglichst hinter dem Rücken der Öffentlichkeit vollendete Fakten schaffen muß und sich nicht auf die geringsten Veränderungsvorschläge einlassen darf; die Gegner gerieten in die Rolle des bloßen Nein-Sagers und destruktiven Quertreibers, der eine längst angelaufene Entwicklung durch Querschüsse anzuhalten versuchen muß und dessen Erfolg zwangsläufig mit Arbeiterentlassungen und Firmenverlusten verbunden ist. Eine rationale und konstruktive Kommunikation kommt auf diese Weise schwer zustande (Anhang 33, 34).

Aber auch Strukturen des Forschungsbetriebs wirkten sich dahin aus, daß Sicherheitsaspekte in der Regel separat gehalten und erst nachträglich eingebracht wurden: Zwischen der Atomphysik und -technik einerseits und der

Genetik, Strahlenbiologie und Medizin andererseits bestand normalerweise kein Kontakt; schon auf der Genfer Atomkonferenz von 1955 präsentierten sich die verschiedenen Fakultäten getrennt voneinander. Auch dies führte dazu, daß «Reaktorsicherheit» im Sinne einer Minimierung der Umweltbelastung in der Regel als ein zusätzlicher, potentiell störender Aspekt in Erscheinung trat, nicht als ein von vornherein maßgebender Gesichtspunkt bei der Reaktorkonstruktion (Anhang 32a).

Über die Anti-AKW-Bewegung läßt sich naturgemäß noch nichts Abschließendes sagen, und nur ansatzweise lassen sich bei ihr Strukturen und Entwicklungen erkennen. Man kann immerhin im großen und ganzen drei Entwicklungsphasen unterscheiden, die mit einer gewissen Logik aufeinanderfolgen, wenn auch zeitlich ineinandergeschoben (Anhang 35a–c).

Eine erste, bis etwa 1974 zu datierende Phase ist dadurch gekennzeichnet, daß die Argumentation noch verhältnismäßig unspezifisch ist, sich also noch wenig auf Charakteristika der Kerntechnik bezieht. Sie besaß in der Regel einen ausgesprochen lokalen Einschlag, entsprechend der Lokalisierung des Genehmigungsverfahrens (Anhang 35a). Eines der frühesten Themen der Kritik war die Erwärmung der Flüsse durch Kernkraftwerke und die sich daraus ergebende Gefahr, daß die Flüsse biologisch «umkippen» und zur Kloake werden. Vor allem aus Kreisen der Wasserwirtschaft kamen die frühesten administrativen Gegenspieler der Kernenergie. Man konnte diesem Problem dadurch entgehen, daß man die Wasserkühlung durch Luftkühlung mittels Kühltürmen ersetzte; aber auch dieser Weg schuf Konflikte: Bei dem Kernkraftwerk Wyhl war die Abwärme der erste greifbare Stein des Anstoßes; die Winzer am Kaiserstuhl befürchteten eine Qualitätsminderung ihres Weins durch die von den Kühltürmen ausziehenden Nebelschwaden. Nun ist jedoch die Abwärme an und für sich keine Besonderheit von Kernkraftwerken; allerdings liegt sie bei den Leichtwasserkernkraftwerken um mehr als die Hälfte höher als bei fossilen Kraftwerken.

Charakteristisch für die Frühphase der Gegenbewegung ist auch der Schwerpunkt auf grundsätzlichen Gefahren radioaktiver Strahlung und auf dem Problem der radioaktiven Abfälle, des Atommülls; hier konnte sie unmittelbar an die frühere Fallout-Debatte anknüpfen. Eine Hauptzielscheibe der Kritiker vor allem in den USA war das Konzept der «Toleranzdosis»; es wurde hervorgehoben, daß die Ungefährlichkeit radioaktiver Strahlung unterhalb einer gewissen Schwelle durch nichts bewiesen sei und die Toleranzwerte willkürlich, wahrscheinlich viel zu hoch festgesetzt worden seien (Tamplin/Gofman 1970). Diese auf die grundsätzliche Gefährlichkeit radioaktiver Niedrigstrahlung abgestellte Argumentationslinie führte allerdings bisher nicht recht voran, da ein methodisch unanfechtbarer quantitativer Beweis über die Gefährlichkeit geringer Strahlendosen bislang anscheinend nicht gelungen und prinzipiell auch nicht leicht vorstellbar ist. Am allerschwersten fällt der Beweis bei der ärgsten Befürchtung: daß radioaktive Strahlung eine irreversible Verschlechterung der menschlichen Erbmasse hervorrufen könne. Die Kernkraft-Befürworter pflegen darauf hinzuweisen, daß die Menschheit seit Anbeginn ihrer Existenz einer natürlichen radioaktiven Strahlung ausgesetzt ist, die die Strahlung beim Normalbetrieb eines Kernkraftwerkes um ein Vielfaches übersteigt; die Kritiker pflegen demgegenüber die bei der künstlichen Radioaktivität erhöhte Gefahr der Inkorporation radioaktiver Partikeln und ihrer Anreicherung in Organismen hervorzuheben. Unbestritten ist die Schädlichkeit hoher Strahlendosen, und unbestritten ist ebenfalls, daß das Austreten der in einem Kernkraftwerk enthaltenen radioaktiven Substanzen Wirkungen im Ausmaß einer nationalen Katastrophe hätte; daher konzentrierte sich die Aufmerksamkeit der Anti-AKW-Bewegung zunehmend auf die Störfall-Möglichkeiten (Anhang 35 c).

Kennzeichnend für die zweite Phase der Anti-AKW-Bewegung ist daher eine Einarbeitung in die Kerntechnik; die Begriffe «GAU» und «Super-GAU» wurden geläufig, und Schnelle Brüter und Wiederaufarbeitungsanlagen wurden als besondere Gefahrenpunkte der Kerntechnik erkannt. Erst hierdurch wurde die Bewegung konfliktfähig, konnte in öffentlichen Diskussionen das Expertenwissen der Kernenergie-Befürworter mit detaillierten Gegenargumenten kontern und gewann konkrete Angriffsziele. In dieser etwa 1974 beginnenden Phase schwoll die Kernkraft-Kritik zeitweise zu einer Massenbewegung an, die die größten Demonstrationen in der Geschichte der Bundesrepublik mobilisierte. Dies war nur durch den Anschluß von Teilen der politischen Linken möglich: Auch hierdurch bekam die Bewegung neue Akzente, die ihr bis dahin fast völlig fehlten. Die Anfänge der Kernenergie-Kritik besaßen in typischen Fällen einen konservativ-kulturpessimistischen Einschlag, während progressive Stimmen in den fünfziger und sechziger Jahren eher dazu neigten, Verzögerungen in der kerntechnischen Entwicklung zu kritisieren und als Beweis für die Innovationsträgheit und Planungsunfähigkeit des bundesdeutschen Systems zu nehmen (Anhang 19 a).

Auch der Weg in die technischen Details konnte, wenn zu ausgiebig beschritten, für die Kernkraft-Kritiker am Ende zu einer Sackgasse werden: wenn man sich nämlich allzuweit von den Grundsatzfragen entfernte und sich in Bereiche begab, die nur durch Expertenwissen aufzuhellen waren. Daher läßt sich in den letzten Jahren ein Gegentrend beobachten: eine stärkere Betonung fundamentaler Fragen und eine Repolitisierung der Diskussion. Die Zündung der ersten indischen Atombombe (Mai 1974) demonstrierte, daß das Proliferationsproblem durch den Nichtverbreitungsvertrag keineswegs erledigt war; die von der Anti-AKW-Bewegung zunächst nur wenig beachtete Gefahr der Verbreitung nuklearer Waffentechnik wurde ernster genommen. Bei den Bedenken der US-Regierung Carter (seit Anfang 1977) gegenüber der Kernenergie stand das Proliferationsproblem ganz im Vordergrund. In eine ähnliche Richtung führte die Terrorismus-Debatte der letzten

Jahre. Die Konfrontation mit den umfangreichen Sicherheitsmaßnahmen polizeilicher Art, die die Kerntechnik erforderte, ließ die Befürchtung aufkommen, die Ausbreitung der Kernenergie könne auch dann, wenn sie rein technisch störungsfrei zu gestalten wäre, eine Aushöhlung der Demokratie bewirken.

Es ist nicht möglich, auf dem Wege der historischen Darstellung zu einem Urteil über die Kernenergie zu kommen; wohl aber könnte der historische Rückblick manche Scheingefechte vermeiden helfen und dazu beitragen, daß die Kontroverse zum Kern der Sache vordringt. In der öffentlichen Propaganda der Befürworter sind es zwei Leitmotive, die den Ton angeben: zum einen die Ankündigung einer bei Verzicht auf Kernenergie in Kürze bevorstehenden katastrophalen Energienot («Ohne Kernenergie gehen die Lichter aus»), zum anderen die Behauptung, daß der weitere Ausbau der Kernenergie zur Sicherung der Arbeitsplätze notwendig sei. In Anbetracht der tatsächlichen historischen Entwicklung und ihrer Motive handelt es sich in beiden Fällen eindeutig um Schein-Argumente: weder wurde die Kernenergie-Entwicklung vorrangig mit dem Ziel der bundesdeutschen Stromversorgung noch mit dem Ziel der Arbeitsplatz-Sicherung betrieben; es bestand in den Anfängen der Kernenergieentwicklung niemals ernstlich ein Zweifel, daß die deutschen Kohlevorkommen, wenn auch mit steigenden Kosten, noch lange zur Schließung von eventuellen Energielücken ausreichen würden, und im übrigen wurde die Kernenergie eher im Kontext von Rationalisierung und Automatisierung als im Kontext der Schaffung von Arbeitsplätzen gesehen. Tatsächlich wäre die Schaffung von Arbeitsplätzen nur in wenigen anderen Sektoren so kostspielig wie in der Kerntechnik!

Auch die Neigung vieler Verteidiger der Kernenergie, Gegenpositionen als «unwissenschaftlich» abzutun, enthält eine historisch falsche Voraussetzung, nämlich die Vorstellung, als seien die fundamentalen atompolitischen Entscheidungen wesentlich auf der Grundlage des Sachverstandes der Experten erfolgt und als sei es überhaupt prinzipiell möglich, die Grundfragen durch Expertenwissen eindeutig zu beantworten: keines von beiden trifft zu, und daher ist die Einschaltung von Laien in die Kernenergie-Diskussion grundsätzlich legitim.

Aber auch der Tenor der gegnerischen Argumentation enthält aus historischer Sicht manche Fehltöne: Wenn etwa der Eindruck erweckt wird, als sei die Kernenergie-Entwicklung wider besseres Wissen nur von eigensüchtigen Partikularinteressen vorangetrieben worden, so läßt sich demgegenüber eindeutig feststellen, daß in den fünfziger Jahren, als die Entwicklung begann, ein breiter, alle wesentlichen Kräfte der Gesellschaft umfassender Konsens für die Kernenergie bestand; dabei spielten die EVUs lange Zeit eher den zögernden Part. Die konkreten Entscheidungen sind dann in den sechziger Jahren allerdings abseits der Öffentlichkeit und ohne parlamentarische Kontrolle gefallen; dieses Demokratie-Defizit wurde jedoch nicht nur von den

Atominteressenten, sondern auch durch mangelndes Interesse von Presse und Parlament verursacht. – Der Optimismus, mit dem gegenwärtig von mancher Seite Alternativen zur Kernenergie gepriesen werden, erinnert mitunter an die naive Kernkraft-Euphorie der fünfziger Jahre; man kann aus der Kernenergie-Geschichte lernen, daß sich erst im Verlaufe der großtechnischen Verwirklichung ein realistisches Bild von den Möglichkeiten und Kosten einer neuen Technologie – unter Einschluß ihrer Schattenseiten und ihrer politischen und gesellschaftlichen Folgen – gewinnen läßt.

Im übrigen sind allerdings die politischen und ökonomischen Durchsetzungsbedingungen der Kerntechnik von denen einer alternativen wie der Solartechnik sehr unterschieden, wenn man etwa einerseits an die militärischen und machtpolitischer Impulse der Kerntechnik, andererseits an die durch die Nutzung der Sonnenenergie begünstigte dezentrale Energietechnik denkt.

Stellt die Anti-AKW-Bewegung eine Reaktion auf wirkliche Gefahren seitens der Kerntechnik dar, oder sind ihre Triebkräfte in Wirklichkeit anderswo zu suchen? Es versteht sich, daß die Bewegung selbst das erstere für sich behauptet, während ihre Gegner, die Verteidiger der Kerntechnik, in der Regel die letztere These vertreten. Aus historischer Sicht erscheint bisher eine klare Entscheidung für die eine oder die andere These nicht möglich; ein paar vorläufige Aussagen lassen sich immerhin machen. Zunächst ist darauf hinzuweisen, daß man zwischen der Ursprungsphase der Anti-AKW-Bewegung und ihrer Ausweitung zur Massenbewegung unterscheiden muß: Die Ursprünge der Bewegung scheinen teilweise noch nicht aus einer klaren Einsicht in spezifische Gefahren der Kernkraftwerke und des Brennstoffkreislaufs erwachsen zu sein, während die nachfolgende Ausweitung – auch das Hinzustoßen vieler Intellektueller – dann doch häufig mit einer Einarbeitung in die spezifische Problematik verbunden war. Zugleich allerdings wurde die Gegnerschaft gegen Kernkraftwerke zum Abzeichen «alternativer» Lebensformen: daraus ergibt sich leicht der irrige Eindruck, als sei diese Position nur sozialpsychologisch interessant. Im übrigen läßt sich festhalten, daß das Aufkommen der Gegenbewegung, mag es auch nicht wesentlich aus Gefahren der Kerntechnik an sich zu erklären sein, doch wesentlich aus der Art und Weise ihrer Durchsetzung herzuleiten ist: bei einem solch brisanten Bereich sind alle wesentlichen Entscheidungen abseits von Parlament und Öffentlichkeit gefallen, und nicht ohne Grund fühlten sich hernach weite Kreise überrumpelt. Auch der Umstand, daß der Öffentlichkeit seit langem keine Alternativen innerhalb der Kerntechnik mehr präsentiert wurden, trug dazu bei, daß die Kritik sich oft nur als pauschale Ablehnung artikulieren konnte. Der Verzicht auf das Prinzip maximaler inhärenter Sicherheit bei Reaktorkonzepten machte vollends aus «Sicherheit» einen gesonderten Bereich, der sich gegen die gesamte Kerntechnik ausspielen ließ.

Ein Urteil über die Kerntechnik wird erst dann möglich sein, wenn die Alternativen sowohl inner- wie außerhalb der Kernenergie mitsamt ihren

Vor- und Nachteilen vergleichend ausdiskutiert sind. In dieser Beziehung weist die öffentliche Kernenergie-Kontroverse bisher erhebliche Mängel auf. So sind Alternativen innerhalb der Kerntechnik bisher fast nirgends diskutiert worden; nur sporadisch wurde etwa die Frage aufgegriffen, ob der Thorium-Hochtemperaturreaktor (THTR) eine vorteilhafte Alternative zum schnellen Natriumbrüter (SNR) darstelle (vgl. Cochran 1974). Dieser Mangel in den Kritiken der Kernenergie ist durch die kerntechnische Entwicklung selbst und die Entwicklung der Expertenliteratur mitverursacht worden, wo der Typenvergleich schon seit Mitte der 60er Jahre kaum mehr üblich war.

Von pragmatischen Kernkraft-Kritikern wird als Alternative in der Regel an erster Stelle die Kohle angeboten; unter allen Alternativen erscheint diese gegenwärtig am ehesten politisch durchsetzungsfähig. Unter dem Aspekt der Versorgungssicherheit – dem auch für die Förderung der Kernenergie vielfach vorrangigen Aspekt – ist die Bevorzugung der Kohle sicherlich begründet und konsequent; wie sich eine solche Lösung allerdings unter ökologischem Gesichtspunkt darstellt, ist noch keinesfalls ausgemacht; es ist durchaus denkbar, daß das von fossilen Kraftwerken abgegebene Kohlendioxyd frühzeitiger zu einem ernsthaften ökologischen Globalproblem wird als die radioaktiven Rückstände kerntechnischer Prozesse (Anhang 30 b). Wenn die Kernenergie-Kontroverse lediglich zu einer allgemeinen Patt-Situation führte, die alles beließe wie bisher – mit fossilen Kraftwerken und Leichtwasser-Kernkraftwerken – und von einem weiteren Experimentieren innerhalb und außerhalb der Kerntechnik abschreckte, so dürfte dies die schlechteste aller Lösungen sein; ein gegen technische Experimente ausgespielter Begriff von «Sicherheit» könnte eher verhindern, daß die Sicherheit der Kraftwerkstechnologie erhöht würde (Anhang 32 b).

Im übrigen ist «Sicherheit» bei der Kerntechnik – man denke an das Proliferationsproblem! – nicht ein rein technisch zu definierender Begriff und eine ein für allemal zu installierende Qualität. Sicherheit muß immer wieder neu bestimmt und neu gewonnen werden: durch die Fähigkeit der Gesellschaft, ihre Wertvorstellungen ökonomisch und technisch umzusetzen, auf unvorhergesehene Wendungen und Katastrophen rational und überlegt zu reagieren und notfalls auch aufwendige Entwicklungen abzubrechen, statt sich durch Mißgeschicke zu einer «Nun-erst-recht-Mentalität» paralysieren zu lassen und die Normen auf die vermeintlichen technischen Zwänge umzuschreiben. Hierdurch bekommt die Auseinandersetzung technischer Laien mit der Kernenergie ihre Perspektive – auch dann, wenn einstweilen ein endgültiges Urteil «pro» oder «contra» nicht möglich ist.

Studien im Deutschen Museum

Das Thema Energie wird in zahlreichen Abteilungen des Deutschen Museums angesprochen. Die Anwendung der einfachen Energien findet sich in der Abteilung «Kraftmaschinen», die anschließend außerdem Dampfmaschinen in zwei Sälen behandelt
und in einen großen Raum mit Wasserturbinen und Verbrennungsmotoren weiter-
führt.

Mit insgesamt zehn Abschnitten ist sie eine der größten Abteilungen des Deutschen
Museums. Darüber hinaus sind die Energien Kohle und Erdöl mit ihren Förderungs-
methoden in eigenen Abteilungen dargestellt.

Der Kernenergie ist seit kurzem ein eigener großer Saal gewidmet worden. Er liefert
vor allem eine Übersicht von einer großen Zahl verschiedener Reaktortypen.

Eine Ausstellung zu den Anwendungsmöglichkeiten der Sonnenenergie wird zur
Zeit langsam aufgebaut. Es ist nicht möglich, alle zum Thema gehörenden Exponate in
einem einzigen Rundgang zu studieren. Jeder der aufgeführten Räume beansprucht
bei gründlichem Studium etwa einen Tag Zeit.

Im folgenden werden einige Hinweise auf die Exponate in den verschiedenen Abteilungen gegeben.

152: Blick in die Abteilung Kraftmaschinen. Die Abbildung 152 zeigt den Eingangs-
trakt der Kraftmaschinenabteilung, die im Erdgeschoß des Museums liegt. An der
Stirnseite des ersten Raumes fällt der Blick auf zwei sehr schöne Dioramen (1 und 2) –
das sind dreidimensionale Darstellungen –, die die Anwendung der Muskelkraft an-

schaulich illustrieren. Die Ochsentretscheibe hat einen Kupferstich Vittorio Zoncas zum Vorbild – man vergleiche dazu die Abbildung 24 des Studienmaterials –, der 1607 ein Buch über Maschinen veröffentlichte. Das Laufrad ist schräg gelagert, damit die Ochsen in das Laufrad einsteigen und mit ihrem ganzen Gewicht die Scheibe in Schwung bringen können. Da es keinerlei Lager gab, müssen die Reibungsverluste sehr groß gewesen sein. Über hölzerne Zahnräder und Getriebe wurde eine Maismühle in Bewegung gesetzt.

Das nächste Diorama – ein Hundetretrad – verdeutlicht, wie nahezu bis in unsere Zeit Muskelkraft eine der wichtigsten Energiequellen geblieben ist. Treträder dieser Art gab es schon in der Antike; sie haben sich unverändert über viele Jahrhunderte erhalten. Es soll noch auf eine dritte Maschine, ein Originalgerät, hingewiesen werden, das die Anwendung der Muskelkraft veranschaulicht: es ist ein Laufrad für Ochsen aus der Zeit um 1900. Die Stirnräder, die Übertragung und das Schwungrad sind aus Eisen gefertigt. Das Laufrad ist aus Holzteilen zusammengesetzt und mit dem Antriebsrad so verbunden, daß durch die Laufbewegung der Tiere das Schwungrad in Drehung versetzt wird.

Die einfachste Form des mittelalterlichen Wasserrades, die sich aber in derselben Art unverändert bis nahezu in unser Jahrhundert erhalten hat, findet sich im Saal ebenfalls ausgestellt: es ist das Löffelrad (vgl. Abbildung 25) mit senkrechter Welle, das direkt ohne weitere Übertragungselemente den Mahlstein antreiben kann. Dieses Wasserrad kann vor allem in Gebirgsgegenden bei geringem Wasserzufluß verwandt werden (47).

Neben der Wasserkraft spielte die Nutzung der Windkraft im Mittelalter und in der frühen Neuzeit eine zentrale Rolle. Allgemein setzten sich in Europa Windmühlen etwas später als Wasserräder durch. Erst seit dem 13. Jahrhundert breitete sich die Bockwindmühle in Mitteleuropa weiter aus. Ein kleines Modell sieht man in der Mitte des Raumes. Diese Art Mühle steht auf einem Gestell, auf einem Bock, auf dem sie in den Wind gedreht werden kann.

Erst in den letzten Jahren hat die Windforschung auch wieder in der Praxis Fuß gefaßt. Genauer seit 1973, als die Öllieferungskrise die Begrenztheit der Energiereserven deutlich machte, gibt es wieder systematische Windforschung und -praxis. In der Mitte des Raumes ist ein amerikanisches Windrad (vgl. Abbildung 48) und ein dreiflügeliger Rotor aufgebaut.

153: Wasserturbinen. Um den Anschluß an die Gegenwart für die Nutzung der Wasserkraft zu finden, müssen die Räume, in denen die Dampfmaschinen ausgestellt sind, übergangen werden. Sie werden in einem anderen Zusammenhang dargestellt. Danach gibt ein vierter Saal einen guten Überblick über die wichtigsten Entwicklungen von Wasserturbinen im 19./20. Jahrhundert.

Im Vordergrund ist eine Francis-Turbine mit den Leitschaufeln (vgl. Abbildung 34) zu erkennen. Die Laufschaufeln sind innen gelagert. Diese Turbine wurde seit 1849 entwickelt und wird für große Wasseraufnahme und kleine Gefällhöhenunterschiede (um 30 m) gebaut. Über der Francis-Turbine ist wie eine riesige Schiffsschraube eine Kaplan-Turbine zu sehen. Sie hat verstellbare Leit- (nur schwer zu erkennen) und Laufschaufeln. Sie wird für verschiedenste Wasserdurchflüsse und niedrige Gefällhöhen gebaut und ist daher besonders für Flußkraftwerke geeignet.

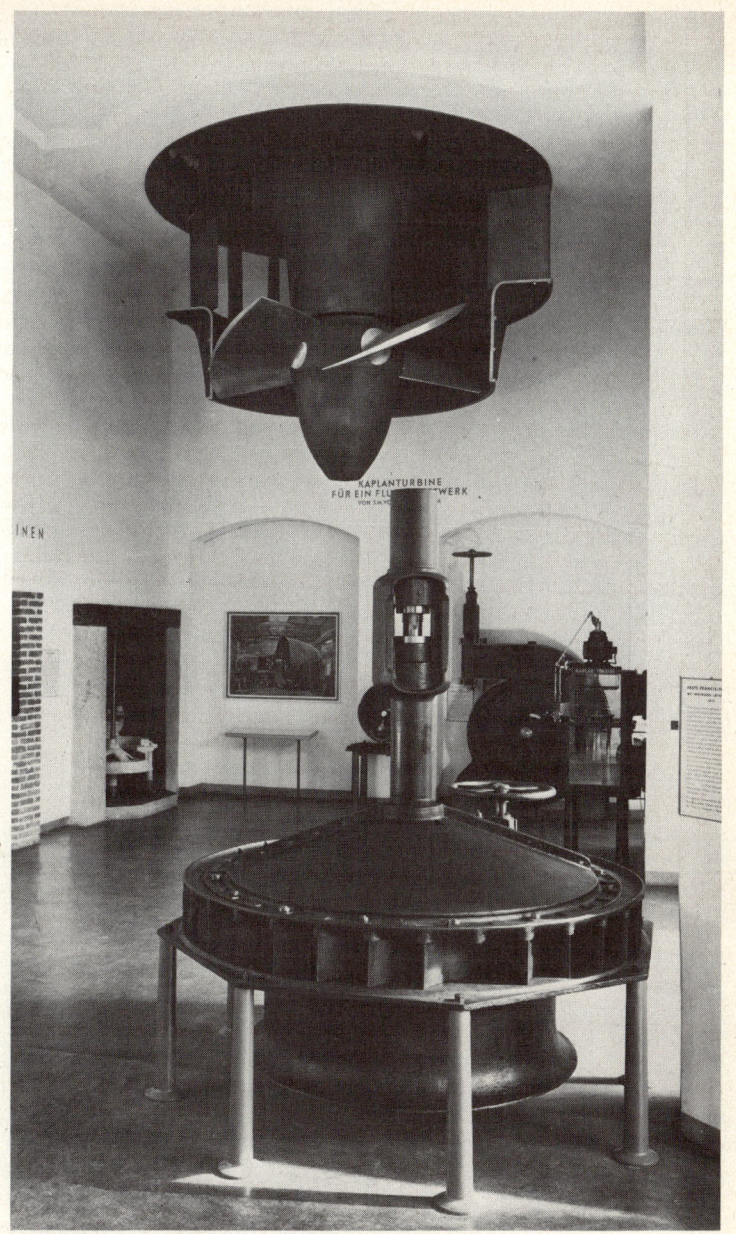

KAPLANTURBINE
FÜR EIN FLUSSKRAFTWERK
VON J.M. VOITH

154: Die Dampfmaschine von Ernst Alban. Der Fabrikant E. Alban hat seit den 40er Jahren des vorigen Jahrhunderts eine große Zahl von Dampfmaschinen in Mecklenburg produziert. Die abgebildete Maschine ist wie ein kleiner griechischer Tempel gebaut. Das tragende Gerüst ruht auf dorischen Säulen, und selbst der Zylindermantel weist die Kannelierung antiker Säulen auf. Der deutsche Bürger zeigte mit den von ihm in seinen Fabriken hergestellten Maschinen sehr viel Selbstbewußtsein: Die Maschinen sollten schön sein, sein Wappen tragen, weil er auf sie stolz war, und beweisen, daß sie im Einklang mit einer schöngeistigen und humanistischen Bildung stehen. Oben auf der Maschine – wie der Hahn auf dem Kirchturm – thront der Fliehkraftregler, wie ihn Watt und frühere Mühlenkonstrukteure schon gekannt hatten. Konstruktiv bietet diese Maschine nichts Neues. Auch der schwingende Zylinder, der eine eigene Geradführung für die Kolbenstange ersparte, war schon nahezu 60 Jahre vorher von englischen Ingenieuren erprobt worden. An Stelle des Planetenradgetriebes verwendet Alban die Kurbel, die Watt nicht benutzte, um Patentstreitigkeiten zu vermeiden. Der Röhrenkessel, der die Maschine mit Dampf versorgte, ist auf dieser Abbildung nicht zu sehen.

155: Der Viertaktmotor von N. A. Otto 1876. Schon 1862 hatte N. A. Otto bei Verbesserungen der Lenoirschen Gasmaschine das Viertaktverfahren ausprobiert. Er mußte es zunächst aufgeben, da eine stoßfreie Zündung des Gasgemisches unmöglich schien. Erst 1876 kommt er einen wesentlichen Schritt weiter. Dies Jahr gilt daher als das Geburtsjahr des entwicklungsfähigen Verbrennungsmotors. Die Abbildung 102 zeigt noch eine andere Seite dieses Motors. Der wassergekühlte Zylinder war horizontal gelagert mit quer im Kopf liegendem Schieber, der von der längs des Motors angeordneten Steuerwelle betätigt wird. Die Steuerwelle läuft genau halb so schnell wie die Kurbelwelle. Das für die Untersetzung notwendige Kegelradpaar ist in der Abbildung gut zu erkennen. Der Steuernocken zum Gasventil kann, um die Gaszufuhr zu regeln, verschoben werden. Die spätere Serienausführung entspricht im wesentlichen dem Versuchsmotor. Einige Jahre danach wird der Motor von Gas auf Benzin, die Flammenzündung auf die elektrische oder Glührohrzündung umgestellt. Dieser Motor konnte in allen Größen und Bauarten konstruiert werden und war damit vielseitig einsetzbar.

156: Verschiedene Bohrköpfe. Um Schichten unterschiedlicher Härte durchbohren zu können, sind neue Meißel und Bohrköpfe entwickelt worden. In der Abteilung sind eine große Zahl von ihnen ausgestellt. Der Rollenmeißel – mit drei konischen Rollen auf schräg zueinander gelagerten Achsen – hat gegenwärtig die größte Bedeutung. In der Abbildung ist ein Warzenrollenmeißel (links) zu sehen, der für sehr hartes Gestein geeignet ist, daneben ein Zahnrollenmeißel für normales Gestein und vorn in der Abbildung ein gebrauchter Meißel, der kaum noch Zähne hat. Alle Meißel weisen Öffnungen auf, um Spülflüssigkeit, die das gelockerte Gestein nach oben befördert, durchlaufen zu lassen.

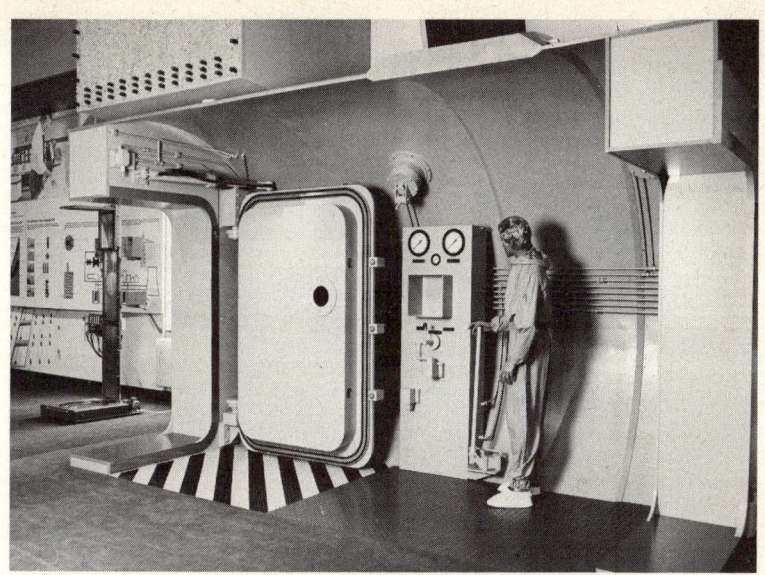

158: Detail aus der Abteilung Kerntechnik. Die Abbildung zeigt die Schleuse zu dem Zentrum eines Kraftwerks. Das Zentrum (Core) des Reaktors darf wegen der radioaktiven Gefahr nie unmittelbar eine Verbindung nach außen haben. Meterdicke Eisenbetonwände, mehrere Stahltüren und automatische Meßüberwachung sollen für eine vollständige Abschirmung nach außen sorgen. Daß es keine technische Perfektion in dieser Hinsicht gibt, zeigt das Reaktorunglück von Harrisburg, das die Evakuierung von Tausenden von Menschen notwendig machte. Es ist die «herkömmliche» Technik, die nicht vorhersehbare Schwierigkeiten bereitet. Die Sicherheitsprobleme der noch nicht im großen Stil erprobten Wiederaufbereitung radioaktiver Stoffe lassen sich in ihren möglichen Konsequenzen nicht mit denen der herkömmlichen Technik vergleichen.

157: Erdölpumpe. Hat das unterirdisch eingeschlossene Erdöl nicht mehr genügend Eigendruck, so muß es hochgepumpt werden. Dafür werden sehr häufig die abgebildeten Tauchkolbenpumpen, die in Norddeutschland noch verschiedentlich zu sehen sind, eingesetzt. In der Abbildung sind der Pumpenblock und der Schwengel zu erkennen; das Pumpengestänge und die eigentliche Pumpe befinden sich in der Tiefe. Der Pumpenvorgang ist folgender: Durch die Abwärtsbewegung wird über ein Kugelventil Öl in den Tauchkolben gedrückt. Das Saugventil ist dabei geschlossen und wird erst bei der Aufwärtsbewegung geöffnet, wobei neues Öl unter dem Tauchkolben durch eine durchlöcherte Verrohrung angesaugt wird. Gleichzeitig wird dabei das Öl in dem Tauchkolben gehoben und über ein oberes Kuglventil aus dem Tauchkolben weiter nach oben befördert. Die Hubhöhen betragen zwischen 0,3 und 1,8 Meter, und die Fördermengen liegen zwischen 20 und 50 Tonnen pro Tag.

159: Nutzung der Sonnenenergie. Bis auf die atomaren Energien stammen alle Energien von der Sonne. Die direkte Nutzung bot lange Zeit große Schwierigkeiten, die erst
langsam überwunden wurden. Dafür gibt es im wesentlichen drei Möglichkeiten: Die
Verwandlung von Sonnenlicht in Elektrizität, wodurch die Weltraumsonden ihren
Energiebedarf decken. Bisher sind der Wirkungsgrad noch zu gering und die Produk-
tionskosten der dafür notwendigen Halbleiter zu hoch. In den letzten Jahren wurden
jedoch auf diesem Gebiet große Fortschritte erzielt.

Die zweite Möglichkeit besteht darin, die Sonnenenergie in chemischen oder biolo-
gischen Prozessen zu nutzen.

Und die dritte Nutzungsmöglichkeit bieten die Kollektoren. Das können einfach
geschwärzte Flächen sein, die das Sonnenlicht möglichst weitgehend absorbieren und
ihre Energie an ein Wasserreservoir weitergeben, oder Spiegel, die die Sonnenwärme
auf geschwärzte Behälter konzentrieren, in denen dadurch höhere Temperaturen erreicht werden. Die Abbildung gibt einen Sonnenkocher wieder, der im wesentlichen
aus einem etwas über drei Meter langen und knapp einen Meter breiten Metallspiegel
besteht, der parabolförmig gekrümmt das Sonnenlicht auf eine geschwärzte Kochröh-
re aus Kupfer konzentriert. Es werden dadurch in der Röhre Temperaturen von 170 bis
180° erreicht, die wie in einem Backofen das Garen von Speisen erlauben. Der Ofen
muß etwa alle 15 Minuten auf die Sonne ausgerichtet werden. Dieser Kocher ist ein
Teil einer Ausstellung, die im Deutschen Museum zur Zeit aufgebaut wird.

Quellen, Ergänzungen, Register

Anhänge

Anhang 1
Zukünftige und gegenwärtige Energieversorgung

1 a
Die Unsicherheit und Problematik gegenwärtiger Energieprognosen wird in einem Aufsatz, den U. Ewes und H. Euler in der Frankfurter Rundschau veröffentlichten, besonders deutlich. Im folgenden werden Ausschnitte daraus wiedergegeben:

«Mit dem Energieprogramm aus dem Jahre 1973 und seiner ersten und zweiten Fortschreibung aus dem Jahre 1974 bzw. 1977 hat die Bundesregierung erstmals eine Gesamtkonzeption für die Energieversorgung der Bundesrepublik vorgelegt. Schwerpunkt der zweiten Fortschreibung des Energieprogramms aus dem Jahre 1977 ist es, ‹den langfristigen Zuwachs der Energienachfrage zu verringern und das Angebot zur Deckung dieser Nachfrage zu verbreitern und zu sichern›.»

Zur Ermittlung des künftigen Stromverbrauchs hat die Bundesregierung eine Reihe von Wirtschaftsforschungsinstituten (DIW, Berlin; RWI, Essen; EWI, Köln) mit der Erarbeitung von Prognosen über den künftigen Bedarf an elektrischer Energie beauftragt. Als Grundlage dieser Prognosen wurde dabei ein vor allem aus beschäftigungspolitischen Gründen als notwendig erachtetes Wirtschaftswachstum von vier Prozent pro Jahr im Zeitraum von 1975 bis 1985 vorgegeben (1985/1990: 3,5 Prozent). Hiervon ausgehend, wird die Zuwachsrate des Stromverbrauchs im Zeitraum 1975/1985 von den Instituten auf jährlich fünf bis sechs Prozent geschätzt (1985/1990: vier Prozent); das bedeutet, daß der Stromverbrauch von derzeit rund 300 Milliarden Kilowatt-Stunden (KWh) auf 534 Milliarden KWh (1985) bzw. 655 Milliarden KWh (1990) ansteigen soll.

Diese Entwicklung erfordert nach Ansicht der Bundesregierung und der Institute einen Ausbau der Kraftwerkskapazität von gegenwärtig etwa 82 000 Megawatt (MW) auf 110 000 MW (1985) bzw. 132 000 MW (1990).

Die gegenwärtige Situation hinsichtlich Stromerzeugungskapazitäten und Stromnachfrage ist durch erhebliche Überkapazitäten gekennzeichnet. Die maximal nachgefragte Leistung, die sogenannte Winterspitze, betrug 1975 in der Bundesrepublik 53 600 MW.

Geht man davon aus, daß bei einem Verbundnetz von der Größe des westdeutschen Versorgungsgebietes eine Leistungsreserve von 8 bis 10 Prozent ausreichend ist – diese Ansicht wird beispielsweise von einem führenden Vertreter der Preußischen Elektrizitäts AG vertreten –, so erhöht sich die Überkapazität im Jahre 1976 auf zirka 20 500 MW (= 33,5 Prozent der Jahreshöchstlast 1976). Das ist immerhin das Zwei- bis Dreifache der derzeit durch Atomkraftwerke erzeugbaren Leistung. Die Tatsache, daß in erheblichem Ausmaß bestehende und potentielle Kraftwerkskapazitäten nicht genutzt werden, wird darüber hinaus an Hand folgender Gesichtspunkte deutlich: Die durchschnittliche Nutzungsdauer der Kraftwerke in der Bundesrepublik betrug im Jahre 1977 exakt 4059 Stunden pro Jahr (das Jahr hat insgesamt 8760 Stunden. Erg. d. Verf.).

Nach Angaben des Verbandes der industriellen Kraftwirtschaft (VIK) könnten praktisch ohne zusätzlichen Primärenergieeinsatz allein durch konsequente Nutzung der Wärme-Kraft-Kopplung bei industriellen Prozessen zusätzlich zirka 21 000 MW bereitgestellt werden. Daß dies zur Zeit nicht geschieht und der Anteil der industriellen Kraftwirtschaft an der Gesamtstromerzeugung von 38 Prozent (1965) auf 18 Prozent (1976) gefallen ist, wurde durch die äußerst bedenkliche Monopolpolitik der großen Elektrizitätsversorgungsunternehmen verursacht, die auf Grund ihrer monopolistischen Stellung die Abnahme von (überschüssigem) Strom durch Preisgestaltung und die Nutzung der Leitungsnetze von bestimmten Bedingungen abhängig machen oder verweigern können. Dies wird in dem Bericht der von der Bundesregierung eingesetzten Monopolkommission ausführlich dargelegt.[2]

Es wird vorausgesetzt, daß der für die Vergangenheit nachgewiesene Zusammenhang zwischen Stromverbrauch und Bruttosozialprodukt auch in der Zukunft gilt, das heißt, daß sich bei einem bestimmten Anstieg des Bruttosozialproduktes auch ein entsprechender Anstieg des Stromverbrauches ergibt. Am Beispiel des Verhältnisses Wachstum des Primärenergieverbrauchs zu Wachstum des Bruttosozialproduktes (Elastizitätskoeffizient) zeigt sich aber, daß hier kein starrer Zusammenhang gilt und daß dieser politisch beeinflußbar ist. So sank der oben erwähnte Elastizitätskoeffizient in der Bundesrepublik von 1,1 (1965/70) auf 0,74 (1970/74). 1974/75 betrug er wegen des absoluten Rückgangs des Energieverbrauchs sogar nur 0,33 (Anmerkung der Redaktion: Letzteres Beispiel bedeutet in der Praxis, daß ein Prozent Wirtschaftswachstum nur 0,3 Prozent Mehrverbrauch an Energie mit sich brachte). Daß es sich hierbei keineswegs um eine unrealistische Annahme handelt, geht daraus hervor, daß der spezifische Stromverbrauch in der Industrie von 1950 bis 1973 um insgesamt zwei Prozent gesunken ist und daß auch in Zukunft nicht nur mit einer Konstanz, sondern mit einem weiteren Absinken des spezifischen Stromverbrauchs (= Stromverbrauch je Produkteinheit) in der Industrie zu rechnen ist. Nach Professor Pestel und seinen Mitarbeitern ist «überall» (d. h. in allen Wirtschaftsbereichen; d. Verf.) mit einer Abnahme des spezifischen Energieverbrauchs zu rechnen.

Einen Beweis, daß zudem Sättigungstendenzen im Bereich des Haushaltsstroms einen erheblich geringeren Stromverbrauch erwarten lassen als vom EWI errechnet, liefert die Elektrizitätswirtschaft selbst. Der Verband deutscher Elektrizitätsversorgungsunternehmen (VdEW) kommt in einer internen Studie zu dem Schluß, «daß die Stromnachfrage der Haushalte für Nichtheizwerke in den kommenden Jahren deutlich langsamer und mit Beginn des nächsten Jahrzehnts kaum noch expandieren wird».[3] Die ermittelten Ergebnisse des Haushaltsstromverbrauchs ohne Heizstrom betragen nach dieser Studie im Jahre 1985 rund 76,1 Milliarden KWh, während des EWI in seiner Sektoralschätzung von 95 Milliarden KWh (ohne Heizstrom) bzw. 138 Milliarden KWh (mit Heizstrom bei elektrischer Beheizung von 15 Prozent des vorhandenen Wohnungsbestands) ausgeht.»

V. Ewes, H. Euler Aus Frankfurter Rundschau, 29. 1. 1979

Literaturhinweise:
[1] «Grundlinien und Eckwerte für die Fortschreibung der Energieprogramme» – Beschluß des Bundeskabinetts vom 23. 3. 1977, Bulletin der Bundesregierung Nr. 30, S. 265 ff.

[2] Absicht der Monopolkommission (Hauptgutachten 1973/1975): Mehr Wettbewerb ist möglich. Baden-Baden 1976

[3] H. Stumpf:
Wirtschaftswachstum und Energieversorgung, in: Beilage zur Wochenzeitung «Das Parlament». B 44/77/5. Nov. 1977

1b

Energieumsatz in verschiedenen Bereichen: (Stand 1979)

Industrie 45 % davon zu	15 % Elektrizität
	23 % Kohle
	62 % Erdöl/Gas
Haushalt 40 % davon	10 % Elektrizität
	64 % Erdöl/Erdgas
	21 % Kohle
Verkehr 15 %	2,5 % Elektrizität
	93 % Erdöl
	4,5 % Kohle

Kraftwerke zur Stromerzeugung (1978):

Steinkohle	30 %
Braunkohle	25 %
Erdöl, Gas	30 %
Wasser	5 %
Kernkraft	10 %

Die 1978 installierte Leistung betrug knapp $90 \cdot 10^3$ MW (davon ein Sechstel Industriekraftwerke). Durchschnittlich wurden 50 % dieser Leistung benötigt. Eine höhere Ausnutzung vorhandener Kapazitäten wird durch neue Verträge zwischen Industrie und Versorgungswirtschaft erwartet. Eine Änderung der Energiegesetze könnte darüber hinaus Reserven in der Größenordnung von 8 Kraftwerken (8000 MW) mobilisieren.

Jochim Varchmin
Nach: SZ Nr. 153, S. 25 vom 6.7.79. Deutsche Shell AG, Hamburg 1977, S. 68 f. VDEW. Die öffentliche Stromversorgung 1978.

Anhang 2

Bericht eines amerikanischen Negersklaven:

Sklaven unterstanden auch im 19. Jahrhundert der persönlichen «Gerichtsbarkeit» ihres Herrn. Selbst gegen grobe Auswüchse schritt der Staat nicht ein.

Ben Simpson, Sklave in Georgia und Texas, berichtete im Jahr 1935:

«Boss, ich bin in Georgia geborn, in Norcross, und bin jetzt neunzig Jahre alt. Mein Vater sein Name war Roger Stielszen, und mein Mutter hieß Betty. Massa Earl Stielszen fing sie sich in Afrika und bring sie nach Georgia. Er is umgebracht worden, und mein Schwester und ich, wir kamen auf sein Sohn. Sein Sohn war'n Killer. Geriet in Schwierigkeiten, da in Georgia, und nahm sein beiden Pferde, gute ausdauernde Renner, un den Planwagen. Dann legt er all seine Sklaven Ketten um' Hals und macht die Ketten an denen Pferden fest und zwang sie, den ganzen Weg bis Texas zu laufen. Mein Mutter und mein Schwester, die mußten mitlaufen. Emma war mein Schwester. Irgendwo auf'm Weg fing's an zu schneien, und wollt uns Massa nich lassen was um die Füße wickeln. Mußten auf'm nackten Erdboden schlafen, mitten im Schnee. Massa hatte ne große lange Peitsche, aus Riemen geflochten, und wenn eins von' Niggern

255

hinstürzt oder war völlig erschöpft und fertig, schlug er'n damit. Wenn er'n Nigger schlug, dann immer mit dieser Peitsche. Mutter, die konnte nich weiter auf dem Weg, ungefähr an 'er Grenzlinie von Texas. Ihre Füße warn wundgelaufen und blutig, und schwollen ihr die Beinen plump und unförmig an. Da nahm Massa einfach seine Büchse und schoß sie, und währenddem daß sie dalag im Sterben, versetzt er ihr zwei – drei Fußtritte und sagt: «Verdammtes altes Nigger, was nix aushalten kann.» Boss, das müssen Ihn' wissen: der Mann, der wollt Muttern nich begraben, ließ sie einfach liegen, wo er sie abgeschossen hat. Wissen ja, 's gab da kein Gesetz gegen, Niggersklaven zu killen.

Er kam durch 'n Schnee bis ganz nach Austin. Fing wieder das Farmen an und ändert seinen Namen in Alex Simpson und ändert auch unsere Namen. Schlug Baumstämme und baut sich sein Haus am Abhang der Berge.Wir hatten kein Quartier nich. Wenn Nachtzeit kam, schloß er die Kette um unsern Nacken und legt sie um'n Baum. Boss, unser Bett war der Fußboden. Alles was er uns zu essen gab, war rohes Fleisch und unreifer Mais. Boss, ich hab viele grüne Unkräuter 'gessen. Ich war hungrig. Er ließ uns nie zu Mittag essen. Wir gingen nackt, so ließ er uns arbeiten. Hatten nie irgendwelche Kleider.

Er brannt uns sein Zeichen ein. Er brannte mein Mutter, vor daß wir Georgia verlassen. Boss, sie is fast daran gestorben. Brannt ihr das Zeichen in die Brust, dann noch zwischen die Schulterblätter. Er brannte uns alle.

Mein Schwester, Emma, war die einzige Frau, die er hatte, bis daß er heirat. Emma war Weib von allen sieben Negersklaven. Er verkauft sie, wie sie ungefähr fünfzehn war, grad vor daß ihr Baby geborn wurd. Ich hab sie nie wieder gesehn seitdem.

Boss, Massa war'n Verbrecher. Kam nach Texas und macht in gestohlenen Pferden. Kurz vor er gehängt wurde, wegen Pferdediebstahl, heiratet er'n junges spanisches Mädchen. War wirklich gemein zu ihr. Schlug sie, weil sie ihn bettelt, er soll doch sein Sklaven freilassen und'n rechtes Leben führn. Mög's ihr Gott gedenken, sie war das beste Mädchen in 'er Welt. War das beste Ding, was Gott je geschaffen, in 'er ganzen Welt. Weinte und weinte jedesmal, wenn Massa weg ging. Sie machte uns los und gab uns mal gutes Essen, währenddem daß er weg war. Missy Selena, die ließ uns los, und wir wuschen uns im Fluß, ganz in 'er Nähe. Sie hatte uns grad wieder an'e Kette gelegt und uns'n großen Pott Kochfleisch und Mais gegeben, da kam Massa angeritten. Sagte kein Wort nich, kam nur ran nachsehn, was wir aßen. Packte die Peitsche und schlug sie, bis sie hinstürzt. Hätt ich könn loskomm, ich hätte ihn umgebracht. Schwor mir, wenn ich je werde loskomm, dann bring ich ihn um. Aber nich lange danach kam er ein Tag nich nach Haus, und fanden ihn einige Leut an eim Baum häng. Boss, das war lange nach Kriegszeit, daß er gehängt wurde. Er ließ uns nich frei. Trugen Ketten die ganze Zeit. Bei 'er Arbeit schleppten wir die Ketten mit uns. Nachts fesselt er uns an'n Baum, um daß wir nich weglaufen. Hätt das aber gar nicht tun brauchen. Wir hatten Angst, wegzulaufen. Wußten, er bringt uns dann um. Und trugen wir doch auch sein Brandzeichen, und gab 's keine Möglichkeit, das wegzubring. War mit 'm glühenden Eisen gemacht. Das kriegt man nich wieder weg.

Wenn 'n Sklave starb, ließ Massa uns übrige 'n Strick um sein Füße bind und ihn wegschleifen. Hat nie ein begraben lassen, war zuviel Mühe. Massa sagt immer, er is reich nach 'm Krieg. Stahl die ganze Zeit. Er hatte ne ganze Bergseite, wo er sein Lager hielt. Missy Selena sagt uns, wir sind eintlich frei, aber er will uns nich losgeben. War etwa drei Jahr nach 'm Krieg, daß sie'hn gehängt haben. Missy gab uns frei.

Für mich kam dann schwere Zeit. Mein ganzes Essen bestand aus dem, was ich konnt finden und stehlen. Hatt Angst vor jedermann. Bin in die Wälder gegang und verwildert, aber Gott sei Dank, 'ne Gruppe Männer nahm ihre Hunde und stöbert mich auf. Brachten mich nach ihrem Platz. General Houston hatte 'n paar Nigger, und befahl er ihn', mir zu essen geben. Ließ sie mich pflegen, bis daß ich wieder bei Kräften war und konnt arbeiten. Dann gab er mir 'n Job. Ich heiratet eins von den Mädchen, vor daß ich da wegging. Bei meiner Hochzeit war ich grad aus 'm Dienst. Ja, Sir, Boss, 's war noch kein Jahr her, daß ich der wilde Nigger gewesen. Wir hatten dreizehn Kinder.

Seither hab ich mein ganzes Leben gefarmt. Wußte nich, was ich sonst hätte tun solln. Hab Menge aus Baumwolle gepflanzt, aber bin ich da jetzt zu alt zu. Ich und meine Frau, wir sind jetzt allein. Der alte Nigger kriegt 'ne kleine Rente von 'er Regierung. Ich werd's wohl nich mehr lange machen. Bin bereit, zu Gott zu gehn, aber hoff ich, ich werde da oben nich mein alten Massa treffen, daß er mich wieder quälen kann.»

Aus Botkin, B. A.: Die Stimme des Negers. Chicago 1945. Deutsche Ausgabe Hamburg 1963

Anhang 3
Die Münchner Müller

München wurde 1158 durch Heinrich den Löwen als Kaufmanns- und Marktsiedlung gegründet. Einzelne Mühlen – damit sind immer Wassermühlen an den Stadtbächen gemeint – lassen sich jedoch erst seit dem 14. Jahrhundert nachweisen, da seit dieser Zeit Steuerbücher erhalten blieben. Für etwa 10 000 Einwohner mahlen etwa 18 Mühlen, von denen 15 zum Münchner Burgfrieden gehören, jedoch außerhalb der Stadtmauern liegen.

Über die Größe der Mühlen im 14. Jahrhundert gibt es nur wenige Nachrichten. Von den zwei größten Mühlen nimmt man an, daß sie drei Mahlräder, ein Sägrad und ein Stampfrad, also insgesamt fünf Räder gehabt haben. Die Zahl der Getreidemühlen schrumpft im 15. Jahrhundert auf zehn zusammen, und diese Zahl bleibt bis zum 30jährigen Krieg konstant. Lediglich die Größe der Mühlen wächst langsam auf vier Mahlgänge und eine Säge je Mühle. Das Handwerk der Müller wacht eifersüchtig darüber, daß diese Zahl von keinem Müller überschritten wird.

Da das Gefälle der Stadtbäche erschöpft ist, stößt die Errichtung weiterer Betriebe mit gespannter Wasserkraft auf Schwierigkeiten und bedeutet einen nicht unwesentlichen Eingriff in das Bachsystem.

Die Betriebe mit Schlamprädern, die als unterschlächtige Räder in den Bach gehängt werden und die sich seit dem 18. Jahrhundert an den Bächen in großer Zahl ansiedln, ändern an der Struktur des Bachsystems nichts. Nach wie vor bestimmen die Großbetriebe der Getreidemühlen das Bild der Stadtbäche. Diese zehn großen Mühlen haben bis zu zehn Räder; nur die innerhalb der Stadtmauern liegenden Betriebe der Pfister- und Hochbruckmühle sind etwas kleiner. Die wenigen sonstigen Betriebe mit gespannter Wasserkraft haben nur drei bis sechs Räder, die Betriebe mit Schlamprädern jeweils nur eines. Hieraus erklärt sich, daß auch in der Zeit der größten Ausnutzung der Bäche, in der zweiten Hälfte des 19. Jahrhunderts, die zehn Mühlen fast genau soviele Räder haben wie alle übrigen Betriebe an den Stadtbächen zusammen.

Die Geschichte der Stadtbäche zeigt ein Bild von großer Kontinuität. Die Zahl der Betriebsstätten, die das Gefälle der Stadtbäche ausnutzen, 15 bis 20 an der Zahl, bleibt vom 14. bis zum 19. Jahrhundert nahezu konstant. Auch die Lage der Betriebe ändert sich kaum. Nur bei der Anlage der großen Befestigungsbauten im 15. und 17. Jahrhundert ergeben sich geringfügige Änderungen.

Die meisten Münchner Mühlen stehen im Obereigentum einer Grundherrschaft. (Die meisten Getreidemühlen stehen als weltliche und geistliche Lehen noch unter Kontrolle des Landesherren. Der Stadt hingegen gehören alle Walk-, Säg-, Schleif-, Poliermühlen und Hämmer.) Der Müller saß als «Grundhold» auf der Mühle. Die in München übliche Leihform war das «Leibrecht» oder «Leibgeding».

Beim Leibrecht ist dem Grundhold die Gerechtigkeit nur «auf seinen Leib» verliehen. Mit seinem Tode fällt das Gut dem Grundherrn anheim. Es besteht keine rechtliche Verpflichtung des Grundherrn, das Gut wieder an den Erben des Leibrechtherrn zu verleihen. Das Leibrecht kann auch «auf mehrere Leibe» verliehen werden, zum Beispiel neben dem Grundholden auf Ehefrauen und Kinder. Die Gerechtigkeit bleibt dann solange im Besitz der Familie, wie eines der Mitglieder lebt.

Die Leistung des Grundholden besteht in einer jährlich zu leistenden Abgabe. Sie setzt sich in der Regel aus einer Geldleistung (Stift) und einer Naturalleistung (Güld) zusammen.

Betrachtet man die Besitzform des Leibrechts vom rein rechtlichen Standpunkt aus, so erscheint sie als nicht besonders günstig für den Grundhold, da dem Grundherrn die Mühle nach dem Tod des Müllers heimfällt. Bei den Münchner Verhältnissen ist jedoch das Nutzungseigentum faktisch erblich. Denn dem Müller gehört mit dem Mühlbericht ein erheblicher Teil des Mühlenanwesens. Hätte ein Grundherr die Erben des Müllers von der Mühle vertreiben wollen, so wäre eine Ablösung dieser Werte erforderlich gewesen. Hinzu kommen die handwerksrechtlichen Sicherungen des Erben, die unter dem Einfluß der Zünfte immer mehr ausgebaut werden. Beim Tode des Müllers brauchte der Erbe deshalb den Heimfall der Mühle nicht unbedingt zu fürchten.

Die Verleihung zu Leibrecht war offenbar nicht nur in München, sondern auch in Oberbayern die gebräuchlichste Form der Vergabe von Mühlen. In einigen Münchner Briefen wird darauf hingewiesen, daß die Mühle zu Leibrecht verliehen werde, wie es im oberen Bayern auch in der kurfürstlichen Haupt- und Residenzstadt München Recht, Sitte und Gewohnheit ist.

Für die Müller hat es immer eigene Richter gegeben. Der Grund für diese Regelung ergibt sich aus den zu Beginn des 14. Jahrhunderts herrschenden Eigentumsverhältnissen. Der Herzog als Grundherr aller Mühlen behält sich die Entscheidungsgewalt in Streitfällen vor, die grundherrliche Schuldzinsen zum Gegenstand haben. Sie wird vom herzoglichen Kastner ausgeübt, dessen Aufgabe die Verwaltung der landesherrlichen Güter ist. Die teilweise Befreiung der Müller von der städtischen Gerichtsbarkeit wird von Ludwig dem Bayern im Jahre 1330 auf die ganze Niedergerichtsbarkeit ausgedehnt. Lediglich die Hochgerichtsbarkeit, nämlich die Entscheidung über Diebstahl, Notzucht und Totschlag, steht weiter dem Scharfrichter zu. Wegen dieser Regelung gibt es immer wieder Streitigkeiten zwischen städtischen und landesherrschaftlichen Organen. Die Zuständigkeit des Mühlrichters erweitert sich im Lauf der Zeit.

Im Jahre 1702 werden Mühlburschen vor dem Mühlrichter vernommen, die die Isartorwachen mit Steinen beworfen, den wachhabenden Korporal einen «Hundsfott» genannt und schließlich eine Rauferei angefangen hatten.

Die Klage der Dienstmagd Barbara Lechner von Föching, die den Fuhrknecht auf der Kalbmühle beschuldigte, sie im Wirtshaus zu Obergiesing geschwängert zu haben, kommt ebenfalls vor den Mühlrichter. 1751 werden zwei Mühlknechte, die nach der Fronleichnamsprozession «in Zank- und Raufhändel» verfallen waren, vom Mühlrichter bestraft. Auch zwei Müller, die «vom Gottesdienst zum Trinken weggegangen» waren, zweimal beim «Stangentragen» während der Fronleichnamsprozession gefehlt hatten, entgehen nicht dem Strafausspruch des Mühlrichters.

Die Zuständigkeit des Mühlrichteramtes erstreckt sich also in strafrechtlicher Hinsicht auf alle Vergehen der Müller und der Mühlbewohner, auch wenn der Tatort außerhalb der Mühle liegt. Das Mühlrichteramt war eine dem Rat vorgelagerte Instanz. Gegen die Entscheidung des Mühlrichters konnte zum Rat appelliert werden.

Die Aufgabe des Müllers besteht im Mahlen des Getreides gegen Lohn auf Bestellung. Die Mühlen sind auf die «Lohnmüllerei» beschränkt. Die hierfür grundlegende Vorschrift, das Verbot des Mehlverkaufs, ist bereits im ersten Ratsbuch enthalten und kehrt in den folgenden Mühlordnungen auch des bayerischen Landesrechts wieder. Die Handelsmüllerei, das heißt der Kauf von Getreide auf Vorrat, der Mehlhandel, ist den Müllern nicht erlaubt.

Die Lohnmüllerei hielt sich in München und Bayern bis zur Einführung der Gewerbefreiheit. Sie war auch in weiten Teilen Deutschlands üblich. Sie ist eine der Hauptursachen für das relativ späte Eindringen der Technik in das deutsche Mühlenwesen. Dem Müller fehlte das Interesse an der Qualität seiner Erzeugnisse.

Handwerksverfassung und Gewerberecht sind bereits in der ersten Hälfte des 14. Jahrhunderts ausgebildet, wie sich am Inhalt der Ratsbücher zeigt. So gibt es zu dieser Zeit bereits Zünfte. Der Zusammenschluß zu Verbänden ist im großen und ganzen gegen Ende des 14. Jahrhunderts abgeschlossen.

Im Jahre 1330 erhält München durch Kaiser Ludwig die Gewerbehoheit. Die Zünfte können sich selbst keine Satzung geben. Die Satzungsgewalt liegt beim Rat. Die Handwerksverbände haben keine Gewerbegerichtsbarkeit. Sie sind niemals direkt am Stadtregiment beteiligt, wenn man von der Revolution der Zünfte gegen Ende des 14. Jahrhunderts absieht. Der Meistertitel wird vom Rat verliehen.

Die Aufsicht über die Handwerker wird bis zum Ende des 14. Jahrhunderts durch «Pfleger» ausgeübt; sie sind Handwerksmeister, die vom Rat amtlich bestellt und ihm verantwortlich sind. Später werden sie von den «Vierern» abgelöst. Die Vierer, das heißt, vier vom Handwerk selbst gewählte Handwerksmeister, sind Vorsteher der Zunft. Sie haben alle Angelegenheiten zu erledigen, die das Handwerk als Gesamtheit betreffen. Im 16. und 17. Jahrhundert werden die Zünfte durch Zunftkommissare überwacht. Versammlungen bedürfen der Genehmigung dieser Kommissare und können nur in deren Anwesenheit stattfinden.

Zur Ausübung eines Handwerks genügte in früherer Zeit der Erwerb des Bürgerrechts. Gegen Ende des 14. Jahrhunderts treten weitere Beschränkungen auf. Der Meister, der ein Handwerk ausüben will, muß auf eigenem Grund gesessen sein oder wenigstens eine Werkstatt haben. Er muß verheiratet oder Witwer sein. Die Meisterkinder werden bei Aufnahmen in das Handwerk begünstigt. Der Handwerker muß «auf das Handwerk» gelernt haben. In der Mitte des 15. Jahrhunderts wird das Meisterstück allgemein üblich. Im 15. und 16. Jahrhundert kommt der Begriff der Unehrlichkeit auf; der angesehene Handwerker muß von ehelicher Geburt und ehrlichem Stande sein. Ab 1450 bildet sich der Zunftzwang aus. Jeder Gewerbetreibende muß Mitglied einer Zunft sein. Bei der Aufnahme in die Zunft sind an die Handwerkskasse, die «Büchse», Gebühren zu errichten, die sich seit Ende des 15. Jahrhunderts ständig erhöhen. Die immer strengeren Zunftzugangsvoraussetzungen führen zu einer Monopolstellung der Zünfte. Die Ausübung des Handwerks wird als obrigkeitlich versehene und geschützte Gerechtigkeit angesehen.

Erst im Laufe des 18. Jahrhunderts verliert der alte Grundsatz «Kunst erbt nicht» seine Gültigkeit. Die Entwicklung findet ihren Abschluß darin, daß die Gewerbegerechtigkeiten als vererbliche und veräußerliche Privatrechte gelten.

Die landesherrliche bayerische Verordnung vom 1. Dezember 1804, der erste größere Schritt zur Reform des Gewerbewesens, trägt dieser Entwicklung Rechnung. Sie erkennt die Realität der durch honoreuse Titel erworbenen Gewerbeberechtigungen an, verbietet aber zugleich die Neubegründung realer Gerechtigkeiten und bereitet dadurch deren Überwindung vor. Die Entwicklung endet mit der Einführung der Gewerbefreiheit durch die Gewerbeordnung des norddeutschen Bundes vom 21. Juli 1869, die ab 1872 auch in Bayern gilt. Im Müllerhandwerk zeichnet sich, wenn auch nicht so ausgeprägt, die gleiche Entwicklung wie bei den anderen Handwerken ab, nämlich eine allmähliche Verschärfung der Zunftvoraussetzungen. Denn der Müller durfte nur auf Bestellung arbeiten, der Mahllohn war obrigkeitlich festgesetzt und die Kundschaft war ihm infolge des Mühlenbannes sicher. Die Tätigkeit des Müllers beginnt an der Schranne, dem Münchner Getreidemarkt, der auf dem Marienplatz abgehalten wird. Dort muß alles Getreide zum Kauf angeboten werden.

Das Mahlen des Getreides auf der Mühle war ursprünglich Sache des Müllers und seiner Knechte. Bereits in den Ratsbüchern ist jedoch ein eigenes Mahlrecht der Mahlgäste festgelegt. Diese können selbst in die Mühle kommen, ihr Getreide aufschütten und den Mahlvorgang beaufsichtigen. Sie dürfen nach Beendigung des Mahlvorganges die Zage aufheben und das im Mühllauf zurückgebliebene Mehl (das «Zagmehl») herabkehren. Es wird üblich, daß die Müller zu einem Geldlohn noch einen bestimmten Teil des zu mahlenden Getreides erhalten, die sogenannte «Mahlmueß» oder «Mahlmetze». Gegen Ende des 14. Jahrhunderts brechen zwischen den Müllern und Bäckern Streitigkeiten wegen des Mahllohnes aus. Sie werden 1407 vom Rat der Stadt dahin entschieden, daß die Mueß den 50. Teil des zu mahlenden Getreides betragen solle. Jeder Müller muß ein geeignetes Hohlmaß in der Mühle haben, womit die Mueß abgemessen werden kann. Als selbständiger Müller kann der Meister nur tätig werden, wenn er durch Kauf, Einheirat oder Erbfolge in den Besitz einer der Münchner Mühlengerechtigkeiten gekommen ist. Deshalb wird das Meisterstück in der Regel erst nach Erwerb der Gerechtigkeit angefertigt.

Der Begriff der «Gerechtigkeit» oder «Gerechtsame» dient in der alten Zunftfassung dazu, die Befugnisse im Betrieb eines Gewerbes mit allen dazugehörigen Rechten und Pflichten zu umschreiben. Im Mühlenwesen ersetzte er etwa seit dem 17. Jahrhundert den Ausdruck «Mühllehen», der bis dahin gebräuchlich war.

Die meisten Handwerksgerechtigkeiten sind ursprünglich persönlicher Art. Nach dem Grundsatz «Kunst erbt nicht» müssen sie von jedem Meister neu erworben werden. Erst in der zweiten Hälfte des 18. Jahrhunderts entwickelten sie sich zu Realrechten, das heißt zu veräußerlichen und vererblichen Privatrechten des Inhalts, ein bestimmtes Gewerbe ausüben zu dürfen.

Die Entwicklung der Mühlengerechtigkeit verläuft demgegenüber in anderen Bahnen. Das Mühlengewerbe unterscheidet sich von anderen Handwerken darin, daß es nur an bestimmten Plätzen ausgeübt werden kann und an das Vorhandensein großer und kostspieliger Gewerbeanlagen gebunden ist. Dieser Umstand, der zum Beispiel auch bei Brauereien, Schmieden und Badehäusern gegeben ist, wirkt sich entschieden auf die rechtliche Ausgestaltung dieser Handwerksgerechtigkeiten aus.

Joachim Varchmin nach W. Kohl: Recht und Geschichte der alten Münchner Mühlen. München 1969

Anhang 4

Die Leistung von Kraftwerken

Ab 1978 sind neue Einheiten eingeführt worden. Bisher wurden für Leistungen häufig Pferdestärken (PS) angegeben. Bei Automotoren kann man sich das kaum anders vorstellen, in Zukunft soll nur noch die Bezeichnung Watt verwandt werden.

Ein PS soll etwa der Leistung eines Pferdes entsprechen. Bei der endgültigen und genauen Festlegung ist man offensichtlich von einem sehr kräftigen Pferd ausgegangen: ein Pferd leistet dann ein PS, wenn es in jeder Sekunde 700 Newton (ca. 75 Kilopond) – das ist das Gewicht eines ausgewachsenen Menschen – um einen Meter hochhebt. Ein Mensch schafft etwa $\frac{1}{10}$ PS.

Diese Einheit wird in Zukunft allein durch die in der Physik übliche Einheit Watt ersetzt. Ein PS entspricht 736 Watt. Ein 100-PS-Motor wird also in Zukunft als ein 73,6 Kilowatt-Motor bezeichnet.

Die Einheit Watt ist bisher vor allem als Aufschrift auf Glühlampen bekannt. Eine Glühlampe mit 100 Watt gibt ein zum Lesen ausreichendes Licht. Das Elektrizitätswerk interessiert sich jedoch nicht so sehr dafür, wie viele Lampen ein Haushalt besitzt, sondern vor allem, wie lange sie insgesamt brennen. Eine 100-Watt-Lampe, die 10 Stunden lang brennt, hat 10×100 Watt-Stunden verbraucht oder eine Kilowattstunde. Das gibt die Arbeit an, die sie geleistet hat, oder die Energie, die sie umgesetzt hat. Dabei ist es gleichgültig, wie diese Energie umgesetzt wurde. Es könnten auch zwei 25-Wattlampen 20 Stunden lang brennen oder vier 50-Wattlampen nur 5 Stunden lang. Die Wattsekunde ($1000 \times 60 \times 60$ Wattsekunden = 1 Kilowattstunde) entspricht der neuen Energieeinheit Joule (J). Sie soll alle anderen Energieeinheiten ersetzen.

Kraftwerke erbringen Leistungen in der Größenordnung von vielen Megawatt (MW), also vielen Millionen Watt.

Die Angabe von Spitzenleistungen bei Kraftwerken ist eigentlich sehr wenig aussagekräftig, da es vor allen Dingen auf die abgegebene Energie ankommt. Ein Kraftwerk steht im Durchschnitt 60–80prozentig zur Verfügung, da es von Zeit zu Zeit überholt oder die produzierte Energie nicht benötigt wird.

In vielen Tabellen werden ganz andere Einheiten für den Energieverbrauch angegeben: SKE z. B. bedeutet Steinkohleneinheiten.

Die Wahl dieser Einheit ist nur geschichtlich zu verstehen, als die Förderung der Kohle die wichtigste Energiequelle darstellte. Ein Kilo Steinkohleneinheit ist die Energiemenge, die beim Verbrennen von 1 Kilo Steinkohle durchschnittlich frei wird. Sie ist mit 7000 Kilokalorien festgesetzt.

Die heutige Energieeinheit ist Wattsekunde oder Joule, wobei 1 Kalorie (cal) 4,19 Wattsekunden oder 4,19 Joule sind.

Die Energie von 1 Kilo SKE entspricht rund 28000 kWsec oder 28 MWsec oder 28 MJ (M = Mega = 10^6).

Da der Energieverbrauch für ein Jahr angegeben ist, müssen diese Einheiten ebenfalls auf ein Jahr umgerechnet werden. Wieviel Leistung bringt also 1 Kilogramm Steinkohle gleichmäßig über das Jahr verteilt? Ein Jahr hat rund 30×10^6 sec (30 Millionen Sekunden). Also 28 MWsec entsprechen recht genau einem Wattjahr. Eine Million Kilogramm Steinkohle sind dann ein Megawattjahr.

Ein Kraftwerk mit einer Dauerleistung von 1000 MW entspricht also einer Energieumsetzung von 1 Million Tonnen Steinkohle. In der BRD werden durchschnittlich 100 Millionen Tonnen Steinkohle jährlich gefördert. Sie können also 100 Kraftwerke mit einer Leistung von 1000 MW beliefern oder eben 1000 Kraftwerke mit einer Leistung von 100 MW, wenn ihr Wirkungsgrad 100 % betragen würde. Er beträgt jedoch nur 30 bis 40 %.

	J	kWh	kcal	SKE	
J.	1	$2,8 \times 10^{-7}$	$2,4 \times 10^{-4}$	$3,4 \cdot 10^{-8}$	J = Joule
kWh	$3,6 \cdot 10^{6}$	1	860	0,12	kWh = Kilo-
kcal	4187	$1,2 \cdot 10^{-3}$	1	$1,4 \cdot 10^{-4}$	wattstunde
					kcal = Kilo-
					Kalorie
SKE	$2,9 \cdot 10^{7}$	8,1	7000	1	SKE =
					Steinkohle-
					einheit

Die Tabelle muß in folgender Weise gelesen werden: 1 Joule – aus der linken Spalte – entspricht 1 Joule – aus der oberen Zeile –, weiterhin $2,8 \times 10^{-7}$ kWh (also einer $^{2,8}/10\,000\,000$ Kilowattstunde) usw.

Jochim Varchmin

Anhang 5

«Im Jahr 1801, ehe die Stifter Essen und Werden noch mit den preußischen Landen vereinigt waren, baute ich den Gewerken der schon vorhin genannten Zeche Wohlgemuth im Werdenschen die erste Feuermaschine nach altem Prinzip (also atmosphärisch, d. Verf.). Das ganze Personal am märkischen Bergamte, besonders der Herr P. Crone, selbst fremde Bergleute, welche Dampfmaschinen zu sehen Gelegenheit gehabt hatten, zweifelten daran, daß ich ein solches Werk zustande bringen würde. Einige schwuren geradezu, daß es unmöglich sei und andere prophezeiten mir, weil es mir als gemeinem Handwerker jetzt wohl ging, meinen Untergang, weil ich mich in Dinge einließ, die über meine Sphäre hinausgingen. Freilich war es ein wichtiges Unternehmen, besonders, weil in der hiesigen Gegend nicht einmal ein Schmied war, der imstande gewesen wäre, eine ordentliche Schraube zu machen, geschweige andere zur Maschine gehörigen Schmiedeteile als Steuerung, Zylinderstange und Kesselarbeit pp. hätte verfertigen können oder bohren und drechseln verstanden hätte. Schreiner und Zimmermannsarbeiten verstand ich selbst; aber nun mußte ich auch Schmiedearbeiten machen, ohne sie jemals gelernt zu haben. Indessen schmiedete ich fast die ganze Maschine aus eigener Hand, selbst den Kessel, so daß ich 1 – 1½ Jahre fast nichts anderes als Schmiedearbeiten verfertigte, und ersetzte also den Mangel an Arbeitern der Art selbst. Aber es fehlte auch an gut eingerichteten Blechhämmern und geübten Blechschmieden in der hiesigen Gegend, weshalb die Platten zum ersten Kessel fast alle unganz und kaltbrüchig waren. Ebenso unvollkommen waren diejenigen Stücke der Maschinen, welche die Eisenhütte liefern mußte; als Zylinder, Dampfröhren, Schachtpumpen, Kolben und dergleichen. Auch dieses Hindernis wurde überwunden, indem ich es durch Mitteilung meiner Ideen und durch das eigene Raffinierte des Herrn Jacoby, Eigentümer der Eisenhütte zu Sterkrade in der Gegend von Dinslaken bei Wesel, dahin brachte, daß diese Eisenhütte alle nötigen Stücke zu einer Maschine, anfangs freilich unvollkommen, aber jetzt in der möglichsten Vollkommenheit liefert. – Das Bohren der Zylinder setzte mir neue Hindernisse entgegen, allein auch dadurch ließ ich mich nicht abschrecken, sondern verfertigte mir auch eine Bohrmaschine, ohne jemals eine solche gesehen zu haben.

So brachte ich es also nach unsäglichen Hindernissen, die vielleicht manchen anderen an meiner Stelle abgeschreckt haben würden, endlich so weit, daß die erste Maschine, nach altem Prinzip, fertig wurde ... Die Schwierigkeiten, welche ich bei der Erbauung dieser Maschine zu bekämpfen hatte, gaben den Revierbeamten, welche sich früher dadurch vom Herrn Direktor Cappel zurückgesetzt zu sehen glaubten, daß derselbe nicht nur bei der Einrichtung der Förderungsvorrichtung, sondern auch in mehreren anderen Fällen meine Vorschläge den Vorschlägen der Revierbeamten vorzog, hinlänglich Stoff, sich an mir zu rächen. Auf alle mögliche Weise wurde ich von denselben bei den Gewerken und dem Publikum verkleinert und in den Schatten gestellt. Dies war zum Beispiel der Fall, als die Maschine, welche ich nach dem Kontrakt binnen 18 Monaten fertig zu bauen mich verpflichtet hatte, später fertig wurde. Daß ich den ersten Zylinder fünfmal habe gießen lassen, ehe derselbe die nötige Vollkommenheit hatte, indem noch niemals ein so großes Stück Arbeit auf der Eisenhütte gegossen worden und derselbe bald zu hart war, bald zu viel Kiß hatte, bald zu enge, bald zu weit war; daß ich denselben aus drei Stücken zusammensetzen mußte, weil der Schmelzofen eine so große Masse von Eisen, als zum ganzen Zylinder erforderlich war, auf einmal nicht fassen konnte, und daß darüber, doch ganz ohne meine Schuld, mehr als elf Monate verlorengingen, das alles wurde nicht berücksichtigt ...» (Aus Dinnendahl, F.: Selbstbiographie. In: C. Matschoss, Sdr. aus Beitr. z. Gesch. von Stadt und Stift Essen H. 28, 1905 S. 17 ff.)

Anhang 6
Thomas Morus (1478–1535) war ein bedeutender Gelehrter und Politiker – kurze Zeit sogar Lordkanzler – des beginnenden 16. Jahrhunderts in England. In seinem Hauptwerk «Utopia» (1516) bringt er die sozialen, wirtschaftlichen und juristischen Mißstände seines Landes sehr klar zum Ausdruck. Das Vorgehen der großen Lords bei der beginnenden Boden- und Kapitalkonzentration stellt er in aller Schärfe dar:

«Damit also ein einziger Prasser, unersättlich und wie ein wahrer Fluch seines Landes, ein paar tausend Morgen zusammenhängendes Ackerland mit einem einzigen Zaun umgeben kann, werden Pächter von Haus und Hof vertrieben: durch listige Ränke oder gewaltsame Unterdrückung macht man sie wehrlos oder bringt sie durch ermüdende Plackereien zum Verkauf. So oder so müssen die Unglücklichen auswandern, Männer, Weiber, Ehemänner mit ihren Frauen, Witwen, Waisen, Eltern mit den kleinen Kindern und einer mehr vielköpfigen als vielbesitzenden Familie, wie denn die ländliche Wirtschaft zahlreicher Hände bedarf; sie müssen auswandern, sage ich, aus der vertrauten und gewohnten Heimstätte und finden nichts, da sie ihr Haupt hinlegen könnten. Ihren ganzen Hausrat, ohnehin nicht hoch verkäuflich, auch wenn man auf den Käufer warten könnte, schlagen sie für ein Spottgeld los, denn sie müssen ihn sich vom Halse schaffen. Ist das bißchen Erlös auf der Wanderschaft verbraucht, was bleibt ihnen schließlich anderes übrig, als zu stehlen und sich hängen zu lassen (versteht sich: von Rechts wegen!) oder aber Landstreicher und Bettler zu werden, nur daß sie freilich auch dann als Vagabunden, die müßig umherstreichen, ins Gefängnis geworfen werden; und doch will kein Mensch ihre Dienste haben, sie mögen sich noch so eifrig anbieten! Denn mit dem Ackerbau, den sie gewohnt sind, ist es nichts mehr, wo nicht gesät wird; genügt doch ein einziger Schaf- oder Rinderhirt, um dasselbe Land mit seinen Herden abzuweiden, zu dessen Anbau als Saatfeld viele Hände benötigt werden!

Aus demselben Grunde sind auch vielerorts die Lebensmittel teurer geworden. Ja, auch der Preis der Wolle ist so gestiegen, daß sie von den weniger bemittelten Tuchmachern eures Landes nicht mehr bezahlt werden kann, und so finden sich noch weitere Leute von der Arbeit weg zum Müßiggang gedrängt. Denn nach der großen Ausdehnung der Schafweiden hat eine Seuche unzählige Schafe hinweggerafft, gerade als hätte Gott, um die Habgier der Herren zu strafen, das Verderben auf ihre Schafe herabgesandt, das mit größerem Recht über ihre eigenen Häupter sich entladen hätte. Aber die Zahl der Schafe mag noch so sehr wieder zunehmen, der Preis geht doch nicht herunter, weil der Handel damit, wenn er auch nicht im strengen Sinne ein Monopol heißen kann (denn er liegt nicht in einer einzigen Hand), so doch jedenfalls ein Monopol weniger ist. Die Schafe sind ja fast sämtlich in die Hände weniger, und zwar eben der reichen Leute gefallen, die keine Notwendigkeit zwingt, früher zu verkaufen, als ihnen beliebt, und es beliebt ihnen nicht früher, als bis sie beliebig teuer verkaufen können. Wenn auch die übrigen Viehsorten ebenso teuer geworden sind, so ist dafür derselbe Grund, und hierfür erst recht, maßgebend; denn seit der Zerstörung der Gehöfte und dem Verfall der Landwirtschaft gibt es keine Aufzucht mehr. Die reichen Besitzer sorgen nämlich nicht ebenso für die Aufzucht von jungem Rindvieh wie von Schafen, sondern kaufen anderswo Magervieh billig auf, mästen es auf ihren Weiden und verkaufen es dann teuer weiter. Und nur darum, denke ich, hat man den ganzen Schaden dieser Sache noch nicht gemerkt, weil sie bisher nur dort die Preise hinauftreiben, wo sie verkaufen. Aber sobald sie erst einmal eine Zeitlang das Vieh schneller weggeführt haben, als es nachgezogen werden kann, muß auch an den Plätzen, wo es aufgehäuft wird, notwendigerweise der Viehbestand allmählich abnehmen und so durch äußersten Mangel an eine schwierige Lage entstehen.

So verkehrt sich, was das größte Glück dieser eurer Insel auszumachen schien, dank der ruchlosen Habgier weniger Menschen ins Verderben. Ist doch diese Teuerung der Lebensmittel einer der Gründe, weshalb ein jeder soviel Dienerschaft als möglich entläßt: wohin, frage ich, wenn nicht zur Bettelei oder, was ritterlichen Gemütern vielleicht besser eingeht, zur Räuberei?

Wieviel aber trägt zu dieser beklagenswerten Verarmung und Verelendung noch die unsinnige Verschwendungssucht bei! Unter der Dienerschaft des Adels wie bei den Handwerkern, aber fast ebenso selbst bei den Bauern und in allen Ständen überhaupt findet man viel prahlerischen Aufwand an Kleidung und übertriebene Üppigkeit der Lebenshaltung. Nehmt dazu noch Kneipen, Spelunken, Bordelle und die andere Art von Bordellen: die Weinschenken, Bierhäuser, schließlich alle die liederlichen Spiele: Würfelspiel, Karten, Würfelbecher, Ball-, Kegel- und Scheibenspiel: ja, treibt das alles denn nicht die Anbeter der Sinnenlust, sobald das Geld erschöpft ist, geradeswegs ins Räuberhandwerk?

Kämpfet an gegen all diese lebensgefährlichen Seuchen! Verordnet, daß die Gehöfte und Dörfer von denen wieder aufgebaut werden, die sie zerstört haben, oder aber laßt sie den Leuten einräumen, die zum Wiederaufbau bereit sind! Setzt Schranken gegen die Aufkäufe der reichen Besitzer und gegen die Freiheit gleichsam ihres Monopols! Sorgt, daß nicht so viele vom Müßiggang leben! Ruft den Ackerbau wieder ins Leben, erneuert die Wollspinnerei; das gäbe ein recht ehrsames Geschäft, in dem sich mit Nutzen jener Schwarm von Tagedieben betätigen könnte, die bisher die Not zu Dieben gemacht hat oder die jetzt Strolche oder faule Dienstmannen sind, unzweifelhaft beide zu künftigen Dieben vorherbestimmt! Soviel ist gewiß: solang ihr diese Übel nicht heilt, rühmt ihr euch vergebens eurer gerechten Strafen gegen den Diebstahl! Sie nehmen sich gut aus, aber gerecht und nützlich sind sie nicht. Denn wenn ihr die Menschen in jämmerlicher Erziehung aufwachsen, ihren Charakter von zarter Jugend an verderben laßt, um sie dann hinterher zu bestrafen – wenn sie nämlich als Erwachsene eben die Laster an den Tag legen, für die sie von Kindheit an die besten Anlagen zeigten: ich bitte euch, was tut ihr anderes, als daß ihr selber sie erst zu Dieben macht und dann den Richter spielt?»

Während ich so sprach, hatte sich mittlerweile der Rechtsgelehrte gesammelt und sich vorgenommen, in jener feierlich-pedantischen Methode der Schuldisputanten zu antworten, die lieber wiederholen als entgegnen; sehen sie doch den besten Teil ihres Ruhmes im guten Gedächtnis! «Sehr hübsch hast du gesprochen, wahrhaftig», sagte er. «Natürlich muß man in Betracht ziehen, daß du ein Fremder bist, der die Dinge mehr vom Hörensagen als aus genauer Einsicht kennt, wie ich sofort mit ein paar Worten klarlegen werde. Und zwar will ich zuerst der Reihe nach deine Darlegungen durchgehen, sodann zeigen, an welchen Punkten dich Unkenntnis unserer Verhältnisse irregeführt hat, endlich alle deine Thesen entkräften und zerpflücken. Um also mit dem ersten Teil meines Versprechens zu beginnen, so scheinst du mir vier –» «Still!» rief der Kardinal, «wenn du so anfängst, wirst du nicht mit ein paar Worten auskommen, wie mir scheint. Für diesmal sollst du deshalb der Mühe enthoben sein, zu antworten; doch wollen wir dir dies Geschäft unverkürzt aufheben bis zu eurer nächsten Zusammenkunft, die ich schon auf morgen ansetzen möchte, falls dich oder unseren Raphael nichts abhält.

Inzwischen aber möchte ich von dir, lieber Raphael, gar zu gern hören, aus welchem Grund du der Ansicht bist, Diebstahl solle man nicht mit dem Tode bestrafen, und welche andere, dem öffentlichen Interesse zuträglichere Strafe du an die Stelle setzen möchtest; auch du bist ja doch nicht einfach für Duldung! Aber wenn die Verbrecher jetzt sogar trotz der Todesgefahr auf das Stehlen verfallen, welche Gewalt, welche Befürchtung könnte sie dann noch zurückschrecken, sobald erst einmal die Sicherheit des Lebens garantiert ist? Werden sie die Milderung der Strafe nicht so deuten, als würden sie gewissermaßen durch eine Prämie zum Verbrechen ermuntert?»

Th. Morus: Utopia. Übers. v. S. Ritter, Berlin 1922, hier S. 218–221

Anhang 7

Upton Sinclair gibt in seinem Roman «König Kohle» eine sehr lebendige Schilderung der Arbeitsbedingungen in amerikanischen Kohlegruben vor dem Ersten Weltkrieg. Die Unternehmer versuchten, vor allem gewerkschaftliche Zusammenschlüsse (Mine Workers Union) zu verhindern, um mögliche Streikbewegungen schon in Ansätzen zu unterdrücken. Mit welchem Nachdruck sie diese Ziele verfolgten, zeigt der Anhang zum Roman, aus dem im folgenden Ausschnitte wiedergegeben werden.

«Viele Leser haben den Wunsch geäußert, zu erfahren, wieviel in Romanen von der Art des ‹König Kohle› auf Wahrheit, wieviel auf Dichtung beruhe. Sie schreiben dem Verfasser, fragen, wie das Buch aufzufassen sei, verlangen Beweise. Nachdem ich im Laufe meines Lebens schon Tausende derartiger Briefe beantworten mußte, erscheint es mir zweckentsprechend, die zu erwartenden Anfragen zum Teil im voraus zu beantworten.

‹König Kohle› schildert wahrheitsgetreu das Leben des Arbeiters in vielen nichtorganisierten Kohlengruben Amerikas. Der Verfasser nannte keine bestimmten Orte, sind doch, der weiten Entfernungen ungeachtet, die Verhältnisse in West-Virginien, Alabama, Michigan, Minnesota und Colorado die gleichen. Der Autor bereiste letztgenannten Staat kurz vor dem großen Kohlenstreik von 1913/1914 und war Zeuge der Verhältnisse und Ereignisse, die das Buch schildert. Die Charakterskizzen entsprechen Menschen, denen er begegnete; die sozial bedeutungsvollen Zwischenfälle können als typisch gelten und beruhen auf Tatsachen. Hunderttausende von Männern, Frauen und Kindern führen im Lande der ‹Freiheit› jenes Dasein, das in ‹König Kohle› geschildert ist ...

Der Gerichtsbeschluß enthält folgende Feststellungen:

In unmittelbarer Nähe des Einfuhrstollens befinden sich die Waage, das Kontor, verschiedene Kramböden, Schuppen und Magazine; wenige Schritte entfernt die zusammengewürfelten Häuschen der Arbeiter; Bauten, Grund und Boden sind Eigentum der Gesellschaft, alle Bewohner des Kohlenreviers stehen in ihrem Sold, und keinerlei andere Industrie ist vertreten. Dieselben Verhältnisse herrschen in den acht ‹verschlossenen Revieren›. Mitglieder der ‹Mine Workers Union› oder deren Organisatoren oder Agitatoren sind aufs strengste ausgeschlossen, und bewaffnete Wachen am Eingang verhindern das Einschleichen jedes unerwünschten Elementes. Das geschlossene Revier Walsen war noch zur Zeit der Verhandlung mit einem Zaun umgeben, der zu Beginn des Oktoberstreikes 1913 errichtet worden war, während Rouse und Cameron nur teilweise umzäunt waren. Jeder, der zum Revier Zutritt verlangte, mußte sich durch einen Paß ausweisen, welche Maßregel als eine industrielle Notwendigkeit bezeichnet wurde.

Im Juli 1914 beschlossen die Behörden von Huerfano County eine Änderung der Wahlbezirke in dem Sinne, daß jedes dieser Reviere einen eigenen Bezirk bilde; eine Ausnahme machte nur ein Distrikt, zu dem einige Farmen hinzukamen. Durch diesen unerhörten Gewaltakt ergab es sich, daß die Wahlen auf Grund und Boden der Gesellschaft, hinter den bewaffneten, bewachten Gehegen und unter Aufsicht der Gesellschaft vor sich gingen; daß sie mit tyrannischer Willkür bestimmen konnte, wem das Recht des Zutritts zu gewähren und wem es zu verweigern sei.

Hierdurch wurde ein Territorium des Staates Colorado abgetrennt und zu Zwecken der Gesellschaft isoliert. Wie schon gesagt, war das Land und alles darauf Befindliche Eigentum der Gesellschaft (mit Ausnahme des vorher erwähnten Distrikts). Jeder innerhalb der Umfriedung lebende Mensch war ihr Angestellter oder der eines Schwesterunternehmens; nicht nur der Arbeiter und seine Familie, auch die Richter, Schreiber und Wahlagenten. Der Wirt einer Kneipe, ein persönlicher Freund Farrs, war der einzige Nichtangestellte. Aus diesen Umständen folgte, daß die Wahlen auf und innerhalb des Besitztums der Gesellschaft stattfanden; die Wahllisten, mit denen sie nach Gutdünken schalteten und walteten, lagen in ihren Kontoren auf.

Es wurde nur ein einziger Versuch einer politischen Versammlung innerhalb des geschlossenen Reviers gemacht. Joseph Patterson, der diese Versammlung abhalten wollte, sagte folgendes aus: ‹Ich wohnte einem Meeting in Oakview bei. Ich schrieb an den Aufseher, Herrn Jones, meinen persönlichen Freund, mit dem Ersuchen, eine Versammlung abhalten zu dürfen und erhielt Samstag abend eine zustimmende Antwort. Am Vorabend der geplanten Versammlung rief mich der zweite Aufseher ans Telefon und fragte mich, ob es meine Absicht sei, Unruhe zu stiften. Ich antwortete, daß ich dies nicht wolle, aber wenn er es befürchtete, würde ich lieber auf die Versammlung verzichten. Jones hatte den Oberaufseher über die von mir beabsichtigte Versammlung unterrichtet, und der hatte verfügt, daß ich mich vor ihrem Beginn im

Kontor einzufinden habe. Als ich das Schulhaus, das man mir als Lokal zugewiesen hatte, betrat, fand ich sechs bis acht englisch sprechende Männer und ungefähr zwölf bis vierzehn Mexikaner vor. Der Oberaufseher, Herr Morgan, und Herr Preis verharrten fast die ganze Zeit vor der Haustür. Es fiel mir auf, daß die ersten Männer, die sich der Schule näherten, vom Oberaufseher angehalten und angesprochen wurden, worauf sie kehrtmachten. Dasselbe Manöver wiederholte sich einige Male; sobald die Männer mit Morgan gesprochen hatten, kehrten sie um. Dies sehend, betrat ich den Saal und sagte den Anwesenden, es sei nutzlos, ein Meeting abhalten zu wollen, da doch niemand dazu kommen dürfe. Dabei hieß es, daß dieses Meeting in einem allen zugänglichen Gebäude, auf Gesellschaftsbesitz, abgehalten werde. Und ich hatte überdies vorher die Erlaubnis des Oberaufsehers der Oakview-Bergwerksgesellschaft für diese politische Versammlung eingeholt! . . .›

Dadurch wurden die Wahldistrikte und der öffentliche Wahlapparat der uneingeschränkten Kontrolle und Willkür der privaten Kohlengesellschaften ausgeliefert und von ihnen, gleich ihren eigenen Bergwerken, für ihre Privatinteressen ausgebeutet. Niemand durfte ohne ausdrückliche Genehmigung, weder in persönlichen, noch in öffentlichen Angelegenheiten, diesen Teil eines ‹freien Landes› betreten.

Das Ausschließungsrecht wurde, ungeachtet der Art der Geschäfte, ob diese nun privater oder nichtprivater Natur waren, auch auf Kaufleute, Händler usw. ausgedehnt. Selbst der Gouverneur und der Generalanwalt des Staates, die in offizieller Eigenschaft kamen, mußten unverrichteter Dinge abziehen. Am Wahltage konnten sich die demokratischen Agitatoren und Wahlleiter, unter ihnen der demokratische Sheriffkandidat Neelley, nur unter militärischer Bewachung den Weg zur Urne erzwingen, und die Truppen mußten den ganzen Tag und einen Teil der Nacht zu ihrem Schutze verbleiben . . .»

Sinclair, U.: König Kohle. Berlin 1928, S. 394 f

Anhang 8

Das englische Parlament hatte 1840 einen ausführlichen Bericht über Kinderarbeit in Fabriken veranlaßt, der einige Zeit später mit denselben Abbildungen in der Leipziger Illustrirten Zeitung veröffentlicht wurde. Auch in Deutschland war Kinderarbeit gang und gäbe; nur ist sie in jener Zeit nicht so dargestellt worden.

«Über die Beschäftigung der Kinder in den englischen Fabriken und Bergwerken.

Nach den Berichten der auf königlichen Befehl zur Untersuchung der Sachlage zusammengestellten Kommission:

Es sind nun etwas über zwei Jahre verflossen, als es manchen Menschenfreunden in England klar wurde, daß in den Angaben der Leute, die mit der Lage der ärmeren Volksclasse näher vertraut, als gewöhnlich die höhern Staatsbeamten, doch wohl mehr Wahrheit liegen möge, als man anfänglich geglaubt hatte. So fand es sich z. B., daß eine Unzahl von Kindern noch in andern Gewerbszweigen als in den Wollen- und Baumwollspinnereien beschäftigt waren, daß über die Verhältnisse der Arbeiter in jenen Fächern im Publicum gar nichts bekannt war und daß eine genauere Nachforschung hier Mißbräuche an das Tageslicht bringen dürfte, welche die bis jetzt bekannten weit hinter sich zurücklassen möchten . . . A. Die Kohlenbergwerke. Die Zahl der Kinder und der Halberwachsenen, welche hier beschäftigt werden, übersteigt alle Begriffe, und sie treten ihre Arbeit, bei der sie nie das Licht des Tages erblicken, in einem zarteren Alter an als irgendwo, die Spitzenarbeit ausgenommen. So sagt der Commissionsbericht: Es treten Fälle ein, daß Kinder mit ihrem vierten Jahre, öfter mit dem fünften, häufig mit dem sechsten, zwischen dem siebenten und achten, gewöhnlich aber mit vollendetem achten in die Arbeit kommen. Ein großer Theil der in den Bergwerken beschäftigten Personen ist unter dreizehn, der allergrößte aber unter achtzehn Jahr alt, und in den meisten treten weibliche Individuen ebenso früh ein als männliche. Die Art und Weise der Beschäftigung für die kleinsten Kinder ist gewöhnlich ‹das Füllen› und macht es nothwendig, daß dieselben mit Anbruch des Tages an Ort und Stelle sind und den Schacht nicht eher wieder verlassen, bis Schicht gemacht ist. Die Beschäftigung der Kinder verdient kaum den Namen ‹Arbeit›, denn bedenkt man, daß dieselben, mit sehr wenigen Ausnahmen, das Tageslicht dabei nicht erblicken und immer allein sind, so müßte man, wenn nicht die kommenden und gehenden Kohlenwagen eine Abwechslung brächten, versucht werden, diesen Zustand für den eines Sträflings mit gänzlicher Einsamkeit und zwar von der strengsten Art zu halten. In manchen Districten bleiben die Kinder während der ganzen Zeit, welche sie in dem Schacht zubringen, in der Einsamkeit und in der Finsterniß, und nach ihrer eignen Aussage haben manche während des Winters tage-, ja wochenlang kein anderes Tageslicht erblickt als an den Sonntagen oder den Tagen, wo zufällig nicht gearbeitet wurde. Im Alter von sechs Jahren und aufwärts werden die Kinder dazu verwendet, die gefüllten Kohlenwagen aus dem Nebenstollen in den Hauptstollen theils zu stoßen, theils zu ziehen und in den Treibschacht zu bringen, eine Arbeit, welche nach der einstimmigen Aussage aller Augenzeugen die ununterbrochene Anstrengung der gesamten Körperkräfte der jungen Arbeiter in Anspruch nimmt. Den Beweis davon mag Folgendes liefern. Die Nebenstollen in Halifar haben meistens nur 16–20 Zoll Höhe, und in diesen muß ein Knabe einen Korb, der mit 2–5 Centner Kohlen beladen ist, auf Händen und Füßen kriechend fortziehen, indem er einen breiten Riemen um die Hüfte nimmt, an welchem ein Ring mit einer etwa 4 Fuß langen Kette befindlich ist, an dem der Korb befestigt wird. Sobald das Kind dann in etwas höhere Stollen kommt, kann es sich endlich aufrichten; geht es aber in fallenden Stollen, so muß es die Last aufhalten, die von selbst abrollt, und hängt dann die Kette hinten am Korbe ein, indem es mit Händen und Füßen arbeiten muß, um dem Zuge zu widerstehen. In den Hauptstollen liegen meistens Eisenbahnen. Auch hier schiebt das Kind den Wagen, indem es mit Kopf und Händen sich gegen denselben stützt, und die Sicherheit, wie dasselbe die schwere Last durch alle Krümmungen, durch das Gestein, durch Schlamm und Wasser treibt, ist wahrhaft bewundernswürdig. Im Osten von Schottland werden die Kohlen in Schleifen, welche 2–3½ Centner halten, gezogen, und die Stollen haben 22–28 Zoll Höhe, steigen aber meistens ⅙, oft ⅓. Die Arbeit geschieht ebenfalls auf allen vieren und wird um so gefährlicher, als diese Stollen meistens schlüpfrigen Grund und oft 400–600 Schritt Länge haben. Die Zugriemen gehen außer über die Hüften hier auch noch über die Schultern. In den Bergwerken von Lancashire und Cheshire haben die Nebenstollen 20–24 Zoll Höhe und starke Steigungen, doch liegen meistens Eisenbahnen. Dafür werden aber auch 9 Centner Kohlen geladen, welche durch einen Knaben, der, auf allen vieren kriechend zieht, und zwei Knaben, welche stoßen, fortbewegt werden. Hier müssen wir zugleich einer Beschäftigung gedenken, welche unseres Erachtens eine der fürchterlichsten ist: die der Thürhüter.

Es sind nämlich in den Nebenstollen zur besseren Lüftung und zu anderen Zwecken sogenannte Luftthüren angebracht, welche, beständig geschlossen, für jeden kommenden Wagen geöffnet werden müssen. Hinter solcher Thür nun sitzt ein Knabe die ganze Arbeitsschicht hindurch gekrümmt, ohne Licht und hat nichts zu thun, als wenn ein Wagen kommt, hinzukriechen, die Thür zu öffnen und wieder zu schließen. Kein Wort wird hier gewechselt, und wenn der Knabe sich nicht lang hinlegt, wozu ihm keine Zeit bleibt, kommt er 12–14 Stunden lang nicht aus seiner gekrümmten Stellung. Wir fragen hier allen Ernstes, ob nicht die Lage eines zu einsamer Absperrung verurteilten Sträflings hiergegen beneidenswerth ist! Die Art, wie man die Kinder vor Ort schafft, ist ebenfalls bemerkenswerth, und nicht eben die rücksichtsvollste, da auch hier Knaben und Mädchen miteinander in den Schacht hinabgelassen werden.

In denjenigen Bergwerken Schottlands, wo die Stollen oft sehr bedeutende Steigungen haben, wird oft die Last getragen, und zwölfjährige Mädchen tragen gewöhnlich 1–1¼ Centner auf dem Rücken, wo sich dann ein zweiter Tragriemen um die Last und vor der Stirn der Trägerin durchzieht. Oft gehen diese Kinder die ganze Schicht hindurch bis über die Knöchel im Wasser und machen dabei einen Weg von 300–400 Schritt während einer Schicht 25–30 Mal hin und zurück. In den Schächten sind entweder eine Art von Wendeltreppen angebracht, auf welchen die Last auf die vorbeschriebene Weise hinaufgetragen wird, oder es stehen Fahrten in fast senkrechter Richtung. Auf solchen Fahrten folgen sich dann die Träger ziemlich nahe hintereinander, und es tritt oft der Fall ein, daß das oben erwähnte Stirnband reißt, wo dann die ganze Last auf die Köpfe der nächstfolgenden Träger stürzt und die letzteren mit hinabschleudert.

In den Districten, wo Weiber mit zur Arbeit in den Bergwerken gehen, verrichten beide Geschlechter genau eine und dieselbe Arbeit und haben gleiche Schicht; Knaben und Mädchen, Jünglinge und Jungfrauen, kaum Verheirathete und Mütter mit Kindern arbeiten alle mehr als halbnackt, die Männer in den meisten Bergwerken ganz nackt, und alle Augenzeugen kommen darin überein, daß das unterirdische Arbeiten der Personen weiblichen Geschlechts die Sittenverderbniß außerordentlich befördere.

Wenn ein Bergwerk in gutem Betrieb ist, so beträgt die Arbeitszeit der Kinder in wenigen Fällen 11, in den meisten 12–13 und in einigen 14 Stunden täglich. Tag- und Nachtschichten sind fast überall gebräuchlich und richten sich nach dem größeren oder geringeren Kohlenbedarf, und man hat die Bemerkung gemacht, daß die Nachtschichten sowohl in Rücksicht auf Gesundheit als auf Moralität bei Kindern einen noch nachtheiligeren Einfluß haben als bei Erwachsenen. In manchen Bergwerken haben die Kinder keine Ursache, über schlechte Behandlung zu klagen, in andern aber ist das Benehmen der Erwachsenen gegen die Kinder barsch und selbst grausam, und es ist zu bewundern, daß die Vorgesetzten diesem Mißbrauche nicht steuern, sondern sich gar keine Mühe geben, die Arbeiter von der Idee, daß sie dazu das Recht hätten, abzubringen. Nach vollendeter Schicht kümmert sich um die Kinder niemand; Unglücksfälle in den Kohlenbergwerken sind sehr häufig, und es verunglücken im Durchschnitte meistens ebensoviel, sehr selten weniger, als Erwachsene.

Der Einfluß auf die Gesundheit der Arbeiter kann bei den außergewöhnlichen Anstrengungen keineswegs ein günstiger sein, doch thut die fortwährend gleichmäßige Temperatur und die durch die bedeutenden Arbeitslöhne begünstigte gute Kost sehr viel, um diese nachtheiligen Folgen zu verringern. Thatsache aber ist es, daß, neben der außerordentlich gesteigerten Ausbildung der Muskeln der arbeitenden Kinder, ihr Wachsthum in die Länge sehr gehemmt wird, und die Beobachtungen haben gezeigt, daß die Kinder in den Bergwerken gegen Bauernkinder gleichen Alters immer um 3–6 Zoll kleiner waren, und zwar dergestalt, daß bei 12jährigen Kindern die Differenz durchschnittlich 3 Zoll, bei 15jährigen aber 6 Zoll betrug, woraus augenscheinlich hervorgeht, daß eben die Arbeit in den Bergwerken das Hinderniß des Wachsthums abgiebt, während dieser Unterschied bei den Kindern, welche in Fabriken arbeiten, gar nicht oder in sehr geringem Maße stattfindet. Uebrigens ist es durch die Aussagen unzähliger Zeugen dargethan, daß die Arbeit in den Bergwerken einen verkrüppelten Wuchs, gekrümmtes Rückgrat und eine Unzahl von Unordnungen in den Lebensfunctionen: Herzbeschwerden, Brüche, Asthma, Rheumatismus, Appetitlosigkeit u. dgl., hervorbringt, und daß diese Fälle nicht als Ausnahmen, sondern als Regel und unausbleibliche Folge betrachtet werden. Die bei der Commission befindlichen Aerzte behaupten, daß schon eine sechs Monate während Arbeit in den Bergwerken auf die Constitution der Kinder einen so nachtheiligen Einfluß habe, daß nicht allein dadurch der Grund zu vielen Krankheiten gelegt, sondern daß auch ihre ganze körperliche und geistige Entwickelung dadurch unausbleiblich behindert werde. Die erwachsenen Arbeiter sehen fast alle um zehn Jahre älter aus, als sie wirklich sind ...

Für die Lüftung der Stollen und Schächte ist hinreichend gesorgt, denn – bis auf's Blut quälen kann der Bergwerksbesitzer seine Arbeiter, aber ersticken lassen darf er sie nicht. Um diese Lüftung zu bewerkstelligen, werden von Tage aus in einer Entfernung von 60–80 Fuß zwei Schachte abgesunken und nun ein Verbindungsstollen getrieben. Der eine Schacht dient zum Luftschacht, der andere zum Treibschacht. Im Luftschacht brennt fortwährend Feuer, es muß daher die in demselben befindliche Luft aufwärts steigen und durch andere aus dem Stollen und demnächst aus dem Treibschachte ersetzt werden. Nun wird eine Förderstrecke aus dem Treibschachte und mit ihr parallel eine andere aus dem Stollen getrieben und beide nachher in Verbindung gesetzt. Sobald dies geschehen ist, wird der Stollen nahe dem Treibschachte zugesetzt und die Luft circulirt nun durch die beiden Förderstrecken. So geht es fort, und es werden immer, je weiter man treibt, die kurzen Verbindungsstollen mit Luftthüren geschlossen, um die Lüftung stets bis vor Ort zu bringen. An diesen Luftthüren sitzen die unglücklichen Knaben, deren Abgeschiedenheit wir oben bedauernd erwähnten.

Die Temperatur in den Steinkohlenbergwerken ist meistens eine ziemlich hohe und steigt mit der größern Tiefe der Stollen. Meistens beträgt sie 24–26° R, steigt aber in einigen Bergwerken auf 36–38° R, einen Hitzegrad, welcher nur durch die ausgedehntesten Lüftungsvorrichtungen für Leute, welche so angestrengt arbeiten müssen, einigermaßen erträglich gemacht werden kann. Einen anderen Uebelstand führt das Tropfwasser mit sich; wir fügen darüber folgende Beschreibung des Wallblutstollens bei, mit welchem die große Mehrzahl der übrigen übereinstimmt. ‹Bei unserem Einfahren in den Schacht traten wir mit dem ersten Schritte von der Fahrt bis über die Knöchel in das Wasser und befanden uns in feuchtem Kohlendunste; der zweite Schritt glich dem ersten, und wir mußten vorwärts. An vielen Stollen ging das Wasser bis an die Knie, und die Kohlenwagen, von Pferden gezogen, schwammen dann wie Schiffe. Das Wasser tropfte fortwährend herab wie bei einem Gewitterregen, und die Pferde waren mit Wachstuchdecken eingehüllt – die Menschen gingen nackt. Bisweilen fällt das Wasser, welches sich seit Jahrhunderten über dem Flötze gesammelt hat, in Strömen herab. Man hofft mit der Zeit das Wasser durch Pumpwerk zu bewältigen.› Man erlasse es uns, das Bild noch weiter auszumalen, und bedenke nur, was aus den Kindern werden soll, wenn sie aus dieser Atmosphäre, mit fast kochendem Blute und nassen Kleidern, nach vierzehnstündiger Arbeit aus dem Schacht kommen und dann noch oft 1–2 Stunden zu laufen haben, ehe sie in ihre Wohnung und zur kurzen Ruhe kommen ...»

Aus Illustrirte Zeitung. III. Band, Leipzig 1844. Nach: First Report of the Commissioners on the Employment of Children. British Parliamentary Papers 1842. Nachdruck Shannon 1968

270

Anhang 9

Die Entwicklung der Beschäftigungszahlen im Kohlenbergbau und ihre Schichtleistungen.

Entwicklung des Bergbaus im Ruhrgebiet 1800–1971

Jahr	Steinkohlen-förderung (in Mio t)	Bergmännische Belegschaft (in 1000)	Leistung unter Tage (kg je Mann und Schicht)
1800	0,22	1,6	ca. 480
1810	0,37	3,1	ca. 390
1820	0,41	3,6	ca. 350
1830	0,55	4,5	ca. 410
1840	0,96	8,9	ca. 360
1850	1,96	12,7	ca. 510
1860	4,28	28,7	ca. 500
1865	8,53	42,5	ca. 670
1913	114,18	372,4	1161
1929	123,60	354,6	1558
1936	107,48	225,2	2199
1938	127,28	288,7	1970
1945	33,39	234,4	ca. 1200
1950	103,33	358,1	1425
1952	114,42	382,5	1503
1957	137,1	380,8	1599
1960	128,4	307,6	2057
1965	114,4	224,5	2705
1970	96,8	137,7	3755
1971	90,3	135,2	3828

Folgende Unterlagen wurden für die Tabelle herangezogen: Fischer, W.: Die Bedeutung der preußischen Bergrechtsreform 1851–1865 für den industriellen Ausbau des Ruhrgebiets. Dortmund 1961, S. 5

Gebhardt, G.: Ruhrbergbau. Essen 1957, S. 492

Gunz, W. und R. Regal: Die Kohle. Essen 1954. Tafel 18.

Brockhaus, Enzyklopädie. Wiesbaden 1973. (Stichwort: Steinkohle)

Anhang 10

Die Unterschiede zwischen Diesel- und Benzinmotor:

«Wir wollen uns aber in unserer Betrachtung auf die wesentlich leichteren schnell-aufenden Ausführungen von Dieselmotoren beschränken, die in Fahrzeugen verwendet werden. ‹Schnelläufigkeit› bedeutet jedoch bei Dieselmotoren mit 1500 bis 4500 min^{-1} nicht das gleiche wie bei Benzinmotoren mit 4000 bis 9000 min^{-1}.

Wir greifen nun auf den am Anfang dieser Broschüre beschriebenen Einzylinder-motor zurück und prüfen, was noch hinzuzufügen ist, um aus ihm einen Dieselmotor zu machen. Zunächst sind auch hier je ein Einlaß- und Auslaßventil notwendig. An die Stelle des Vergasers tritt eine Einspritzvorrichtung, die gleichzeitig die Zündeinrichtung ersetzt, weil beim Dieselmotor ein Zündfunke nicht benötigt wird. Und schon ist alles Notwendige für einen Dieselmotor beisammen.

Eine wichtige Änderung ist jedoch noch erforderlich: das Verdichtungsverhältnis muß stark erhöht werden. Es wurde bereits darauf hingewiesen, daß der thermische Wirkungsgrad eines Motors um so höher ist, je höher sein Verdichtungsverhältnis ist. Dies bedeutet, daß mit der gleichen Menge Treibstoff mehr Leistung erzeugt werden kann oder daß die gleiche Leistung mit weniger Treibstoff erreichbar ist.

Einer der Hauptvorteile des Dieselmotors ist sein hohes Verdichtungsverhältnis, das bei Fahrzeugmotoren 15:1 bis 22:1 beträgt. Dies bedeutet, daß der Kolben am oberen Totpunkt den Inhalt des Zylinders auf das sehr kleine Volumen von 1/15 bis 1/22 des Hubvolumens verdichtet. Benzinmotoren für Personenwagen haben dagegen nur ein Verdichtungsverhältnis von 8,0:1 bis etwa 10:1.

Verfolgen wir den Arbeitskreislauf eines solchen Motors. Beim Ansaugtakt ist das Einlaßventil offen, und der herabgehende Kolben saugt Luft an. Wohlgemerkt: nur Luft und kein Gemisch von Luft und Treibstoff. Das Einlaßventil schließt sich dann, und der Kolben bewegt sich wieder nach oben. Damit wird die angesaugte Luft auf den sehr kleinen Raum unter dem Zylinderkopf komprimiert und hierbei – infolge der hohen Verdichtung – sehr stark erhitzt. Ihre Temperatur kann dabei auf mehr als 700°C steigen.

Wenn der Kolben sich dicht vor dem oberen Totpunkt befindet, spritzt eine Hochdruckpumpe eine genau dosierte Treibstoffmenge in den Zylinder. Das Dieselöl vermischt sich mit dieser heißen Luft und beginnt zu brennen, denn die erwähnte Temperatur ist mehr als ausreichend, um eine Verbrennung einzuleiten. Die Verbrennungsgase dehnen sich aus, genau wie bei den bereits beschriebenen Vergasermotoren, aber sie dehnen sich stärker aus, da die Verdichtung vor der Zündung größer ist. Der Kolben wird nach unten gedrückt und versetzt die Kurbelwelle mit Hilfe des Pleuels in eine Drehbewegung. Dies war der Arbeitstakt. Nun öffnet sich das Auslaßventil, der Kolben wird nach oben bewegt und drückt die Verbrennungsgase ins Freie, womit der Arbeitskreislauf geschlossen ist und mit dem Ansaugpunkt wieder von vorne beginnen kann.

Die Hauptunterschiede zwischen dem Diesel-Kreislauf und dem Otto-Kreislauf des Vergasermotors sind leicht zu erkennen. Beim Diesel-Kreislauf werden Luft und Treibstoff nach dem Verdichtungstakt gemischt, beim Otto-Kreislauf geschieht dies vor dem Verdichtungstakt. Ferner: das Verdichtungsverhältnis ist bei einem Dieselmotor viel höher, und schließlich: beim Dieselmotor gibt es keine Zündvorrichtung (Fremdzündung), denn er arbeitet mit Kompressionszündung (Selbstzündung). Weitere technische Unterschiede werden in den folgenden Ausführungen behandelt.

Mechanische Besonderheiten

Dieselmotoren bestehen in der Regel aus mehreren Zylindern, die auf verschiedene Weise miteinander kombiniert werden, wie es auch bei den beschriebenen Automobilmotoren der Fall ist, je nachdem für welchen Verwendungszweck der Motor bestimmt ist. Am gebräuchlichsten ist der Reihenmotor mit 2 bis 6 Zylindern. Es gibt (bzw. gab) aber auch Motoren mit gegenüberliegenden Zylindern sowie luftgekühlten Sternmotoren, die den entsprechenden Benzinmotoren sehr ähnlich sehen. Für Eisenbahntriebwagen und Lokomotiven werden hauptsächlich Motoren mit V-förmiger Anordnung der Zylinder verwendet.

Mit den sehr unterschiedlichen Typen und Größen der Dieselmotoren ändert sich natürlich auch die Konstruktion wesentlich. Einem unbefangenen Betrachter dürfte es jedoch schwer fallen, einen schnellaufenden kleinen Dieselmotor von einem entsprechend großen Benzinmotor zu unterscheiden.

Kurbelgehäuse und Zylinderblock sind in einem Stück gegossen, die Zylinder jedoch werden oft als Teil für sich – als sogenannte Büchsen – eingesetzt. Jeder Zylinder ist ein dünnwandiges gußeisernes Rohr, das genau in eine große Bohrung des Zylinderblocks paßt. Die Zylinderwand ist somit auswechselbar. Die Pleuelstangen und die Kolben sind ähnlich ausgeführt wie bei einem Benzinmotor. Der Kolben hat allerdings meistens eine Vertiefung oder sonstwie eine von der vollkommen flachen Ausführung abweichende Form, je nach Art und Gestaltung des Verbrennungsraumes, über den später mehr gesagt werden wird.

Beim Viertaktmotor werden die Auslaßventile – wie erwähnt – nur nach je zwei Umdrehungen der Kurbelwelle geöffnet, so daß die Nockenwelle in diesem Fall mit der halben Drehzahl der Kurbelwelle rotiert. Beim Zweitakter aber müssen die Auslaßventile bei jeder Umdrehung der Kurbelwelle geöffnet werden, so daß die Nockenwelle mit der gleichen Drehzahl wie die Kurbelwelle läuft. Dies ist lediglich eine Frage des Getriebes für den Antrieb der Nockenwelle.

Dieselmotoren müssen natürlich ebenfalls geschmiert und gekühlt werden. Die hierfür verwendeten Einrichtungen sind fast gleich wie bei Vergasermotoren, so daß es nicht notwendig ist, näher darauf einzugehen.

Bei einem Dieselmotor müssen die meisten Teile schwerer ausgeführt werden als diejenigen eines vergleichbaren Vergasermotors. Dies ist mit Rücksicht auf den hohen Druck, dem diese Teile standhalten müssen, leicht verständlich. Einige der ersten Dieselmotoren hatten eine Masse von nicht weniger als etwa 15 kg pro Kilowatt. Heute dagegen hat ein in großen Serien hergestellter Zweitakt-Dieselmotor eine Masse von weniger als 7 kg pro Kilowatt, und einige Spezialmotoren erreichen sogar einen Wert von weniger als 3,5 kg pro Kilowatt. Erreicht wurde diese große Einsparung an Masse durch Änderungen an der Konstruktion und infolge wesentlicher Verbesserungen der Werkstoffe.

Luft

Einen gewöhnlichen Viertakt-Dieselmotor mit frischer Luft zu füllen ist das gleiche, wie einen Vergasermotor mit Benzin/Luft-Gemisch zu versorgen. Das Einlaßventil öffnet sich, der Kolben bewegt sich nach unten, wodurch im Zylinder ein Unterdruck entsteht, und der atmosphärische Druck der Außenluft treibt die frische Verbrennungsluft in den Zylinder. In diesem Fall ist lediglich zu berücksichtigen, daß nur reine Luft in den Zylinder eintritt und noch kein Treibstoff mit ihr vermischt ist.

Gleichviel, ob das Prinzip der Gleichstromspülung oder jenes der Umkehrspülung angewendet wird, immer muß mehr Luft in den Zylinder gelangen, als theoretisch notwendig ist. Es muß nämlich nicht nur genügend Luft in den Zylinder gepreßt werden, um ihn zu füllen, sondern außerdem noch eine zusätzliche Menge, die zusammen mit den Abgasen ins Freie entweicht. Es ist schwierig, auch den letzten Rest von Abgasen hinauszutreiben, ohne daß ein gewisser Anteil der Frischluft mit ihnen vermischt wird und in die Auspuffleitung gelangt. Deshalb ist es leichter, einen Zweitakt-Dieselmotor als einen Zweitakt-Vergasermotor zu konstruieren. Bei einem Dieselmotor braucht man sich nicht so sehr darum zu kümmern, daß zu viel unverbrauchte Luft entweicht, hat das doch den Vorteil, daß hierdurch die Ventile gekühlt und die Abgase mit Sicherheit vollständig aus dem Zylinder entfernt werden. Wenn aber bei einem

Vergasermotor vom Gebläse ein Gemisch von Treibstoff und Luft in den Zylinder gedrückt würde, müßte man sehr darauf bedacht sein, daß hiervon nichts auf der Auslaßseite entweicht, weil sonst Treibstoff vergeudet würde. Bei einem Vergaser-Zweitaktmotor muß nach Möglichkeit vermieden werden, daß die frische Ladung sich mit Verbrennungsgasen vermischt.

Treibstoff

Die Hauptaufgabe des Treibstoffsystems besteht bei einem Dieselmotor darin, genau die richtige Menge zu einem bestimmten Zeitpunkt in den Zylinder einzuspritzen. Der wichtigste Teil des Treibstoffsystems ist die Einspritzpumpe. Sie wird oft das Herz des Dieselmotors genannt, und den Verbesserungen an diesem Aggregat ist zum großen Teil der Erfolg der kleinen schnellaufenden Dieselmotoren zuzuschreiben. Die Einspritzpumpe muß die jeweils notwendige Menge (entsprechend dem augenblicklichen Betriebszustand des Motors, z. B. für Leerlauf oder für Vollast) mit größter Genauigkeit abmessen und unter hohem Druck in den Zylinder einspritzen, wobei diese winzige Treibstoffmenge in feinste Tröpfchen versprüht werden muß. Im großen und ganzen erfüllt also die Einspritzpumpe die gleiche Aufgabe wie ein Vergaser ...

Oft besteht Unklarheit darüber, welche Treibstoffsorte in einem Dieselmotor eine befriedigende Verbrennung ergibt. Die großen langsamlaufenden Motoren, wie sie für Schiffe und stationäre Kraftstationen verwendet werden, sind in dieser Beziehung recht anspruchslos und kommen mit einem Schweröl aus. Aber die schnellaufenden Motoren, die beschrieben wurden, brauchen einen leichteren Treibstoff – manchmal werden sie mit Petroleum betrieben – und sind in bezug auf ihren Treibstoff ebenso anspruchsvoll wie ein Vergasermotor. Dieselöl ist zwar etwas ganz anderes als Benzin, aber seine Eigenschaften werden den jeweiligen Ansprüchen angepaßt. Schlechtes Dieselöl kann schlechte Starteigenschaften zur Folge haben sowie unvollständige Verbrennung, Klopferscheinungen und ähnliche Unannehmlichkeiten ...

Dieselöl hat gegenüber Benzin, vom Standpunkt der Sicherheit aus bewertet, einen Vorteil. Es bilden sich weniger Dämpfe, so daß beim Tanken wie beim Überlaufen normalerweise keine explosiven Gemische entstehen können. Dies ist ein wichtiger Vorteil, besonders bei bestimmten Verwendungszwecken, bei denen die Feuergefahr größer ist als sonst.

Das Zündsystem

Nach den bisherigen Ausführungen ist es klar, daß es beim Dieselmotor nichts gibt, das äußerlich als Zündsystem erkennbar wäre. Der Treibstoff wird ja dadurch entzündet, daß die Temperatur der Luft infolge starker Verdichtung bis über die Entzündungstemperatur des Öls erhitzt worden ist. Hier liegt also Verdichtungszündung oder Selbstzündung vor. Es gibt viele unterschiedliche Möglichkeiten für den Ablauf der Verbrennung, und es sind viele unterschiedliche Ausführungen versucht worden, um die beste Art der Verbrennung herauszufinden. «Verbrennungssystem» wäre für diese Ausführungsformen vielleicht eine bessere Bezeichnung als «Zündsystem».

Dieselöl muß – ebenso wie Benzin – möglichst fein versprüht und möglichst gut mit Luft vermischt werden, damit sich eine einwandfreie Verbrennung ergibt. Deshalb kommt der Ausbildung des Treibstoffstrahles beim Einspritzen so große Bedeutung zu. Außerdem ist es wichtig, in der Verbrennungsluft im Zylinder eine möglichst starke Verwirbelung herbeizuführen, damit jedes Treibstoffteilchen mit Sicherheit die für seine Verbrennung notwendigen Luftmoleküle vorfindet. Andernfalls wäre die Verbrennung unvollständig.

Ferner ist es wichtig, daß die Cetanzahl des Dieselöls auf die Motorauslegung abgestimmt ist, da dies sonst zu einem steilen Druckanstieg im Zylinderraum führen kann, zu dem bereits erwähnten «Nageln». Der Treibstoff selbst trägt zwar durch den Grad seiner Qualität zu dieser Erscheinung mehr oder weniger viel bei, aber das Verbrennungsverfahren beeinflußt sie ebenfalls. Die Entwicklung von Verbrennungsverfahren für Dieselmotoren war deshalb in der Hauptsache auf diese Probleme ausgerichtet. Das Verbrennungsverfahren ist durch die Gestalt des Verbrennungsraumes gegeben. Hierzu gehören auch die Form des Kolbenbodens, die Anordnung der Einspritzdüse usw. Wir wollen hier nicht auf alle vorgeschlagenen Lösungen, sondern nur auf einige wichtige Ausführungen eingehen.

Bei einigen Motoren wird eine Vorkammer verwendet, für die es verschiedene Ausführungsmöglichkeiten gibt. Sie ist am Zylinder oben seitlich angeordnet und steht durch einen engen Kanal mit dem Zylinderraum in Verbindung. Im oberen Totpunkt berührt der Kolben beinahe den Zylinderkopf, so daß praktisch die ganze Verbrennungsluft in den engen Raum der Vorkammer gepreßt wird. Sie tritt hier mit großer Geschwindigkeit ein und ist somit in dem Augenblick, in dem der Treibstoff eingespritzt wird, außerordentlich stark verwirbelt. Durch diese Turbulenz werden die Luft und der eingespritzte Treibstoff auf das innigste vermischt. Sobald die Verbrennung eingeleitet ist, dehnen sich die Verbrennungsgase aus und strömen in den Zylinder ...

Ein wichtiger Unterschied zwischen einem Dieselmotor und einem Vergasermotor wurde bisher noch nicht erwähnt. Er ist zwar an sich selbstverständlich, aber dennoch wert, hervorgehoben zu werden. Bei einem Dieselmotor braucht man sich um das Gemischverhältnis nicht zu kümmern. Es ist also keineswegs erforderlich, wie beim Benzinmotor für 1 Gewichtsteil Treibstoff möglichst genau 15 Gewichtsteile Luft zu haben. Beim Dieselmotor muß praktisch immer mehr Luft vorhanden sein als theoretisch notwendig. Er arbeitet also stets mit Luftüberschuß, so daß in seinen Abgasen praktisch kein giftiges Kohlenmonoxid vorhanden ist. Beim Dieselmotor gibt es keine Drosselklappe. Die Zylinder werden bei jedem Ansaughub vollständig – soweit dies praktisch ausführbar ist – mit Luft gefüllt, dabei spielt es keine Rolle, ob nur ganz wenig Treibstoff für den Leerlauf oder die maximal zulässige Menge für die volle Leistung eingespritzt wird. Wenn diese Menge an Treibstoff und Luft außerhalb der Zylinder miteinander vermischt würden, wäre dieses Gemisch viel zu mager, um brennen zu können. Wenn aber der Treibstoff in den Zylinder eingespritzt wird, vermischt er sich nur mit denjenigen Anteilen der Verbrennungsluft, mit denen er in Berührung kommt. Jedes einzelne Treibstofftröpfchen ist dann von Luftmolelülen umhüllt. Der erste kleine Teil davon beginnt zu brennen, sobald er Luft vorfindet, und diese Flamme sorgt für die Fortsetzung der Verbrennung, wenn der Rest des Treibstoffstrahls in den Zylinder eintritt. Die Tatsache, daß stets mehr Luft als notwendig im Zylinder vorhanden sein muß, hat zur Folge, daß bei Teillast im günstigerer Treibstoffverbrauch erzielt wird als bei einem Vergasermotor. Dies bedeutet, daß bei einem Dieselmotor der Wirkungsgrad nicht abfällt, wenn er weniger als seine Höchstleistung erzeugt; in Wirklichkeit nimmt er zu. Auf die technischen Gründe hierfür wollen wir hier nicht näher eingehen, aber es sollte jedoch erwähnt werden, daß diese Teillast-Wirtschaftlichkeit bei einem Dieselmotor zu dessen grundsätzlich höherem Wirkungsgrad noch hinzu kommt.»

Aus: Verbrennungsmotoren, Hg.: Adam Opel, Aktiengesellschaft, Rüsselsheim 1978, S. 40 ff

Anhang 11

Der Mineralölverbrauch der Bundesrepublik 1970/74 (1970 und 1974 weisen im Verbrauch nur unwesentliche Unterschiede auf. Alle Zahlen sind abgerundet. Es entstehen dadurch gegenüber den realen Zahlen von 1974 Abweichungen von etwa 1 %).

Rohöleinfuhren und -Inlandsförderung:	140 Mio t
Export und Raffinerieverbrauch:	20 Mio t
Inlandsverbrauch:	120 Mio t

Die Raffinerien lieferten:

1. Leichtes Heizöl	für Haushalt	Gewerbe	Industrie		
44 Mio t – 37 %	24 Mio t	14 Mio t	6 Mio t		
2. Schweres Heizöl	für Industrie	E- u. Gas-werke	Gewerbe		
25 Mio t – 21 %	19 Mio t	5 Mio t	1 Mio t		
3. Benzin	für Straßenverkehr				
18 Mio t – 15 %					
4. Diesel	für Straße	Landw.	Schiffahrt	Schiene	Sonstiges
10 Mio t – 8,3 %	7 Mio t	1,3 Mio t	1 Mio t	0,5 Mio t	0,2 Mio t
5. Petrochem. Produkte	Rohbenzin für chem. Produkte				
8 Mio t – 6,5 %	5 Mio t		Rest: Flüssig- und Raffineriegas		
6. Bitumen	im wesentlichen für Straßenbau				
5 Mio t – 4 %					
7. Sonstiges	Flugbenzin	Petrolkoks	Gase etc.		
10 Mio t – 8,2 %	2 Mio t	2 Mio t			

Aus: Esso – Information 1976

Anhang 12

Aus O. Hahns und F. Strassmanns erster Veröffentlichung über die – hier erst andeutungsweise mitgeteilte – Kernspaltung:

«Nun müssen wir aber noch auf einige neuere Untersuchungen zu sprechen kommen, die wir der seltsamen Ergebnisse wegen nur zögernd veröffentlichen. Um den Beweis für die chemische Natur der mit dem Barium abgeschiedenen und als ‹Radiumisotope› bezeichneten Anfangsglieder der Reihen über jeden Zweifel hinaus zu erbringen, haben wir mit den aktiven Bariumsalzen fraktionierte Kristallisationen und fraktionierte Fällungen vorgenommen ...

Wir kommen zu dem Schluß: Unsere ‹Radiumisotope› haben die Eigenschaften des Bariums; als Chemiker müßten wir eigentlich sagen, bei den neuen Körpern handelt es sich nicht um Radium, sondern um Barium; denn andere Elemente als Radium oder Barium kommen nicht in Frage.

Als der Physik in gewisser Weise nahestehende ‹Kernchemiker› können wir uns zu diesem, allen bisherigen Erfahrungen der Kernphysik widersprechenden Sprung noch nicht entschließen. Es könnten doch noch vielleicht eine Reihe seltsamer Zufälle unsere Ergebnisse vorgetäuscht haben.»

Otto Hahn/Fritz Strassmann: Über den Nachweis und das Verhalten der bei der Bestrahlung des Urans mittels Neutronen entstehenden Erdalkalimetalle. In: Die Naturwissenschaften 27 (1939) S. 14/15

Anhang 13

Siegfried Flügge, Mitarbeiter Hahns am Kaiser-Wilhelm-Institut für Chemie, gibt im Juni 1939 erste Hinweise auf die technische Nutzbarkeit der neuen Entdeckung:

«Gleich nachdem die Entdeckung der Zerspaltung von Urankernen sichergestellt war, wurde im Hahnschen Institut und wohl auch anderwärts die Frage aufgeworfen, ob bei einem so gewaltsamen Eingriff nicht auch einige Neutronen aus dem zerbrechenden Kern ‹abgedampft› oder ‹abgesplittert› werden könnten? Die Frage wurde auch alsbald in Angriff genommen, da sie zu einer sehr interessanten Konsequenz führte: Wenn jedes Neutron, das eine Aufspaltung hervorruft, im Gefolge der Aufspaltung 2 oder 3 Neutronen frei macht, so muß es möglich sein, daß diese Neutronen ihrerseits wiederum neue Aufspaltungen anderer Urankerne herbeiführen und auf diese Weise ihre Zahl noch weiter vergrößert wird, so daß eine Kettenreaktion ohne Ende schließlich zu einer Umsetzung des ganzen in dem bestrahlten Präparat vorhandenen Urans führen kann ...

Ehe wir zur Diskussion der bisher angeschnittenen Einzelfragen übergehen, soll ein Wort gesagt werden über die Größenordnung der freiwerdenden Energie. Man kann sie leicht ungefähr abschätzen, ja sogar ziemlich genau angeben, daß jeder Spaltungsprozeß eine Energie von 180 MeV in Freiheit setzt. Das läßt sich aus der Differenz der Massendefekte des Urankerns und der entstehenden Spaltungsprodukte herleiten; die Zahl ist einigermaßen auch durch direkte Messung der kinetischen Energie der beiden entstehenden mittelschweren Kerne experimentell sichergestellt. Daß sich hierbei statt der erwarteten 180 MeV nur rund 160 MeV ergaben, kann schon als Hinweis darauf dienen, daß der Rest der Energie entweder noch in abgespaltene Neutronen gesteckt oder in Form von γ-Quanten abgestrahlt wird.

Der so erhaltene Energiebetrag ist sehr beträchtlich. Da die vorstehenden Überlegungen zeigen, daß es durchaus nicht ausgeschlossen ist, durch eine geeignete Versuchsanordnung eine Reaktionskette hervorzurufen, bei der das ganze Uran eines großen Blocks verbraucht wird, ist es zweckmäßig, sich einmal auszurechnen, wie groß z. B. die Energiemenge ist, die freigesetzt wird, wenn in 1 m^3 $U_3 O_8$ alles vorhandene Uran restlos umgewandelt wird. 1 m^3 aufgeschüttetes $U_3 O_8$-Pulver wiegt 4,2 t und enthält $3 \cdot 10^{27}$ Moleküle, also $9 \cdot 10^{27}$ Uranatome. Da je Atom etwa 180 MeV, d. h. rund $3 \cdot 10^{-4}$ erg oder $3 \cdot 10^{-12}$ mkg frei werden, wird insgesamt ein Energiebetrag von $27 \cdot 10^{15}$ mkg freigesetzt, d. h., 1 m^3 $U_3 O_8$ genügt zur Aufbringung der Energie, welche nötig ist, um 1 km^3 Wasser (Gewicht 10^{12} kg) 27 km hochzuheben! Da diese Energie, wie wir noch sehen werden, ohne besondere Vorsichtsmaßregeln in einem Zeitraum von weniger als $\frac{1}{100}$ sec in Freiheit gesetzt wird, ist die entscheidende Frage für die technische Anwendbarkeit des Reaktionsmechanismus, ob es gelingt, eine hinreichende Verzögerung herbeizuführen, die es ermöglicht, die Geschwindigkeit des Ablaufs nach Belieben zu steuern und herabzudrücken. Da auch zu diesem Punkte heute schon Angaben gemacht werden können, liegt hier wohl zum ersten Male ein Fall vor, bei dem die technische Nutzbarmachung der ungeheuren, in den Atomkernen gebundenen Energiebeträge auch zu technischen Zwecken in greifbare Nähe gerückt ist.»

Siegfried Flügge in: Die Naturwissenschaften 27 (1939), S. 402/403

Anhang 14

Der Brief Albert Einsteins an den US-Präsidenten Roosevelt vom 2. August 1939:
«Sehr geehrter Herr!

Einige mir im Manuskript vorliegende neue Arbeiten von E. Fermi und L. Szilard lassen mich annehmen, daß das Element Uran in absehbarer Zeit in eine neue wichtige Energiequelle verwandelt werden könnte. Gewisse Aspekte der Situation scheinen die Aufmerksamkeit der Regierung und, wenn nötig, rasche Aktionen zu erfordern. Ich halte es daher für meine Pflicht, Ihnen die folgenden Fakten und Vorschläge zu unterbreiten:

Im Lauf der letzten vier Monate wurde – durch die Studien von Joliot in Frankreich und von Fermi und Szilard in den Vereinigten Staaten – die Möglichkeit geschaffen, in einer großen Uranmasse atomare Kettenreaktionen zu erzeugen, wodurch gewaltige Energiemengen und großen Quantitäten neuer radiumähnlicher Elemente ausgelöst würden. Es scheint jetzt fast sicher, daß dies in der allernächsten Zeit gelingen wird.

Das neue Phänomen würde auch zum Bau von Bomben führen, und es ist denkbar – obwohl weniger sicher –, daß auf diesem Wege neuartige Bomben von höchster Detonationsgewalt hergestellt werden können. Eine einzige Bombe dieser Art, auf einem Schiff befördert oder in einem Hafen explodiert, könnte unter Umständen den ganzen Hafen und Teile der umliegenden Gebiete völlig vernichten. Möglicherweise würden solche Bomben infolge ihres Gewichts den Transport auf dem Luftweg ausschließen.

Die Vereinigten Staaten verfügen nur über bescheidene Mengen schwacher Uran-Erze. Kanada und die frühere Tschechoslowakei dagegen haben gute Uran-Erze. Die beste Uranquelle ist der belgische Kongo.

Im Hinblick auf diese Situation mögen Sie es für wünschenswert erachten, daß ein ständiger Kontakt zwischen der Regierung und der Gruppe von Physikern in Amerika hergestellt wird, die an dem Zustandekommen der Kettenreaktion arbeiten. Das könnte vielleicht dadurch erreicht werden, daß Sie eine Ihr Vertrauen genießende Person benennen, die, möglicherweise in nichtamtlicher Kapazität wirkend, folgende Aufgaben übernehmen sollte:

a) Verbindung mit Regierungsstellen, die ständig über die weiteren Entwicklungen zu informieren wären; Vorschläge von Regierungsaktionen, wobei der Sicherung ausreichender Uranerz-Quantitäten für die Vereinigten Staaten besondere Aufmerksamkeit geschenkt werden müßte;

b) Beschleunigung der experimentellen Arbeiten, die gegenwärtig mit den beschränkten Mitteln der Universitätslaboratorien finanziert werden; falls nötig, Beschaffung zusätzlicher Fonds durch Kontakte mit Privatpersonen, die die Sache zu unterstützen gewillt sind; vielleicht auch Gewinnung der Mitarbeit industrieller Laboratorien, die über die nötigen technischen Einrichtungen verfügen.

Es wurde mir mitgeteilt, daß Deutschland den Verkauf von Uran aus den von ihm übernommenen tschechoslowakischen Bergwerken eingestellt hat. Daß diese Aktion so frühzeitig erfolgte, mag dadurch zu erklären sein, daß der Sohn des Staatssekretärs im deutschen Auswärtigen Amt von Weizsäcker mit dem Kaiser-Wilhelm-Institut in Berlin verbunden ist, wo einige der amerikanischen Uranexperimente jetzt dupliziert werden.

Ihr sehr ergebener
A. Einstein»

Nathan, O., H. Norden (Hg.): Albert Einstein, über den Frieden. Bern 1975. S. 309f

Anhang 15

General Groves, der Leiter der US-amerikanischen Atombombenkonstruktion, berichtet in seinen Memoiren über Gespräche der in britischer Internierung befindlichen deutschen Atomphysiker nach der Nachricht von dem Abwurf der Atombombe auf Hiroshima; die Gespräche waren durch ein geheimes Tonband aufgenommen worden:

«Um 21 Uhr wurden die Gäste versammelt, um die offizielle Rundfunksendung über den Angriff auf Hiroshima zu hören. Sie waren wie erschlagen, als sie erfuhren, daß das, was Rittner gesagt hatte, stimmte. Daß wir imstande gewesen waren, eine Riesenarbeit zu vollbringen, die die Voraussetzung für den Erfolg war, wie die deutschen Gelehrten genau wußten, und daß sie unter den Verhältnissen des Dritten Reichs damit nicht einmal hatten anfangen können, dies schien auf die deutschen Gelehrten sehr tiefen Eindruck zu machen.

Korschning: Das beweist jedenfalls, daß die Amerikaner zu wirklicher Zusammenarbeit in ungeheurem Ausmaß fähig sind. In Deutschland wäre es unmöglich gewesen. Jeder sagte, der andere sei unwichtig ...

Heisenberg: Man kann sagen, daß in Deutschland größere Mittel zum erstenmal im Frühjahr 1942 zur Verfügung gestellt wurden, nach der Sitzung mit Rust, als wir ihn überzeugten, daß wir den absolut sicheren Beweis dafür hätten, daß die Sache möglich sei.

Heisenberg beklagte, daß er dem deutschen Atomenergie-Projekt nicht die gleiche Anstrengung habe widmen können, wie sie an die Entwicklung der V_1 und der V_2 gewendet worden sei. Aber das habe schließlich großenteils an seiner eigenen Gruppe gelegen.

Heisenberg: Wir hätten gar nicht den moralischen Mut aufgebracht, im Frühjahr 1942 der Regierung zu empfehlen, 120 000 Mann einzustellen, nur um die Sache aufzubauen.

Dann plötzlich drang das Bestreben durch, sich zu rechtfertigen: wenn sie mit dem Bau einer Atombombe nicht zum Erfolg gelangt seien, dann deshalb, weil sie ihn in Wirklichkeit gar nicht hätten haben wollen.

Weizsäcker: Ich glaube, es ist uns nicht gelungen, weil alle Physiker aus Prinzip gar nicht wollten, daß es gelang. Wenn wir alle gewollt hätten, daß Deutschland den Krieg gewinnt, hätte es uns gelingen können.

Hahn: Das glaube ich nicht, aber ich bin dankbar, daß es uns nicht gelungen ist.

Im Verlauf des Abends sagte Gerlach, die Nazipartei scheine geglaubt zu haben, daß die deutschen Physiker auf eine Atombombe hinarbeiteten. Die Münchner Pgs seien am 27. oder 28. April von Haus zu Haus gegangen und hätten jedem erzählt, daß am nächsten Tag die Atombombe eingesetzt werden würde. Die überraschendste Äußerung aber tat Heisenberg. Er frage sich, wie wir es fertiggebracht hätten, die für eine Atombombe erforderlichen zwei Tonnen U_{235} abzuscheiden. Dies bestätigte die Ansicht, die sich Goudsmit in Gesprächen mit den deutschen Forschern gebildet hatte, daß sie nämlich nicht an die Herstellung einer Bombe der Konstruktionsart unserer Bomben gedacht hätten. Wir hatten uns schnelle Neutronen zunutze gemacht, während die Deutschen meinten, sie müßten die Neutronen wie in einem Reaktor durch einen Moderator bremsen. Im Effekt glaubten sie, es müsse ein ganzer Reaktor abgeworfen werden, und um das Gewicht einer solchen Bombe in praktischen Grenzen zu halten, würden sie diese riesige Menge U_{235} brauchen. Schließlich begaben sie sich auf ihre Zimmer, setzten aber die ganze Nacht hindurch den Meinungsaustausch in Zwiegesprächen fort. Dabei zeigte sich, daß Gerlach als einziger von ihnen nicht verwinden konnte, daß es Deutschland nicht gelungen war, eine Atombombe zu entwickeln. Die anderen schienen froh zu sein, daß ihr Ziel nicht die Herstellung einer Atombombe, sondern die Erzeugung von Atomenergie gewesen sei ...

Dann begann sich Widerspruch gegen Weizsäckers Äußerung zu regen, die deutschen Physiker hätten gar nicht gewollt, daß es gelinge, eine Atombombe zu entwickeln:

Bagge: Ich meine, es ist absurd von Weizsäcker, so etwas zu sagen. Das mag für ihn zutreffen, aber nicht für uns alle.»

Leslie R. Groves: Jetzt darf ich sprechen. Die Geschichte der ersten Atombombe. Köln/Berlin 1965. S. 331–333

Anhang 16
Die Göttinger Erklärung 1957 und ihre Einschätzung.

16a
Die Göttinger Erklärung der bundesdeutschen Atomphysiker gegen Pläne zur atomaren Bewaffnung der Bundeswehr (April 1957):

«Die Pläne einer atomaren Bewaffnung der Bundeswehr erfüllen die unterzeichneten Atomforscher mit tiefer Sorge. Einige von ihnen haben den zuständigen Bundesministern ihre Bedenken schon vor mehreren Monaten mitgeteilt. Heute ist die Debatte über diese Frage allgemein geworden. Die Unterzeichneten fühlen sich daher verpflichtet, öffentlich auf einige Tatsachen hinzuweisen, die alle Fachleute wissen, die aber der Öffentlichkeit noch nicht hinreichend bekannt zu sein scheinen.

1. Taktische Atomwaffen haben die zerstörende Wirkung normaler Atombomben. Als ‹taktisch› bezeichnet man sie, um auszudrücken, daß sie nicht nur gegen menschliche Siedlungen, sondern auch gegen Truppen im Erdkampf eingesetzt werden sollen. Jede einzelne taktische Atombombe oder -granate hat eine ähnliche Wirkung wie die erste Atombombe, die Hiroshima zerstört hat. Da die taktischen Atomwaffen heute in großer Zahl vorhanden sind, würde ihre zerstörende Wirkung im ganzen sehr viel größer sein. Als ‹klein› bezeichnet man diese Bomben nur im Vergleich zur Wirkung der inzwischen entwickelten ‹strategischen› Bomben, vor allem der Wasserstoffbomben.

2. Für die Entwicklungsmöglichkeit der lebensausrottenden Wirkung der strategischen Atomwaffen ist keine natürliche Grenze bekannt. Heute kann eine taktische Atombombe eine kleinere Stadt zerstören, eine Wasserstoffbombe aber einen Landstrich von der Größe des Ruhrgebiets zeitweilig unbewohnbar machen. Durch Verbreitung von Radioaktivität könnte man mit Wasserstoffbomben die Bevölkerung der Bundesrepublik wahrscheinlich heute schon ausrotten. Wir kennen keine technische Möglichkeit, große Bevölkerungsmengen vor dieser Gefahr zu schützen.

Wir wissen, wie schwer es ist, aus diesen Tatsachen die politischen Konsequenzen zu ziehen. Uns als Nichtpolitikern wird man die Berechtigung dazu abstreiten wollen; unsere Tätigkeit, die der reinen Wissenschaft und ihrer Anwendung gilt und bei der wir viele junge Menschen unserem Gebiet zuführen, belädt uns aber mit einer Verantwortung für die möglichen Folgen dieser Tätigkeit. Deshalb können wir nicht zu allen politischen Fragen schweigen. Wir bekennen uns zur Freiheit, wie sie heute die westliche Welt gegen den Kommunismus vertritt. Wir leugnen nicht, daß die gegenseitige Angst vor den Wasserstoffbomben heute einen wesentlichen Beitrag zur Erhaltung des

Friedens in der ganzen Welt und der Freiheit in einem Teil der Welt leistet. Wir halten aber diese Art, den Frieden und die Freiheit zu sichern, auf die Dauer für unzuverlässig, und wir halten die Gefahr im Falle des Versagens für tödlich.

Wir fühlen keine Kompetenz, konkrete Vorschläge für die Politik der Großmächte zu machen. Für ein kleines Land wie die Bundesrepublik glauben wir, daß es sich heute noch am besten schützt und den Weltfrieden noch am ehesten fördert, wenn es ausdrücklich und freiwillig auf den Besitz von Atomwaffen jeder Art verzichtet. Jedenfalls wäre keiner der Unterzeichneten bereit, sich an der Herstellung, der Erprobung oder dem Einsatz von Atomwaffen in irgendeiner Weise zu beteiligen.

Gleichzeitig betonen wir, daß es äußerst wichtig ist, die friedliche Verwendung der Atomenergie mit allen Mitteln zu fördern, und wir wollen an dieser Aufgabe wie bisher mitwirken.»

Unterzeichnet von

Prof. Dr. Fritz Bopp, Vorsteher des Instituts für Theoretische Physik der Universität München; Prof. Dr. Max Born, Nobelpreisträger (Physik); Prof. Dr. Rudolf Fleischmann, Ordinarius für Physik an der Universität Erlangen; Prof. Dr. Walter Gerlach, Vorsteher des Physikalischen Instituts der Universität München, Vorsitzender des Verbandes Deutscher Physikalischer Gesellschaften, Vizepräsident der Deutschen Forschungsgemeinschaft; Prof. Dr. Otto Hahn, Nobelpreisträger (Chemie); Prof. Dr. Otto Haxel, Direktor des II. Physikalischen Instituts der Universität Heidelberg; Prof. Dr. Werner Heisenberg, Direktor des Max-Planck-Instituts für Physik, Göttingen, Nobelpreisträger (Physik); Prof. Dr. Hans Kopfermann, Direktor des I. Physikalischen Instituts der Universität Heidelberg; Prof. Dr. Max von Laue, Direktor des Fritz-Haber-Instituts der Max-Planck-Gesellschaft, Berlin, Nobelpreisträger (Physik); Prof. Dr. Heinz Maier-Leibnitz, Direktor des Labors für Technische Physik an der TH München; Prof. Dr. Josef Mattauch, Direktor des Max-Planck-Instituts für Chemie, Mainz; Prof. Dr. Friedrich-Adolf Paneth, Direktor am Max-Planck-Institut für Chemie, Mainz; Prof. Dr. Wolfgang Paul, Direktor des Physikalischen Instituts der Universität Bonn; Prof. Dr. Wolfgang Riezler, Ordinarius für Strahlen- und Kernphysik an der Universität Bonn; Prof. Dr. Fritz Straßmann, Direktor des Instituts für Anorganische Chemie der Universität Mainz; Prof. Dr. Wilhelm Walcher, Direktor des Physikalischen Instituts der Universität Marburg; Prof. Dr. Carl Friedrich v. Weizsäcker, Abteilungsleiter des Max-Planck-Instituts für Physik, Göttingen; Prof. Dr. Karl Wirtz, Abteilungsleiter des Max-Planck-Instituts für Physik, Göttingen.

Aus Hans Karl Rupp. Außerparlamentarische Opposition in der Ära Adenauer. Der Kampf gegen die Atombewaffnung in den fünfziger Jahren. Köln 1970, S. 74/75

16b

Heisenberg schreibt später über seine Besorgnisse in der Zeit der Göttinger Erklärung:

«... ich machte mir Sorgen, ob das in Karlsruhe neu zu errichtende Zentrum für friedliche Atomtechnik sich auf die Dauer dem Zugriff derer würde entziehen können, die so große Mittel lieber für andere Zwecke verwenden wollten. Es beunruhigte mich, daß für die Menschen, die hier die wichtigsten Entscheidungen zu treffen hatten, die Grenzen zwischen friedlicher Atomtechnik und atomarer Waffentechnik ebenso fließend waren wie die zwischen Atomtechnik und atomarer Grundlagenforschung.

Diese Besorgnisse wurden noch dadurch verstärkt, daß zwar nicht in der deutschen

Bevölkerung, wohl aber gelegentlich in Kreisen der Politik oder der Wirtschaft die Meinung laut wurde, eine atomare Bewaffnung sei eben in unserer Welt eines der üblichen Mittel zur Sicherung gegen äußere Bedrohung und daher auch für die Bundesrepublik nicht auszuschließen. Im Gegensatz dazu war ich ebenso wie die meisten meiner Freunde überzeugt, daß eine atomare Bewaffnung die außenpolitische Stellung der Bundesrepublik nur schwächen, daß wir uns also mit einem Streben nach Atomwaffen in irgendeiner Form nur schaden könnten. Denn das Entsetzen über die Handlungen unserer Landsleute in den Jahren des Krieges war noch viel zu verbreitet, um Atomwaffen in deutschen Händen zu lassen.»

Werner Heisenberg. Der Teil und das Ganze. Gespräche im Umkreis der Atomphysik. München.[3]1976 (dtv 903), S. 258

16c

In einem von dem Kernphysiker Karl Wirtz und dem Chemieindustriellen Karl Winnacker gemeinsam verfaßten Buch äußern beide Verfasser eine unterschiedliche Einschätzung der Göttinger Erklärung:

«Karl Wirtz, der zu den Mitunterzeichnern der Erklärung gehörte, erinnert sich an die ernste Grundstimmung, die damals die Göttinger Wissenschaftler zu ihrer öffentlichen Äußerung führte: ‹Man hatte noch viel deutlicher als heute die Zerstörung und das Elend des Zweiten Weltkrieges vor Augen. Die Spätschäden der Atombombenabwürfe über Hiroshima und Nagasaki zeigten sich erst nach einer Reihe von Jahren und verstärkten das Gefühl der Wissenschaftler für die mit ihrer täglichen Arbeit verbundene Verantwortung ...

Darüber hinaus waren sie davon überzeugt, daß die Abgabe der Erklärung in der ganzen Welt größeres Verständnis für die Wiederaufnahme der Arbeiten an der friedlichen Verwendung der Atomenergie in Deutschland bringen würde. Daß insbesondere die Forschung im Kernforschungszentrum Karlsruhe in der Folgezeit eigentlich in Ost und West nie dem Verdacht ausgesetzt war, dort würden auch militärische Entwicklungen betrieben, schreibt Wirtz u. a. der Göttinger Erklärung zu.›

Demgegenüber ist Karl Winnacker der Auffassung, die Göttinger Erklärung habe mehr Unruhe unter den Wissenschaftlern, aber auch in der Öffentlichkeit erzeugt, als daß sie dem Gedanken der friedlichen Nutzung der Kernenergie gedient hätte. Das wachsende Verständnis für die wissenschaftliche und industrielle Tätigkeit auf dem Gebiet der Kernenergie war noch keineswegs so entwickelt, daß es den sehr differenzierten Wertungen der Erklärung in allen Punkten folgen konnte. Die psychologische Wirkung mußte vielmehr sein, daß wieder einmal die zerstörerische Kraft der Atombombe mit dem Begriff der Kernenergie gleichgesetzt wurde.»

Karl Winnacker/Karl Wirtz. Das unverstandene Wunder. Kernenergie in Deutschland. Düsseldorf 1975, S. 126f

Anhang 17
Die bundesdeutsche Kontroverse um den Atomsperrvertrag.

17a
Aus einer Streitschrift von Marcel Hepp, damals persönlicher Referent des CSU-Vorsitzenden Franz Josef Strauß und geschäftsführender Herausgeber des «Bayernkurier»:

«Das Politikum Sperrvertrag hat auch eminente personelle Konsequenz für die deutsche Wissenschaft wie für die Industrie. Der technische Eros eines Top-Mannes des Managements oder der Forschung kann nicht mehr durch die Konsumgüterproduktion einer quasi-fellachisierten Industrie gebunden werden. Mehr als bisher dürfte also die Auswanderungsbewegung der qualifizierten Kräfte zunehmen ...

Das große Geschäft in der Kernenergie kommt bestimmt. Man kann unsere Zeit insofern nur mit den ‹Gründerjahren› des vorigen Jahrhunderts vergleichen. Deutsche Professoren schätzen die Exportmöglichkeiten der Bundesrepublik bis zum Jahre 1990 auf den Betrag von 230 Milliarden Mark. In den Augen der USA sind diese unerhörten Kapazitäten natürlich potentielle Devisen. Seaborg, der Vorsitzende der US-Atomenergiekommission, kündigte im Atomenergie-Rausch an, eines Tages werde nicht mehr das Gold, sondern das Uran zur Deckung des Dollars dienen. Ob die Vereinigten Staaten bis dahin Dumping-Uranpreise bieten werden, ist noch keineswegs sicher.

Gewiß ist jedoch eines: der Sperrvertrag liefert die Bundesrepublik auch auf dem energiepolitischen Sektor in die Hand ihres Bündnispartners USA. Sollte der Genfer Anschlag auf die Souveränität der Habenichtse nur konzipiert worden sein, um das große Energie-Geschäft unter Dach und Fach zu bringen, so hätten sich die Abrüstungstöne der Atommächte weitaus gelohnt ...

In der Tat ermöglicht die Kernenergie gigantische Erdkorrekturen, kosmetische Veränderungen der Erdoberfläche. Bisher haben nur die USA mit ihrem «plowshare»-Programm einschlägige Erfahrungen gesammelt. Mit Hilfe des Atomsperrvertrags gelingt es ihnen, diese Erfahrungen zu monopolisieren ... (D)er Hauptwirkungsbereich der Kernenergie (liegt) auf dem Sektor der gebändigten Klein- und Kleinstexplosionen. Die Deutschen haben, nachdem die Amerikaner mit Atom-U-Booten und Flugzeugträgern einen weiten Vorsprung erreicht hatten, es wenigstens zum Atomfrachter ‹Otto Hahn› gebracht – ein hoffnungsvoller Anfang. Die Kernenergie-Motoren für Lokomotiven und Schleppkähne sind auf den Reißbrettern schon fertig. Ebenso Kernantriebe für Raketen und Weltraumflugkörper. Ob Deutschland je an diesem Dorado der Technik und des Geschäfts partizipieren wird?»

Marcel Hepp. Der Atomsperrvertrag. Die Supermächte verteilen die Welt. Stuttgart 1968, S. 90f, 93f, 104f

17b

Rüdiger Proske, Journalist, kritisierte Anfang 1969 die Kampagne gegen den Atomsperrvertrag:

«Die Auseinandersetzung um den Atomsperrvertrag hat inzwischen ein Stadium erreicht, das man als komisch bezeichnen müßte, wenn es nicht um eine so ernste Sache ginge. Lauthals wird gegen die Unterschrift gewettert; aber die Argumentation kann kein Mensch mehr verstehen, weil sie überdurchschnittlich unlogisch ist, und sie ist unlogisch, weil ihr die Ehrlichkeit fehlt.

Da hört man zum Beispiel, der Sperrvertrag sei als Ganzes sowieso sehr problematisch, da er uns als zweitklassige Macht abstemple. Was soll das bloß heißen? Es gibt heute zwei Weltmächte, eine Reihe von Mittelmächten haben einige Atomwaffen, andere nicht. Aber zweitrangig bleiben sie alle. Weder die Engländer noch die Franzosen können sich wirklich selbst verteidigen. Auch sie verfügen über keine uneingeschränkte Souveränität. Auch sie sind von Bündnispartnern oder von einer klugen Politik des Ausgleichs nach allen Seiten abhängig, und mag Herr de Gaulle mit seinen lächerlichen Renommierbomben auch noch immer an die Großmacht Frankreich glauben – in der Welt der Realität unterscheidet er sich von uns in keiner Weise. Was also wollen wir mit unserem Argument eigentlich sagen? Offenbar nur, daß wir am liebsten eben doch eines Tages noch zu einer Verfügung über Atombomben kommen möchten. Die Frage ist nur warum ...

Da Zögern uns außer dem Unmut unserer Freunde also nichts bringen kann, sollten wir jetzt sofort unterzeichnen. Wir können offene Fragen, wie die Frage des Kontrollsystems, ebensogut in der Phase zwischen der Unterschrift und der Ratifizierung klären. Dann aber gälte es, nicht minder unverzüglich, auch zu ratifizieren.

Oder aber wir sollten den Mut haben zu sagen, daß wir den Zugang zu Atomwaffen wünschen und unsere bisher abgegebenen Verzichtserklärungen nicht ehrlich gemeint waren. Dann wissen wenigstens alle Bescheid – unsere Freunde, alle die uns sowieso nicht mögen, und die Wähler, die im Herbst einen neuen Bundestag zu wählen haben.»

Rüdiger Proske. In: Industriekurier, 20. 2. 1969

Anhang 18

Ein Mitglied der US-amerikanischen Raumfahrtbehörde schreibt über die Auswirkungen der militärischen Ursprünge der Kerntechnik auf die Typenwahl unter den Reaktoren:

«Eine technisch hochentwickelte Nation, wie etwa die Bundesrepublik Deutschland, könnte, obwohl unter Vertragsbruch, ungehindert von heute auf morgen Atombomben bauen. So könnten und werden das möglicherweise auch andere Nationen tun.

Lassen wir den legendären Physik-Studenten beiseite, der, wie man sagt, eine ‹flakkernde› Atombombe für Terroristen herstellen könnte. Vor dem braucht man sich nicht zu ängstigen. Wer viele Leute erpressen will, dem stehen einfacher zu realisierende Mittel zur Verfügung. Wir befinden uns aber allgemein auf einem Kurs, der die Welt schnurstracks in den Untergang zu führen droht, falls sich die gegenwärtigen Trends der Atomtechnik und Atomindustrie nicht drastisch ändern sollten.

Folglich spricht man in Kreisen der Atom-Sicherheitsbehörden schon kaum noch von der Gefahr einzelner A-Bomben im Besitz von vielen Ländern, sondern von der Gefahr, daß mehrere unkontrollierbare Länder mit an Sicherheit grenzender Wahrscheinlichkeit bis zum Ende des Jahrhunderts über ganze Arsenale von Kernwaffen verfügen können, wenn nämlich Herstellung und Verkauf von Leichtwasser-Reaktoren und die Entwicklung von ‹Schnellen Brütern› derart weitergetrieben werden wie jetzt. Da aber in den Industrieländern Atomenergie zunehmend lebenswichtig ist, befinden wir uns in einem Dilemma größter Dimension: Atomkrieg oder Weltwirtschaftskrise.

Dieses Dilemma, so behaupten wir, ist nur scheinbar, denn es gibt Alternativen zur gegenwärtigen Kernenergie-Technologie, die man als zweite Generation der Kernenergie bezeichnen kann ...

Warum – wenn es die idealen Reaktoren geben könnte – sind sie nicht längst schon gebaut worden?

Die ersten Atomreaktoren wurden gebraucht, um das Plutonium für Bomben herzustellen. Dann, in den 50er Jahren, benötigte man keine Kernkraftwerke, weil Öl und Kohle ausreichend und billig zur Verfügung standen. Lediglich die US-Navy brauchte Leistungsreaktoren, mit denen die Unterseeboote unbegrenzt und schnell getaucht fahren konnten. Sie mußten so beschaffen sein, daß sie auch bei rollender See in allen Lagen zuverlässig arbeiteten. So entstand der Leichtwasser-Reaktor, und Milliardenbeträge sind in die Entwicklung dieser Technologie investiert worden. Weil sie zur Zeit, da man Atomkraftwerke zu bauen begann, lediglich schon da waren, sind diese in modifizierter Form einfach übernommen worden. Ein Reaktor, der von Grund auf zum Zwecke der Anwendung in einem Kraftwerk entworfen worden wäre, ist bislang noch nicht gebaut worden.»

Karlheinz Thom «Atomenergie ist möglich». In: Die Welt, 29. 1. 1977

Anhang 19
Die Kernkraft-Euphorie Mitte der 1950er Jahre und die darauffolgende Ernüchterung.

19a
Leo Brandt, damals Staatssekretär im Wirtschafts- und Verkehrsministerium von Nordrhein-Westfalen und stellvertretender Vorsitzender der Deutschen Atomkommission, führte in einer Ansprache auf dem Münchener SPD-Parteitag 1956, die damals starke Resonanz fand, folgendes aus:

«Das Zeitalter der Atomenergie beginnt ... Jetzt, 11 Jahre danach, tritt die schreckhafte Reaktion, beim Wort «Atom» die Ruinen von Hiroshima vor Augen zu haben, zurück hinter der sich ausbreitenden Erkenntnis, daß der neue Brennstoff Uran 235, der nicht hundert, nicht zehntausend, sondern drei Millionen mal besser ist als Kohle, offenbar gewaltige Umwälzungen mit sich bringen wird, wenn genügend davon auf der Welt vorhanden sein sollte ...

Jedenfalls, ob nun Spaltungs- oder Fusionsenergie, die unterentwickelten Völker werden die notwendige Energiebasis erhalten. Wüsten können durch Entsalzen des Meerwassers bewässert, Urwälder oder arktische Gebiete mit Hilfe von Elektrizitätswerken, die durch die Luft versorgt werden, erschlossen werden; denn selbst das größte deutsche Kraftwerk, das Goldenbergwerk, könnte seinen jährlichen Wärmebedarf aus 400 kg Uran 235 decken. Schiffahrt und Luftfahrt werden auf den neuen Brennstoff übergehen. Ein halbes Kilo davon wird künftig ein Flugzeug achtmal um die Erde treiben können ...

Wahrhaft eine große Aufgabe für die technisch fortgeschrittenen Völker, den vorwärtsstrebenden zu helfen, aber auch ein zunächst unerschöpfliches Wirkungsfeld für Exportindustrien in der Lieferung von Produktionsmitteln und Konsumgütern für den Aufbau der neuen Wirtschaftsgebiete draußen in Übersee.

Wehe aber der Nation unter den bisher führenden, die jetzt den technisch-wissenschaftlichen Anschluß verpaßt! Im Unterschied zur ersten industriellen Revolution können heute die politisch befreiten, bisher technisch unterentwickelten Völker Industrienationen werden ...

Umgekehrt können aber bisherige Industrievölker zurückfallen, wenn sie nicht alles daransetzen, im Rennen zu bleiben. Aufmerksame Beobachter können bei uns besorgniserregende Anzeichen in dieser Richtung feststellen. Solche Völker werden in Abhängigkeit zu denen geraten, die auf den neuen Gebieten die Führung übernommen haben, z. B. den Brennstoff Uran 235 in großen Mengen herstellen können. Ihr Lebensstandard wird zurückbleiben, ihre politische und wirtschaftliche Unabhängigkeit kann bis zu einer neuen Art kolonialer Abhängigkeit gefährdet werden.

Die Firma Glenn L. Martin hat vor vier Wochen in einer Pressekonferenz sieben Kisten vorgeführt, Kisten aus Aluminium, deren größte Abmessungen 2,7 × 2,7 × 2,7 m hat. Die Kisten sind durch Flugzeuge oder durch Lastkraftwagen zu transportieren. Die Kisten werden in der Arktis ins Eis eingegraben, einen halben Meter Eis darüber, oder sie werden im Urwald, z. B. am Ufer des Amazonasstroms, in den Kies gegraben, einen halben Meter Kies darüber, am Ende kommt ein Kabel heraus. Diese sieben Kisten sind ein 1½ Jahre lang unbedient und ungewartet laufendes, 10000 Kilowatt lieferndes, das heißt für eine Stadt von 10000 Einwohnern ausreichendes Atomkraftwerk. Was kostet es? Die ungewöhnlich geringe Summe von 1 Million Dollar.»

Aus: Protokoll der Verhandlungen des Parteitages der Sozialdemokratischen Partei Deutschlands vom 10.–14. Juli 1956 in München. München 1956, S. 149 f, 153, 159

19 b

Wolf Häfele, damals Leiter der Schnellbrüter-Entwicklung im Kernforschungszentrum Karlsruhe, schreibt 1963:

«Als dann 1955 die erste Genfer Konferenz zum Thema ‹Friedliche Nutzung der Atomenergie› abgehalten wurde, entstand ein überschäumender, weltweiter, aber unnatürlicher Optimismus. Er war unnatürlich, weil die Entwicklung der friedlichen Anwendung der Atomenergie noch nicht von der inneren Logik der Sache selbst getragen war, sondern vielmehr von einem woanders liegenden Motiv her, nämlich von der kontrollierten Abrüstung. Eine ähnliche relativ schwer erkennbare Verwischung der Ziele war in der englischen Reaktorentwicklung zu sehen. Obwohl dort scheinbar die Energieversorgungsfrage schwierig war, war es doch zutiefst nicht die friedliche Energieerzeugung, die die Reaktorentwicklung und mit ihr die Entwicklung der englischen Nationallaboratorien bestimmte. Vielmehr war es der militärische Gesichtspunkt der Plutoniumerzeugung in Kernreaktoren, der die Kernreaktorentwicklung in höchstem Maße beeinflußte. Wenn auch das volle Bild der englischen Reaktorentwicklung schließlich komplexer ist, so kann man doch sicher die obige Feststellung treffen. In Frankreich wurde mit gewisser Zeitverzögerung ein ganz ähnlicher Weg beschritten. – Für uns ist hier wichtig, daß die Reaktorentwicklung, die die friedliche Nutzung der Kernenergie zum Ziele hatte, sowohl in Amerika als auch in England und Frankreich zutiefst ihre Motive aus der Ab- oder Aufrüstung ableitete, also nicht die Motive aus der inneren Logik der Reaktorentwicklung selbst bezog. Wie wir heute zu erkennen beginnen, war das um so problematischer, als tatsächlich ein natürlicher Bedarf für Atomenergie neben Kohle und Öl vorhanden war und ist. Nur der zeitliche Rhythmus, in dem dieser Zusatzbedarf an Energie sich ausdrückt, ist ein anderer. 1960 als Termin für die volle wirtschaftliche Nutzung der Kernenergie war ein politischer Termin. Man erwartet heute, daß etwa ab 1975 ein echter Bedarf an Atomenergie vorliegt. So überrascht es nicht, daß etwa nach der zweiten Genfer Konferenz im Jahr 1958 dem unnatürlichen Optimismus ein unnatürlicher Pessimismus auf dem Fuße folgte.»

Wolf Häfele. In: Forschung und Bildung, Schriftenreihe des Bundesministers für wissenschaftliche Forschung, München 1963, Heft 4, S. 22 f

19 c

Kurt Jaroschek, Professor an der TH Darmstadt und Berater der Rheinisch-Westfälischen Elektrizitätswerk AG (RWE), schreibt 1962:

«In der noch kurzen Entwicklungszeit des Atomkraftwerksbaues kann man folgende Phasen in der Beurteilung der Erfolgsaussichten der Kernenergie feststellen:

Die journalistische Phase, drastisch gekennzeichnet durch eine Notiz in zwei angesehenen deutschen Zeitungen in der ersten Nachkriegszeit, in der gemeldet wurde, daß es erstmalig gelungen sei, zehn Uranatome zu spalten und mit der gewonnenen Energie einen Elektromotor zu betreiben.

Die naiv-physikalische Phase, in der die Maschinenbauer noch nicht mitreden konnten und schon gar nicht die Energiewirtschaftler unter ihnen: Durch Spaltung des gesamten Urans mit Hilfe des Brütens werde soviel Energie frei, daß die Energieerzeugung praktisch nichts koste, wie teuer das Uran auch sein möge und wie niedrig auch der Wirkungsgrad des Atomkraftwerkes sei. Aus dieser Einschätzung heraus wurde häufig von einem Atomzeitalter gesprochen.

Die Phase der wirtschaftlichen Fehlkalkulationen, in der man etwa z. Z. der ersten Genfer Konferenz 1955 zwar die Bedeutung der wirtschaftlichen Faktoren und die besondere Kostenstruktur der Kernenergieerzeugung erkannte, aber mit so optimistischen Schätzungen arbeitete, daß ein viel zu günstiges Bild der Wirtschaftlichkeitsaussichten entstand. Ziemlich rasch zeigte sich, daß die wirklichen Anlagekosten 1,5- bis 2mal so hoch waren, als man angenommen hatte.

Es folgte eine vierte Phase der Ernüchterung und der Besinnung, in der man tiefere und wirklichkeitsnähere Einblicke in die wahre Kostenstruktur gewann. Zeitweilig kamen Befürchtungen auf, die Kernenergie habe nur geringe Aussichten, wirtschaftlich gegenüber herkömmlicher Energieerzeugung zu sein. Aber die Ergebnisse einer mehrjährigen Planungs- und Versuchstätigkeit zeigten schließlich, daß selbst bei 2- bis 2,5fachen Kapitalkosten eines Atomkraftwerkes die Möglichkeit bestand, bei einigermaßen hoher Benutzungsstundenzahl in einzelnen Fällen an die Grenze der Wirtschaftlichkeit zu gelangen.

In der jetzigen fünften Phase ist die beherrschende Bedeutung des Kapitalaufwandes deutlicher geworden; sie wird von denen sozusagen erlebt, die vor der Frage des hohen Kapitalrisikos stehen.»

Kurt Jaroschek. Technischer und wirtschaftlicher Aspekt der Reaktorentwicklung, hg. vom Bundesministerium für Atomkernenergie. München 1962. S. 61f

Anhang 20
Die ursprünglichen Motive der bundesdeutschen Atompolitik.

20a
Aus einem ungezeichneten Artikel in der Zeitschrift «atomwirtschaft» von 1959, der die Auffassung des damaligen Bundesatomministers wiedergibt:

«Es wäre ein folgenschwerer Irrtum, wenn bei uns die volkswirtschaftliche Bedeutung der Kernenergie weiterhin mit Scheuklappen, d. h. allein unter dem Gesichtspunkt der Energieversorgung, gesehen würde ...

Unser Schicksal als Exportland ist eng mit dem atomaren Fortschritt verknüpft. Ein Kraftwerksreaktor, der bei uns noch keineswegs rentabel zu sein braucht, kann in anderen Ländern schon wirtschaftlich arbeiten. Oft ist es heutzutage bereits eine Sache des Prestiges, daß eine Firma von Weltrang auch atomare Leistungen als Visitenkarte im Ausland vorzuweisen vermag.»

Aus: atomwirtschaft, Jg. 4, 1959, S. 3

20 b

Aus dem bundesdeutschen Atomprogramm von 1963 (später sog. «2. Atomprogramm», in Wirklichkeit jedoch erstes offizielles Atomprogramm):

«Eine deutsche Reaktorentwicklung ist notwendig aus folgenden Gründen:

a) Die Einführung der Atomenergie als zusätzliche Energiequelle für Kraftwerke ist nach der heutigen Kenntnis in etwa einem Jahrzehnt zu erwarten. Dafür müssen jetzt Vorbereitungen getroffen werden, obwohl in Deutschland noch keine Energielücke zum sofortigen Ausbau von Reaktorkraftwerken zwingt.

b) Ein Industrieland wie Deutschland muß dann in der Lage sein, erprobte Kernkraftwerke für den Bedarf im Inland und Ausland zu bauen und anzubieten.

c) Der technische Fortschritt, der im Zusammenhang mit den Arbeiten zur Atomenergie entsteht, ist notwendig für das technische Niveau in der Konkurrenz und in der Zusammenarbeit mit anderen Ländern und in vielen Zweigen der industriellen Fertigung. Auf diesem Wege wird eine staatliche Förderung der Atomenergieentwicklung allgemein eine Vorsorge für die Erhaltung der deutschen Wettbewerbsfähigkeit bedeuten.»

Aus: Taschenbuch für Atomfragen 1964, Hg. Cartellieri/Hocker/Weber, Bonn 1964, S. 183

Anhang 21

Zur wachsenden Rolle des Staates in der Kernenergieentwicklung: Aus dem (2.) Atomprogramm von 1963:

«Vergleicht man die Entwicklung der Forschungstätigkeit mit der anderer Länder ähnlicher Größe, so ist klar zu erkennen, daß der historisch bedingte Rückstand der Bundesrepublik durch das inzwischen Erreichte nicht aufgeholt werden konnte. Die starke Förderung in anderen Ländern rührt zum Teil daher, daß dort zugleich ein militärisches Interesse an der Entwicklung der gesamten Kernenergie besteht und dementsprechend alle Arbeiten sehr straff gelenkt und gefördert werden. Jedoch auch dann, wenn man nur die auf friedliche Anwendung der Kernenergie hinzielenden Bemühungen berücksichtigt, gilt das zuvor Gesagte. Sicherlich ist die Entwicklung in der Bundesrepublik auch dadurch gehemmt worden, daß die Privatindustrie in den ersten Jahrzehnten nach dem letzten Kriege sehr stark durch andere Nachholaufgaben in Anspruch genommen war. Außerdem hat sich die in der vergangenen Zeit vorherrschende Auffassung, daß jede technische Auswertung auf diesem Gebiet vor allem aus der freien Initiative der Wirtschaft kommen müsse, als nicht tragfähig erwiesen, da die Industrie die im Bereich der Kernenergie zwangsläufig sehr hohen Leistungen in Ermangelung eines Marktes bzw. einer unmittelbar absehbaren kommerziellen Entwicklung aus eigener Kraft nicht zu erbringen vermochte. Insbesondere sind weder die deutschen Reaktorbaufirmen noch die Kernbrennstoffindustrie in der Lage, die großen technischen Risiken bei der Errichtung so neuartiger Anlagen zu übernehmen. Ohne staatliche Hilfe wird es in der Bundesrepublik nicht möglich sein, die Industrie auf dem Gebiet der Kernenergie wettbewerbsfähig zu machen. Dies gilt um so mehr, als die Industrien anderer Länder im gleichen Zeitraum eine sehr starke technische Entwicklung dieser Art betrieben haben, die fast vollständig durch Zuwendungen der Regierungen finanziert worden ist.»

Aus: Taschenbuch für Atomfragen 1964, Hg. Cartellieri u. a., Bonn 1964, S. 183

Anhang 22
Kritische Stimmen zur Effizienz des atompolitischen Planungsapparates

22a
Ein langjähriger Angehöriger des früheren Atom-, späteren Forschungsministeriums schreibt 1970 (die Kritik bezieht sich auch auf die atompolitischen Instanzen anderer Staaten):

«Insgesamt war die Trefferquote bei der Entwicklung der Kernkraftwerkstechnik während der letzten 15 Jahre erstaunlich niedrig; entsprechend waren Anzahl und im Einzelfall auch Umfang der Fehlschläge ungewöhnlich groß. An ihnen hatten staatliche Entwicklungsorganisationen einen besonders hohen, für künftige Fälle zur Vorsicht mahnenden Anteil. Sämtliche von ihnen, aber auch von den meisten anderen Stellen bis 1965 gegebenen Prognosen haben sich als falsch, die daraus abgeleiteten Kosten-Nutzen-Vergleiche als irreführend und die darauf gestützten Entscheidungen als mindestens fragwürdig und oft verhängnisvoll erwiesen. Das Planungsinstrumentarium der für die nationalen und supranationalen Atomprogramme Verantwortlichen hat seine Feuerprobe nicht bestanden und sich gegenüber den meist konventionelleren und stets vorsichtigeren Planungsmethoden der Industrie und der Versorgungswirtschaft nicht behaupten können.»

Wolfgang Finke. In: atomwirtschaft. 15, 1970, S. 424

22b
Ein (ungenannter) Angehöriger der Ministerialbürokratie äußert in einem 1966 für eine wissenschaftliche Untersuchung durchgeführten Interview über die Deutsche Atomkommission:

«Ich halte ... wenig von schlecht vorbereiteten Entschließungen und Empfehlungen der Arbeitskreise und Fachkommissionen zu allgemeinen Fragen, denn entweder sie enthalten das, was wir wollen, dann haben sie lediglich die Funktion des ‹backing› durch das Prestige großer Namen, also keinen Einfluß auf unsere interne Politik, sondern sie sind ein Ausfluß unserer Politik, oder aber sie sind kontrovers. Sie scheuen sich vor offener Kritik, die sich verdichten könnte zu Resolutionen gegen unser Haus, oder aber sie nehmen zu große Rücksicht auf Kollegen, wie ja das kollegiale Verhalten der Professoren nicht gerade die Universitätsreform weiterbringt, sondern der beste Hemmschuh ist – gepolstert mit vornehmen Professorenverhaltensweisen. Kritik wird gescheut, weil man's nicht mit seinem Geldgeber verderben will. Und wenn sie mal wirklich gegen die Politik des Hauses Stellung nehmen, dann wird das ignoriert, das ist ziemlich leicht, weil diese Stellungnahmen eh nicht gut durchdacht sind. Oder aber sie sind neutral, dann liegt der Grund meist darin, daß ihre Stellungnahmen nicht gut begründet sind ...

Es herrscht eine deutliche Dominanz der ... (führendes Industrieunternehmen) in der Atomkommission, es gibt einen deutlichen zweiseitigen Einfluß in der Weltraumkommission zwischen Luftfahrt und Raumfahrtunternehmen und einer Großbank, die an diesen Unternehmen beteiligt ist. Es besteht die Möglichkeit, unter Berufung auf die Mitgliedschaft in den Kommissionen einen direkten Einfluß auf die Regierungspolitik zu nehmen, und er wird genutzt. Auf dem Atomsektor kommt dazu noch das Atomforum, wo sich in geschickter Weise die Öffentlichkeitsarbeit mit den Industrieinteressen verbunden hat und der Bund durch ein paar führende Politiker mithineinverwoben ist. Bezeichnend für das deutsche System ist, daß wir immer gerne alles ineinandermuscheln, also keine klare Trennung der Verantwortungsbereiche haben. Der Vorsitzende der Atomkommission ist der Minister, also der, der eigentlich beraten werden soll. Präsidialmitglieder der Atomkommission sind auch im Vorstand des Atomforums, wie überhaupt die gegenseitige Mitgliedschaft eine beliebte Sache ist. Es kommt daher auch niemals zu einer Konfrontation, zumal die Ergebnisse der Beratung vertraulich sind, was eine bequeme Flucht in die Anonymität ermöglicht. Der Sachverstand ist um so geringer, je höher man kommt – in der Beratung und in der Wissenschaft hat man seine eigenen Hierarchien. Je geringer die Frequenz von Tagungen der Beratergruppen sind, um so mieser ist der ganze Laden. Z. B. tagen manche Fachkommissionen alle paar Jahre. Wenn sie tagen, dann handelt es sich nicht um eine Beratung für uns, sondern wir müssen sie erst mal informieren, worum es geht und sie darüber beraten – es ist eine reine Farce ...

Das Ministerium hat sich hinsichtlich seines Sachverstandes sehr stark in die einzelnen Bereiche in die Hände dieser Gremien begeben, die dahin tendieren, ein Diktat auszuüben. Z. B. die unsinnige Übung unserer Abteilungen, daß man die Anträge den Gremien zur Begutachtung vorlegt, denn die Prüfung dieser Anträge ist miserabel. Aber die Hauptsache ist, daß in dem Bewilligungsvorgang an das Bundesfinanzministerium drinsteht, daß der Arbeitskreis die Sache geprüft habe und sie auch billige. Hier wäre ein eigener Sachverstand dringend nötig, daß man die eigenen Leute in Ausbildungs- und Weiterbildungskurse schickt, auch für eine Zeitlang beurlaubt, damit sie an den Instituten wieder forschen und sich mit den neuesten Entwicklungen vertraut machen. Die Theorie ist falsch, daß man das Ministerium klein halten kann, weil man so schöne Berater habe.

Weitere Nachteile der Gremien – wohlgemerkt, ich spreche nur von den Gremien, denn Einzelgutachten und ad-hoc-Kommissionen halte ich für sehr nützlich: Als Gremium haben sie sowieso keine Ideen, nur einzelne Leute haben Ideen. Ein Gremium ist mehr zum Zweifeln angelegt als dazu, daß es Initiative entwickelt. Das Äußerste, das es machen kann, ist, einen Vorschlag, der von außen kommt, zu unterstützen. Der Erfolg bei uns ist, daß die wichtigsten Entscheidungen zum großen Teil außerhalb der Gremien gemacht worden sind, meist haben sie es erst hinterher bemerkt.»

Hannes Friedrich. Staatliche Verwaltung und Wissenschaft. Die wissenschaftliche Beratung der Politik aus der Sicht der Ministerialbürokratie. Frankfurt (Main) 1970, S. 327f

Anhang 23

Vorzüge der Schwerwasser-Reaktoren gegenüber den Leichtwasser-Reaktoren:

Wolfgang Finkelnburg, der Leiter der Siemens-Reaktorabteilung, verteidigt den von ihm entwickelten Reaktortyp gegen die US-amerikanischen Leichtwasser-Reaktoren, die sich damals bereits durchgesetzt hatten:

«Warum müssen wir trotzdem auch weiter Reaktorentwicklung betreiben? Der Grund ist nicht nur, daß an diesem heute schon bewährten Reaktortyp noch sehr viel weiterzuentwickeln ist, um die Kapital- und Brennstoffkosten weiter zu senken, sondern daß die einzigen heute bewährten Reaktortypen auch Nachteile besitzen, die fortgeschrittenere, noch in der Entwicklung befindliche Reaktoren nicht aufweisen. Die drei schwerstwiegenden Nachteile sind m. E., daß die Leichtwasser-Reaktoren angereichertes Uran als Brennstoff benötigen, daß sie von jeder aus dem Boden geholten Tonne Uran nur etwa ½% ausnutzen und daß sie drittens zu jedem Brennelement-wechsel für einige Wochen abgeschaltet werden müssen.

Der Zwang zur Verwendung des heute nur in den USA in genügendem Umfang hergestellten angereicherten Urans bedeutet eine Abhängigkeit von einem Brenn-stoffmonopol, und die Diskussionen um den Atomsperrvertrag deuten schon an, wel-che Gefahren ein solches Monopol für unseren unvermeidlichen Konkurrenzkampf mit der amerikanischen Industrie auf dem Weltmarkt beinhaltet.

Der zweite Nachteil der Leichtwasser-Reaktoren, ihre relativ geringe Uran-Ausnüt-zung, wird erst schwerwiegend, wenn eine sich schnell ausweitende Welt-Atomwirt-schaft nach Erschöpfung der billigeren Uranerze zu Uranpreissteigerungen führt. Die-ser Zeitpunkt wird aber mit Sicherheit schon während der Lebensdauer der heute im Bau befindlichen Kernkraftwerke eintreten.

Der dritte Nachteil schließlich, die Notwendigkeit der Betriebsunterbrechung für jeweils einige Wochen beim Brennelementwechsel, erschwert den Einsatz dieser Kernkraftwerke im Netz doch beträchtlich.

Diese drei grundsätzlichen Nachteile der sonst so bewährten Leichtwasser-Reakto-ren fehlen den Schwerwasser-Reaktoren, denen wir bei Siemens bereits seit 1956 einen wesentlichen Teil unserer Arbeit gewidmet haben. Von den heute gängigen Leicht-wasser-Reaktoren unterscheiden sich die Schwerwasser-Reaktoren dadurch, daß sie zur Abbremsung der Neutronen und vielfach auch zur Kühlung das leider teure, sich aber nicht verbrauchende schwere Wasser verwenden, dafür aber statt des teuren an-gereicherten Urans das viel billigere, monopolunabhängige natürliche Uran verbrau-chen ... Auch in der Spaltstoff-Ausnutzung sind die Schwerwasser-Reaktoren den Leichtwasser-Reaktoren weit überlegen, da sie aus jeder aus dem Boden geholten Tonne Uran mindestens die doppelte Zahl von Kilowattstunden zu erzeugen gestatten wie die Leichtwasser-Reaktoren. Gleichzeitig wandeln sie Uran 235 mit gutem Wir-kungsgrad in Plutonium um, das als Spaltstoff für die späteren Schnellbrüter-Kern-kraftwerke dienen kann.»

Wolfgang Finkelnburg. In: der arbeitgeber, 1. 6. 1967

Anhang 24

Verschiedene Schilderungen der Art und Weise, wie sich die industrielle Auswahl unter den Reaktortypen vollzog:

24a

Der Wissenschaftsredakteur der Frankfurter Allgemeinen Zeitung kommentiert 1974 die Umorientierung des britischen Reaktorprogramms auf die Schwerwasserlinie:

«Die Großprojekte der technischen Entwicklung haben es in sich, besonders die der Kerntechnik. Würden sie nicht auf Kredit, nämlich auf den Glauben an wissenschaftli-che und technische Fortschrittspropheten, und außerdem mit öffentlichem Kredit im Hinblick auf den für später versprochenen unvergleichlichen Nutzen für die Volkswirt-schaft betrieben, wären die meisten niemals aus der Taufe gehoben worden. Solange nur private Mittel dafür verwendet wurden, war die Auslese barbarisch hart, und das hat sich auch durchaus bewährt. Wenn Entwicklungskosten ausschließlich oder zum größten Teil mit öffentlichen Mitteln befördert werden, besteht schließlich kein dring-licher Anlaß zu besonders kritischer Risikoabschätzung. Nationaler Ehrgeiz trägt das

Seine dazu bei, um untaugliche Projekte am Leben zu erhalten – wenn auch weniger in Deutschland als in unseren Nachbarländern.»

Kurt Rudzinski «Voraussehbare Fiaskos in der Kernenergietechnik». In: Frankfurter Allgemeine Zeitung, 21. 8. 1974

24b

Der Geschäftsführer der Österreichischen Studiengesellschaft für Atomenergie schildert 1976 – unter der Überschrift «Survival of the fittest» – den Ausleseprozeß unter den Reaktoren:

«... ergeben sich allein aus der Kombination brauchbarer Moderatoren und Kühlmittel über 50 Reaktortypen, von den Optionen für direkte und indirekte Kreisläufe, Druckkessel und Druckrohre usw. nicht zu reden. Eine ganze Reihe dieser theoretischen Möglichkeiten ist im Konzept, im Kleinversuch, im Prototyp untersucht worden, nur wenige sind als Kraftwerke realisiert. Die treibenden Kräfte der Differenzierung waren der Originalitätstrieb der Forscher – er brachte die Ideen – und der militärische, später der industrielle Behauptungstrieb der Nationalstaaten – er brachte immense Mittel. Die nationalen Gegebenheiten führten zu den ersten Weichenstellungen: Natururanreaktoren in Kanada, England, Frankreich, anfangs – zur Plutoniumerzeugung – auch in den USA ...

Im Kampf ums Dasein und ums Überleben sind die Reaktortypen verschiedenen Selektionsmechanismen ausgesetzt. Manche Kombinationen sind nicht über Durchführbarkeitsstudien oder kleine Prototypen hinausgekommen, wie etwa der Natrium-Schwerwasserreaktor oder der Homogene Reaktor, weil besonders technische Schwierigkeiten, Leistungsbegrenzungen, Unwirtschaftlichkeit oder dgl. in einem sehr frühen Stadium offenkundig wurden. Entscheidend ist es aber für den Erfolg einer Linie, daß sich ein außerordentliches technisches, finanzielles, vor allem aber industrielles Potential ihrer bemächtigt und sie über Schwierigkeiten und Rückschläge hinweg konsequent ‹durchzieht›. Die Motive dieser Zusammenballung von Kräften – militärische, nationale, industrielle – sind sehr verschiedenartig und können im Laufe der Zeit wechseln.»

Hans Grümm. Aussichten der verschiedenen Reaktorsysteme. In: Schweizerische Vereinigung für Atomenergie (SVA), Bulletin Nr. 415, Anfang März 1976, S. 3

Anhang 25
Fertiggestellte und im Bau befindliche Kernkraftwerke in der Bundesrepublik Deutschland (Stand: Mitte 1978) rechts.

Aus: atomwirtschaft 23 (1978) S. 485
Abkürzungen bei den Reaktortypen: SWR = Siedewasserreaktor, DWR = Druckwasserreaktor, D_2O = Schwerwasserreaktor, HTR = Hochtemperaturreaktor, SNR = Schneller Natriumreaktor.
● = (Mitte 1978) im Betrieb; ○ = im Bau.
Zwei Reaktoren, die 1973/74 stillgelegt wurden und mit ihrem Reaktortyp unter den bundesdeutschen Reaktoren allein dastanden, sind in diese Liste nicht mehr aufgenommen worden: das 1965–70 von der AEG erbaute Heißdampfreaktor Großwelzheim (25 MW) und das 1966–73 von Siemens erbaute, schwerwassermoderierte und gasgekühlte Kernkraftwerk Niederaichbach (KKN, 100 MW).

Auftragserteilung Jahr	Bezeichnung, Standort	Eigentümer bzw. Betreiber		Reaktortyp	Reaktorhersteller	Nettoleistung MWe	Beginn des kommerziellen Betriebs Jahr	Gesamte Stromerzeugung bis 30. 6. 1978 GWh
1958	VAK, Kahl	VAK (RWE, Bayernwerk)	●	SWR	AEG, GE	15	1961	1483
1961	MZFR, Karlsruhe	GfK, KBG	●	D₂O	Siemens (KWU)	50	1965	3483
1962	KRB-A, Gundremmingen	KRB (RWE, Bayernwerk)	●	SWR	AEG-GE	237	1966	15982
1959	AVR, Jülich	AVR	●	HTR	BBK	15	1966	956
1964	KWL, Lingen	KWL (VEW)	●	SWR	AEG (KWU)	255[4]	1968	11191
1964	KWO, Obrigheim	KWO	●	DWR	Siemens (KWU)	328	1968	22956
1966	KNK-II, Karlsruhe	GfK, KBG	●	SNR	INTERATOM	18	1978[1]	68
1967	KWW, Würgassen	Preussenelektra	●	SWR	KWU	640	1973	13809
1967	KKS, Stade	KKS (NWK, HEW)	●	DWR	KWU	630	1972	31001
1969	Biblis-A	RWE	●	DWR	KWU	1145	1974	26508
1969	KKB, Brunsbüttel	KKB (HEW, NWK)	●	SWR	KWU	770	1976	6989
1970	KKP-1, Philippsburg	KKP (BAG, EVS)	○	SWR	KWU	864	1978	
1970	THTR-300, Uentrop	HKG	○	HTR	BBC/HRB/NUKEM	300	1981	
1971	GKN-1, Neckarwestheim	GKN (Neckarwerke, TWS, Bundesbahn)	●	DWR	KWU	805	1976	10475
1971	KKI, Ohu	KKI (Bayernwerk, Isar-Amperwerke)	●	SWR	KWU	870	1977	1141
1971	KKU, Esenshamm	KKU (NWK, Preussenelektra)	○	DWR	KWU	1230	1978	11787
1971	Biblis-B	RWE	●	DWR	KWU	1240	1977	
1972	KKK, Krümmel	KKK (HEW, NWK)	○	SWR	KWU	1260	1980	
1972	SNR-300, Kalkar	SBK	○	SNR	INB	280	1983	
1973	Mülheim-Kärlich	RWE	○	DWR	BBR	1215	1980	
1974	KRB-B/C, Grundremmingen	KGV (RWE, Bayernwerk)	○	DWR	KWU 2	1244	1981/82	
1975	KWS, Wyhl	KWS (BAG, EVS)	○	DWR	KWU	1284	nach 1982	
1975	KWG, Grohnde	KWG (Preussenelektra, Interargem)	○	DWR	KWU	1294	nach 1981	
1975	KKG, Grafenrheinfeld	Bayernwerk	○	DWR	KWU	1229	1980	
1975	KKH, Hamm	KKH (VEW, Elektromark)	○	DWR	KWU	1231	?	
1975	KBR, Brokdorf (Elbe)	Kernkraftwerk Brokdorf GmbH (NWK, HEW)	○	DWR	KWU	1290	1983/84	
1975	Biblis-C	RWE		DWR	KWU	1232	1983	
1975	KKP-2, Philippsburg	KKP (BAG, EVS)	○	DWR	KWU	1281	1982	
1975	GKN-2, Neckarwestheim	GKN		DWR	KWU	805	1984	
1977	Neupotz-1	RWE, Pfalzwerke		DWR	BBR	1230	1985	

Anhang 26

Ursprüngliche bundesdeutsche Vorstellungen von der Kernforschung im Kontrast zu der US-amerikanischen Praxis der Großforschung.

26 a

Nach einer Tagung der Ministerpräsidenten der Bundesländer in Bad Pyrmont im Mai 1956 erklärte der damalige Bundesatomminister Franz Josef Strauß, der auf die Länderkompetenzen im Bereich der Forschung Rücksicht nehmen mußte:

«Gegen eine Zentralisierung der deutschen Atomforschung spricht nicht zuletzt, daß bei einem Eingriff in unsere föderalistisch angelegte und historisch gewachsene Wissenschaftsorganisation ein kostspieliger, langwieriger und risikoreicher Umgliederungsprozeß auf einem Teilgebiet der Wissenschaft eingeleitet werden müßte, der nicht zu verantworten wäre. Denn die Errichtung eines zentralen Atomforschungszentrums, welche die Auflösung bestehender kernwissenschaftlicher Institute und Einrichtungen in den einzelnen Bundesländern voraussetzt, würde nicht nur Millionen verschlingen, sondern auch Jahre dauern. Ein solches Experiment können wir uns bei unserem Rückstand auf dem Gebiet der Kernforschung unter gar keinen Umständen leisten. Ich halte es deshalb für sinnvoll, wenn die Förderungsmittel, wie wir es im Benehmen mit den Ländern vorhaben, zunächst in bereits bestehende kernwissenschaftliche Einrichtungen und Institute gesteckt werden, um diese hinsichtlich ihrer Ausstattung auf einen möglichst modernen Stand zu bringen und um ihre Aufnahmekapazität für die dringend notwendige Nachwuchsbildung zu erweitern. Später, sozusagen auf der zweiten Stufe, sollte dann neben der Grundlagenforschung die Industrieforschung gefördert werden.»

Erklärung von Bundesatomminister F. J. Strauß 1956 in Bad Pyrmont. In: Atomkernenergie 1 (1956), S. 230

26 b

Wolf Häfele, der Leiter der Karlsruher Schnellbrüter-Entwicklung, sagte 1963 über die US-amerikanischen National-Laboratorien, die damals immer mehr zum Vorbild des Kernforschungszentrums Karlsruhe wurden:

«Die National-Laboratorien, wie sie insbesondere in Amerika entstanden waren, kann man etwa wie folgt charakterisieren: Sie beschäftigten etwa 1000 Wissenschaftler, hatten einen Gesamtpersonalbestand von ca. 3000 Beschäftigten, und sie besaßen einen Jahresetat von etwa 30 Mio $. Das Ausgerichtetsein auf ein bestimmtes Projekt oder eine Reihe von Projekten brachte eine bestimmte neuartige Organisationsform mit sich; die gewaltigen Geldmittel, die von staatlicher Seite bereitgestellt wurden, erzwangen ein hohes Maß an staatlicher Kontrolle. Es bildete sich so eine besondere Art von bislang nicht gekannter Zusammenarbeit von Experimental-Physikern, theoretischen Physikern, Chemikern, Metallurgen, Ingenieuren und Administratoren aus, um nur die wichtigsten Disziplinen zu nennen. Die Führung einer solchen Rieseneinheit von Wissenschaftlern, die von der Universität her kommend einen freieren Stil gewohnt waren, war ein Problem besonderer Art. Sollte der wissenschaftlich beste oder der organisatorisch befähigteste Wissenschaftler oder ein hoher Staatsbeamter ein solches Laboratorium leiten? Weiter sollte noch gesagt werden, daß wegen der militärischen Zielsetzung der Arbeiten der allgemeine wissenschaftliche Erfahrungsaustausch und die offene wissenschaftliche Diskussion nicht möglich waren. Insbesondere war deshalb auch nicht an eine offene Verbindung zum wissenschaftlichen Leben der

Universitäten zu denken. Es ist häufig die Meinung zu hören, daß in solcher Abgeschlossenheit von der Außenwelt kein fruchtbares wissenschaftliches Arbeiten möglich sei; nur in der vollen Freiheit des Gedankenaustausches aller Wissenschaftler aller Länder allein könne der wissenschaftliche Fortschritt gedeihen. Diese Ansicht hat sich nicht bestätigt. Das wissenschaftliche Niveau der damals zustande gekommenen Arbeiten war, wie wir heute auf sehr weiten Gebieten sehen können, ein sehr hohes. Mindestens bei dem auf ein Projekt gerichteten wissenschaftlichen Arbeiten ist solche Isolierung für eine ganze Reihe von Jahren offenbar möglich.»

Wolfgang Häfele 1963. In: Forschung und Bildung, Schriftenreihe des Bundesministers für wissenschaftliche Forschung, Heft 4, München 1963, S. 21

Anhang 27
Probleme der Großforschungszentren.

27a
Wolfgang Cartellieri, vormals Staatssekretär im Bundesatomministerium und Vorsitzender des Aufsichtsrats der Gesellschaft für Kernforschung mbH, Karlsruhe, schreibt im Rahmen eines ausführlichen Gutachtens über die rechtliche und organisatorische Ausgestaltung der Großforschungsinstitutionen:

«Die enge Bindung dieser Forschungs- und Entwicklungsstätten an konkrete Forschungs- und Entwicklungsprojekte war jedoch nicht nur Voraussetzung ihrer Entstehung, sondern überall und von Anfang an auch Ursache ihrer späteren Bestandskrisen. Solche Krisen sind stets dann akut geworden, wenn die erste Aufgabe erledigt war und nicht sogleich durch eine nachfolgende ähnliche Aufgabe ersetzt werden konnte. Zwar hat sich dabei die Beharrungskraft des einmal Vorhandenen immer als mächtiger Schutz gegen abrupte Zusammenbrüche erwiesen. Aber nicht immer gelang es ihr, zugleich auch die Gefahr abnehmender Ertragsraten und bloßer Scheinaktivität der ihrer Anfangsaufgabe beraubten Forschungseinrichtungen ganz zu vermeiden. Die recht offen geführte Diskussion über die Zukunft der amerikanischen Nationallaboratorien hat hierzu über die Jahre hinweg reichhaltiges Anschauungsmaterial geliefert. Das Phänomen dürfte jedoch keineswegs auf die dortigen Verhältnisse begrenzt sein.»

W. Cartellieri: Die Großforschung und der Staat, Teil I, München 1967, S. 375

27b
Hans Grümm, damals Institutsleiter im österreichischen Reaktorzentrum Seibersdorf, schreibt 1971 in einem Artikel «Die sogenannte Krise der Reaktorzentren»:

«Es mehren sich ... die Zeichen, daß Forschungsziele, Organisationsformen und Führungsstil in den markantesten Hochburgen des big science in Frage gestellt werden: von den Geldgebern, von der Industrie, vor allem von den in den Zentren tätigen Fachkräften selbst. Der erste Entwicklungsabschnitt der Reaktorzentren geht offenbar seinem Ende entgegen. Wegen der Größe, der Kosten und der besonderen Stellung dieser Zentren in den nationalen und internationalen Forschungsstrukturen wird sich die unvermeidlich gewordene Neuorientierung auf die gesamte Forschungspolitik auswirken ...

(D)ie Großforschungszentren sind, als sie sich nach den ersten Aufbaustürmen, nach den Wirren des Zielsuchens in den erkannten Aufgaben häuslich niederzulassen begannen, auf wichtigen Arbeitsgebieten von der industriellen Entwicklung überrannt worden, die, vielfach an den Zentren vorbei, zum Ziel, zu wirtschaftlich arbeitenden Kernkraftwerken geführt hat.»

Hans Grümm, 1971, «Die sogenannte Krise der Reaktorzentren.» In: Schweizerische Vereinigung für Atomenergie (SVA), Beilage zum Bulletin Nr. 2, Mitte Januar 1971, S. 1 f

Anhang 28
Vergleich zwischen den Sicherheitseigenschaften des Schnellen Natriumbrüters und des Thorium-Hochtemperaturreaktors.

28 a
Zur inhärenten Sicherheit beider Reaktortypen: Ergebnisse einer im Auftrage des Bundesinnenministeriums durchgeführten Studie über das Verhalten beider Reaktoren bei Versagen der Abschaltung und Ausfall der Notkühlung:

«Schneller Brutreaktor:
Auf Grund des positiven Reaktivitätseffekts beim Kühlmittelsieden kann es kurz nach dem Störfalleintritt zu einer Leistungsexkursion kommen, die zum Coreschmelzen führt. Bereits während des Siedens wird der Leistungsanstieg (Doppler-Koeffizient) und danach die Leistungserzeugung unterbrochen. Die Kernschmelze kann danach innerhalb des Reaktortanks langfristig gekühlt werden. Unterstellt man unkontrollierte Leistungsexkursion, so kann die mechanische Energiefreisetzung damit verbunden sein ... Selbst nach einem Durchschmelzen des Cores durch den Reaktortank wird die Bodenkühleinrichtung die Schmelze auffangen und abkühlen ...

Hochtemperaturreaktor:
Bei völligem Versagen der Betriebs- und Notkühlsysteme schaltet sich der HTR auf Grund des negativen Reaktivitätskoeffizienten selbsttätig ab. Nach mehreren Stunden können Temperaturen über 1600° C erreicht werden. Erst ab diesen muß mit einem zunehmenden Versagen beschichteter Teilchen gerechnet werden. Die langsam freigesetzte Aktivität wird im Sicherheitseinschluß zurückgehalten.»

Aus: Bundesminister des Innern (Hg.): Gegenüberstellung von Sicherheitseigenschaften der fortgeschrittenen Reaktorbaulinien Schneller Brut-Reaktor/Hoch-Temperatur-Reaktor. Bericht an den Innenausschuß des Deutschen Bundestages. Bonn 1978, Materialband, S. 7.15/7.16

28 b
FAZ-Redakteur Kurt Rudzinski vergleicht die Sicherheitseigenschaften der beiden Reaktortypen:

«Der Hochtemperaturreaktor ist der Reaktortyp, der die größte Sicherheit bietet und der das höchste Entwicklungspotential hat, der Natriumbrutreaktor der gefährlichste. Gäbe man den Hochtemperaturreaktor auf, dann würde das Forschungsministerium, das mit seinen großtechnischen Entwicklungsprojekten sonst bisher keine glückliche Hand gehabt hat, zum zweitenmal ‹das falsche Schwein schlachten› ...

Wenn überhaupt ein Reaktor sicher ist und seine Entwicklung verantwortet werden kann, dann ist es der Hochtemperaturreaktor in der Form des von Professor Schulten in Jülich entwickelten Kugelhaufenreaktors. Mit seinem Berstschutz aus Spannbeton und einer zusätzlichen starken Umhüllung aus Beton ist er bombensicher – mit Ausnahme von schweren Atombomben – und bildet auch im Katastrophenfall keine Gefahr für die Umwelt. Sein Kühlmittel, das Edelgas Helium, wird höchstens durch Spurenverunreinigungen radioaktiv, aber das nur so wenig, daß seine Radioaktivität selbst beim Betrieb im Reaktor nicht die am Kraftwerkzaun zulässige Grenze erreicht.

Eben deshalb ist der Hochtemperaturreaktor auch der einzige sabotagesichere Reaktortyp. Im Falle einer zufälligen oder absichtlich herbeigeführten Reaktorkatastrophe wird außer den im Kraftwerk selbst Tätigen niemand gefährdet, während der Austritt großer Mengen von Radioaktivität bei den anderen Reaktortypen die Umgebung irreversibel verseuchen würde und das unter Umständen für Jahrzehnte oder Jahrhunderte. Eine irreversible Verseuchung absolut sicher auszuschließen ist, soweit sich bisher übersehen läßt, aber nur beim Hochtemperaturreaktor möglich. Sein Kernbrennstoff bliebe für viele Stunden in den Graphitkugeln sicher eingeschlossen und ließe ausreichend Zeit für Sicherungsmaßnahmen. In der Kernforschungsanlage Jülich angestellte Berechnungen haben ergeben, daß im Falle eines großen Kühlmittelverlustes beim Leichtwasserreaktor nur 40 bis 50 Sekunden und beim Natriumbrüter im Katastrophenfalle jedoch nur einige Sekunden für Gegenmaßnahmen zur Verfügung stehen würden. Beim Leichtwasserreaktor besteht wegen der «Nachwärme» zusätzlich die Gefahr eines Durchschmelzens des Reaktorkerns mit der Freigabe von großen Mengen radioaktiven Materials an die Umwelt, beim Natriumbrüter das zusätzliche Risiko einer Eskalation der Kettenreaktion der Kernspaltung. Beim Hochtemperaturreaktor schaltet sich die Kettenreaktion beim Kühlmittelausfall von selbst ab.»

Kurt Rudzinski: «Noch eine Fehlentscheidung bei der Kernenergie? Der sichere Hochtemperatur-Reaktor muß weiterentwickelt werden.» In: Frankfurter Allgemeine Zeitung, 7. 12. 1976

Anhang 29
Die Kontroverse um die Schnellbrüterentwicklung.

29 a
Der FAZ-Redakteur K. Rudzinski, damals ein Befürworter des dampfgekühlten Schnellen Brüters, übt heftige Kritik an der Entscheidung des Bundesforschungsministers (Anfang 1969), die Dampfbrüterlinie zugunsten des Natriumbrüters einzustellen:

«Mit seiner Entscheidung, den Natriumbrüter zu entwickeln und die ‹Dampfbrüterlinie› auslaufen zu lassen – ungeachtet des Hintertürchens der Weiterarbeit an den Brennelementen –, hat der Wissenschaftsminister den Wünschen der Karlsruher Leitung des ‹Projekts Schneller Brüter› in vollem Umfang entsprochen. Das war nach dem Ablauf der Bonner Anhörung kaum anders zu erwarten. Was man dort an kritischen Stimmen über den Natriumbrüter hören konnte war quasi unbeabsichtigt durchgeschlüpft. Denn die Generallinie stand fest, und das Hearing mußte Minister Stoltenberg zur Rechtfertigung seiner im Grunde genommen schon lange feststehenden Entscheidung dienen.

Wir glauben freilich nicht, daß diese Entscheidung weise war. Sie wird den Steuerzahler etwa zwei Milliarden Mark kosten – nach amerikanischer Ansicht eher mehr. Und ob das Ziel, einen wirtschaftlichen wettbewerbsfähigen und sicheren Natriumbrüter zu bauen, wirklich erreicht werden wird, ist zumindest eine offene Frage. Ganz gewiß ist es keine technisch rationale Entscheidung gewesen. Daß es aber – ungeachtet der wirtschaftlichen – auch unvermeidlich politische Konsequenzen haben muß, wenn im Bereich technischer Entwicklung nicht nach streng sachlichen Gesichtspunkten entschieden wird, wird sich in diesem Fall wohl schon bald zeigen. Angesichts der Tatsache, daß bei der Bonner ‹Brüter-Anhörung› keine wirklich überzeugenden Argumente gegen den Dampfbrüter dargelegt werden konnten, hat sich der Minister mit dem Abbruch der Dampfbrüterentwicklung selbst den schwarzen Peter zugeschoben. Denn damit nimmt er sich zugleich auch die Möglichkeit, einmal den Beweis anzutreten, daß der Dampfbrüter doch nicht hält, was er bieten soll. Diesen Gegenbeweis führen zu können, wird ihm aber, wenn das Natriumprojekt schief läuft, sehr nötig sein.

So muß er damit rechnen, daß an ihm der Makel haften bleiben wird, wenn Deutschland nicht den Mut aufgebracht hat, einen eigenen Weg zu gehen …»

Kurt Rudzinski, «Schneller Brüter und Schwarzer Peter». In: Frankfurter Allgemeine Zeitung, 8. 2. 1969

29 b

Wolf Häfele, seinerzeit Leiter der Schnellbrüterentwicklung, sagt später über die Entscheidung für den Natrium- und gegen den Dampfbrüter:

«Wir sind damals zwangsläufig beim Natriumbrüter gelandet, weil die anderen Möglichkeiten so nicht tragen. Denken Sie an den ganzen Vorgang Dampfbrüter, was mich das persönlich in meiner eigenen Anstrengung und in meinem Berufsleben gekostet hat.

Infolgedessen möchte ich nicht sagen, daß wir rasch und zufällig, sondern unter Qualen bei dieser Linie eingetroffen sind. Und dann war es am Ende nicht irgendein logisches Argument, sondern die Fülle der technischen Evidenz, die sich gegenseitig trägt. Es gab eine ähnliche Debatte zwischen dem Leichtwasserreaktor und etwa früheren Reaktoren. Und dann ist der Leichtwasserreaktor nur deswegen zum Tragen gekommen, weil, etwa auch auf Grund der submarinen Entwicklung in den Vereinigten Staaten und des großen Hintergrundmaterials, das sich angesammelt hatte, dort die größte Sicherheit, das größte Vertrauensniveau existierte. Das ist nicht für physikalische Betrachtungen von Interesse, wohl aber für die technische Durchführung von Projekten, wenn sie kommerziell tragfähig sein sollen.»

Wolf Häfele. In: Schnelle Brüter Pro und Contra, Protokoll des Expertengesprächs vom 19. 5. 1977 im Bundesministerium für Forschung und Technologie, Villingen 1977 (= Hans Matthöfer (hg.), Argumente in der Energiediskussion, Bd. 17, S. 83

29 c

Klaus Traube, der ehemalige Geschäftsführer der Firma Interatom und Chefplaner des Schnellen Brüters, der im Februar 1977 seinen Posten verlor, da er vom Verfassungsschutz zeitweise verdächtigt wurde, Beziehungen zu Terroristen zu unterhalten, schreibt über die Schwierigkeiten der politischen Steuerung von Großprojekten:

«Diese Großprojekte werden durchweg staatlich subventioniert. Jeder neue in der langen Reihe der für Forschungsförderung zuständigen Minister, die ich erlebt habe, trat sein Amt an mit dem festen Vorsatz, sich seine Sporen auch damit zu verdienen, irgendwo reinen Tisch zu machen, unnützer Verschleuderung von Steuergeldern sichtbar Einhalt zu gebieten. Keiner hat je etwas beendet, was nicht ohnehin bei Amtsantritt schon am Verröcheln war. Nicht, weil er unfähig, unentschlossen oder zu sehr an

Interessen gebunden war – das mag hinzukommen –, sondern weil er ohne den Sachverstand der Ministerialbeamten nichts ausrichten kann, die wieder nichts ohne den Sachverstand der für das Projekt verantwortlichen Industriemanager, die wieder nichts ohne den Sachverstand der ihnen verantwortlichen technischen Manager ausrichten können. Alle diese Manager haben aber ein vornehmstes Ziel: Die Organisationsmaschine am Laufen zu erhalten, und sie benutzen ihren Sachverstand, um, bewußt oder unbewußt, ihre Argumente entsprechend zuzurichten. Daß dies so ist, ahnt wiederum jeder, aber es ist nichts gegen die erforderliche Kette von Sachverständigen auszurichten.

Ist ein Großprojekt lange genug – zu Recht oder zu Unrecht – verdächtig gewesen, so kommt die Zeit der Kommission unabhängiger Sachverständiger ...

Dieser allgemeine Sachverstands-Manager-Knoten wird zumeist – nachdem sich schon über Jahre die allgemeine Ahnung verdichtet hat, daß am Ende die Maschine nicht in Gang zu halten ist – durch ein spektakuläres, aber zufälliges und letztlich irrelevantes Ereignis gelöst. Beliebt ist eine technische Panne, deren Behebung eine zwar merkliche, aber gegenüber schon aufgelaufenen Gesamtkosten geringe Budgetaufstockung erfordert und zudem mal wieder Terminverschiebungen größeren Ausmaßes. Am feinsten sind aber alle raus, wenn ein Parallelprojekt in den USA abgebrochen wird – dem Land der zukunftssicheren Verheißungsindustrie. Das ist Beweis genug, die Sache ist nichts wert.»

Klaus Traube. Müssen wir umschalten? Von den politischen Grenzen der Technik. Reinbek 1978, S. 160/161

Anhang 30
Überblick über die zur Diskussion stehenden Gefahrenpotentiale.
30a
Der amerikanische Physiker Amory B. Lovins, der als Befürworter von «soft energy»-Technologien bekannt wurde, schreibt über die potentiellen Risiken von Kernkraftwerken:

«Kernkraft ist nicht einfach eine weitere Möglichkeit, Dampf zu erzeugen; sie hat potentielle Risiken von ungekannter Art und Größe zur Folge. Zum Beispiel: Ein Viertel der Menge Jod-131, die sich in einem Leichtwasser-Reaktor vom Typ Wyhl 1 – 1300 Megawatt – befindet, würde ausreichen, um die Luft über dem gesamten Gebiet der Bundesrepublik Deutschland bis zu einer Höhe von neun Kilometern mit dem Hundertfachen der nach internationalem Standard erlaubten Maximalkonzentration dieses radioaktiven Stoffs zu verseuchen. Ein Zehntel des Strontium-90 im gleichen Reaktor genügte, um die jährliche Belastung des Rheins mit diesem Element auf das 33fache der erlaubten Maximalkonzentration zu steigern.

Das sind verläßliche Abschätzungen der Schadstoffmengen, die durch Sabotage oder einen größeren Reaktorunfall freigesetzt werden. Solche Größenordnungen mahnen zu äußerster Vorsicht beim Umgang mit Radioaktivität, auch wenn die Schadstoffe sich tatsächlich nicht so gleichmäßig verteilen würden wie in diesem Beispiel angenommen.

Eine weltweite Plutoniumwirtschaft, wie sie die Bundesrepublik befürwortet, könnte in wenigen Jahrzehnten zu einem Jahresumsatz von Milliarden Gramm Plutonium führen – und das in denselben Ländern, die es bisher nicht fertiggebracht haben, den Heroinhandel zu verhindern. Ein einziger Schneller Brüter würde Millionen Gramm enthalten, ein Leichtwasserreaktor immerhin eine halbe Million. Für eine Atombombe reichen schon ein paar tausend Gramm. Die Menge, die von einem Hund – vermutlich auch von einem Menschen – eingeatmet mit Sicherheit Lungenkrebs hervorruft, beträgt allenfalls einige Millionstel Gramm Plutonium, vielleicht auch weniger.»

Amory B. Lovins. In: Die Zeit, 26. 5. 1978.

30 b
Wolf Häfele kritisiert Lovins und andere Befürworter alternativer Energietechnologien:

«Jede Alternative fordert ihren Preis. Beispielsweise die großräumige globale Nutzung von Kohle hat auch ihren Preis in laufenden Gefährdungen bei dem Abbau von Kohle, beim Verbrennen von Kohle. Das CO_2-Problem ist ein Beispiel dafür. Es gibt nicht nur ein nukleares Endlagerproblem, sondern auch ein fossiles Endlagerproblem. Sie wissen, daß eine Erwärmung des globalen Klimas zu erwarten ist bis hin zum Abschmelzen von Polkappen, was sicher auch ein Restrisiko darstellt. Alles hat seinen Preis. Das gilt beispielsweise auch für die Fusion, die ebenfalls ihre Probleme hat, wie für jede andere Option. Das gilt auch für den soft energy path von Herrn Lovins. Wir haben uns vor einiger Zeit ausführlich am Internationalen Institut damit auseinandergesetzt. In Wirklichkeit steht dahinter ein soziales Bild, wo bei sehr geringem Energieverbrauch eine Reduzierung der Industrietätigkeit und des jetzigen Wohlstandes von einer sich elitär verstehenden Gruppe zugemutet wird, die politisch allgemein nicht akzeptierbar ist.»

Wolf Häfele. In: Schnelle Brüter Pro und Contra, Villingen 1977, S. 32

Anhang 31
Zur Problematik von Wahrscheinlichkeitsrechnungen über das technisch nicht zu beherrschende «Restrisiko».

31 a
Zum Problem der empirischen Basis von Risikoberechnungen: Diskussionsbeiträge von Hans Grümm und Gottfried Bombach (Prof. für Nationalökonomie in Basel):

«Was die Risiken von großen Störfällen betrifft, so sind sie einigermaßen quantifizierbar. In der Umgebung von Hamburg steht zum Beispiel ein Kernkraftwerk, das man gegen einen durch Haarspalterei definierten Unfall mit erheblichem Aufwand gesichert hat. Die Wahrscheinlichkeit derartiger Unfälle liegt in einer Größenordnung von 10^{-7} pro Jahr, also einmal in 10 Millionen Jahren. Man kann sich durchaus Katastrophen bei Kernkraftwerken vorstellen, die einige tausend Todesopfer fordern. Die Wahrscheinlichkeit solcher Unfälle, soweit man das heute berechnen kann, ist der Wahrscheinlichkeit des Zusammenstoßens zweier Jumbo-Jets über einem vollbesetzten Fußballstadion vergleichbar. Das sind Größen von einmal in 10^9 Jahren, vergleichbar dem Alter der Erde, und man pflegt deshalb Fußballstadien nicht mit meterdicken Betondecken gegen derartige Unfälle zu schützen.

Ich möchte darauf hinweisen, daß die Unfallmöglichkeit bei Staumauern, also bei Wasserkraftwerken, etwa 10^6 mal so groß ist wie die Wahrscheinlichkeit großer nuklearer Katastrophen. Würde man bei Wasserkraftwerken ähnliche Schutzmaßnahmen wie bei Kernkraftwerken treffen, so müßte man unterhalb jeder Staumauer mindestens eine zweite Staumauer errichten, die wesentlich stärker ausgeführt ist als die erste, um den Aufprall des Wassers beim Bruch der ersten aufzufangen.

Bombach:

Woher stammen die statistischen Daten bei den Atomkraftwerken? So etwas ist doch noch gar nicht passiert?

Grümm:

Da darf ich Sie vor allem auf die Arbeiten von Rasmussen vom MIT verweisen, der von der amerikanischen Atomenergieorganisation mit einer eingehenden Studie beauftragt ist. Diese Zahlen stützen sich unter anderem auch auf die Statistiken des deutschen TÜV, der die Geschichte von Zehntausenden von Dampfkesseln untersucht hat. Hier liegt also schon ein erheblicher Erfahrungsschatz vor.»

Hans Grümm, Gottfried Bombach. In: Bergedorfer Gesprächskreis zu Fragen der freien individuellen Gesellschaft, 48. Tagung am 1. 7. 1974. «Rohstoff- und Energieverknappung – Herausforderung der Industriegesellschaft?» Hamburg 1974, S. 47f

31b

Bedenken des Freiburger Verwaltungsgerichts gegen die Risikoberechnung im Falle des projektierten Kernkraftwerkes Wyhl:

«Am Ende der mündlichen Verhandlungen im Wyhl-Prozeß fragte der Freiburger Verwaltungsrichter Martin Rudolph den Sachverständigen Professor Smidth: ‹Sehe ich richtig, daß hier eine Quantifizierung des Risikos von Menschenleben stattfindet?› Den Beobachter überraschte die Schärfe und der unwillige Unterton der Frage. Die Rede war von der Reaktorsicherheit. Smidth und der Sachverständige Kußmaul versuchten, mit Zahlen, Wahrscheinlichkeitsrechnungen und Erwartungen gegen die Frage anzugehen.

Es ist ihnen nicht gelungen, das Gericht zu überzeugen. Die Sicherheitsfrage brachte den Wyhl-Reaktor zu Fall; vorerst in unterster Instanz, realistisch betrachtet womöglich für immer.

. . .

Professor Smidth vom Kernforschungszentrum in Karlsruhe bezifferte das Risiko eines Unfalls, bei dem das Reaktorgefäß zerbricht und starke Radioaktivität über dem Umland erstrahlt, auf zehn hoch minus sieben, also ein ‹Zehnmillionstel›. Das Gericht bohrte. Diese sehr geringe Wahrscheinlichkeit eines großen Schadens beruhigte die Richter aus zwei Gründen nicht.

Erstens ist die Zahl selbst nur eine Vermutung; denn natürlich gibt es darüber keine Langzeitversuche und keine Reihentests.

Zweitens wäre der voraussichtliche Schaden riesenhaft, Tausende von Menschen müßten sterben, Zehntausende würden unheilbar krank, Hunderttausende von Nachkommen möglicherweise erbgeschädigt.

Weite Teile des Landes würden verwüstet und unbewohnbar.»

Hanno Kühnert. In: Die Zeit, 18. 3. 1977

Anhang 32

Probleme in der Wissenschaftsorganisation:

32a

Aus einem Bericht über die Genfer Atomkonferenz 1955:

«Die zu der Genfer Atomkonferenz versammelten Wissenschaftler schieden sich in zwei Kategorien, die getrennt diskutierten. Die erste Kategorie belegte zwei Drittel des gesamten Programms: Physiker, Chemiker, Fachleute der Kern-Energie-Technik. Hier wurden die beiden Gruppen A und B geschaffen. Die Gruppe A beschäftigte sich speziell mit Kernreaktoren, die Gruppe B mit technologischen Fragen, die im Zusammenhang mit den Kernreaktoren und dem Kernspaltungsvorgang an sich stehen.

Die zweite Kategorie belegte den Rest der Debatten: in der Gruppe C diskutierten Biologen, Genetiker und Mediziner, die den Fragenkomplex ‹Radioaktivität und Leben› behandelten.

Man hat eine vollständige Isolierung dieser beiden Kategorien festgestellt, einen tiefen Graben, der sie trennt. Ihre Beratungen erfolgten unabhängig voneinander und parallel, denn die Gruppen A, B und C tagten zu gleicher Zeit an verschiedenen Stellen im Völkerbundspalais: während man die erstaunlichen Erfolge der Physiker diskutierte, die über ihre eigenen Entdeckungen in Verwunderung gerieten, zog man gleichzeitig im Saal nebenan den Vorteil eben dieser Errungenschaften in Zweifel, ja, es waren kaum verhüllte Anklagen zu hören. Man stellte sich gegenüber der anderen Seite einfach taub – eine Situation, die der Komik nicht entbehren würde, wenn die Konsequenzen für unsere Zukunft nicht so schwerwiegend wären. Zahlreiche Beobachter unter den Pressedelegierten, selbst Teilnehmer der Debatten haben in privaten Gesprächen ihr Erstaunen über diese Zustände zum Ausdruck gebracht.

Vor allem hat eines zu der Atmosphäre des Zweifels und der Reserve beigetragen: Das Wort ‹Atombombe› oder ‹thermonukleare Waffe› war verbannt und wurde nicht ein einziges Mal ausgesprochen, geradeso als ob die Realitäten nicht existierten; man ignorierte diese Seite der Atomphysik vollkommen, die doch die Arbeiten der vergangenen zehn Jahre weitgehend beherrschte und die auch in den kommenden Jahren eine Rolle spielen wird ...

Übrigens gab es nach der Genfer Konferenz viel Wirbel um den ‹Fall› Muller. Der Nobelpreisträger Professor Muller legte im Rahmen der amerikanischen Delegation einen Bericht über die genetischen Strahleneinwirkungen vor. Dieser Bericht wurde jedoch durch die amerikanische Atomenergie-Kommission unter dem Vorwand verboten, daß er noch geheimgehaltene Zahlenangaben über Hiroshima und Nagasaki enthalte. Dann erklärte man an höherer Stelle einige Monate später, «diese ungeschickte Entscheidung sei sehr zu bedauern», aber trotz allem ist dieser dringend erwartete Bericht den Gelehrten und den anwesenden Journalisten unbekannt geblieben.

Die Genetiker vertreten über die Strahlenwirkung folgende These: Es gibt keinen Schwellenwert der Strahlendosis, der erst überschritten werden müßte, damit bei den Lebewesen eine Veränderung der Erbmasse eintritt. Das bedeutet also, daß jede Bestrahlung der Keimzellen, wenn sie auch noch so schwach ist, eine Veränderung der Chromosomen bewirkt. Diese Veränderungen machen sich erst viel später bemerkbar; sie zeigen sich in geänderten Eigenschaften bei den Nachkommen der von der Strahlung Betroffenen. Die Mutationen werden dann weiter vererbt. So müssen die zweite, dritte und vierte Generation und noch weitere eine Last tragen, die ihnen durch Unkenntnis und mangelnde Vorsicht ihrer Vorfahren aufgebürdet wurde.»

Charles Noël-Martin; Atom – Zukunft der Welt? Frankfurt 1957 (frz. Erstausgabe 1956), S. 81 f und 86

32b

Institutionelle Probleme bei der Erhöhung der Reaktorsicherheit.

Aus einer Feststellung von Albert Carnesale, Direktor beim Program for Science and International Affairs der Harvard-Universität und Mitglied der Studiengruppe Kernenergiepolitik der Ford-Foundation:

«Wie forschen wir also? Was tun wir in Sachen Reaktorsicherheit? In den Vereinigten Staaten geben wir ungefähr 100 Millionen Dollar im Jahr für Forschung über Reaktorsicherheit aus – 90 Millionen oder mehr werden davon für den Nachweis ausgegeben, daß die bestehenden Systeme sicher sind, höchstens 10 Millionen Dollar jedoch dafür, sie sicher zu machen. Warum tun wir das – weil wir verrückt sind? Teilweise mag das so sein. Aber wir tun es auch, weil es die Aufsichtsbehörden so verlangen. Ich nehme an, es ist in Deutschland nicht anders.

Wenn man in Deutschland einen neuen Reaktor bauen will, der ein anderes Sicherheitssystem als die bisherigen Typen hat, wird es sicherlich sehr schwer sein, den neuen Reaktor genehmigt zu bekommen. Das gleiche gilt für die Vereinigten Staaten. Man scheut sich, das Reaktorsystem sicherer zu machen, weil das bedeuten würde, etwas zu ändern. Wir müssen aber Risiken eingehen, wenn wir versuchen, die Systeme sicherer zu machen, und das geht nun einmal nicht ohne Veränderungen.»

Albert Carnesale. In: Die Zeit, 14. 1. 1977

Anhang 33

Grenzen der Haftung für Schäden, die durch kerntechnische Anlagen verursacht werden: der seinerzeit führende deutsche Atomrechtsexperte bemerkt 1959 zu dem damals im Entwurf vorliegenden Atomgesetz:

«Erstattet wird nach § 31 nur der gemeine Wert der beweglichen und unbeweglichen Sachen, weder ihr Wiederbeschaffungswert noch der Ertragswert des Unternehmens, nicht die mit dem Eingriff in den Betrieb verbundenen Verluste, nicht der entgangene Gewinn ...

(Gesetzt den hypothetischen Schadensfall:)

Die radioaktiven Schwebestoffe dringen auch in die Wasseraufbereitungsanlage einer benachbarten Großstadt ein und machen sie unbrauchbar. Die Kosten für die Herstellung von provisorischen Verbindungsleitungen mit 2 Nachbargemeinden übersteigen den gemeinen Wert der Wasseraufbereitungsanlage um ein Mehrfaches. – Die Schwebestoffe setzen sich im Klärbecken eines Industriebetriebes ab und nötigen zur vorübergehenden Stillegung. Vom gemeinen Wert einer beschädigten Sache, der zu ersetzen sei, kann hier nicht gesprochen werden. Zwar sollen nach § 31 die Kosten für die ‹Sicherung› gegen die von der beschädigten Sache ausgehende Strahlungsgefahr erstattet werden, aber das deckt nicht die Kosten für die Dekontamination des verseuchten Wassers. – Teile von Straßen sind für längere Dauer unbetretbar geworden und müssen vom Eigentümer und Straßenbaulastträger, angenommen Landkreis oder Gemeinde, umgelegt werden. Der gemeine Wert eines Straßengrundstücks ist = 0. – Diese Beispiele ließen sich noch beliebig vermehren, auch aus dem Bereich der Landwirtschaft, der Milchversorgung, der Lebensmittelindustrie. Obwohl die vorbezeichneten, über § 31 des Entwurfs hinausgehenden Schäden möglicherweise nicht die Höhe der für den Reaktorbetrieb eingegangenen Versicherung erreichen, kann ihre Abdeckung nach dem Entwurf nicht verlangt werden. Selbst wenn man davon ausgeht, daß die Regelung der Atomhaftung für Großschäden u. U. einen kompromißhaften Charakter haben wird, erscheint die mangelnde Haftung und Entschädigung in den geschilderten Fällen sehr unbefriedigend. Die Begrenzung der Sachschädenhaftung und der Ausschluß von Vermögensschäden bedeutet praktisch die Einräumung eines Vorranges der Atomwirtschaft vor allen anderen Interessen.»

Hans Fischerhof, Vortrag vor der Deutschen Gesellschaft für Atomenergie e. V. am 21. 4. 1959. In: Deutscher Bundestag, Gesetzesmaterialien III 156 A 2, Anlage

Anhang 34

Das Genehmigungsverfahren für Kernkraftwerke.

Neuerliche Veränderungen zuungunsten der Einwender:

«Die Beteiligung der Bürger ist in den §§ 4 bis 13 der neuen atomrechtlichen Verfahrensordnung (AtVfV) (BGBl I, 280 v. 23. 2. 1977) geregelt ... Ziel der Neuregelung des Verfahrensrechtes war die Beschleunigung des Genehmigungsverfahrens sowie eine Verbesserung der Benachteiligung Dritter. Im Ergebnis kann aber von einer Verbesserung der Bürgerbeteiligung im Vergleich zum alten Recht nicht gesprochen werden, der Vorrang der Beschleunigung und Konzentration ist offenkundig.

Der Antrag, der Sicherheitsbericht und eine Kurzbeschreibung der Anlage werden zwei Monate in der Nähe des Standortes ausgelegt. Diese Auslegung erfolgt zu einem Zeitpunkt, bei dem der Standort zwischen EVU und Genehmigungsbehörde bereits ausgehandelt und der größte Teil der Gutachten bereits erstellt bzw. in Auftrag gegeben ist. Eine Verpflichtung zur Auslegung der Gutachten besteht nicht. Auch Bürger der unmittelbaren Nachbarschaft haben kein Recht auf Einsicht in die Verwaltungsakten, die nicht vorgelegt wurden, weder zur Zeit der Auslegung noch später ...

Die Reform des Erörterungstermins gibt dem Verhandlungsleiter umfassende Befugnisse. Er bestimmt die Tagungsordnung der nichtöffentlichen Verhandlung, gibt die Reihenfolge der Erörterung bekannt, kann für bestimmte Zeiten das Recht zur Teilnahme am Termin auf Personen beschränken, deren Einwendungen erörtert werden sollen, und bestimmt allein die Redezeit. Im gesamten dritten Abschnitt der atomrechtlichen Verfahrensordnung finden sich keinerlei Rechte des Bürgers, wie zum Beispiel das Recht, Beweise zu beantragen bzw. die Tagesordnung zu verändern, eigene Sachverständige mitzubringen oder anwesende Sachverständige zu vernehmen. Die Regelung ist eindeutig eine Reaktion auf die Erörterungstermine von Atomkraftwerken, die von Bürgerinitiativen zunehmend als Forum der Kritik benutzt werden und auf denen es ihnen gelungen ist, die Zusammenarbeit von Genehmigungsbehörde, Betreibern und Wissenschaft sinnfällig zu machen.»

Siegfried de Witt, Probleme des Atomrechts. In: W. Lienemann u. a. (Hg.): Alternative Möglichkeiten für die Energiepolitik (= Texte und Materialien der Forschungsstätte der Evangelischen Studiengemeinschaft/FEST, Reihe A), Materialien zum Gutachten, Bd. 2, S. 28–30

Anhang 35

Entwicklungen von lokalen Bewegungen gegen kerntechnische Anlagen in den 1950er und in den 1970er Jahren.

35 a

H. Krauch berichtet über Widerstände der umliegenden Gemeinden gegen den Bau des Kernforschungszentrums Karlsruhe in der zweiten Hälfte der 1950er Jahre:

«Man konnte den Prozeß aus der lokalen Presse, aus Leserzuschriften und Eingaben an Behörden während der Bauzeit des Karlsruher Atomzentrums eindrucksvoll studieren. Anfangs kochte die Debatte an den Stammtischen der umliegenden Gasthäuser. Die Bedeutungsfelder Atomreaktor und Atombombe waren fast identisch, düstere Erinnerungen an die letzte Kriegszeit wurden vermengt mit der Tatsache, daß außerdem ein amerikanisches Munitionslager im Wald unweit der Reaktorbaustelle liegt. Wanderprediger und politische Extremisten schürten das Feuer mit meßbarem Erfolg.

Die frommen Wähler der Waldgemeinden, die bislang nur CDU gewählt hatten, zersplitterten sich nach rechts und links. Je geringer die Entfernung der Gemeinde von der Baustelle, um so stärker sank der CDU-Anteil. Der Bau des Reaktors erlitt durch die Gegenwehr der Gemeinden erhebliche Verzögerungen. Die Geschäftsleitung stellte einen Pressechef ein und organisierte Aufklärungskurse für Bürgermeister und Gemeinderäte. Immer mehr Arbeitskräfte aus den beteiligten Dorfgemeinden gerieten direkt oder indirekt in wirtschaftliche Abhängigkeit von der sich rasch vergrößernden Infrastruktur des Atomzentrums. Die Wahlergebnisse pendelten sich im Laufe von 2 bis 3 Jahren wieder an den alten Wert heran, und für viele war der Atomreaktor nichts weiter als ein großer Ofen geworden, der statt mit Holz oder Kohlen eben mit Uran geheizt wird.»

Helmut Krauch: Technische Information und öffentliches Bewußtsein. In: Atomzeitalter 4 (1963), S. 238

35 b

Entwicklungsphasen in dem Widerstand gegen das Kernkraftwerk Brokdorf:

Aus dem Bericht eines Mitglieds der Bürgerinitiative:

«Anfangs (Ende 1973, als die Bauabsicht bekannt wurde) haben wir eine technische Phase durchlebt, Fachbücher gebüffelt, Sachargumente gesammelt. Dann merkten wir, daß wir uns mit der juristischen Seite, mit der Gewerbeordnung, dem Atomgesetz und dem Wasserrecht, vertraut machen mußten. Haben wir getan – ohne Erfolg. Dann entdeckten wir, daß wir politisch denken mußten, daß nicht die Nordwestdeutschen Kraftwerke, sondern Kiel unser Gegner war. Ebenfalls ohne Erfolg. Und jetzt sind wir in der vierten Phase – nennen wir sie die psychologische. Wir überlegen ernsthaft, wie weit die Grenzen unseres Widerstandsrechts reichen. Wir erwachsenen Menschen haben Weinkrämpfe gehabt, bei dem übermächtigen Gefühl, daß wir der Staatsmacht ausgeliefert sind.»

Horst Bieber, «Bürgerkrieg in der Wilstermarsch». In: Die Zeit, 19. 11. 1976

35 c

Erkenntnisfortschritte über die Dimensionen des Sicherheitsproblems: Aus einem Bericht eines Kernkraft-Kritikers zur Zeit der ersten Anfänge der Protestbewegung:

«Der Fachmann wunderte sich: ‹Ich weiß gar nicht›, sagte der Kerntechniker zu einem Kollegen, ‹warum die Gegner von Atomkraftwerken es immer auf den Normalbetrieb abgesehen haben und nicht auf die Störfälle.› Der andere Kerntechniker stimmte zu: ‹Ja, wenn die wüßten!› Dann lachten die Auguren, und der eine sagte noch: ‹Das darf man denen natürlich nicht sagen!›

Die Szene ereignete sich auf einer Besichtigungsfahrt zum Atomkraftwerk Brunsbüttel anläßlich der Reaktortagung 1972, die Mitte April in Hamburg stattfand. Was immer die Kerntechniker gemeint haben mögen: Ihre Äußerungen sind kein ‹Beweis› für irgend etwas, aber sie sind ein Hinweis darauf, daß die Atomexperten bei allen Beteuerungen, sie seien Fanatiker der Sicherheit, doch wohl einiges ausgespart lassen, wenn sie einem ängstlichen, sachunkundigen Publikum Auskunft über mögliche Risiken geben.

Das gilt um so mehr, als ja das Stichwort ‹Sicherheit› im Atomwesen keineswegs nur ‹Reaktorsicherheit› bedeutet, sondern Probleme einschließt wie die des Transports und der ‹Endlagerung› radioaktiver Abfälle sowie der Wiederaufbereitung gebrauchter Brennstäbe.

Gerade in dem letzten Punkt wird die Skepsis des Laienpublikums wieder einmal durch Nachrichten bestärkt, die jüngst aus den USA kamen. Dort stellte sich nämlich heraus, daß man über dem radioaktiven Jod 131, dem man viel Aufmerksamkeit und Sorgfalt gewidmet hat, ein anderes Jod-Isotop (Jod 129) aber, das in Wiederaufarbeitungsanlagen anfällt, vernachlässigte.

Im Unterschied zu dem gefährlichen, nämlich stark aktiven Jod 131 ist das Jod 129 zwar von sehr viel geringerer Radioaktivität, aber während das Jod 131 mit einer Halbwertszeit von nur acht Tagen sehr kurzlebig ist, hat das Jod 129 eine Halbwertszeit von 17 Millionen Jahren.»

Jürgen Dahl, «Übersehene Gefahr». In: «Die Zeit», 28. 4. 1972, S. 59

Literatur

Literatur zur Geschichte der Muskel-, Wasser- und Windenergie

Agricola, G.: De re metallica libri XII, Basel 1556. Taschenbuchausgabe: München 1978.

Beck, Th.: Beiträge zur Geschichte des Maschinenbaus. Berlin 1899.

Beckmann, J.: Beyträge zur Geschichte der Erfindungen. Leipzig 1782.

Bergmann, L. und Cl. Schäfer: Lehrbuch der Experimentalphysik. Berlin 1975.

Bischoff, G. (Hg.): Das Energiebuch. Braunschweig 1970.

Biese, Fr.: Die Philosophie des Aristoteles. Berlin 1842.

Bloch, M.: Antritt und Siegeszug der Wassermühle. Frankfurt 1977. In: M. Bloch, F. Braudel, L. Febvre u. a.: Schrift und Materie der Geschichte. Vorschläge zur systematischen Aneignung historischer Prozesse. Frankfurt 1977.

Bosl, K.: Die Sozialstruktur der mittelalterlichen Residenz- und Fernhandelsstadt Regensburg. München 1966.

Bosl, K.: Mensch und Gesellschaft in der Geschichte Europas. München 1972.

Burford, A.: Craftsmen in Greek and Roman Society. New York 1972.

Calvör, H.: Historisch-chronologische Nachricht ... des Maschinenwesens ... auf dem Oberharze. Tl. 1 Braunschweig 1763.

Camp, L. Spr. de: Ingenieure der Antike. Düsseldorf 1964.

Carra de Vaux: Le livre des appareils. Paris 1902.

Danckert, W.: Unehrliche Leute. Bern 1963.

Dijksterhuis, E. J.: Die Mechanisierung des Weltbildes. Berlin 1956.

Eppler, S.: Der Bauer im Bild des Mittelalters. Leipzig 1975.

Farrington, B.: Head and Hand in Ancient Greek. New York 1947.

Feldhaus, F. M.: Ruhmesblätter der Technik. 2 Bde. Leipzig 1924–26.

Feldhaus, F. M.: Die Maschine im Leben der Völker. Basel 1954.

Finley, M.: Die antike Wirtschaft. München 1977.

Gleisberg, H.: Das kleine Mühlenbuch. Dresden 1956.

Golding, E. V.: The Generation of Electricity by Wind Power. London 1976.

Hütter, U.: Vom Wert der Windenergie. Stuttgart 1975.

Institut für die Pädagogik der Naturwissenschaften (IPN) (Hg.): Curriculum Physik. Stuttgart 1975.

Kenward, M.: Potential Energy. Cambridge 1976.

Kiechle, F.: Sklavenarbeit und technischer Fortschritt im römischen Reich. Wiesbaden 1969.

Klemm, F.: Technik. Eine Geschichte ihrer Probleme. Freiburg i. Br. 1954.

Klemm, F.: Der Beitrag des Mittelalters zur Entwicklung der abendländischen Technik. Wiesbaden 1961.

Klemm, F.: Zur Kulturgeschichte der Technik. Aufsätze und Vorträge. München 1979.

König, F.: Windenergie in praktischer Nutzung. München 1976.

König, F.: Wie man Windräder baut. München 1977.

Krafft, F.: Bemerkungen zur Mechanischen Technik und ihrer Darstellung in der klassischen Antike. In: Technikgeschichte, Bd. 33, 1966, S. 121–159.

Kulischer, J.: Allgemeine Wirtschaftsgeschichte des Mittelalters und der Neuzeit. Berlin 1929 (unverändert, München 1976).

Lauffer, S.: Die Bergwerksklaven von Laureion. Wiesbaden 1958.

Leibniz, G. W.: Allgemeiner politischer und historischer Briefwechsel. (Hg.: Akademie der Wissenschaften), Bd. 4, Berlin 1950.

Leibniz, G. W.: Nachgelassene Schriften physikalischen, mechanischen und technischen Inhalts. (Hg.: E. Gerland), Leipzig 1906.

Leonardo da Vinci: Tagebücher und Aufzeichnungen. Leipzig 1940, deutsch von Th. Lücke.

Lilley, S.: Menschen und Maschinen. Wien 1952.

Matthöfer, H. (Hg.): Programmstudien des BMFT. Energiequellen für morgen? Frankfurt/Main 1977.

Miller, W. v.: Oskar von Miller. München 1955.

Mossony, E.: Wasserkraftwerke. Düsseldorf 1966.

Müller, W.: Die Francis-Turbine. Hannover 1901.

Pope-Hennessy, J.: Geschäft mit schwarzer Haut. Wien, München, Zürich 1970.

Price, D. de Solla: Gears from the Greek. New York 1974.

Ress, F. M.: Geschichte und wirtschaftliche Bedeutung der oberpfälzischen Eisenindustrie von den Anfängen bis zur Zeit des 30jährigen Krieges. Regensburg 1950.

Schröder, W., R. Sichelschmidt, L. Stiegler und H. VESTNER: Natur und Technik. Berlin 1976.

Singer, Ch. (Hg.): A history of technology. Vol. 1–5, Oxford 1954–58.

Stiegler, L.: Leibnizens Versuche mit der Horizontalwindkunst. In: Technikgeschichte Bd. 35, 1960, S. 265–292.

Torrey, V.: Wind-Catchers: American Windmills of Yesterday and Tomorrow. Brattlebro 1976.

Vogt, R.: Sklaverei und Humanität. Wiesbaden 1972.

Wailes, R.: The English Windmill. London 1954.

White, L.: Die mittelalterliche Technik und der Wandel der Gesellschaft. München 1968.

Wilsdorf, W.: Bergleute und Hüttenmänner im Altertum bis zum Ausgang der römischen Republik, ihre wirtschaftliche, soziale und juristische Lage. Berlin 1952.

Welskopf, E. Chr. (Hg.): Hellenische Poleis. Berlin 1974, darin besonders: Wilsdorf, H.: Technik und Arbeitsorganisation, Bd. 4, 1717–1786 und Welskopf, E. Chr. Bd. 1, S. 8–91.

Westermann, W. L.: Sklaverei. In: Pauly-Wissowa: Real-Enzyklopädie der klassischen Altertumswissenschaft. Supl. Bd. 6, S. 894–1068, Stuttgart 1939.

Wimmer, W.: Die Sklaven, Reinbek 1980.

Literatur zur Geschichte der Kohleenergie

Agricola, G.: Bermannus oder über den Bergbau. Ein Dialog (1530). Übersetzt und bearbeitet von H. Wilsdorf. Berlin 1955.

Amman, J.: Ständebuch. Frankfurt 1568.

Anton, G. K.: Geschichte der preußischen Fabrikgesetzgebung bis zu ihrer Aufnahme durch die Reichsgewerbeordnung 1891. Neue Ausgabe. Berlin 1953.

Bechtel, H.: Wirtschaftsgeschichte Deutschlands im 19. und 20. Jahrhundert. München 1956.

Bünting, J. Ph.: Sylva Subterranea. Oder: Vortreffliche Nutzbarkeit des unterirdischen Waldes der Steinkohlen. Halle 1693.

Cardwell, D. S. L.: Turning Points in Western Technology, New York 1972.

Colding, A.: Nogle Soetninger om Kraefterne. In: Philosophical Magazine, Serie 4, Vol. 27, 1864. S. 56–64.

Cube, A. von: Auf einem Tiger reiten. Köln/Ffm 1977.

Davy, H.: Essay on Heat, Light and the Combinations of Light. London 1799.

Dtsch. Steinkohlebergbau. (Hg.): Steinkohlenbergbau, Energiewirtschaft, Volkswirtschaft, graphische Darstellungen. Essen 1972.

Dickinson, H. W. und R. Jenkins: James Watt and the steam engine. Oxford 1927.

Dickinson, H. W.: A short history of the steam engine. Cambridge 1939.

Dinnendahl, Fr.: Selbstbiographie. In: C. Matschoss: Franz Dinnendahl. Sonderdruck der Beiträge zur Geschichte von Stadt und Stift Essen, H. 28, 1905, S. 17–20, 23.

Elkana, S.: The Conservation of Energy. Aus: Archives internationales d'histoire des sciences. Jg. 23, 1970, S. 31–60.

Farey, J.: The Steam Engine. London 1827. Neudruck 1971.

Fettweis, G. B.: Weltkohlenvorräte. Eine vergleichende Analyse ihrer Erfassung und Bewertung. Essen 1976.

Forbes, R. J.: Metallurgy in Antiquity. Leiden 1950.

Forbes, H.: Kohle. Bd. 88, München 1956.

Ferguson, E. S.: The Origins of the Steam Engine. In: Scientific American, Vol. 210, Nr. 1, 1964, S. 98–107.

Gebhardt, G.: Ruhrbergbau. Essen 1957.

Guericke, O. v.: Experimenta nova Magdeburgica de vacuo spatio. Amsterdam 1672.

Harris, J. R.: The Rise of Coal Technology. In: Scientific American, Bd. 231, Nr. 2, 1974. S. 92–97.

Hauer, J. Ritter von: Die Fördermaschinen der Bergwerke. Leipzig 1874.

Helm, S.: Die Lehre von der Energie. Leipzig 1887.

Helmholtz, H. von: Über die Erhaltung der Kraft. Berlin 1847.

Henning, Fr. W.: Humanisierung und Technisierung der Arbeitswelt. Über den Einfluß der Industrialisierung auf die Arbeitsbedingungen. In: Archiv und Wirtschaft, H. 9 (1970). S. 29–59.

Hermann, W.: Kohle – Wärme und Leben. München 1956.

Hoffmann, D.: Die frühesten Berichte über die erste Dampfmaschine auf dem europäischen Kontinent. In: Technikgeschichte, Bd. 41, Nr. 2, 1974, S. 118–131.

Holland, J.: Fossil Fuel, the Collieries and Coal Trade of Great Britain. Erste Ausgabe 1841. London 1968.

Hue, O.: Die Bergarbeiter. 2 Bde., Stuttgart 1910.

Jahn, G.: Die Entstehung der Fabrik. In: Schmollers Jahrbuch, Jg. 69, 1949. S. 89–116 und 193–228.

Jammer, M.: Energy. In: The Encyclopedia of Philosophy, Bd. 2. London 1967. S. 511–517.

Jevons, W. St.: The Coal Question: An Enquiry Concerning the Progress of the Nation and the Probable Exhaustion of our Coal Mines. London 1865, 2. Aufl. 1866.

Kerker, M.: Die Naturwissenschaft und die Dampfmaschine. In: K. Hauser, R. Rürup (Hg.): Moderne Technik-Geschichte, Köln 1975. S. 96–105.

Kiaulehn, W.: Die eisernen Engel. Berlin 1935.

Klein, F.: Über Verkohlung des Holzes in stehenden Meilern. Gotha 1836.

Klemm, F. und H. Schimank: Julius Robert Mayer zum 150. Geburtstag. In: Abhandlungen und Berichte des Deutschen Museums, 33. Jg., H. 3, München 1965.

Klemm, F.: Denis Papin. In: Die Großen der Weltgeschichte, Bd. 6. Zürich 1975. S. 236–245.

Klemm, F.: James Watt. In: Die Großen der Weltgeschichte, Bd. 6. Zürich 1975. S. 734–743.

Kuczynski, J. und R. Hoppe: Geschichte der Kinderarbeit in Deutschland 1750–1939. Berlin 1958.

Kuczynski, J.: Vier Revolutionen der Produktivkräfte. Theorie und Vergleiche. Berlin 1975.

Kuhn, T.S.: Energy Conservation on an Example of Simultaneous Discovery. In: M. Clagett (ed.): Critical Problems in the History of Science. Madison 1959.

Lange-Kothe, I.: Die Odyssee der ältesten Dampfmaschine des Ruhrgebietes. In: Der Anschnitt, Heft 5 (1955) S. 24–26.

Lamberville, C.: Alphabet des terres à brûler et à charbon de forge. Paris 1638.

Lardner, D.: Die Dampfmaschinen. Heilbronn am Neckar ca. 1835.

Law, R. R.: The Steam Engine. A Science Museum Booklet. London ⁴1977.

Leupold, J.: Theatrum machinarum, Bd. 3. Leipzig 1724/25.

Mach, E.: Die Geschichte und Wurzel der Gesetze von der Erhaltung der Arbeit. Prag 1878.

Manegold, K. H.: Das Verhältnis von Naturwissenschaft und Technik im Spiegel der Wissenschaftsorganisation im 19. Jahrhundert. Technikgeschichte in Einzeldarstellungen, Bd. 11. Düsseldorf 1968. S. 141–187.

Matschoss, C.: Die Entwicklung der Dampfmaschine. 2 Bde. Berlin 1908.

Marx, K.: Das Kapital. Hamburg 1867.

Mauel, K.: Technische und wirtschaftliche Kriterien für Entwicklung und Verwendung von Kraftmaschinen am Ende des 19. Jahrhunderts. In: Humanismus und Technik, Bd. 16. 1972. S. 159–173.

Michal, St.: Das Perpetuum mobile gestern und heute. Düsseldorf 1976.

Morus, Th.: Utopia. London 1516. Hier: Übersetzt von G. Ritter, 1. Buch, S. 17f. Berlin 1922.

Nef, J. U.: Coal Mining and Utilization. In: Singer (Hg.): History of Technology, Bd. 3. Oxford 1964. S. 78.

Nef, J. U.: The Rise of the British Coal Industry. Bd. 1 und 2. London 1932.

Meyer-Renschhausen, M.: Energiepolitik in der BRD von 1950 bis heute. Köln 1977.

Neporoschni, P.: Die Entwicklung der Energiewirtschaft. In: Energietechnik, Jg. 23, H. 3, UdSSR 1973. S. 93–97.

Ostwald, W.: Lehrbuch der allgemeinen Chemie. Berlin 1893.

Ostwald, W.: Vorlesungen über Naturphilosophie. Leipzig 1901.

Partington, Ch. F.: A Historical and Descriptive Account of the Steam Engine. London 1822.

Planck, M.: Das Prinzip der Erhaltung der Kraft. Leipzig 1887/²1908.

Poppe, D. J. H. M.: Populärer Unterricht über Dampfmaschinen, über die Anwendung derselben zum Treiben anderer Maschinen, insbesondere auch über Dampfschiffe und Dampfwagen. Tübingen 1826.

Porter, Ch. T.: Lebenserinnerungen eines Ingenieurs. Berlin 1912.

Ress, F. M.: Der Eisenhandel der Oberpfalz in alter Zeit. In: Abhandlungen und Berichte des Deutschen Museums, Jg. 19, H. 1, München 1951.

Ress, F. M.: Geschichte der Kokereitechnik. Essen 1957.

Rolt, L. T. C.: Tools for the Job. London 1965.

Rolt, L. T. C. und J. S. Allen: The Steam Engine of Th. Newcomen. New York 1977.

Russell, C. A.: Open University. Science and the Rise of Technology since 1800. Coal, the Basis of 19century Technology, Block II, Unit 4, London 1973.

Sommerfeld, A.: Die naturwissenschaftlichen Ergebnisse und die Ziele der modernen technischen Mechanik. In: Physikalische Zeitschrift, 1902/03. S. 777 ff.

Stegemann, O.: Zur Geschichte des Steinkohlebergbaus: In: Der Bergbau auf der linken Seite des Niederrheins, Zeitschrift zum XI. Allgemeinen Bergmannstag in Aachen 1910.

Stuart, R.: Descriptive History of the Steam Engine. London 1824.

Timmermann, J.: Stadt und Bürgerfreiheit, Paderborn 1973.

Tocqueville, A. de: Das Zeitalter der Gleichheit. Stuttgart 1954. Aus: Œuvres complètes, Bd. 8, Paris 1864, S. 365 ff.

Wilsdorf, H.: Zur Theorie und Praxis der Braunkohleverwertung um 1800. In: Freiberger Forschungshefte, H. A. 60, 1957.

Wilsdorf, H.: Dokumente zur Geschichte des Steinkohleabbaus im Haus der Heimat, Teil 1, 1542–1882. Kreismuseum Freital, Museumsschriften 1, o. J. (1977?).

Winkelmann, H.: Die Ruhrzechen in dem Generalbefahrungsprotokoll vom und zum Stein. In: Der Anschnitt, Jg. 9, Nr. 5, 1957. S. 3–23.

Weber, W.: Innovation im frühindustriellen deutschen Bergbau und Hüttenwesen. Göttingen 1976.

Weigel, Ch.: Abbildung und Beschreibung derer sämtlichen Schmelzhüttenbeamten und -bediensteten. Nürnberg 1721.

Winnacker, E.: Beiträge zur Kenntnis des britischen Steinkohlebergbaus. 3 Bde., Essen 1936.

Wirtschaftsvereinigung Bergbau: Das Bergbauhandbuch, Essen 1976.

Wright, L.: Home fires burning – the history of domestic heating and cooking. London 1964.

Zydeck, H. und W. Helle (Hg.): Energiemarktrecht. Essen 1979.

Literatur zur Geschichte des Erdöls

Blumer, E.: Geschichte des Erdöls. Bilder aus der Vergangenheit unseres Planeten. Zürich 1920.

Bryant, L.: The Development of the Diesel Engine. Aus: Technology and Culture. Vol. 17 (1976). S. 432–446.

Bryant, L.: Rudolf Diesel and his Rational Engine. Aus: Scientific American, Vol. 221, 1969, S. 108–117.

Coll, P.: Erdöl. Flüssiges Gold aus der Tiefe. Entdeckung und Geschichte eines Rohstoffes. Würzburg 1969.

Coura, R.: Der Petroleumkönig Rockefeller. Sein Leben und Kampf um die Weltmacht Öl. Bern 1935.

Deutsche BP Aktiengesellschaft (Hg.): Das Buch vom Erdöl. Bearb. v. K. Graak. Hamburg 1978.

Diesel, E.: Rudolf Diesel. Stuttgart 1953.

Diesel, R.: Theorie und Konstruktion eines rationellen Wärmemotors zum Ersatz der Dampfmaschine und der heute bekannten Verbrennungsmotore. Berlin 1893.

Diesel, R.: Solidarismus. Natürliche wirtschaftliche Erlösung des Menschen. München/Berlin 1903.

Diesel, R.: Die Entstehung des Dieselmotors. Berlin 1913.

Dobb, M.: Entwicklung des Kapitalismus. Köln 1970.

Eyth, M.: Im Strom unserer Zeit. Bd. 1. Heidelberg 1904.

Flynn, J. T.: Gold von Gott. Die Rockefeller-Saga. Dt. v. V. Polze. Wien 1961.

Forbes, R. J.: Aus der Geschichte des Bitumens von den ältesten Zeiten bis zum Jahre 1800. Hamburg (um 1934).

Forbes, R. J.: Studies in Ancient Technology. Vol. 2. Leiden 1955.

Forbes, R. J.: Studies in early petroleum history. Leiden 1958.

Forbes, R. J.: More Studies ... Leiden 1959.

Freise, G. u. a.: Rohstoff Öl. Modell einer integrierten Unterrichtseinheit. Heidelberg 1973.

Goldbeck, S.: Gebändigte Kraft. Die Geschichte der Erfindung des Otto-Motors. München 1965.

Hirzel, H.: Das Steinöl und seine Producte. Nach A. Norman Tate's «The Petroleum and its Products». Leipzig 1864.

Hoffmann, D.: Die Erdölgewinnung in Norddeutschland von den Anfängen vor über 400 Jahren bis heute. Hamburg 1970.

Hue, F.: Le Pétrole. Son histoire, ses origines, son exploration dans tous les pays du monde. Paris 1885.

Kircher, A.: Mundus subterraneus. Tomus II. Amsterdam 1664.

Köhler, O.: Theorie der Gasmotoren. Leipzig 1887.

Krüger, K.: Erdölkrise? Eine kurze Übersicht über die gesamte Öltechnik und Ölwirtschaft. Stuttgart 1934.

Krüger, K.: Mächte der Energie. Berlin 1965.

LaMure, P.: König der Nacht. Das Leben des John D. Rockefeller. Übers. v. E. Landgrebe. Hamburg 1937.

Mauel, K.: Technische und wirtschaftliche Kriterien für Entwicklung und Verwendung von Kraftmaschinen am Ende des 19. Jahrhunderts. Aus: Humanismus und Technik. Bd. 16. 1972. S. 159–173.

Merten, H.-G.: Der reichste Mann der Welt. Das Leben John D. Rockefellers. Zürich 1962.

Meyer-Reuschhausen, M.: Energiepolitik in der BRD von 1950 bis heute. Köln 1977.

Michaelis, A.: Erdöl in der Weltwirtschaft und Weltpolitik. Berlin 1947.

Nüssel, H.: Bitumen. Mainz/Heidelberg 1958.

Oldenburg, G.: Heizöl. Mainz/Heidelberg 1966.

Oppler, Th.: Handbuch der Fabrikation mineralischer Öle aus Steinkohle, Braunkohle, Torf, Petroleum und anderen bitumischen Substanzen. Berlin 1862.

Partington, J. R.: A history of Greek fire. Cambridge 1960.

Rammler, E.: Zwei Jahrzehnte Entwicklung des Einsatzes der Energieträger Kohle und Erdöl im Weltmaßstab. Berlin, Akadem. Verlag, 1977. (Sitzungsberichte der Sächsischen Akademie der Wissenschaften zu Leipzig: Mathematisch-naturwissenschaftliche Klasse; 112, 6).

Sass, F.: Geschichte des deutschen Verbrennungsmotorenbaues von 1860–1918. Berlin 1962.

Semjonow, J.: Erdöl aus dem Osten. Die Geschichte der Erdöl- und Erdgasindustrie in der Sowjetunion. Düsseldorf/Wien 1973.

Suhling, L.: Erdöl und Erdölprodukte in der Geschichte. Abhandlungen und Berichte des Deutschen Museums. 43. Jahrg. H. 2/3. München 1973.

Schönwälder, G.: Erdöl in der Geschichte. Mainz und Heidelberg 1958.

Strieder, J.: Zur Genesis des modernen Kapitalismus. München u. a. 1935.

Schurr, S. H. und B. C. Netschert: Energy in the American Economy 1850–1975. Baltimore 1960.

Thomas, E. Jr.: Diesel, Father and Son. Social Philosophies of Technology. Aus: Technology and Culture. 1978 (Vol. 19), Nr. 3. S. 376–393.

University, Open (Hg.): The new chemical industry. Walton Hall, Milton Keynes, 1972 (Open University Press).

Volck, J.: Hanauischen Erdbalsams, Petrole oder weichen Agatsteins Beschreibung. Straßburg 1625.

Winkler, J. K.: John D. Rockefeller. Übers. v. Ursula Zedlitz. Berlin 1930.

Literatur zur Geschichte der Kernenergie

Albers, H.: Gerichtsentscheidungen zu Kernkraftwerken, Villingen 1980 (Argumente in der Energiediskussion, hg. V. Hauff, 10).

Alperovitz, A.: Atomare Diplomatie – Hiroshima und Potsdam. München 1966. (Aus dem Amerikanischen).

Arbeitsgruppe «Wiederaufbereitung» (WAA) an der Universität Bremen: Atommüll oder Der Abschied von einem teuren Traum. Reinbek 1977.

Baade, F.: Welt-Energiewirtschaft. Atomenergie-Sofortprogramm oder Zukunftsplanung? Hamburg 1958.

Bernal, J. D.: Sozialgeschichte der Wissenschaften. 4bändige Neuausgabe Reinbek 1978 (engl. Erstausgabe 1954).

Berninger, E. H.: Otto Hahn in Selbstzeugnissen und Bilddokumenten. Reinbek 1974.

Bieber, H.-J.: Zur politischen Geschichte der friedlichen Kernenergienutzung in der Bundesrepublik Deutschland. Heidelberg 1977 (= Texte und Materialien der Forschungsstätte der Ev. Studiengemeinschaft, FEST, Reihe A Nr. 4).

Bufe, H. J. Grumbach: Staat und Atomindustrie. Kernenergiepolitik in der BRD. Köln 1979.

Bupp, IC. J. H. Derian: Light Water. How the Nuclear Dream Dissolved. New York 1978.

Burn, D.: The Political Economy of Nuclear Energy. An economic study of contrasting organisations in the UK and USA, with evaluations of their effectiveness. London 1967.

Cartellieri, W.: Die Großforschung und der Staat. Gutachten über die zweckmäßige rechtliche und organisatorische Ausgestaltung der Institutionen für die Großforschung. 2 Bde., München 1967/69.

Cochran, Th. B.: The Liquid Metal Fast Breeder Reactor: An Environmental and Economic Critique. Baltimore 1974.

Cube, A. von: Auf einem Tiger reiten. Für und wider die Atomenergie. Köln/Frankfurt 1977.

Dawson, F. G.: Nuclear Power. Development and Management of a Technology. Seattle/London 1976.

Deubner, Chr.: Die Atompolitik der westdeutschen Industrie und die Gründung von Euratom. Frankfurt/New York 1977.

Deutsche Risikostudie Kernkraftwerke: Eine Studie der Gesellschaft für Reaktorsicherheit im Auftrage des Bundesministeriums für Forschung und Technologie, Bonn 2. Aufl. 1980.

Eve, A. S.: Rutherford. Cambridge 1939.

Ford Foundation (Hg.): Das Veto. Eine neue amerikanische Herausforderung oder der Weg zur Besinnung? Frankfurt 1977. (Amerik. Titel: Nuclear Power. Issues and Choices).

Friedrich, H.: Staatliche Verwaltung und Wissenschaft. Die wissenschaftliche Beratung der Politik aus der Sicht der Ministerialbürokratie. Frankfurt/M. 1970.

Gerwin, R.: So ist das mit der Entsorgung. Was aus den verbrauchten Brennelementen der Kernkraftwerke wird. Düsseldorf/Wien 1978.

Gerwin, R.: Kernfusion statt Atomspaltung? München 1959.

Goldschmidt, B.: Le complexe atomique. Histoire politique de l'énergie nucléaire. Paris 1980.

Goudsmit, S.: Alsos. London 1947.

Groueff, St.: Projekt ohne Gnade. Das Abenteuer der amerikanischen Atomindustrie. Gütersloh 1968.

Hallerbach, J. (Hg.): Die atomare Gesellschaft. Grundlagen für den Dialog um die Kernfrage. Darmstadt/Neuwied 1978.

Hallerbach, J.: (Hg.): Die eigentliche Kernspaltung. Gewerkschaften und Bürgerinitiativen im Streit um die Atomkraft. Darmstadt/Neuwied 1978.

Hallgarten, G. W. F.: Das Wettrüsten. Seine Geschichte bis zur Gegenwart. Frankfurt 1967.

Hallgarten, G. W. F./Radkau, J.: Deutsche Industrie und Politik von Bismarck bis heute. Frankfurt/Köln 1974.

Hatzfeld, H./H. Hirsch/R. Kollert (Hg.): Der Gorleben-Report. Auszüge aus den Expertenberichten und dem Hearing der Niedersächsischen Landesregierung. Frankfurt/M. 1979.

Heisenberg, W.: Der Teil und das Ganze. Gespräche im Umkreis der Atomphysik. München [3]1976.

Hermann, A.: Werner Heisenberg in Selbstzeugnissen und Bilddokumenten. Reinbek 1976.

Hiebert, E. N.: The Impact of Atomic Energy. A history of responses by governments, scientists, and religious groups. Newton, Kansas. 1961.

Höchel, J. u. a.: Der Brennstoffkreislauf. Hg. vom Deutschen Atomforum. Bonn 1972.

Horn, M.: Die Energiepolitik der Bundesregierung von 1958 bis 1972. Berlin 1977.

Hughes, D. J.: On Nuclear Energy. Cambridge 1957.

Jungk, R.: Heller als tausend Sonnen. Das Schicksal der Atomforscher. Reinbek 1964 (Erstausg. 1956).

Kaiser, K./Lindemann, B. (Hg.): Kernenergie und internationale Politik. München/ Wien 1975 (Schriften des Forschungsinstituts der Deutschen Gesellschaft für Auswärtige Politik e. V.).

Kitschelt, H.: Kernenergiepolitik. Arena eines gesellschaftlichen Konflikts. Frankfurt/ M. 1980.

Kliefoth, W./Sauter, E.: Kernreaktoren. Hg. vom Deutschen Atomforum. Bonn ⁵1973.

Koelzer, W.: Kernenergie. Begriffe, Hinweise, Tabellen. Hg. von der Schule für Kerntechnik der Gesellschaft für Kernforschung mbH, Karlsruhe ²1974.

H. Krämer/Seetzen, J.: Mögliche Entwicklungen einer künftigen Kernenergiewirtschaft in der Bundesrepublik Deutschland. Studie im Auftrag des Bundesforschungsministeriums. Bonn 1968.

Küppers, G./Stichel, P./Weingart, P. (Hg.): Wissenschaft zwischen autonomer Entwicklung und Planung – wissenschaftliche und politische Alternativen am Beispiel der Physik. Bielefeld (USP Wissenschaftsforschung) 1975.

Lifton, R. J.: Death in Life. The Survivors of Hiroshima. Harmondsworth (England) 1971 (amerik. Erstausgabe 1967).

Lukas, R.: Erstes deutsches Atomrechtssymposium. Köln 1973.

Lukas, R.: Drittes deutsches Atomrechtssymposium. Köln 1975.

Matthöfer, H. (Hg.): Schnelle Brüter. Pro und Contra. Protokoll des Expertengespräches vom 19. 5. 1977 im Bundesministerium für Forschung und Technologie. Villingen 1977 (Argumente in der Energiediskussion Bd. 1).

Mez, L., M. Wilke (Hg.): Der Atomfilz. Gewerkschaften und Atomkraft. Berlin 1977.

Mez, L. (Hg.): Der Atomkonflikt. Atomindustrie, Atompolitik und Anti-Atom-Bewegung im internationalen Vergleich. Berlin 1979.

Münzinger, Fr.: Atomkraft. Der Bau ortsfester und beweglicher Atomantriebe und seine technischen und wirtschaftlichen Probleme. Eine kritische Einführung für Ingenieure, Volkswirte und Politiker. Berlin ³1960.

Nau, H. R.: National Politics and international technology. Nuclear reactor development in Western Europe. Baltimore/London 1974.

Novick, Sh.: Katastrophe auf Raten. Wie sicher sind Atomkraftwerke? München 1971 (amerik. Erstausgabe «The careless Atom» 1969).

Prüss, K.: Kernforschungspolitik in der Bundesrepublik Deutschland. Frankfurt 1974.

Radkau, J.: Aufstieg und Krise der deutschen Atomwirtschaft 1945–1975. Verdrängte Alternativen in der Kerntechnik und der Ursprung der nuklearen Kontroverse. Reinbek 1983.

Radkau, J.: Atompolitik ohne Alternative? Auf der Suche nach Diskussionsebenen der Kernenergie. Neue politische Literatur Jg. 1977, S. 309–345 und 443–483.

Radkau, J.: Die deutsche Emigration in den USA. Düsseldorf 1971.

Radkau, J.: Didaktische Überlegungen zur Präsentierung der Anfänge der Kernenergie; mit einer Entgegnung von J. Vollradt. In: Energie in Kontext und Kommunikation. Essen 1979. S. 119–140.

Radkau, J.: Kernenergie-Entwicklung in der Bundesrepublik: ein Lernprozeß? Die ungeplante Durchsetzung des Leichtwasserreaktors und die Krise der gesellschaftlichen Kontrolle über die Atomwirtschaft. Geschichte und Gesellschaft 4 (1978), S. 195–222.

Radkau, J.: Nationalpolitische Dimensionen der Schwerwasser-Reaktorlinie in den Anfängen der bundesdeutschen Kernenergie-Entwicklung. Technikgeschichte 45 (1978), S. 229–256.

Radkau, J.: Die Kalkulation des Unberechenbaren. Zur Entstehungs- und Wirkungsweise des industriellen Kernenergie-Interesses in der BRD. Bll. für deutsche und internationale Politik. Nr. 12 (1978) S. 1440–1466.

Salaff J.: Auf Umwegen zur Atommacht? Das deutsch-britisch-niederländische Konsortium zur Anreicherung von Uran. Bll. f. dt. und internat. Politik Jg. 1978, S. 1077–1098 und 1230–1238.

Soddy, Fr.: Die Radioaktivität, in elementarer Weise vom Standpunkt der Desaggregationstheorie aus dargestellt. Leipzig 1904 (aus dem Engl.).

Sonnenberg, G. S.: Hundert Jahre Sicherheit. Beiträge zur technischen und administrativen Entwicklung des Dampfkesselwesens in Deutschland 1810 bis 1910. Düsseldorf 1968.

Tamplin, A. R./Gofman, J. W.: Kernspaltung – Ende der Zukunft? Hameln/Hannover o. Z. (amerikan. Erstveröff. 1970).

Traube, K.: Müssen wir umschalten? Von den politischen Grenzen der Technik. Reinbek 1978.

Umweltschutz IV: Das Risiko Kernenergie. Aus der öffentlichen Anhörung des Innenausschusses des Deutschen Bundestages am 2. und 3. Dezember 1974, hg. vom Presse- und Informationszentrum des Deutschen Bundestages, Bonn 1975.

Wagner, Fr.: Die Wissenschaft und die gefährdete Welt. Eine Wissenschaftssoziologie der Atomphysik. 2. Aufl. München 1969.

Winnacker, K./Wirtz, K.: Das unverstandene Wunder. Kernenergie in Deutschland. Düsseldorf/Wien 1975.

Wohlfahrt, H. (Hg.): 40 Jahre Kernspaltung. Eine Einführung in die Originalliteratur. Darmstadt 1979.

Personen- und Sachregister

318

Bildquellen

Alle im folgenden nicht aufgeführten Bilder sind Fotos aus der Bildstelle des Deutschen Museums, München. Die Zeichnungen stammen von Erwin Dichtl.

Seite 14 – Gernot Krankenhagen
1 Energiewirtschaft und Energiepolitik. Esso-Information 3. Hamburg 1976. S. 40
2 Verantius, F.: Machinae novae. Venedig 1615 oder 1616. Taf. 23
3 Carra de Vaux, B.: Le livre des appareils pneumatiques et des machines hydrauliques par Philon de Byzance. Paris 1902. S. 202
4 Heron: Opera. Vol. 1, Leipzig 1899. S. 394
5 wie 4. S. 176
6 Isis. Vol. 38. Cambridge, Mass. 1948. S. 226
7 Breydenbach, B. von: Reisen ins Heilige Land. Mainz 1486. Taf. 15–17 (Ausschnitt)
9 Herrmann, A.: Katastrophen, Naturgewalten und Menschenschicksale. Berlin 1936. S. 407
11 Fontana, Domenico: Della trasportatione dell'Obelisco Vaticano. Rom 1590. Titelblatt
12 wie 11. Taf. 12
13 wie 11. Taf. 24
14 Aufstellung der Granitschale vor dem Alten Museum zu Berlin (1831). Gemälde von J. E. Hummel. Aus: Schmidt, R. W.: Die Technik in der Kunst. Stuttgart 1922. S. 44
15 Mayer, J. T.: Mathematischer Atlas. Augsburg 1745. Taf. 58, Fig. 20
16 wie 15. Taf. 58, Fig. 22
17 wie 15. Taf. 58, Fig. 12 und 14
18 Bening, S.: Flämischer Kalender. 16. Jahrhundert. Monatsbild für Oktober. Cod. lat. 23268 der Bayerischen Staatsbibliothek. Druckausgabe: München 1936
19 Zeichnung nach einem Tonrelief aus Rom (1. Jh. nach Chr.), jetzt in der Antikensammlung Wien Nr. 16. Aus Ginzrot, J. Chr.: Die Wägen und Fahrwerke der Griechen und Römer und anderer alten Völker. München 1817. Taf. LVI, Fig. 1
20 Herrad von Landsperg: Hortus deliciarum. Anfang des 13. Jh. Nach der Faks.-Ausgabe Straßburg 1879–99. Fol. 13r
21 Vergil: Opera. Straßburg, Grüninger 1502. Fol. 97
22 Der Wandteppich von Bayeux (11. Jahrhundert). Ein Hauptwerk mittelalterlicher Kunst. Köln 1957
23 Zonica, V.: Novo teatro di machine et edificii. Padua 1607. S. 33
24 wie 23. S. 25
26 Strada, J.: Kunstliche Abriß allerhand Wasser-, Wind-, Roß- und Handt-Mühlen. Teil 2, Frankfurt/M. 1618. Taf. 100
27 Caus, S. de: Von gewaltsamen Bewegungen. Frankfurt/M. 1615. Buch 1, Problem 19
28 wie 23. S. 68 u. 74
29 Luttrell Psalter. Um 1340. Edition London 1932, Fol. 181r
30 Agricola, G.: De re metallica. Basel 1556. S. 158
31 Philosophical Transactions. Vol. 51, Part I, London 1759, Tab. IV
32 Leupold, J.: Theatrum machinarum hydraulicarum To. 1, Leipzig 1724. Taf. 38
33 Besson, J.: Theatrum instrumentorum et machinarum. Lyon 1578. Taf. 28
34 Müller, W.: Die Francis-Turbinen. Hannover 1901. S. 6
35 Dinglers polytechn. Journal, Bd. 254 (18 84) S. 274
36 Gemälde im Deutschen Museum
38 Mariano di Jacopo (gen. Taccola) De ingeneis. Lib. III. Florenz 1438. Vol. 34v–35
39 Das Energiehandbuch (Hrsg. G. Bischoff u. W. Gocht). Braunschweig 1970. Bild 40
40 The mariner's mirror. Vol. 46, Nr. 2, 1960. S. 145
41 Holzschnitt von J. Knobloch, Straßburg 1519
42 Bodleian Library, Oxford. Ms. 264, 14. Jh.
43 Leonardo da Vinci: Ms. L. des Institut de France Fol. 35v. Um 1500
44 Linpergh, P.: Architectura mechanica of Moole-Boek. Amsterdam um 1690. Taf. 15
45 Kupferstich aus der Plan-Sammlung des DM München, um 1780
46 wie 31. Vol. 51, Part I, 1756, Tab. VI
47 Stiegler, L.: Leibnizens Versuche mit der Horizontalkunst. In: Technikgeschichte, Bd. 35, 1968. S. 285
48 Illustrierter Katalog der Pariser Weltausstellung von 1878 (Hrsg. W. H. Uhland). Teil 2 – Maschinentechnik. Leipzig 1880. S. 65

49 Forschungsinstitut Windenergietechnik der Institutsgemeinschaft der Universität Stuttgart
50 wie 49
51 wie Diderot D. und J. d'Alembert: L'Encyclopédie. Recucil de planches sur les sciences et les arts. Vol. X, 1777. Verrerie Anglois, Pl. III, Fig. 1 und 2
52 Löhneyss, G. E.: Bericht vom Bergwerk. Zellerfeld 1617. Bei S. 84
53 Biringuccio, V.: De la pirotechnia. Venedig 1540. S. 63
54 Descriptions des arts et métiers. Tom III, Paris 1762. Bei S. 30
55 Porta, G. della: Magia naturalis, Neapel 1589. 2. Buch. 7. Kap. (nach Beck, Th.: Beiträge zur Geschichte des Maschinenbaus, Berlin 1899, S. 263 f)
Caus, S. de: Von gewaltsamen Bewegungen. Frankfurt/Main 1615. S. 4
56 Huygens, Ch.: Œuvres complètes. To. 7. La Haye 1897. S. 356
57 Schott, K.: Technica curiosa. Nürnberg 1664. Taf. 6
58 wie 4. S. 230
59 Papin, D.: Ars nova ad aquam ignis adminiculo efficacissime elevandam. Frankfurt/M. 1707
60 wie 31. Vol. XXI, 1699, bei S. 189
61 Tredgold, Th.: The Steam Engine. London 1827, S. 6, Fig. 2
62 Stuart, R.: A descriptive history of the steam engine. London 1824. Fig. 16
63 Nach einem Aquarell aus dem Jahre 1781. Foto aus der Plan-Sammlung des DM München
65 Gemälde von W. Beechey 1802
66 Dickinson, H. W.: James Watt and the steam engine. Oxford 1927. Taf. 14
67 Englisches Patent Nr. 1321, 1782. Fig. 8 (Ausschnitt)
68 wie 62. Fig. 29
69 Scientific American. Vol. 210, 1964. Nr. 1, S. 105
70 wie 62. Fig. 27 (Ausschnitt)
71 wie 62. Fig. 28
73 The International Exhibition of 1862. The Illustrated Catalogue of the Industrial Department. London 1862. Class IV, S. 106
74 First report of the Commissioners of the employment of Children. British Parliamentary Papers 1842 (Nachdruck Shannon 1968)
75 Zeichnung von E. Merker. Foto DM München
76 G. Reichenbachs englisches Tagebuch von 1791. Ms. in der Handschriftensammlung des DM München
77 Aus dem Skizzenbuch von Franz Dinnendahl aus dem Jahre 1807. Ms. in der Handschriftensammlung des DM München
78 The mechanic's magazine. Bd. 12, 1829/30. S. 240
79 Ress, F. M.: Geschichte der Kokereitechnik. Essen 1957. Bild 1
82 Essen – Presse und Informationsdienst der Stadt Essen. Ausgabe 1977/78
83 Schröder, K.: Große Dampfkraftwerke. Planung, Ausführung und Bau, Bd. 1. Berlin, Göttingen, Heidelberg 1959. S. 47
84 Frisch, F.: 100 × Energie. Klipp und klar, Bd. 1. Mannheim, Wien, Zürich 1977. S. 65
86 Genfer Flugschrift, 1490,. Staatsarchive, Genf.
88 Kupferstich von Th. Galle nach J. Stradanus um 1580
89 Al-Dimaschqi: Cosmographia. 13./14. Jahrhundert (links); Foto des Germanischen Nationalmuseums Nürnberg (rechts)
90 Codex No. 1606 aus dem 10. Jh. Vatikanische Bibliothek, Rom
91 wie 30. S. 217
92 Leonardo da Vinci: Codex Atlanticus. Um 1485. Fol. 80r-a
94 Illustrirte Zeitung. Jg. 77 Nr. 1992. Leipzig 1881. S. 198
95 Foto aus dem Drake Oil Well Museum, USA
96 McClure's Magazine, February 1903. S. 398
97 Frank Leslie's Illustrated Newspaper. 21. 1. 1865
98 The London Illustrated News. 27. 2. 1875
100 L'Exposition universelle de 1867 illustrée. Paris 1867. S. 460
102 Prospekte der Firma Benz & Co. Mannheim 1893
103 Sass, F.: Geschichte des deutschen Verbrennungsmotorenbaues von 1860 bis 1918. Berlin, Göttingen, Heidelberg 1962. Bild 41
105 Musil, A., J. A. Ewing: Die Wärmekraftmaschinen. Leipzig 1902. S. 70
109 Scientific American, Vol. 34. 1876. S. 351
110 Amerika-Dienst, Press Unit.
112 Esso-Information
113 wie 110
118 Handschriftensammlung des DM München
119 Aus: Der Spiegel, 5. 3. 1979
120 Groueff, St.: Projekt ohne Gnade. Das Abenteuer der amerikanischen Atomindustrie. Gütersloh 1968. S. 293
122 atomwirtschaft, Jg. 1, 1956. S. 117
123 wie 119. 11. 12. 1978. S. 99
124 Industriekurier. 10. 6. 1969
125 Römer-Archiv im DM München
126 wie 110

324

127 wie 122. Jg. 16, 1971. S. 295 u. 296 (Ausschnitt)
128 wie 122. Jg. 17, 1972. S. 107 u. 108 (Ausschnitt)
129 Postkarte mit der Luftaufnahme des KKW Biblis
130 Werkfoto Gutehoffnungshütte, Sterkrade
131 Adam, H.: Einführung in die Kerntechnik. München, Wien 1967. S. 304
132 Werkfoto Brown, Boveri & Cie. AG, Mannheim
134 Werkfoto Gebrüder Sulzer AG, Winterthur
135 wie 134
136 wie 134
137 wie 134
138 Marfeld, A. F.: Atomenergie in Krieg und Frieden. Kernreaktoren und nukleare Waffen. Berlin 1966. S. 259
139 Meineke, H.: Kernkraft ist kein besonderer Saft. BBC Mannheim o. J.
140 10 Jahre Kernforschungszentrum Karlsruhe. Karlsruhe 1966. S. 201
141 RWE-Verbund Zeitschrift. Heft 83/83. Essen 1973
142 wie 141
143 wie 122. Jg. 16, Heft 5, 1971. S. 240
144 MAN, Werkfoto
145 Gerwin, R.: So ist das mit der Entsorgung. Düsseldorf, Wien 1978. S. 99, 101 und 103
146 Arbeitsgruppe WAA an der Universität Bonn: Atommüll oder Der Abschied von einem teuren Traum. Reinbek 1972. S. 54 u. 55
147 Höchel, J. u. a.: Der Brennstoffkreislauf. Bonn 1972.
148 wie 110
149 wie 110
150 Löwenthal, G. und J. Hausen: Wir werden durch Atome leben. Berlin 1956, bei S. 209
151 Foto Frese, München

Deutsches Museum

Kultur-
geschichte
der
Natur-
wissenschaften
und der
Technik

C 2061/3

Kultur-
geschichte
der
Natur-
wissenschaften
und der
Technik

C 2061/3 a

C 2130/1

Naturwissenschaft

Jugendhandbuch Naturwissen

**Die belebte Natur:
die Arten und ihre Entwicklung**

**Die unbelebte Natur:
die Naturgesetze und ihre Anwendung**

rororo sachbuch

C 2131/1

rororo aktuell

Herausgegeben von Freimut Duve im Rowohlt Taschenbuch Verlag

Technologie und Politik

Das Magazin zur Wachstumskrise
Herausgegeben von Freimut Duve
«Technische Entscheidungen sind
politische Entscheidungen, technische
Zukunftsentwürfe sind politische
Zukunftsentwürfe. Wird technischer
Fortschritt zum politischen Rückschritt?

lieferbar sind:

Heft 5
Kartelle in der Marktwirtschaft
Mit Beiträgen von Bodenstein / Leuer /
H. Brandt / H. Ostermeyer u. a.
(4007)

Heft 14:
Verkehr in der Sackgasse
Kritik und Alternativen
(4531)

Heft 15:
Die Zukunft der Arbeit 3
Leben ohne Vollbeschäftigung?
(4627)

Heft 16:
**Demokratische und autoritäre
Technik**
Beiträge zu einer anderen
Technikgeschichte
(4716)

Heft 17:
Biotechnik
Genetische Überwachung und
Manipulation des Lebens.
Herausgegeben und zusammen-
gestellt von Jost Herbig
(4724)

Heft 21:
Die Zukunft der Stadt
Soziale Bewegungen vor Ort.
Herausgegeben von
Norbert Kostede
(5025)

4936

4937

5347

rororo rowohlts bild-monographien

Jeder Band mit etwa 70 Abbildungen, Zeittafel, Bibliographie und Namenregister.

Betrifft: Geschichte, Naturwissenschaft

Geschichte

Konrad Adenauer
Gösta v. Uexküll (234)

Alexander der Große
Gerhard Wirth (203)

Augustus
Marion Giebel (327)

Michail A. Bakunin
Justus Franz Wittkop (218)

August Bebel
Helmut Hirsch (196)

Otto von Bismarck
Wilhelm Mommsen (122)

Julius Caesar
Hans Oppermann (135)

Nikita Chruschtschow
Reinhold Neumann-Hoditz (289)

Winston Churchill
Sebastian Haffner (129)

Elisabeth I.
Herbert Nette (311)

Friedrich II.
Georg Holmsten (159)

Friedrich II. von Hohenstaufen
Herbert Nette (222)

Ernesto Che Guevara
Elmar May (207)

Johannes Gutenberg
Helmut Presser (134)

Adolf Hitler
Harald Steffahn (316)

Ho Tschi Minh
Reinhold Neumann-Hoditz (182)

Wilhelm von Humboldt
Peter Berglar (161)

Jeanne d'Arc
Herbert Nette (253)

Karl der Große
Wolfgang Braunfels (187)

Karl V.
Herbert Nette (280)

Ferdinand Lassalle
Gösta v. Uexküll (212)

Wladimir I. Lenin
Hermann Weber (168)

Rosa Luxemburg
Helmut Hirsch (158)

Mao Tse-tung
Tilmann Grimm (141)

Maria Theresia
Peter Berglar (286)

Clemens Fürst von Metternich
Friedrich Hartau (250)

Benito Mussolini
Giovanni de Luna (270)

Napoleon
André Maurois (112)

Peter der Große
Reinhold Neumann-Hoditz (314)

Kurt Schumacher
Heinrich G. Ritzel (184)

Josef W. Stalin
Maximilien Rubel (224)

Freiherr vom Stein
Georg Holmsten (227)

Ernst Thälmann
Hannes Heer (230)

Josip Broz-Tito
G. Prunkl und A. Rühle (199)

Leo Trotzki
Harry Wilde (157)

Wilhelm II.
Friedrich Hartau (264)

Naturwissenschaft

Charles Darwin
Johannes Hemleben (137)

Thomas Alva Edison
Fritz Vögtle (305)

Albert Einstein
Johannes Wickert (162)

Galileo Galilei
Johannes Hemleben (156)

Otto Hahn
Ernst H. Berninger (204)

Werner Heisenberg
Armin Hermann (240)

Alexander von Humboldt
Adolf Meyer-Abich (131)

Johannes Kepler
Johannes Hemleben (183)

Alfred Nobel
Fritz Vögtle (319)

Max Planck
Armin Hermann (198)

rororo computer

COMPUTER

C 2092/3

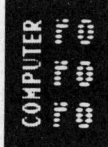

C 2092/3a

Geschichte griffbereit

Grundkurs und Nachschlagewerk für Studenten,
Praktiker, Geschichtsinteressierte zum Verstehen und
Behalten welthistorischer Prozesse.
Von Imanuel Geiss.

1 **Daten**
der Weltgeschichte
Die chronologische
Dimension der Geschichte
(6235)

2 **Personen**
der Weltgeschichte
Die biographische
Dimension der Geschichte
(6236)

3 **Schauplätze**
Die geographische
Dimension
der Weltgeschichte
(6237)

4 **Begriffe**
Die sachsystematische
Dimension
der Weltgeschichte
(6238)

5 **Staaten**
Die nationale
Dimension
der Weltgeschichte
(6239)

6 **Epochen**
der Weltgeschichte
Die universale
Dimension der Geschichte
(6240)